工程建设 QC 小组基础教材

中国建筑业协会质量管理与监督检测分会　编著

中国建筑工业出版社

图书在版编目（CIP）数据

工程建设 QC 小组基础教材/中国建筑业协会质量管理与监督检测分会编著. —北京：中国建筑工业出版社，2020.5（2025.3重印）

ISBN 978-7-112-25031-8

Ⅰ. ①工… Ⅱ. ①中… Ⅲ. ①建筑工程-工程质量-质量管理-教材 Ⅳ. ①TU712.3

中国版本图书馆 CIP 数据核字（2020）第 063938 号

责任编辑：付　娇　李玲洁　杜　洁
责任校对：王　瑞　焦　乐

工程建设 QC 小组基础教材
中国建筑业协会质量管理与监督检测分会　编著
*
中国建筑工业出版社出版、发行（北京海淀三里河路 9 号）
各地新华书店、建筑书店经销
霸州市顺浩图文科技发展有限公司制版
天津安泰印刷有限公司印刷
*
开本：787 毫米×1092 毫米　1/16　印张：24½　字数：535 千字
2020 年 8 月第一版　2025 年 3 月第十次印刷
定价：**56.00** 元
ISBN 978-7-112-25031-8
　　（35822）

编写指导委员会

主　任：齐　骥

副主任：吴慧娟　刘锦章　刘　辉

委　员：（以姓氏笔画为序）

王立新　王有为　王秀兰　王振君　王海云　毛志兵

方东平　付敬华　向书兰　刘　军　刘　勇　祁仁俊

孙洪军　李　菲　杨玉江　杨晓刚　吴月玲　吴明燕

宋玉山　张晋勋　陈幼年　陈敦祥　宗敦峰　项艳云

赵　峰　赵正嘉　胡庆红　钟玺国　祝汉香　倪道仁

徐宏均　高　飞　梁剑明　景　万　蔡德华

编　委　会

主　　编：王秀兰

副主编：李秋丹　袁　艺　朱　锋

成　　员：黄　慧　王会英　叶雨山　梁　栋　史　洁　季生平
　　　　　乔　磊　白　鸽

前　　言

值此缤纷绚丽、生机勃勃的盛夏，迎来了新版《工程建设 QC 小组基础教材》的出版。

自 1978 年开始，质量管理小组活动在我国各行各业由点到面，历经蓬勃发展而长盛不衰，彰显了强大的生命力，至今已走过了 42 年。在工程建设领域，伴随全国质量管理小组活动的深入推进，工程建设质量管理小组活动也顺时而动、顺势而为，深深根植于工程建设，广泛服务于基层员工，切实践行于客观需求和行业发展。

进入新时代，为深入贯彻落实《中共中央 国务院关于开展质量提升行动的指导意见》，顺应高质量发展的形势要求，工程建设行业更要紧紧围绕提高质量、保障安全、绿色施工、创新增效等活动主题，深入推进工程建设 QC 小组活动的开展，扎实提升 QC 小组活动的有效性。

为了适应新时代新要求，中国建筑业协会质量管理与监督检测分会在原工程建设质量管理分会 2005 年出版的《建筑业企业 QC 小组活动基础教材》的基础上，结合质量管理新理念新发展，以及行业先进管理技术和方法，按照中国质量协会 2020 年 3 月颁布的《质量管理小组活动准则》T/CAQ 10201—2020，编写了新版《工程建设 QC 小组基础教材》（以下简称《教材》）。

《教材》的出版，对普及 QC 小组活动知识，特别是在培训工程建设施工企业 QC 小组骨干、推进企业 QC 小组活动方面将发挥积极的作用。《教材》有以下几个特点：

（1）《教材》深入诠释了新版《质量管理小组活动准则》、中国建筑业协会《工程建设质量管理小组活动导则》团体标准中提出的质量管理小组活动的基本原则、框架模式以及新理念、新方法，充满了新时代的新要求。

（2）《教材》的第一章 QC 小组活动概述中增加了工程建设 QC 小组活动与工法、专利、工程创优、建筑装配式、BIM 技术应用、现场管理、质量信得过班组建设等新的管理、技术密切相关的内容；描述了问题解决型和创新型课题的区别，以便读者系统了解两者的不同点。

（3）《教材》的第二章补充了 QC 小组推进的要求，明确了推进措施及推进人员要求，删除了原教材有关 QC 小组活动诊断师的相关内容。

（4）《教材》的第三章详细描述了问题解决型课题的自定目标和指令性目标课题活动程序的新要求，强调了应依据末端原因对问题症结的影响程度来确定主要原因，并对每个活动程序和步骤用翔实的案例来描述和分析，利于读者领会掌握。

（5）《教材》的第四章对创新型课题 QC 小组活动程序的要求作了全面修改，阐明了创新型课题活动程序各步骤及要求等方面的新的思路和内容，强调创新型课题是针对需求、通过广泛借鉴、创新思路来选择课题等要点，以便读者能更好地理解和把握创新型课题小组活动。

（6）《教材》的第五章新增了"QC小组活动成果的整理、发表、交流、评价与推广"内容，对活动成果整理和评价提出了明确的要求，强调评价小组要突出活动的真实性和有效性，要注重活动成果的推广和应用。

（7）《教材》用第六、第七、第八和第九这四个章节系统地描述了统计方法的内容和要求，不再使用老七种工具、新七种工具的表述，并结合施工现场、项目管理等实际案例，着重阐述了如何适宜、正确、有效地运用这些统计方法。

（8）《教材》引用了大量的近年来工程建设QC小组活动典型案例（或节选），以及统计方法应用方面的实例；附录分别选用了问题解决型自定目标、指令性目标课题活动程序和创新型课题活动程序三个完整案例，并附上总体评价，这种理论和案例、小组成果和专家点评相结合的描述方式，有利于读者全面、准确理解和把握QC小组活动的程序和方法。

《教材》由中国建筑业协会质量管理与监督检测分会组织编写。全书由袁艺统稿，王秀兰、李秋丹审核，邢文英、熊伟、陈秀云对教材内容进行了全面审定。

本《教材》的编写工作得到了编写人员所在单位的大力支持和帮助，在此谨向中建一局、中建七局、中铁一局、中铁十六局二公司、中交三航局有限公司宁波分公司、北京城建二建设工程有限公司、上海建工一建集团安装工程公司、南宁市建筑安装工程集团有限公司等单位表示衷心的感谢。

由于时间和水平有限，《教材》中难免有疏漏之处，敬请读者指正。

中国建筑业协会质量管理与监督检测分会

2020 年 8 月

目 录

第一章　QC 小组活动概述

第一节　QC 小组的概念

一、质量管理小组的概念

质量管理小组是员工自主参与质量管理、质量改进和创新的有效组织形式。开展质量管理小组活动是提高员工素质、激发员工积极性和创造性，改进质量、降低消耗、改善环境、提升组织绩效的有效途径。

质量管理小组是指：由生产、服务及管理等工作岗位的员工自愿结合，围绕组织的经营战略、方针目标和现场存在的问题，以改进质量、降低消耗、改善环境、提高人的素质和经济效益为目的，运用质量管理理论和方法开展活动的团队。质量管理小组亦称 QC 小组。

这个概念包含以下四个方面内容：

（1）参加 QC 小组的人员是企业的全体员工，无论是高层领导，还是各类管理者、技术人员、操作人员、服务人员，都可以参加 QC 小组活动。其中企业领导应当成为 QC 小组活动的主要倡导者和推进者。

（2）QC 小组活动选题内容广泛，可以围绕企业的经营战略、方针目标和现场存在的问题进行选题。选题要突出实效性。

（3）QC 小组活动的目的是提高人的素质，发挥人的积极性和创造性，改进质量，降低消耗，节能环保，提高经济效益与社会效益。

（4）QC 小组活动强调运用质量管理的理论和方法，具有显著的科学性。

二、质量管理小组活动的特点

QC 小组活动具有以下几个主要特点：

1. 明显的自主性

QC 小组以员工自愿参加为基础，实行自主管理，自我教育，互相启发，共同提高，充分发挥小组成员的聪明才智和积极性、创造性。

2. 广泛的群众性

QC 小组是吸引广大员工积极参与质量管理改进的有效组织形式，是企业推行全面质量管理的重要标志。不仅包括领导人员、技术人员、管理人员，而且更注重吸引在生产、服务工作第一线的操作人员参加。员工在 QC 小组活动中学技术、学管理，群策群力分析问题、解决问题。

3．高度的民主性

QC 小组的组长可以民主选举，也可以由小组成员轮流担任，人人都有发挥才智和锻炼成长的机会；在内部讨论问题和解决问题时，小组成员不分职位与技术等级高低，相互平等，各抒己见、互相启发、集思广益，高度发扬民主，以保证既定目标的实现。

4．严密的科学性

QC 小组在活动中遵循科学的活动程序，步步深入地分析问题，解决问题；在活动中坚持用数据说明事实，用科学的方法来分析与解决问题。

5．有效的持续性

为提高员工队伍素质，提升组织管理水平，质量管理小组应有效、持续不断地开展质量改进和创新活动。质量改进具有持续性，开展 QC 小组活动是质量改进的一种有效形式。

三、质量管理小组活动的宗旨和作用

1．QC 小组活动的宗旨

日本质量管理专家石川馨教授指出：QC 小组活动的宗旨是调动人的积极性，充分发挥人的无限能力，创造尊重人、充满生机和活力的工作环境，有助于改善和提升企业管理水平。

根据一些世界知名质量管理专家和企业家对 QC 小组活动的共识，可将 QC 小组活动的宗旨归纳为以下几点：

（1）提高员工素质，激发员工的积极性和创造性，开发无限的人力资源；

（2）改进质量，降低消耗，提高经济效益，为组织和社会多做贡献；

（3）以人为本，创造愉快的环境，建立文明的、心情舒畅的生产、服务、工作现场；

（4）发扬自主管理和民主精神。

2．QC 小组活动的作用

QC 小组活动可以起到以下几方面的作用：

（1）有利于开发智力资源，发掘人的潜能，提高人的素质；

（2）有利于预防质量问题和改进质量；

（3）有利于实现全员参与管理；

（4）有利于改善人与人之间的关系，增强人的团结协作精神，构建和谐企业；

（5）有利于改善和加强管理工作，提高管理水平；

（6）有助于提高员工的科学思维能力、组织协调能力、分析与解决问题的能力，从而使员工岗位成才；

（7）有利于提高顾客的满意程度。

四、质量管理小组活动的基本原则

为科学、有效地开展 QC 小组活动，应遵循全员参与、持续改进、遵循 PDCA

循环、基于客观事实和应用统计方法的基本原则。

QC 小组活动基本原则，对 QC 小组活动进行了明确的定位，也指明了建立系统的 QC 小组活动架构。全员参与、持续改进，是 QC 小组不同于其他质量管理方法的核心点；QC 小组活动基本原则示意图（图 1-1）具有很强的系统性，它的输入端，清晰地表达出两大类课题的区别，针对问题进行选题的是问题解决型课题，针对需求进行选题的是创新型课题；它的输出端，准确地表述出问题解决型课题是解决问题，创新型课题是满足需求；中间活动过程在遵循 PDCA 循环程序的基础上，强调基于客观事实，应用统计方法。

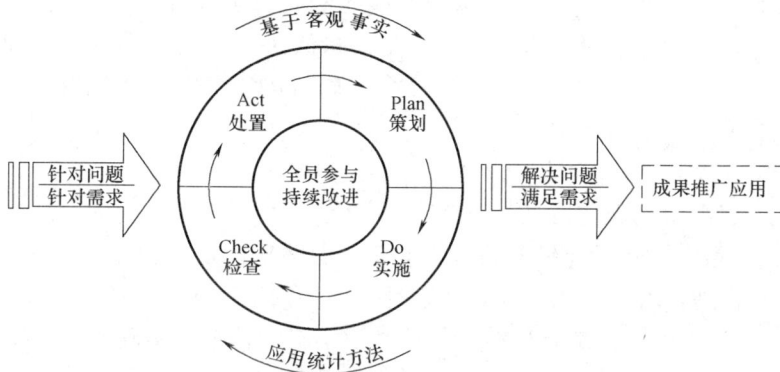

图 1-1　QC 小组活动基本原则示意图

1. 全员参与

QC 小组是全员参与的活动，是企业中群众性质量管理活动的一种有效的组织形式，是员工参加企业民主管理的经验同现代科学管理方法相结合的产物。QC 小组自主活动，尊重每个人的价值，营造愉快的工作现场，也能够开发人的潜能，使员工在为企业创造价值的同时实现自我价值。

QC 小组活动不针对特定人群，不是少数精英的活动，它吸引的是广大最基层的员工。不同的行业、不同的企业、不同岗位的人员，只要他们有愿望，都可以参与到群众性质量管理活动当中，在 QC 小组活动全过程中也充分发挥每一个成员的积极性和创造性，鼓励和倡导群策群力地解决问题。因此全员参与是 QC 小组活动有别于其他质量管理方法的本质特征。

2. 持续改进

质量改进是质量管理的一部分，从某种意义上讲，改进是一种持续的活动。持续改进是在质量改进的基础上，不仅仅限于消除已发现的不合格或潜在的不合格，而是针对更高的目标进行改进，是循环的活动。使持续改进成为每个人的自觉行动，是企业永恒的目标。

改进、创新是无止境的，为提高员工队伍素质，提升企业管理水平，QC 小组应开展长期有效、持续不断的质量改进和创新活动。持续改进是质量管理小组活动的基本形式，通过每一个循环阶梯上升，QC 小组成员解决问题的能力、团队意识、

3

协作精神都会得到新的升华。同时，持续改进、创新应注重实效，以实现持续改进、高效改进的目标。

3. 遵循 PDCA 循环

为持续、有效地开展活动并实现目标，QC 小组应遵循 PDCA 循环的程序开展活动。

PDCA 循环是管理学中的一个通用模型，最早由美国统计学家休哈特（Walter A. Shewhart）于 1930 年提出构想，后来被美国质量管理专家戴明（Edwards Deming）博士在 1950 年再度挖掘，广泛宣传，并运用于持续改善产品质量的过程中，所以又称其为"戴明循环"。PDCA 循环是能使任何一项活动有效进行的一种合乎逻辑的工作程序，是目标控制的基本方法，是质量改进和解决问题的思路和方法。作为全面质量管理体系运转的基本方法，PDCA 循环也称为 QC 小组的科学思维理论，是 QC 小组的灵魂。

（1）PDCA 循环的内容

P、D、C、A 所代表的意义如下：

P（Plan）策划，包括方针和目标的确定以及活动计划的制定。

D（Do）实施，就是具体运作，实现计划中的内容。

C（Check）检查，就是要总结执行计划或实施的结果，明确效果，找出问题。

A（Act）处置，对总结检查的结果进行处理。成功的经验加以肯定，制定巩固措施，防止问题再发生。提出遗留问题及下一步打算。

PDCA 循环示意图如图 1-2 所示。

（2）PDCA 循环的特点

1）循环前进，阶梯上升：

按 PDCA 顺序前进，每循环一次，产品、服务、工作质量就提高一步，达到一个新的水平，在新的水平上再进行 PDCA 循环，就又可以达到一个更高的水平。如图 1-3 所示。

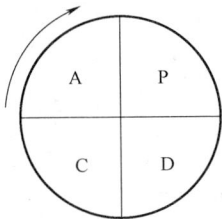

图 1-2　PDCA 循环示意图　　　　图 1-3　PDCA 循环前进示意图

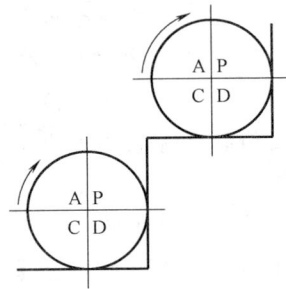

2）大环套小环：

在不同阶段、不同层次中存在各自的 PDCA 循环，大环推动小环，小环保证大环。如图 1-4 所示。

（3）PDCA 循环活动程序

QC 小组活动程序根据课题类型不同而有所区别，在问题解决型课题中，PDCA 四个阶段通常包含十个步骤，即选择课题、现状调查（或设定目标）、设定目标（或目标可行性论证）、原因分析、确定主要原因、制定对策、对策实施、效果检查、制定巩固措施及总结和下一步打算；在创新型课题中，PDCA 四个阶段通常包含八个步骤，即选择课题、设定目标及目标可行性论证、提出方案并确定最佳方案、制定对策、对策实施、效果检查、标准化及总结和下一步打算。

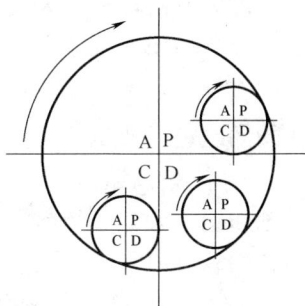

图 1-4 大环套小环示意图

PDCA 循环是 QC 小组活动的逻辑过程，每个步骤上下承接，前一个步骤的输出即为后一个步骤的输入，层层递进，思路清晰，具有严密的逻辑性。遵循 PDCA 循环可使 QC 小组活动少走弯路，提高活动的有效性。

4. 基于客观事实

基于客观事实，是 QC 小组活动必须遵循的理论基础。在 QC 小组活动过程中，要求基于数据、信息等客观事实进行调查、分析、评价与决策。真实的数据既可以定性反映客观事实，又可以定量描述客观事实，给人以清晰明确的数量概念，这样就可以更好地分析问题、解决问题，纠正那种凭感觉、凭经验、主观臆断的工作方法。

在 PDCA 循环中，小组为什么选择这样的课题，设定目标值的依据是什么，问题的症结在哪里，确定每条主要原因的理由是否充分，所制定的每一条对策是否已完成，有没有达到预期的效果等，均需要有客观的证据来说明，为此，要以事实为依据，用数据说话。

5. 应用统计方法

统计方法是指有关收集、整理、分析和解释统计数据，并对其所反映出的问题作出一定结论的方法。比如为了取得证据，经常需要收集大量数据，其中有的是有效数据，有的则是无效数据，要对数据进行整理分析，就需要运用统计方法；当要判断总体质量，而不能做到全体检测时，要随机抽取一定数量的样本，从样本的质量状况判断总体的质量水平，这也需要应用统计方法；当要优选一些参数进行试验验证时，怎样才能做到试验次数最少，而得到参数的最佳搭配，也需要运用统计方法。

在 QC 小组活动过程中，要收集、整理和分析大量的数据，而收集数据的目的是什么？就是要对数据进行解读，通过对数据的统计和图形的转换，得出结论。适宜、正确地应用统计方法，可以对数据和信息进行整理、分析、验证，并作出正确的结论。

五、QC 小组活动的课题类型

根据 QC 小组活动课题的特点、活动内容不同，可将 QC 小组活动课题分为两大类，即问题解决型课题和创新型课题。

1. 问题解决型课题

问题解决型课题是小组针对已经发生不合格或不满意的生产、服务或管理现场存在的问题进行质量改进所选择的活动课题。

2. 创新型课题

创新型课题是小组针对现有的技术、工艺、技能和方法等不能满足实际需求，运用新的思维研制新产品、服务、项目、方法所选择的活动课题。

3. 问题解决型课题和创新型课题的区别

创新型课题与问题解决型课题 QC 小组活动，在活动思路和活动程序上都有所不同。主要区别有以下几个方面：

（1）立意不同

创新型课题立足于针对现有的技术、工艺、技能和方法等不能满足实际需求，运用新的思维研制新产品、服务、项目、方法开展活动，达到满足需求的目的。创新型课题选题立意是针对需求，以创新为主题，突破常规、追新求变，通过广泛借鉴，研制或研发新产品、新的施工方法以及新的软件等，满足需求，应选择创新型课题。

问题解决型课题是针对现状存在的问题，在原有基础上的改进或提高，达到解决问题的目的。问题解决型课题的选题立意是针对现状存在的问题，如施工生产、工程质量、服务质量、管理等方面存在的问题，通过活动开展，解决了问题，达到目标要求的，则应选择问题解决型课题。

（2）程序不同

创新型课题程序没有"现状调查"、"原因分析"、"确定主要原因"、"制定巩固措施"的步骤，而是针对课题的需求，设定目标，广泛提出各种方案，对方案展开分析，基于现场测量、试验、调查分析的事实和数据确定最佳方案，将确定的具体方案列入对策表。

问题解决型课题则必须对现状数据（信息）进行收集调查，并加以分析，找出症结，为设定目标和原因分析提供依据。通过原因分析和要因确认，将确定的主要原因列入对策表。

创新型课题与问题解决型课题在"选择课题"、"现状调查"、"设定目标"、"目标可行性论证"、"原因分析、确定主要原因（或提出方案并确定最佳方案）"、"制定巩固措施（或标准化）"等步骤的内容和要求都是不同的。

（3）结果不同

创新型课题活动是一个创新研制或研发的过程，通过广泛借鉴，经过活动后，完成了研制或研发，它们成为提高工作效率或增加经营业绩的增值点。有些创新型课题，QC 小组活动后的结果，可能还不是很完美。对有推广价值的创新成果，可以进行标准化；对专项或一次性的创新成果，可以将创新过程相关资料存档备案。

问题解决型课题则是在原有基础上的提高或降低，是在不断追求和逐步达到更加完美的结果，如对原有的作业指导书进行修改完善，形成新的作业指导书；有的经过一定的工程实践，完善综合配套的施工方法，形成企业工法，指导施工实践。

（4）方法不同

创新型课题运用较多的是分析、归纳或整理类统计方法，以非数据分析统计方法为主，如头脑风暴法、亲和图、系统图、PDPC法、正交试验设计法等。

问题解决型课题则是以数据分析统计方法为主，如饼分图、排列图、控制图、直方图、散布图等。

因此，创新型课题与问题解决型课题在开展活动时，选用的统计方法有所不同，这是由课题类型所决定的。

第二节 QC小组的产生和发展

一、QC小组的产生

QC小组活动起源于1962年的日本，日本的石川馨博士在20世纪60年代倡导"质量圈"运动就是QC小组活动的源头，之后广泛开展的QC小组活动成为全面质量管理一项重要的、基础性的工作。现在，70多个国家和地区开展了这一活动。虽然对这一项活动的称谓不同，如日本、中国称之为"QC小组"，新加坡称之为"品管圈"，还有的称之为"品质圈""质量小组"或"改进小组"，但小组活动的宗旨及活动课题的范围大体上是相同的。

二、我国QC小组活动发展情况

QC小组活动在我国的产生和发展不是偶然的，我国有员工参与民主管理的优良传统，如20世纪50年代的马恒昌小组、毛泽东号机车组、郝建秀小组、赵梦桃小组等，在我国经济建设中发挥着模范带头和示范作用。这些群众性质量管理活动为我国QC小组活动的建立和发展奠定了基础。改革开放是我国QC小组活动产生的外部条件，随着全面质量管理的深入开展，QC小组活动已由工业企业发展到交通运输、邮电通信、工程建设、商业、服务业等行业，从而把我国群众性质量活动推进到了一个新的阶段。

我国从1978年推行全面质量管理和开展QC小组活动，至今已经42个年头。总体上看，我国QC小组活动的发展可以分为试点、推广、发展、深化四个阶段。四个阶段的主要事件详见附录《工程建设质量管理小组活动大事记》。

1. 试点阶段

该阶段时间为1978—1979年。主要标志是以北京内燃机总厂为代表的一批试点企业，邀请日本管理专家讲学，同时国内一批专家、学者也致力于介绍和传播国外全面质量管理的科学知识。通过多种多样的活动，"质量第一"的思想得到了广泛宣传，这些活动在组织上和思想上为QC小组在各地区、各行业的建立和发展创造了极为有利的条件。

2. 推广阶段

该阶段的时间是 1980—1985 年。在试点阶段取得成效的基础上，国家经委颁发了《工业企业全面质量管理暂行办法》，明确了全面质量管理在企业中的地位、作用和推行的办法，其中对 QC 小组活动提出了基本要求。这是 QC 小组活动走向经常化和制度化的开始。此阶段由于普及教育的面广、人多，QC 小组活动已由工业企业发展到交通运输、邮电通信、工程建设、商业、服务业等行业。

3. 发展阶段

该阶段的时间是 1986—1997 年。党的第十三次全国代表大会把质量问题提高到经济发展的战略和反映民族素质的高度，要求各部门、各企业和全体社会成员，都要为不断提高产品质量而努力。在这个阶段，对全国 QC 小组活动的推进工作主要采取了以下五项措施。

一是建立强有力的高层次指导推进组织。为了更有力地推进全国 QC 小组活动的深入开展，正式成立了 QC 小组工作委员会，作为中国质量协会 QC 小组工作的研究、参谋机构，具体指导全国 QC 小组活动的开展。由中国科学技术协会、中华全国总工会、中国共产主义青年团中央委员会（以下简称"共青团中央"）和中国质量协会联合组成的"全国群众质量管理活动领导小组"，形成了各有关方面密切配合、通力合作、齐抓共管的领导推进格局。同时，各省、市、自治区也相应地成立了联合领导小组，为全国 QC 小组活动各层级的推进，提供了可靠的组织保证。

二是形成政府和社团联合推动。为了适应我国经济的发展，促进经济体制从传统的计划经济向市场经济转变，促进经济增长方式从粗放型向集约型转变，激发广大员工关注质量、改进质量、提高效益的积极性和创造性，自觉、自主、有效地开展 QC 小组活动，国家经济贸易委员会、财政部、中国科学技术协会、中华全国总工会、共青团中央、中国质量协会联合颁发了《关于推进企业质量管理小组活动的意见》。

三是着力培养 QC 小组活动骨干队伍。QC 小组是一项群众的、自发的民主管理性质质量改进活动。通过前一阶段试点和推广实践，组织者深深地认识到 QC 小组活动骨干在小组活动中起着不可或缺的重要作用。此阶段，着重发现和培养一批积极性高、责任心强、领悟力好的基层骨干人员，加强对其进行理论知识与技术方法的教育培训，聘请专家传授经验与细心指导。

四是广泛开展 QC 小组普及教育。QC 小组是全员性质量改进活动，首先要强化全体员工的质量意识，使员工对质量改进活动具有明确的方向和积极的态度。这一阶段，中国质量协会组织全国质量协会系统，总结 QC 小组活动交流经验，开展质量意识、质量管理知识与方法的培训教育，有助于小组成员掌握质量管理的基本原理和质量改进的工具方法，提升小组成员的能力和素质，提高小组成员的问题意识、改进意识、参与意识、市场意识、竞争意识和顾客意识。为配合全国 QC 小组普及教育工作，中国质量协会陆续编写出版了《QC 小组基础教程》《QC 小组活动手册》《成果案例分析》《典型经验汇编》等书籍，为 QC 小组活动提供了学习教材。

五是大力总结经验，正确引导。随着 QC 小组活动的普及推广，出现了一些小组片面追求课题大，经济效益高的现象，小组活动有了高、难、尖的苗头。为确保这一群众性质量管理活动健康、持久开展，全国第十三次 QC 小组代表会议提出了 QC 小组活动应遵循"小、实、活、新"原则，倡导 QC 小组活动讲求实效，不盲目求大，鼓励 QC 小组从实际出发，围绕身边力所能及的现场问题开展多种形式的活动。为 QC 小组在生产、服务一线员工中的广泛开展，在商业、服务业等各领域的推进给予正确的引导。许多企业结合自身特点将 QC 小组活动形式进行了创新。多种形式的 QC 小组活动激发了员工参与管理、参与改进的热情，也提升了员工的主人翁责任感。

4. 深化阶段

该阶段的时间是 1998 年至今。此期间，随着国家经济体制的调整，即从计划经济向市场经济的转变，QC 小组活动也随之发生了三大转变，即：由国有大中型企业向三资企业和民营企业、由内地企业向沿海企业、由制造业向服务业的转变。21 世纪初，随着国民经济的调整逐步就绪，国有大中型企业的转轨解困，以及西部地区的大开发，QC 小组活动广度、深度得到进一步的发展，进入了深化阶段。

目前，中国质量协会组织开展的 QC 小组活动形式不断丰富和发展，如校园 QC，让 QC 活动走入校园；如 QC 故事演讲比赛，让 QC 人讲述与 QC 共同成长、共同进步的典型事例等。

第三节　工程建设 QC 小组概述

一、工程建设 QC 小组活动的开展

从 1978 年开始，随着我国改革开放和推行全面质量管理，质量管理小组即 QC 小组活动由点到面，蓬勃发展，经久不衰，显示出了强大的生命力。我国工程建设 QC 小组活动是伴随全国 QC 小组活动的深入开展逐步发展起来的。

国家经济委员会于 1979 年 8 月在北京召开了全国第一次 QC 小组代表会议。会议的主要内容是交流和总结推行全面质量管理、开展 QC 小组活动的经验，研究、讨论我国质量管理条例。这次会议，起到了示范、倡导、交流、推广的作用，有力地推动了群众性质量管理活动的广泛开展，它标志着我国 QC 小组活动进入了一个有组织、有领导、有推进体系、全面发展的新阶段。

工程建设系统的 QC 小组活动，由中国建筑业协会负责，具体工作由中国建筑业协会质量管理与监督检测分会（原中国建筑业协会工程建设质量管理分会）组织实施。

多年来，中国建筑业协会质量管理与监督检测分会始终坚持倡导、鼓励企业员

工积极参与企业管理、质量改进和创新，坚持开展群众性质量管理活动，普及推广先进的质量理念和方法，做了大量工作，有效地推动了工程建设系统的 QC 小组活动的开展。

1. 形成了本系统 QC 小组活动完整的组织推进网络和工作体系

1995 年，建设部颁发了《全国工程建设质量管理小组管理和评选办法》（建建〔1995〕183 号），强有力地支持这项群众性活动，促进了活动的开展，为 QC 小组活动制定了统一的指导原则，给企业 QC 小组活动提供了正确的指导和政策上的保证。

中国建筑业协会质量管理与监督检测分会认真贯彻该办法，全面组织和实施全国工程建设质量管理小组活动。各省市区和行业相继建立了相应的组织（如省建筑业协会质量分会或省工程质量协会，以下简称"工程质协"）；工程建设施工企业（以下简称"企业"）积极响应，领导亲自挂帅，成立企业全面质量管理领导小组，设立专门机构或配备人员，企业内部形成了全员参与、全面推进、齐抓共管 QC 小组活动的局面。

在高质量发展的形势要求下，企业和行业需结合形势发展和质量提升战略，以创新为驱动，继续普及、深入推进 QC 小组活动。大力倡导和引导 QC 小组活动围绕提高质量、保障安全、绿色施工、创新创效等重点课题展开，严格"PDCA 活动的程序"，注重"以事实为依据，用数据说话"，适宜、正确地运用"统计方法"管理技术的思想来创新方法，攻克难关，提质增效，提高小组活动的有效性。围绕国家"一带一路"战略，质量管理小组的各级推进组织和实施单位，充分发挥各自优势，各司其职、各尽其能，形成全社会都来关心质量、关注 QC 小组活动的局面，给 QC 小组活动切实有力的支持和帮助，创造良好氛围，探索和创新 QC 小组活动的新思路、新方法，充分发挥小组"自主性、群众性、民主性、科学性"作用和小组成员的聪明才智，为员工、企业和社会创造价值，最终实现美好社会、美好企业、美好生活的梦想。

2. 制定了 QC 小组活动的各项规章制度，使 QC 小组活动的开展做到了有章可循

为了更有力地推动 QC 小组活动健康发展，各级建筑业协会和大部分企业都制定了有关 QC 小组活动的规章制度，如：《质量管理小组登记办法》《质量管理小组活动管理办法》《QC 小组活动成果评价标准》《QC 小组成果激励办法》等。这些规章制度的制定，对推动 QC 小组活动的开展，提高活动水平都有十分重要的意义。

3. 通过各级教育培训，培养了大批工程质量管理人才和 QC 小组活动骨干

多年来，中国建筑业协会质量管理与监督检测分会和各省市、各地区工程质量协会，都十分重视抓好质量教育工作，采用多种形式，坚持不懈地开展质量知识普及教育，持之以恒地举办各类型培训班，目的是使企业全体员工牢固树立质量意识、问题意识、改进意识和参与意识，掌握发现问题、分析问题、解决问题的科学方法，提高全体员工参与 QC 小组活动的积极性和创造性。使广大员工既掌握质量管理理论，又会运用 QC 小组活动的有关知识和方法，以推动企业 QC 小组活动深入开展。

中国建筑业协会质量管理与监督检测分会从 1999 年起，开始培训工程建设 QC 小组活动推进者，旨在培养一批懂全面质量管理理论，能指导 QC 小组活动，会评价 QC 小组活动成果的推进者队伍。据不完全统计，截至 2019 年年底，先后举办推进者培训班近百期。这支高素质的专业队伍，是全国企业开展 QC 小组活动的宝贵资源和力量，对推动工程建设 QC 小组活动和提高活动水平发挥了越来越大的作用。

由于建筑产品的复杂性和特殊性，企业需要一本具有建筑业特点的、较为系统的、适于培训和自学的 QC 小组活动基础教材。为此，中国建筑业协会质量管理与监督检测分会于 2005 年 3 月编辑出版《建筑业企业 QC 小组活动基础教材》、2010年 9 月出版《工程建设 QC 小组基础教材》、2015 年 7 月修订出版《工程建设 QC 小组基础教材》，2019 年再次对教材启动修订。这些教材突出行业特点，具有很强的实用性和可操作性，是培训工程建设 QC 小组骨干的实用教材和宝贵参考资料。

4. 开展各层次成果交流活动，促进相互学习，共同提高

中国建筑业协会质量管理与监督检测分会每年召开工程建设 QC 小组活动成果交流会，总结部署质量管理工作、交流经验、发表成果、激励先进，有力地推动了全国工程建设 QC 小组活动的顺利开展。

在每年的成果交流会上，专家对发表的成果进行点评，肯定其成绩，指出不足，提出改进建议。通过发表交流和激励，使与会小组成员代表学到了许多宝贵经验，受到更多启发，同时激发起企业员工参加 QC 小组和搞好 QC 小组活动的积极性，使 QC 小组活动更加扎实地持续开展下去。

5. 《工程建设质量管理小组活动导则》发布宣贯推广

(1)《工程建设质量管理小组活动导则》发布实施

2019 年 4 月 15 日，中国建筑业协会发布第 005 号公告：现批准《工程建设质量管理小组活动导则》（以下简称《导则》）为中国建筑业协会团体标准，编号：T/CCIAT 0005—2019，自 2019 年 6 月 15 日实施。《导则》共分 6 章，主要内容包括：总则；术语；基本规定；问题解决型课题活动程序要求；创新型课题活动程序要求；成果评价。

(2)《工程建设质量管理小组活动导则》宣贯推广

自《导则》发布实施后，为了培育更多的质量管理小组活动骨干人才，促进工程建设质量管理小组活动持续、健康、深入、广泛地开展。中国建筑业协会质量管理与监督检测分会先后多次举办《导则》宣贯培训班，结合《导则》具体要求进行要点解析、成果评价、成果编写等内容进行宣贯培训，并辅以典型案例进行解析，取得良好的效果，得到了广大企业和质量管理小组活动骨干的认可。

6. 建立了良好的各级各层次的 QC 小组激励机制

1997 年 3 月，国家经济贸易委员会、财政部、中国科学技术协会、中华全国总工会、共青团中央和中国质量管理协会（现"中国质量协会"）六家单位，联合发出了《关于推进企业质量管理小组活动意见的通知》，通知非常明确地解决了 QC 小组活动的激励问题。

　　根据以上通知精神，中国建筑业协会质量管理与监督检测分会每年都在各省市协会择优推荐的基础上，组织质量管理小组活动成果竞赛。通过竞赛，选拔一批工程建设典型 QC 小组活动成果，并择优向中国质量协会推荐交流、发布。以激发企业员工参加 QC 小组活动的积极性。

　　各省市行业、质量协会也制定并完善了相应的活动制度，更多的企业建立和完善了有效的激励机制。对 QC 小组取得的成果，不但按规定给予激励，还在业绩考核、职务晋升、职业生涯规划等方面作为优先条件考虑，使 QC 小组活动中成绩突出的先进集体和个人受到极大的鼓励。

二、工程建设 QC 小组活动与行业相关活动的关系

1. 工程建设 QC 小组活动与科学技术成果

　　我国《质量发展纲要》（2011—2020 年）中指出：质量发展是兴国之道、强国之策。质量反映一个国家的综合实力，是企业和产业核心竞争力的体现，也是国家文明程度的体现；既是科技创新、资源配置、劳动者素质等因素的集成，又是法治环境、文化教育、诚信建设等方面的综合反映。质量问题是经济社会发展的战略问题，关系可持续发展，关系人民群众切身利益，关系国家形象。

　　由此可知，质量发展离不开科技创新，质量管理离不开科技创新驱动，应把创新驱动作为质量发展的强大动力。加快技术进步，实现管理创新，提高劳动者素质，优化资源配置，增强创新能力，增强发展活力，推动质量事业全面、协调、可持续发展。为此，要了解和掌握工程建设质量管理小组活动与建设工程科技成果之间的密切关系。

　　（1）工程建设 QC 小组活动与工程建设工法

　　《工程建设工法管理办法》中将工程建设工法定义为：以工程为对象，以工艺为核心，运用系统工程原理，把先进技术和科学管理结合起来，经过一定的工程实践形成的综合配套的施工方法。

　　工程建设工法的内容包括前言、工法特点、适用范围、工艺原理、施工工艺流程及操作要点、材料与设备、质量控制、安全措施、环保措施、效益分析和应用实例十一个部分（对于公路工程工法，应在"效益分析"前增加"资源节约"，为十二个部分）。

　　由工程建设工法（以下简称"工法"）的定义和内容可看出，QC 小组活动与工法的形成有密切的关系。

　　工法以工程为对象，一个单位工程，或其分部工程、分项工程，乃至其中某一检验批、某一关键工序，如果需要，都可以开发工法，而这正是 QC 小组活动选题的起点和理由；至于在工法的工艺原理、施工工艺流程及操作要点、材料与设备、质量控制、安全措施、环保措施等内容方面，就有更多的质量技术课题可选，可供更多的 QC 小组开展活动。

　　工法以工艺为核心是强调施工工艺的权威性、优先性，强调关键技术的先进性，

施工中所采用关键技术的工艺原理、施工工艺流程和操作要点是工法中最重要的内容。施工工艺方法包括施工工艺要求、施工工艺流程的安排、施工工艺之间的衔接和重要节点、施工工序加工手段的选择（包括加工环境条件的选择、工艺装备配置的选择、工艺参数的选择）和施工工序加工的指导文件的编制等（如技术交底、操作规程、操作要点、工序质量检测验交等）。施工工艺是组织、指挥生产的技术依据。依靠施工工艺过程的基础与纽带作用，才能使人、机、料、法、环、测（5M1E）等生产要素有机地结合起来，并有效地进行施工。而这些工法最重要的内容和要求都可以细分到专项的 QC 小组中去。当然，这也要求 QC 小组成员必须学习、掌握、应用相关的专业技术的技能和经验，在诸如施工工艺改进、现场攻关、技术创新，以及应用新技术、新工艺、新材料、新设备等专业技术方面，与 QC 小组活动的科学管理方法结合起来。通过开展 QC 小组活动，取得有效成果，有力推动工法的开发。

如果该工法的关键技术，或关键工程材料的使用填补了国内空白，那更是 QC 小组选择创新型课题的最好机会。

工法"运用系统工程原理，把先进技术和科学管理结合起来"。在工法实施过程中，要求把现场相关联的劳动组织、机具材料配备、质量安全标准、环保措施以及绩效目标等汇成一个完整的系统，实行科学管理，这与 QC 小组活动秉承的全面质量管理的理念是完全一致的，而 QC 小组活动基本原则中的遵循 PDCA 循环、基于客观事实和应用统计方法，也是开发工法过程中所必须遵循的。

工法"经过一定的工程实践"，是"综合配套的施工方法"。工法依托于具体的工程项目，是技术、管理和测量改进的有效整合，有应用实例，用数据说话，被证明是先进成熟的，而 QC 小组活动成果也是通过现场实践后经发布和评价的结果，可作为工法编写的基础。而工法的推广应用，又能引导与其相关的 QC 小组活动成果进一步改进。

总之，QC 小组活动与工法开发，二者相互依存、相互促进、相得益彰。事实上，很多企业十分重视在开发、编制工法过程中开展 QC 小组活动的作用，在 QC 小组活动成果的基础上编写企业级工法，形成企业自主的知识产权，并进而申报省部级工法乃至国家级工法。可以说，QC 小组活动与开发工法相结合，是企业改进质量，提高施工技术水平，增强核心竞争力的有效方法，往往会有事半功倍的效果。

（2）工程建设 QC 小组活动与专利

《中华人民共和国专利法》中指出："发明创造是指发明、实用新型和外观设计"。其中，对于发明、实用新型和外观设计的界定分别是：

发明专利是指对产品、方法或者其改进所提出的新的技术方案。

实用新型专利是指对产品的形状、构造或者其结合所提出的适于实用的新的技术方案。

外观设计专利是指对产品的形状、图案或者其结合以及色彩与形状、图案的结合所作出的富有美感并适于工业应用的新设计。

同时,《中华人民共和国专利法》中也强调:"授予专利权的发明和实用新型,应当具备新颖性、创造性和实用性"。其中,对于新颖性、创造性和实用性的要求是:

新颖性,是指该发明或者实用新型不属于现有技术;也没有任何单位或者个人就同样的发明或者实用新型在申请日以前向国务院专利行政部门提出过申请,并记载在申请日以后公布的专利申请文件或者公告的专利文件中。

创造性,是指与现有技术相比,该发明具有突出的实质性特点和显著的进步,该实用新型具有实质性特点和进步。

实用性,是指该发明或者实用新型能够制造或者使用,并且能够产生积极效果。

对比《中华人民共和国专利法》中对发明创造(专利)的界定和要求可知:QC小组活动与专利的形成有着紧密的联系,特别是对于"创新型"课题的QC小组活动而言,更是高度契合。

创新型课题 QC 小组实质是针对研发类项目开展的 QC 小组活动。运用 QC 小组团队成员自愿结合、共同参与的活动形式,充分发挥小组成员创造性思维,运用小组成员已有的知识、技术和想象力,打破固有约束,通过广泛借鉴,提出创新方案路径。创新型课题满足的是业务领域内、外新的技术、工艺、方法、作业等方面的实际需求,并且,创新型课题活动中提倡充分调动、激发小组成员的潜能和创新性思维,提出各种可行性创新方案,进而实现预期目标。对比而言,高度契合"授予专利权的发明和实用新型,应当具备新颖性、创造性和实用性"的相关要求。

通过全国发表的"创新型"课题 QC 小组活动成果来看,较多典型代表性的"创新型"课题 QC 小组活动成果中均产生了发明专利或实用新型专利。这也从实践中证明了工程建设 QC 小组活动与专利形成相辅相成、相伴相生。

多年实践证明,QC 小组活动,在全面质量管理工作中,是最活跃、最有生气的一部分。通过开展 QC 小组活动,能更好地调动企业员工的积极性、创造性,充分发挥他们的聪明才智。积极开展 QC 小组活动,在提高质量,降低消耗,提高企业经济效益和市场竞争力方面,起着十分重要的作用。在 QC 小组活动中,各相关方应鼓励企业采用新技术、新工艺、新材料、新设备,加快技术积累和科技成果转化;如鼓励符合专利法、科学技术奖励规定条件的工法及其关键技术申请专利和科学技术发明、进步奖。同时,也应多鼓励发明创造,推动发明创造的应用,提高创新能力,促进科学技术进步和经济社会发展。如积极推动将技术领先、应用广泛、效益显著的工法纳入相关的地方标准、行业标准以及国家标准。

2. 工程建设 QC 小组活动与工程创优

依据《中国建设工程鲁班奖(国家优质工程)评选办法(2017 年修订)》建协〔2017〕2 号文件可知:争创高等级优质工程,尤其是争创中国建设工程鲁班奖(国家优质工程)(以下简称鲁班奖)的目的是为了贯彻落实科学发展观,坚持"百年大计、质量第一"的方针,加快我国建筑业的技术进步,促进建筑业企业提高技术装备水平和经营管理水平,推动建设工程质量水平的提高。

提升工程质量水平，追求精品工程，这正是开展质量管理小组活动的初衷和使命，两者高度一致。具体而言：质量管理小组活动是一项群众性的基础质量管理活动，活动过程严格遵循"持续改进"原则，这和工程创优理念一脉相承。质量管理小组活动是工程创优的基础性工作之一，质量管理小组选择课题步骤强调"小、实、活、新"的课题，工程创优注重工程细节，关注工程细部做法；二者初衷均体现从小、从细、从工序或检验批等入手，达到改进工程质量、创建精品工程的目的。

3. 工程建设 QC 小组活动与建筑装配式

面对我国转变生产方式的新形势，尤其是顺应建筑产业现代化的要求，必须关注绿色化发展。装配式建筑是实现建筑产业现代化的重要方式，当前，装配式建筑结构体系创新研究和施工关键技术的集成已成为建筑行业广泛关注的重点。

以装配式建筑为例，我国建筑装配化现状表明：基于现阶段装配式建筑结构需要解决的套筒连接工作量大、灌浆质量难以控制、成本较高、节点施工复杂等事实的实际需求，创新研发并形成了环筋扣合锚接混凝土剪力墙结构成套技术体系，具有明显的创新性。目前，环筋扣合锚接混凝土剪力墙新型装配式建筑结构体系已经形成了从构件制作到设计施工（包括构件制作、验收、运输、存放、安装与质量控制等内容）的成套技术，并在成功实践的基础上，取得了良好的效果。

由此可以看出，装配式建筑依托技术创新，运用 PDCA 循环持续改进理论，针对传统住宅施工速度慢、结构质量不易控制、住宅成本高、施工能耗高、存在较多安全隐患等弊端的实际需求，基于客观事实，运用创新技术、统计方法等有效管理手段，全员参与成功实现建造速度快、节省劳动力、提高建筑质量的目的。装配式建筑结构体系的创新研发与质量管理小组活动课题（创新型）的相关要求高度契合。

4. 工程建设 QC 小组活动与 BIM 技术

建筑业是个传统产业。如何利用新的技术资源改造传统的建筑业，是一项十分急迫的任务。众所周知：CAD 对建筑业技术进步的作用和贡献有目共睹，CAD 技术为传统的建筑业增添了新的活力，导致了工程设计的一场革命。但 CAD 仍无法解决传统生产和管理中设计、施工、运维相互割裂的行业管理方式，无法解决建筑全生命期各阶段信息的大量丢失和重复工作。建筑信息模型（简称 BIM）就是在这样的需求下产生和发展的。

BIM 技术作为一项新的信息技术，已在建筑业得到了普遍关注。BIM 是工程项目物理和功能性的数字化表达，是工程项目有关信息的共享知识资源。BIM 的作用是使工程项目信息在规划、设计、施工和运营维护全过程充分共享、无损传递，使过程技术和管理人员能够对各种建筑信息做出高效、正确的理解和应对，为多方参与的协同工作提供坚实基础，并为建设项目全生命周期中各参与方的决策提供可靠依据。

由此可知：BIM 技术是由于建筑业现实发展中存在问题弊病，为了满足实际需求应运而生。这和 QC 小组问题解决型课题的针对症结或问题，以及创新型课题针对实际需求通过 QC 小组活动达到解决现状问题或满足实际需求的理念殊途同归、一脉相承。

BIM 技术关注建筑产品的全过程应用,强调项目参与各方人员共同参与,共享 BIM 技术带来的信息资源,进而为各方项目在全过程中的科学决策提供基于事实的信息资源。这与 QC 小组活动遵循的"全员参与、基于客观事实"基本原则完全相符,并且在进行 BIM 技术应用的过程中同样强调"遵循 PDCA 循环、持续改进"等原则进行改进和创新活动。

综上所述,面对新时期的挑战和机遇,作为工程建设 QC 活动的参与者和推进者,要继续深入开展 QC 小组活动,坚持不懈,持续改进,为实现"环境友好、资源节约、社会和谐",加快建筑业发展方式的转变,更加有力推动全国工程建设 QC 小组活动健康发展。

正如《质量发展纲要(2011—2020 年)》中强调:新世纪的第二个十年,是我国全面建设小康社会、加快推进社会主义现代化的关键时期,是深化改革开放、加快转变经济发展方式的攻坚时期。在这一重要历史时期,经济全球化深入发展,科技进步日新月异,全球产业分工和市场需求结构出现明显变化,以质量为核心要素的标准、人才、技术、市场、资源等竞争日趋激烈。同时,我国工业化、信息化、城镇化、市场化、国际化进程加快,实现又好又快发展需要坚实的质量基础,满足人民群众日益增长的质量需求也对质量工作提出更高要求。面对新形势、新挑战,坚持以质取胜,建设质量强国,是保障和改善民生的迫切需要,是调整经济结构和转变发展方式的内在要求,是实现科学发展和全面建设小康社会的战略选择,是增强综合国力和实现中华民族伟大复兴的必由之路。

三、工程建设 QC 小组活动与现场管理、质量信得过班组建设的关系

1. 工程建设 QC 小组活动与现场管理

(1)现场管理的概念

现场是企业进行生产和提供服务的作业场所,企业的主要活动是在现场完成的。现场有广义和狭义之分。广义的现场是指企业所有用来从事生产经营的场所,如生产车间、库房、办公室等;狭义的现场是指企业内部直接从事基本或辅助生产活动的场所,主要包括生产车间、库房等。人们常说的现场,一般是指狭义的现场,有时又称为生产现场。

现场管理是指为了实现组织目标,通过完善的机制和有效的组织,运用科学的思想、方法和手段对现场各项活动要素进行有效的计划、组织、协调和控制,以保证现场各项活动优质、高效、有序、均衡的运行。现场管理是质量管理的重要组成部分。

(2)现场管理的基本内容和要求

1)基本内容

现场管理工作包括以下基本内容:

① 实行定置管理，使人流、物流、信息流畅通有序，现场环境整洁，文明生产；

② 加强工艺管理，优化工艺路线和工艺布局，提高工艺水平，严格按照工艺要求组织生产，使生产出于受控状体，保证产品质量，并定期对工艺文件的执行情况进行巡检、评价，确保工艺的可行性和有效性；

③ 以保证生产现场组织体系的合理化、高效化为目的，不断优化生产；

④ 健全各类标准体系，如流程、制度、技术标准、管理标准、工作标准、劳动及消耗定额、统计台账等；

⑤ 建立和完善设备、安全管理保障体系，有效控制投入产出，提高现场管理的运行效能；

⑥ 搞好班组建设和民主管理，充分调动员工的积极性和创造性。

2）基本要求

现场管理的核心是用全面质量管理的思想和方法提升现场管理活动各个要素的整体运行的质量和效率，其基本要求是：环境整洁、设备完好、物流有序、爱岗敬业、文明生产、产品优质。

① 环境整洁是指现场通道畅通，场地整洁干净，物料分类清楚，合理目视化，工具箱色彩合理统一、摆放有序；

② 设备完好包括各种设备标志醒目，完好率符合规定标准，设备达到清洁、整齐、润滑、安全的标准；

③ 物流有序是指对物流进行控制，在制品的流动严格按照投入产出要求进行，减少或避免不必要的停顿和等待时间，提高作业面积利用率。要克服在制品传递工程中的磕碰划伤及丢失，用必要的工位器具存放、传递。在现场存放的产品、物料按定置管理的办法整齐码放，便于使用。

④ 爱岗敬业的要求提出人是生产力要素中最活跃的因素，充分发挥员工的能动作用，这是现场管理的中心环节，主要反映在两方面：一是员工要以主人翁的姿态立足本职岗位，积极参与企业的各项管理，充分发挥聪明才智；二是员工要不断提高自身技术业务素质。

⑤ 文明生产是将建立健全规章制度、严格执行规章制度作为实现文明工作的前提。工作现场的规章制度有出勤制度、病事假管理制度等，也有岗位责任、工作标准、工艺纪律、安全制度等。

⑥ 产品优质是现场管理的最终目的，可以用产品的优良品率、质量损失率、零件关键项次合格率和商品返修率等来衡量。

（3）现场管理的意义

现场管理的意义体现在四方面：

① 提高质量的符合性，减少废次品损失。

② 是实现产品零缺陷（零不合格）的基本手段。

③ 促进全员参与改善工作环境和提高员工素质。

④ 是展示企业管理水平和良好企业形象的重要手段。

（4）工程项目现场管理的核心

创造价值、减少浪费与持续改善是现场管理所关注的核心问题。工程项目现场管理涉及价值、价值流、持续改善、绿色施工与标准化管理等基本概念。

1）价值与价值流

在精益思想中，价值由最终客户来确定。价值只在由特定价格、特定时间内满足客户需求的特定产品来表达时才有意义。在工程项目现场管理中，始终要明确现场各项活动的最终目的是要为顾客创造价值。

价值流是指从原材料转变为成品、并赋予价值的全部活动，包括从供应商处购买的原材料到达工程项目现场，工程项目现场对其进行施工或安装后转变为建（构）筑物（产品）至交付客户的全过程。一个完整的价值流包括增值和非增值活动，而非增值活动即为浪费。

2）持续改善

在现场管理中，常采用"持续改善"一词。通常所讲的持续改进是全面质量管理的核心内容之一，主要是指增强顾客满意而持续进行的改进循环活动，每一个循环都在原来基础上有所提升。"改善"（Kaizen）一词来源于日本，是指小的、连续的、渐进的改进，企业通过改进一系列生产经营过程中的细节活动，不断地激励员工持续减少搬运等非增值活动、消除原材料浪费、改进操作程序、提高产品（工程）质量、缩短产品生产时间（工期）等。

在工程项目现场管理中，各项活动的开展和各种方法的使用无不渗透着改善的思想。持续改善既是工程项目现场管理的基础工作，也是工程项目现场管理水平提升的关键措施。

3）绿色施工

在保证质量、安全等基本要求的前提下，通过科学管理和技术进步，最大限度地节约资源，减少对环境负面影响，实现"五节一环保"（节能、节材、节水、节地、人力资源节约和环境保护）目标的工程建设施工活动。绿色施工总体框架由施工管理、环境保护、节材与材料资源利用、节水与水资源利用、节能与能源利用、节地与施工用地保护六个方面组成。这六个方面涵盖了绿色施工的基本指标，同时包含了施工策划、材料采购、现场施工、工程验收等各阶段的指标。

4）标准化管理

标准化管理是工程项目管理的基础工作和基层工作，是全员、全天候、全过程、全方位的工作。标准化管理内容涉及质量、安全等方面的内容。

安全标准化管理是指通过建立安全生产责任制，制定安全管理制度和操作规程，排查治理隐患和监控重大危险源，建立预防机制，规范生产行为，使各生产环节符合有关安全生产法律法规和标准规范的要求，处于良好的生产状态，并持续改进，不断加强企业安全生产规范化建设。

工程项目管理安全标准化工作是体现安全管理理念、提升项目安全管理水平的重要方法；采用通行的PDCA管理模式，思想、方法先进，有利于提升工程项目现场管理水平，强化工程项目现场安全生产基础工作的长效制度，不断地自我检查、自我纠正和自我完善，建立安全绩效持续改进的安全生产长效机制。强调隐患排查和危险源识别的结合，发现隐患、控制风险，防止事故发生；与绿色施工相互交融，相互补充。

对于质量管理标准化而言，工程实践中的内容较为丰富，形式较为多样。主要包括：工程细部做法、样板引路、图纸会审、技术复核、技术交底、三检制、质量通病防治等等。依据确保结构安全与使用功能的基本要求，质量管理标准化的关键是品质保证，基点是价值提升。

总之，工程项目标准化管理在满足国家、行业相应的规范要求基础上，可以创造有本企业特色的标准化要求，作为企业文化的有形载体，可以更好地展示企业视觉识别系统，体现项目管理水平，增强工程项目管理团队的凝聚力和使命感。

（5）QC小组活动与现场管理的异同

QC小组活动与现场管理活动既有区别，又有共同点，见表1-1：

QC小组活动与现场管理异同对比表 表 1-1

对比内容 ＼ 活动内容	QC小组活动	现场管理
范围不同	自愿组成的小组,可以跨班组	作业现场,可以是一个班组或若干个班组
目的不同	群众性质量管理活动,实现员工自我价值的自主性活动	实现以顾客为中心,提高效率和效能,节约资源、节约时间、优化节拍(即一心、二效、三节)
内容不同	针对和围绕一个课题,展开改进和创新	运用全面质量管理思想,提升现场系统管理水平,实现现场优化
参加人员不同	与课题相关的人员(一般3～10人)	作业现场全体人员
结果(输出)不同	解决问题或满足需求	实现现场系统管理水平的提高,提升效率
共同点	1. 都是提升企业基础管理的一种途径和方法; 2. 都强调质量第一、以顾客为中心; 3. 都能提升人的素质、发挥人的积极性; 4. 都是运用质量管理的理论和方法,解决基础管理中的问题	

2. 工程建设 QC 小组活动与质量信得过班组

（1）质量信得过班组及其建设

1）质量信得过班组

《质量信得过班组建设准则》T/CAQ 10204—2017（中国质量协会团体标准）中将质量信得过班组定义为：能够稳定提供顾客和其他相关方信赖产品和服务的班组（企业中最基础的正式组织单元）。

2）质量信得过班组建设理念

质量信得过班组建设的核心理念是质量为顾客和其他相关方创造价值。其基本理念是：

① 关注顾客。质量信得过班组建设的目的是更好地满足顾客的需求和期望，班组应始终关注顾客的需求、期望及其变化为建设工作指明方向。

② 诚信守诺。质量信得过班组应对所提供的产品和服务质量做出承诺，工作过程中诚实守信、履行诺言，不断提升顾客和其他相关方的信赖程度。

③ 有效学习。班组应围绕质量信得过班组建设目标，持续学习新理念、新工具、新技术，创新工作方法，不断提高班组成员素质。

④ 改进创新。质量信得过班组应基于事实，运用科学的方法，持续优化、改进、创新班组各项基础管理工作，提升产品和服务质量的保证能力。

3）质量信得过班组建设开展

质量信得过班组（TGQ）为我国首创，20 世纪 90 年代初，在中国质量协会、中国科学技术协会、中华全国总工会、共青团中央联合召开的全国质量管理小组代表会议上，确定命名并表彰"全国质量信得过班组"，质量信得过班组建设活动由此在全国范围内展开。

为加强全国质量信得过班组建设，中国质量协会在总结多年质量信得过班组经验的基础上，先后于 2011 年制定、2013 年修订了《质量信得过班组建设管理办法》、《关于开展质量信得过班组活动实施指导意见》，并编著《质量信得过班组实施指南》，2017 年发布了《质量信得过班组建设准则》T/CAQ 10204—2017，质量信得过班组活动在全国范围内得到了广大组织的热烈响应和积极参与。

中国建筑业协会质量管理与监督检测分会分别于 2018 年、2019 年度组织召开质量信得过班组交流会、选拔赛，宣讲质量信得过班组的"质量为顾客和其他相关方创造价值"的核心理念，使创建活动取得"质"的飞跃，突出了班组的"质量"特色。

（2）质量管理小组（QC）与质量信得过班组（TGQ）的关系

质量管理小组（QC）与质量信得过班组（TGQ）活动既有着紧密的联系，又有所不同，主要体现为：

1）主要共同点：

① 都是提升企业基础管理的一种途径和方法；

② 都强调质量第一、以顾客为中心；

③ 都以提升人员素质为根本；

④ 都是运用质量管理方法解决基础管理中的问题。

2）主要不同点：

① 活动范围不尽相同

TGQ 是以企业中最基础的班组为活动单元，在班组内展开的创建质量信得过活动，班组本身是组织固有的结构单元。

QC 小组是由对某一课题或问题现状感兴趣的员工自愿组成的质量改进小组，

小组成员可以来自同一个组织单元，也可以来自不同的班组、不同的部门、不同的层级甚至不同企业的人员。大家完成课题后，小组人员可以解散，也可以因兴趣相投，继续在一起开展下一个课题活动。当然，也可以针对新课题的技术、管理等各方面的原因，吸引新组员参加进来，自愿组成一个新的QC小组，围绕课题，大家共同开展质量改进活动。

②　活动目的不同

TGQ是通过创建质量信得过活动，强化班组建设，为相关方创造价值，实现班组提供的产品、服务、工作质量信得过，进而达到顾客或用户（下一道工序）满意。

QC小组是通过开展QC小组这种活动形式，让广大员工群众积极地参与到企业的质量管理、质量改进中来的群众性质量管理活动，达到调动员工积极性、主动性、开发其潜能，实现员工自我价值的自主活动。

③　活动内容不同

TGQ活动是针对班组实行全面管理，包括识别顾客需求，实施班组制度管理等基础建设，运用方法持续改进创新，用文化凝聚团队，形成自身管理特点，使班组的产品、服务、工作质量、顾客、上级、相关方均信得过。

QC小组活动是由小组成员按照PDCA循环，围绕选定课题开展的质量改进活动。

④　参加人员不同

TGQ参加人员为班组内全体人员。

QC小组参加人员为对课题感兴趣的自愿加入的相关人员，人员可能是来自同一个班组内，也可能是跨班组、跨部门、跨职能、跨企业的人员。

⑤　活动结果不同

通过开展TGQ的创建活动，班组管理水平提升，班组的文化、制度、基础管理、人员素质综合改善，班组的输出产品、服务质量均能达到相关方信得过。

QC小组活动的结果是通过完成选择的课题，解决质量、安全、进度等存在的问题，并以此可能带来相关制度、标准的修订、完善，进而提升人的综合素质。

第二章　QC 小组的组建与推进

第一节　QC 小组的组建

一、QC 小组的组建原则

QC 小组的组建工作，一般应遵循以下基本原则。

1. 自愿参加，自由组合

QC 小组活动可以发挥人的主观能动性，可以营造文明和谐的现场工作氛围，可以增强企业的整体竞争能力，在对 QC 小组活动的宗旨有了比较深刻的理解和共识的基础上，小组成员自觉参与质量管理，自愿结合成立 QC 小组，自主地开展活动。这样组建起来的 QC 小组不需要行政命令，将"要我做"转变成"我要做"，主动进行自我学习，互相启发，共同研究，协力解决共同关心的问题。从而在开展活动中能更好地发挥主人翁精神，充分发挥小组成员的积极性、主动性和创造性，实现自我控制、自我提高的目标。

2. 灵活多样，不拘一格

由于各企业的特点不同，企业内部各部门、各分公司、各工程项目的特点也不相同，因此在组建 QC 小组时，形式可以灵活多样。如同工种、同班组可以组成长久的质量改进 QC 小组，管理人员、技术人员和操作人员可以组成三结合的技术攻关小组，工作场所相同的可以组成共建愉快工作现场的小组等，人员可多可少，活动时间可长可短，以方便活动、易出成果、便于解决实际问题为原则，形式多样，不拘一格，充分体现 QC 小组"小、实、活、新"的特点。

3. 实事求是，联系实际

在组建 QC 小组时，一定要从企业实际出发，以解决企业实际问题为出发点，实事求是地筹划 QC 小组的组建工作，不要盲目追求普及率。应先启发少数人的自觉自愿，组建少量 QC 小组，指导他们卓有成效地开展活动，并取得成果。再以点带面，典型引路，让员工从身边实例中增加对 QC 小组活动宗旨的认识。加强质量管理知识的普及教育，逐步诱发其参与 QC 小组活动的愿望，使企业中 QC 小组像滚雪球一样地扩展开来。

4. 自上而下，上下结合

强调自愿参加，并不意味着 QC 小组只能自发地产生，更不是说企业的管理者就可以放弃指导与领导的职责。没有广大员工的积极参与，QC 小组就没有生命力，但 QC 小组的产生离不开企业管理者的支持与引导，这也是管理者的职责。

"上下结合"，就是要把来自管理者的组织、引导与启发员工的自觉自愿相结合，组建成具有本企业质量文化特色的 QC 小组，使 QC 小组保持旺盛的生命力。

二、QC 小组的组建程序

由于各企业、各工程项目的情况不同，选择的活动课题不同等，所以组建 QC 小组的程序也不尽相同，大致可以分为以下三种情况。

1. 自下而上的组建程序

企业中从事工程建设、管理及服务等一线工作岗位的员工，为解决其所从事的生产工作和实际业务中存在的问题，自发的组建 QC 小组，自主地开展活动。一般由工程项目或管理部门的人员共同商定，组建 QC 小组，确定小组名称，推选组长人选，选择活动课题。基本取得共识后，向所在单位主管部门申请注册登记，经企业主管部门审核同意，QC 小组组建工作即告完成。

这种组建程序，通常适用于同班组、同工程项目或同部门成员组成的 QC 小组，所选课题是基于自己工作的本职本岗去做改善，一般都是自己身边手边力所能及的问题。这样组建的 QC 小组，成员的活动积极性、主动性很高，企业主管部门应给予支持和指导，包括对小组骨干成员的必要培训，以使 QC 小组活动持续有效地开展。

2. 自上而下的组建程序

由企业 QC 小组活动主管部门根据企业实际情况，提出全企业开展 QC 小组活动的设想方案，据此与分公司、各部门、工程项目部的相关负责人协商组建 QC 小组，并提出组长人选，物色小组成员，选择活动课题。由小组填写注册登记表，经企业主管部门审核同意，完成 QC 小组组建工作。

这类 QC 小组所选择的课题往往都是企业或项目部急需解决的、有较大难度的、牵涉面较广的技术、设备、工艺问题，以及涉及部门较多的综合性管理课题，需要企业各部门、分公司或项目部为 QC 小组活动提供一定的技术、资金等资源。这样组建的 QC 小组，紧密结合企业的方针目标，抓住并解决企业面临的关键问题，同时给企业带来直接的经济效益。又由于有领导和技术人员的参与，活动可以得到人力、物力、财力和时间的保障，有利于取得成效。

3. 上下结合的组建程序

这是一种介于上面两种方式之间的组建方式。通常是由企业主管部门根据当年生产、工作任务要求推荐课题范围，员工根据自身所从事的生产工作、实际业务选择感兴趣的课题，自愿组合开展活动。经讨论认可，上下协商来组建小组。协商内容主要是涉及组长和组员人选的确定、课题的初步选择等，其他组建程序与前两种相同。这样组建的小组，大家兴趣相同，主动性高。可取前两种所长，避其所短，应积极倡导。

三、QC 小组的成员构成及要求

1. QC 小组的成员构成

QC 小组由组长和组员构成。每个 QC 小组的人数应根据所选课题的范围、难度等情况进行确定,不必强求一致。《关于推进企业质量管理小组活动的意见》中规定,为便于自主地开展现场改善活动,小组人数一般以 3～10 人为宜。当课题变化或小组成员岗位变动时,成员数量可作相应调整。小组人数宜少不宜多,以便于每个小组成员都能在小组活动中充分发挥作用。

此外,在小组活动中可以由外部或内部推进者帮助和指导小组正确地开展活动,包括课题选定、问题分析、统计方法运用、总结评价成果等,如图 2-1 所示。

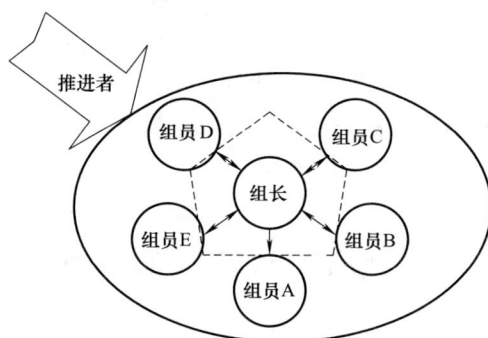

图 2-1　QC 小组成员构成图

2. QC 小组组长的职责及要求

(1) QC 小组组长的职责

QC 小组组长的基本职责,就是组织 QC 小组有效地开展活动。组长是 QC 小组的组织领导者,是 QC 小组的核心人物,QC 小组是否能有效地开展活动,组长起着重要作用。

QC 小组组长的组织领导,自始至终贯穿在 QC 小组活动当中,组长的组织领导作用,不是靠行政命令,而是靠自己对 QC 小组活动的高度热情、积极奉献、言传身教以及模范带头的行动,团结全组成员,激励大家与自己一起主动有效地开展活动。

QC 小组组长的具体工作,可概括为以下三个方面。

① 抓好 QC 小组的质量教育。"全面质量管理始于教育,终于教育",抓好质量教育是推行 QC 小组活动有效开展的前提和基础。通过质量教育,不断加深小组成员对 QC 小组活动宗旨的理解,激发其参加 QC 小组活动的积极性和主动性,为小组活动打下坚实的思想基础;通过质量教育,使小组成员对开展 QC 小组活动的科学程序和有效方法能正确理解,并能够结合实际灵活运用,这是小组活动能够按计划取得预期成果的重要保证。在开展质量教育时,要注意教育活动的针对性、有效性和连续性,要通过听课、成果交流、活动实践等多种形式,使教育成果不断巩固,教育内容不断深

化，提高小组成员的素质和能力，从而不断提高 QC 小组活动的水平。

② 有计划地组织开展小组活动。QC 小组长应与成员一起讨论确定活动课题以及要达到的目标，制定小组活动计划，运用质量管理的理论和方法，按照 PDCA 循环的活动程序，结合本专业技术开展活动。在活动过程中，组长还应注意检查活动计划的实施情况，发现偏差及时与成员一起研究补充纠正措施，必要时修订原计划，以保证预定目标的实现。组长要注意使活动内容与形式多样化，既有共同的学习研讨活动，又有分头的改进活动，还可以把一些文体娱乐与交往活动穿插其间，为组员创造一个宽松愉快的工作环境。

③ 做好 QC 小组的日常管理工作。QC 小组长在小组组建时负责向主管部门办理注册登记工作；组织全体成员按活动计划开展 QC 小组活动，做好活动记录、出勤考核，保存好活动原始记录，组织整理、发表小组活动成果，并做好活动总结与诊断，以不断改进小组活动方式，提高活动的有效性。

（2）QC 小组组长的要求

对 QC 小组组长一般有如下要求：

① 推行全面质量管理的热心人。QC 小组组长应爱岗敬业、事业心较强，对开展 QC 小组活动有很高的热情，在带领 QC 小组开展活动时，任劳任怨，不畏困难，积极工作。

② 业务知识较丰富。QC 小组组长无论在技术水平、操作技能，还是在专业知识、质量管理知识方面，都应具有较高的水平，带动全组成员不断提高技术业务素质。

③ 具有一定的组织能力。QC 小组组长能调动小组成员的积极性和创造性，善于集思广益，团结全体组员一同工作，使 QC 小组不仅能够解决企业的质量、能耗、成本、环保等问题，还能在改进管理、改善人际关系和加强班组建设等方面做出贡献。

3. QC 小组组员的要求

对 QC 小组组员一般有如下要求：

（1）根据小组活动计划安排按时参加活动，活动中积极发挥自己的聪明才智和特长，充分发挥 QC 小组的团队作用；

（2）按时完成小组分配的任务，只有每个组员都能按时完成任务，QC 小组才能如期实现课题目标；

（3）QC 小组成员应成为企业不断改进的积极分子，积极主动发现身边需要改进的问题，提出合理化建议，为 QC 小组提供更多有价值的活动课题。

为了提高小组活动的水平和有效性，QC 小组还可以聘请各级推进者、专家作为 QC 小组的指导或顾问，给 QC 小组活动有益的指导和帮助，为 QC 小组活动取得预期效果起到积极的促进作用。另外，不少企业的 QC 小组活动也得到了本企业 QC 小组活动推进者（包括主管部门领导、专家、QC 专职管理者等）的大力支持，小组可以把他们视为小组中的一员。

四、QC 小组的注册登记

1. QC 小组的名称

QC 小组组建后，小组成员应为自己的小组命名，使小组能够拥有一个能够体现本小组特色的名称。小组取名一般以简明易记、具有象征意义为原则，且应具有延续性，如"开拓"、"睿智"、"焊花"、"啄木鸟"等。避免选择字数过多、累赘冗长的小组名称。

2. QC 小组的注册登记

为便于管理，QC 小组组建后，应认真做好注册登记工作，注册登记是小组组建的最后一项工作。小组注册登记时，应按要求填写 QC 小组注册登记表，基本内容包括小组的名称、组长、组员、所属单位、成立日期、活动课题、课题类型等。QC 小组注册登记应每年进行一次，以便确认该 QC 小组是否还存在，或有什么变动，对持续半年以上未开展活动的小组可以予以注销。

小组经过注册登记后，即被纳入企业年度 QC 小组活动管理计划之中，便于企业对 QC 小组活动进行管理。经过注册登记小组的成员会产生参与感和责任感，减少了活动的随意性。此外，对于注册登记的小组，企业主管部门会有针对性地进行指导和帮助，推荐参加各级组织的发表活动，激励小组成员能够更踊跃地参与活动。

3. QC 小组活动课题的登记

在 QC 小组注册登记的同时，还要进行其活动课题的登记，即在小组选定活动课题后、开展活动之前进行活动课题的登记。活动课题登记时，应按要求填写 QC 小组活动课题登记表，基本内容包含活动课题、课题类型、活动时间、课题注册号等。小组活动课题注册与小组注册登记不同，不要混淆。

小组/课题注册表可根据本单位具体情况，参照表 2-1 编制。

质量管理小组/课题注册表   表 2-1

单位名称			成立日期		
小组名称			小组/课题注册号		
成员	姓名	职务/职称	岗位/分工	学历	备注
组长					
副组长					
组员					
课题名称			课题类型		
质量管理小组 人均培训时间					
指导者	本单位□　外单位□　国家级推进者□　省市、行业级推进者□				
上年度课题：					
项目部负责人			QC 主管部门		

第二节　QC 小组活动的推进

一、推进措施

QC 小组活动是企业的自主行为，是群众性质量改进活动，推进 QC 小组活动健康持久地发展，有效地推进工作至关重要，也是企业领导与有关管理部门的职责。为了更好地推进 QC 小组活动的开展，企业应建立一个架构稳定、职能明确的组织体系。在推进 QC 小组活动工作中要注意从几个方面入手：抓好质量教育、创造活动环境、制定推进计划、健全管理办法、指导活动方法、交流活动收获、分享成功经验、激励活动成效。采取灵活的推进形式和方法，实现 QC 小组活动的普及、深化和活动水平提高。

1. 教育先行

质量管理始于教育，终于教育。教育是质量管理的立足点和出发点。作为全面质量管理四大支柱之一的 QC 小组活动，教育是活动取得成效的前提。通过教育，使 QC 小组活动深入人心，吸引更多的人参加到 QC 小组活动中来，并有效的开展活动。通过质量知识教育，了解 QC 活动理念及新的质量概念、原理，帮助员工转变观念，培育质量意识，提高员工质量认识水平和行为态度；通过质量技能培训，帮助员工掌握质量管理方法的应用技巧，提升员工业务技能和分析、解决质量问题的能力。企业对 QC 小组活动的教育方式应灵活多样，既可以请专家授课，进行案例分析；也可以让 QC 小组成员走出去，参加 QC 小组活动成果发表会，听取其他小组的经验介绍；还可以聘请有经验的专家给予小组活动具体指导。总之，质量教育要常抓不懈，注重实效。

2. 制度保障

制度建设是 QC 小组活动的保障。企业应参照国家经济贸易委员会等六家单位于 1997 年联合下发的《关于推进企业质量管理小组活动意见》文件，制定并逐步完善企业 QC 小组活动相关制度，包括 QC 小组活动的管理办法、实施指导意见、奖励办法等，才能确保 QC 小组活动的规范化、科学化，并使活动持久开展下去。企业要根据工作实际，结合本年度经营方针目标及现状，制定 QC 小组活动的推动方案或计划，明确推进的力度、重点和步骤，使 QC 小组活动在企业内部逐层展开与落实，使 QC 小组活动与企业的日常工作紧密结合。通过建章立制，上下结合，加强管理，实现 QC 小组活动的常态化。

3. 指导引领

QC 小组活动是一项实践性很强的群众性质量改进活动，管理部门以及推进者应对小组活动自始至终予以关注，给予指导和帮助。要深入到小组实际的活动中，跟随小组课题活动过程，对小组成员给予正确和全面的引导，提高活动的真实性和有效性，不要片面地认为 QC 小组是自主活动而放任自流。要在 QC 小组活动各个时期扮演好不同的角色。做好传播者，宣讲理论知识和统计方法；做好辅导员，指导小组成员开展课题活动；做好裁判员，评价活动成果，树立样板，共同提高水平；做好协管员，沟通协调上级主管领导，各职能部门等之间的关系，帮助小组解决困难。通过循序渐进、逐级深入，结合实际的指导方式，促进 QC 小组活动健康发展。

4. 交流提高

交流是 QC 小组活动推进工作的重要环节。企业应积极组织取得成果的小组参加成果交流活动，参加各级组织的成果发表会。通过成果交流活动，各小组、各企业、各行业及地区之间可以相互学习，共同提高。成果发表会是一个很好、很有效的交流形式和交流平台，从中可以达到互相学习，相互启发，共同提高的目的。

交流的目的是分享，分享的目的是提升活动水平。交流的方式是为交流目的服务的手段。因此，企业在深入推进 QC 小组活动过程中，可以采用阶段分享、现场展示、答疑解惑等灵活多样的交流方式，通过典范借鉴、经验分享，给小组成员互相学习、展示自我价值搭建一个良好的平台。

5. 有效激励

激励是一种有效的手段，是对小组成员付出辛勤劳动与取得成绩的肯定，更是满足人的自尊与需要。激励可以是物质的奖励、精神的激励等各种形式，以此激发小组成员参加活动的热情和积极性，使 QC 小组活动能够长盛不衰。

综上所述，要推进企业的 QC 小组活动自主、活跃地开展起来，坚持下去，不断提高活动水平和活动成效，企业领导与管理者既要有高度热情，又要讲究科学和艺术。对于 QC 小组活动要多宣传、多关心、多指导、多鼓励，千方百计保护群众开展活动的积极性，激发群众的主动性和创造性。对于活动中的问题和不足，不要求全责备，应实事求是地认真对待，给予分析、指导和帮助，推动企业 QC 小组活动蓬勃开展。

二、推进人员的要求

1. 推进者的基本要求

QC 小组活动推进者应熟练掌握运用质量管理的理论和方法，按照 PDCA 活动程序，正确指导 QC 小组开展质量改进和创新活动。

我国自 1978 年推广、开展 QC 小组活动至今，各级企事业单位涌现了一大批具有理论知识和实践能力的 QC 小组活动专业人才，科学有效地对 QC 小组活动给予咨询、指导和评价，推动了各企业、省市、行业 QC 小组活动深入、持久地开展。实践证明，这些 QC 小组活动推进者对提高企事业单位 QC 小组活动水平，诊断和评价 QC 成果发挥了积极的作用，做出了较大的贡献。

中国建筑业协会 2009 年修订的《全国工程建设优秀 QC 小组评选办法》规定：各地区、各行业建设协会在评价推荐全国工程建设 QC 小组时，其评价专家应是经过专门培训认可的全国工程建设 QC 小组活动推进者。各级工程建设质量管理协会和各企业也都应有经过专门培训和认可的推进者。

对 QC 小组活动推进者的要求是：懂质量管理理论、能指导 QC 小组活动、会评价 QC 小组活动成果。

懂质量管理理论。在掌握了全面质量管理基本理论，特别是 QC 小组基本知识的基础上，密切关注质量领域理论和实践的变化，及时吸收更新有关的知识，并结合实际在工作中适时应用。

能指导 QC 小组活动。由于 QC 小组活动是一种群众性的质量改进活动，参加活动的人员因受教育程度不同、起点不同、经验不同、活动的水平和效果也不相同，活动中经常会出现一些问题。QC 小组活动推进者应对 QC 小组活动的全过程进行指导帮助，包括小组的组建、按 PDCA 循环的程序开展活动、编写成果报告、巩固活动成果、运用统计方法等。要善于发现问题，分析判断问题的严重程度和产生的根源，有针对性地提出改进措施，帮助 QC 小组提高活动水平。

会评价 QC 小组活动成果。推进者必须熟悉 Q 和 QC 小组活动的理论和方法，具有较丰富的从事 QC 小组活动实践经验，熟悉评价标准，严格掌握评价原则，能客观、公正、准确地对 QC 小组成果进行评价。

2. 推进者的主要职责

为加强全国工程建设质量管理小组活动推进者队伍建设，健全制度、规范管理，培养"懂理论、能指导、会评价"的 QC 小组活动推进者人才队伍，科学有效地对 QC 小组活动进行指导、评价，促进工程建设行业质量管理小组活动持续发展，QC 小组活动推进者应具有以下职责。

（1）积极开展和推进 QC 小组活动

40 多年来，我国已经形成了一支颇具规模的质量工作者队伍，这支庞大的专业队伍是我国开展质量工作，提高质量管理水平的宝贵资源和力量。QC 小组活动推进者，就是这支队伍的中坚力量。

QC 小组活动推进者质量意识较强，热心于质量改进工作，既掌握质量管理理论，又会运用 QC 小组活动的有关知识和方法，了解如何组织好 QC 小组活动。企业和各级协会可以依靠这批骨干力量，指导和推动 QC 小组活动。

（2）做好质量教育培训工作

全面质量管理（TQM）始于教育，终于教育，为使 QC 小组活动向深度和广度发展，企业和各级协会都十分重视抓好 QC 小组活动的质量教育培训工作，有计划地开办各种形式的培训班，而 QC 小组活动推进者则可以担任培训班的授课教师，向学员讲解基础理论知识，传授先进经验，分析活动中存在的问题，肩负起教育、培养的任务。QC 小组活动推进者的这项工作，对培养造就一批 QC 小组活动骨干，推动小组活动的深入开展，有着十分重要的作用。

（3）对 QC 小组活动进行指导

QC 小组活动的指导，要运用科学的方法，对企业的 QC 小组活动状况或某一QC 小组的活动进行调查、分析和指导，找出活动中存在的问题及产生原因。针对"病因"提出一些切实可行的方案，以协助企业或小组制定和实施改进方案，达到提高 QC 小组活动水平，使活动扎扎实实开展下去。

（4）对 QC 小组活动成果进行评价

QC 小组活动取得成果后，应肯定取得的成绩，总结成功的经验，指出不足，以不断提高 QC 小组活动水平；同时为了表彰先进，落实奖励，使 QC 小组活动扎扎实实地开展下去，需要对 QC 小组活动成果进行客观的评价与审核。

QC 小组活动成果的评价，应由推进者担任评委，组成评价组。各地区、各行业有关协会在评价推荐全国工程建设 QC 小组时，其评价人员应是经过培训认可的全国工程建设 QC 小组活动推进者。

三、推进的内容

当推进工作针对某一个 QC 小组进行时，可以从小组活力（小组活动的积极性）及小组能力（小组活动的水平）这两个方面入手，识别"小组活力"、"小组能力"的影响因素。通过影响因素评价"小组活力"及"小组能力"水平，把握小组活动状态，寻找到小组活动中存在的问题，指导小组改进、提高。

1. 小组活力水平影响因素

①团队氛围；②合作精神和能力；③活动开展情况及效果；④领导支持；⑤认可与激励；⑥交流。

对于小组活力水平影响的因素，推进者可结合本企业、本地区的特点调整，抓住关键因素，以便于做出较准确的评价。

2. 小组活力水平分级

确定影响小组活力水平的影响因素后，按各影响因素在小组活动中的成熟度水平进行分级，对各级水平进行描述。将上述六个影响因素分成五个级别，在表 2-2 中列出。

小组活力影响因素水平分级表　　　　　　　　　　　　　　　　表 2-2

影响因素 ＼ 级别内容	Ⅰ	Ⅱ	Ⅲ	Ⅳ	Ⅴ
①团队氛围	组内氛围冷淡，彼此不交流	组员之间沟通不畅，缺乏朝气，彼此协调差，小组活动进行不顺利	组员之间经常沟通，协调性好，小组活动按计划进行	组员之间沟通顺畅，有合作精神，成员愿意发表自己的意见	全组内气氛愉快、和谐，成员热情高，互相充分信任，畅所欲言
②合作精神和能力	小组不主动向上级报告活动情况，与其他员工、部门很少沟通交流	在提醒或要求下，通常不上级汇报小组活动情况，只有小组活动遇到了解决不了的困难时，才与其他部门沟通。由于协调性不好，活动时常延误	一般都是小组自己活动，只在一些关键环节与上级、其他部门沟通	按照活动计划，结合活动内容，与上级、相关部门沟通合作，开展活动顺利	积极主动地与上级或其他部门沟通、交流、合作，并相互充分信任，小组常开展具有挑战性的课题活动，且由于协作性好，活动完成出色

影响因素＼级别内容	I	II	III	IV	V
③活动开展情况及效果	小组活动很随意,没有计划,会前不准备,开会或活动常没效果。平均每月活动或开会不到1次	小组活动有计划,但不能按计划开展,随意变更,活动前准备不充分,活动效果差。平均每月活动或开会1次	小组活动较少按计划进行,时有随意变更情况发生,活动中以组长为主导,成员参与活动、献计献策少,个别成员不积极。平均每月活动或开会2次	小组活动按计划进行,事先做准备,以组长和骨干为主,成员都愿意参加活动,主动发言,但有消极情绪,尤其是遇到困难时,成员准备得不够充分。平均每月活动或开会3次	小组按计划活动,有计划地调整行动;活动前,全员都在充分准备;活动中积极参与、踊跃发言,献计献策,效果常常超出预期。平均每月活动或开会3次以上
④领导支持	领导很少过问。对QC活动的支持更多停留在口头上	领导不定期的会过问小组活动的情况;如果小组提出要求,可能经过考虑会给一点支持,但很有限	领导时常会过问小组开展活动的情况;只要小组有要求,会尽可能给予支持	领导将小组活动纳入工作计划,定期过问相关情况;经常给小组活动提供相关支持	领导有计划地关注小组活动并主动参与;主动为小组活动提供时间、场地、人员、经费、设施等支持。并纳入长期计划
⑤认可与激励	不召开成果评价会和发表会;激励政策不完善,有很大的随意性	偶尔召开(有时一年,有时两年)成果评价、发表会,对小组成果有评价但不系统;制订了激励政策,但执行不好	每年对成果进行评价但发表会不常开;对小组成果开始进行较系统的评价;按照激励政策给予小组一定的物质奖励	每年组织对成果进行全面评价和发表;对小组活动成果进行系统评价;按照激励政策给予小组较高的物质奖励和一定的精神奖励	每年有计划、系统地组织成果评价、发表、交流;对小组活动成果能够站在全行业或全地区角度全面、系统评价;根据小组取得的成绩分层次给予物质、精神奖励,并与员工的个人职业发展相协调
⑥交流	小组活动很少交流	小组活动结束后,与个别其他小组进行交流	小组活动每次结束后都与其他小组交流	小组每次课题活动,在活动前、活动中、活动后都主动与其他小组或专家交流	小组不但在企业内部经常交流,还经常与同行业、全国其他企业小组、专家进行交流

3. 小组能力水平影响因素

小组能力水平影响因素主要有:

① QC知识认知程度;

② 按照程序开展活动状况;

③ 统计方法应用能力与水平;

④ 改善能力；

⑤ 学习能力；

⑥ 成果总结及成果水平。

对于小组能力水平的影响因素，推进者在实际应用中可结合本地区和本企业具体情况进行增减，以提供有针对性的评价与指导。

4. 小组能力水平分级

对确定的影响小组能力水平的影响因素，按其在小组活动中的状况水平进行分级。上述六个影响因素划分为五个级别，见表2-3。

小组能力影响因素水平分级表 表2-3

影响因素 \ 级别内容	I	II	III	IV	V
①QC知识认知程度	只有1/3左右的小组成员初步了解QC相关知识，个别成员对基本概念不清楚	有一半的小组成员对QC基本知识有所认识，但多数人不知道如何与工作业务活动相结合。有个别人对QC作用持怀疑态度	有2/3的小组成员了解QC基础知识，并能运用到业务工作中去，小组全体成员都认可QC小组的作用，并开始应用	小组全体人员都了解QC基础知识，且有较深的理解，应用其解决身边的问题，并取得较好的效果	小组全体成员深入掌握了QC相关知识，自觉自愿地积极主动应用，紧密、有效地结合自己工作实际，效果显著
②按程序开展活动情况	只有1/3的小组成员初步了解QC活动程序、步骤，在没有外部指导的情况下，小组自身很难开展活动	有一半小组成员掌握活动程序、步骤，在组长带领下，小组成员开始开展课题活动，但很不顺畅，常常出现错误，经常需要专家指导	有2/3的成员掌握活动程序、步骤，可以开展课题活动，遇到难题时要请专家指导	全体小组成员都已掌握活动程序、步骤，已开展过几个完整的课题活动，个别时候需要指导	全体小组成员熟练掌握活动程序、步骤，小组成员自主、科学地开展活动，并能给其他小组作指导
③统计方法应用能力与水平	只有1/3的小组成员初步了解分层法、调查表、排列图、因果图、直方图、控制图、散布图等统计方法，但应用有困难，必须在专家的指导下开始使用	有一半的小组成员掌握分层法、调查表、排列图、因果图、直方图、控制图、散布图等统计方法可以开始应用，但不熟练，常出错，经常需要专家指导	有2/3的成员掌握分层法、调查表、排列图、因果图、直方图、控制图、散布图等统计方法，有极少数人同时初步了解关联图、系统图、亲和图、PDPC法、网络图等统计方法，小组在活动中能应用统计方法解决问题	全体成员掌握分层法、调查表、排列图、因果图、直方图、控制图、散布图等统计方法，1/3的成员掌握关联图、系统图、亲和图、PDPC法、网络图或更多方法，小组活动应用统计方法准确、有效，偶尔需要专家指导较难的统计方法应用	全体小组成员熟练掌握分层法、调查表、排列图、因果图、直方图、控制图、散布图、关联图、系统图、亲和图、PDPC法、网络图等统计方法，1/3左右的成员掌握其他难度较高的方法，小组应用统计方法正确、有效性强，可以指导其他小组活动

影响因素 　　级别内容	Ⅰ	Ⅱ	Ⅲ	Ⅳ	Ⅴ
④改善能力	小组缺乏改进能力,对身边的问题缺乏敏感性。如果没有上级或专家指点,总是找不到问题	小组成员半数以上开始有改进意识,开始寻找并能发现一些问题,但还是有更多依赖性	小组成员绝大多数有改进意识,愿意主动寻找问题、发现问题,在专家指点下能发现深层次问题	小组成员全体具有改进意识,主动改进,思想活跃。问题解决到位	全体成员具有很强的改进意识,并乐在其中。发挥创造性思维,创新性地解决问题,效果突出
⑤学习能力	小组内缺乏学习意识和氛围;对小组的活动从未做过评价与分析	小组成员半数以上有学习的意识;对小组的活动过程及方法应用,效果等开始有评价	小组成员绝大多数有学习的意识并展开相互促进的学习活动;对小组活动状况定期进行系统评价与分析	小组成员全体有较好的学习意识,经常组织学习,提高小组水平与能力;对小组活动状况系统地进行评价、分析、改进	小组全体成员积极主动热爱学习,除有计划地组织内部学习外,经常外出向其他单位小组交流学习;对小组活动状况系统地评价、分析、改进、分享
⑥成果总结及成果水平	成果水平差,基本不总结	成果水平有进步,但仍处于较低水平,成果做总结,但总结能力较低,无法发表	成果水平中等,成果总结能力有较大提升,开始在本企业、本地区或本行业参加发表	成果水平较高,成果概括总结能力较强,在企业中发表成绩好,经常在地区、行业参加发表并取得成绩	成果水平高,成果总结能力强,经常参加全国性发表,并取得较好成绩

四、推进激励

人的积极性产生于自身的需要。美国心理学家马斯洛（A. H Maslow）提出的"需要层次论"认为,人有五种基本需要,即生理需要、安全需要、社交需要、尊重需要和自我实现的需要。这五种需要由低到高,体现人的需求的提升。当人们得到应有的尊重和有效的激励,就能够促使其潜力的发挥,从而调动其积极性,实现自我价值。

当 QC 小组的成员以极大的热情,围绕企业经营战略、方针目标和现场存在的问题,在改进质量、降低消耗、改善环境、提高人的素质和经济效益方面开展活动,并取得成果以后,如何使这一奋发向上的热情得以保持,并能再次选择课题持续地活动下去,同时也吸引更多的员工参加 QC 小组活动,这就必须采取有效的激励手段。激励机制是持续开展 QC 小组活动的动力源泉。

1. 理想与目标激励

人的目标通常源于对理想的追求,包括社会理想和个人理想。前者如为社会进步做贡献、推动企业发展等;后者如实现个人目标、成为企业家、技术骨干等,这些理想目标对员工的工作、学习积极性将产生持久的作用。因此,企业应当把理想教育作为激励的重要手段，帮助员工树立社会理想，并把个人理想与社会理想结合起来。应该使员工认识到，企业的兴衰，将直接影响到员工的收入乃至前途；同样，员工工作的好坏、努力奋进的程度不同，除本身得到不同报酬外，也将影响到企业的效益。员工和企业的关系十分密切。为此，应把企业的方针目标、发展规划告知员工，并将民主管理交给员工，以激发广大员工参加 QC 小组，积极投入各项质量改进活动的自觉性，为企业的发展做出贡献，同时员工通过参加活动又可增长自己的才干。

大多数人都有成就需要，希望不断获得成功，成功的标志就是达到预定的目标。有目标，人才有奔头，才能产生动力，因此，目标也是一个重要的激励因素。

2. 荣誉激励

对做出成绩的优秀员工给予表彰，授予荣誉称号，发给荣誉证书等，这是对员工做出贡献的公开承认，可以满足人的自尊的需要，从而得到激励目的。高明的企业领导人都懂得这种成本低而效果好的激励手段的重要。例如：工程建设行业的许多企业都在科技质量奖励办法中规定了对于优秀 QC 成果在职级晋升、职称评定等方面给予优先照顾，并颁发奖励文件给予表彰，有效地激励了广大员工，激发了他们的主观能动性。

3. 物质激励

物质激励是最基本的激励手段，物质激励包括工资、奖金和各种公共福利。因为工资、奖金等决定着员工的基本需要的满足。同时，员工的收入也影响其社会地位、社会交往，甚至影响着学习、文化娱乐等精神需要的满足。QC 小组取得成果，创造了效益，应根据按劳分配的原则给予物质奖励。

4. 关怀与支持激励

QC 小组的活动能得到企业领导的重视、关心和支持，必将更激发起员工参加 QC 小组活动的积极性，从而把 QC 小组活动搞得更加出色。

工程建设行业的大多数企业都意识到了 QC 小组活动对于企业发展、人员素质提升中的积极作用，管理层也十分重视 QC 小组活动，召开企业 QC 小组成果发表会时，企业的主要领导人通常都参加会议，并亲自给优秀 QC 小组颁奖，与发表人合影留念，极大地激励了小组成员，领导的积极参与，极大鼓舞了员工的士气，并使他们更加积极投入 QC 小组活动。

另外，作为领导，对 QC 小组活动时所需要的物品、资金、时间、场所等给予支持，并帮助他们解决一些横向协调的问题，尽可能挤出一点时间，深入 QC 小组参加一、两次活动，这些都能使小组成员感到领导的关心和支持，从而提高他们活动的积极性。

5. 培训激励

培训的激励作用是多方面的，它可以满足员工特别是青年员工求知的需要，可以提高员工达成目标的能力，胜任更艰巨的工作。

对员工进行 QC 小组的基本知识培训，使他们有能力开展好 QC 小组进行活动；

选派 QC 小组骨干到上级举办的 QC 小组骨干培训班进行系统的培训，如此反复，能更好激发员工参加 QC 小组活动的积极性。

选派优秀 QC 小组代表参加各级 QC 小组成果发表会，也是培训的方法之一。通过发表交流，可学到不同企业、不同行业 QC 小组好经验，受到更多的启发。

6. 组织激励

组织激励是指运用组织责任及权利对员工进行激励。大多数人是愿意得到提拔和承担更大责任的。当该员工因工作出色而得到提拔或调到更重要的岗位工作时，更能调动他的积极性，同时对其他员工也是一种鞭策。

1997 年，国家经济贸易委员会、财政部、中国科学技术协会、中华全国总工会、共青团中央、中国质量协会六单位联合颁发了国经贸〔1997〕147 号文件"印发《关于推进企业质量管理小组活动意见》的通知（以下简称《意见》）。《意见》的第五部分表彰与奖励中，明确提出了对优秀 QC 小组、QC 小组活动优秀推进者和优秀领导者，可给予优先参加有关质量管理方面的学习和深造机会；获得各级优秀 QC 小组称号的小组，由批准单位颁发奖状和证书；企业对运用质量管理理论和方法围绕提高质量、降低消耗或提高管理水平、改善作业环境、增进效益等方面取得成果的优秀 QC 小组的成员，应颁发同等级的科技成果证书。《意见》，还给出了 QC 小组活动荣誉奖的等级和奖金额。

《意见》的颁发体现了我国政府部门对 QC 小组活动的重视和支持，这将会更加激发员工参加 QC 小组和开展好小组活动的积极性，并将 QC 小组活动推向一个新的水平。

第三章 问题解决型课题 QC 小组活动程序

问题解决型课题根据目标来源不同分为自定目标课题和指令性目标课题。自定目标是指由小组成员共同制定的课题目标;指令性目标是指上级下达给小组的课题目标,小组直接选择上级考核指标、顾客要求等作为课题目标。自定目标课题和指令性目标课题在活动程序上有差异,因为指令性目标课题是小组直接按照上级指令、考核指标、标准规定或合同要求设定目标,活动目标明确,所以不需要通过现状调查为目标值的确定提供依据,而是要对目标是否能够实现进行可行性论证。QC 小组活动应注意区分自定目标和指令性目标课题的不同,采用与之相对应的程序来开展活动。

问题解决型课题活动程序如图 3-1 所示。

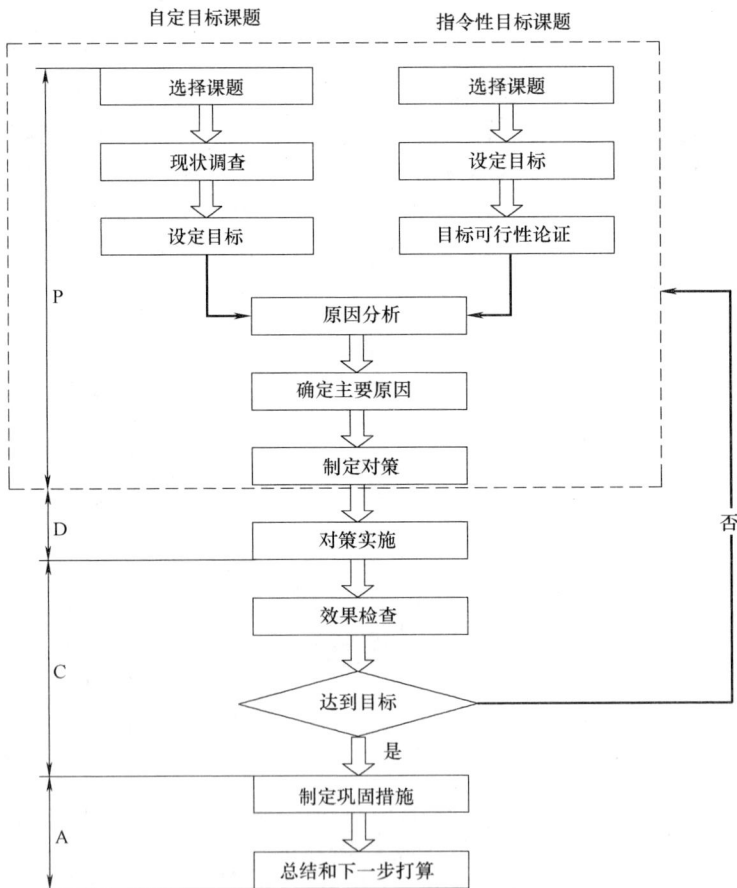

图 3-1 问题解决型课题活动程序图

需要指出的是，问题解决型课题活动程序中，当效果检查未达到课题目标时，应返回到 P 阶段，即具体分析是策划阶段的哪个步骤出现了问题，就从该步骤开始新一轮 PDCA 循环，直到课题目标实现。

第一节　选 择 课 题

选择课题是 QC 小组活动程序的第一步，QC 小组组建后，首要的工作是选择课题，确定课题后，QC 小组活动就有了方向，以便按活动程序要求开展下去。问题解决型课题的选题应直接针对存在的问题，结合实际情况，选择适宜的课题。

一、课题来源

QC 小组活动的课题来源主要有三个方面：指令性课题、指导性课题和自选性课题。

1. 指令性课题

指令性课题一般由企业主管部门作为一项必须完成的任务，以指令形式或工作任务下达，是一种自上而下设立课题的方式。这类课题通常是企业生产经营及现场管理中迫切需要解决的重要课题，如新技术、新工艺、新材料、新设备、新项目的推广应用、攻克施工技术难关、管理难点、质量薄弱点、节能环保、绿色施工等方面的课题。课题的解决对现场管理、施工技术、绿色施工、企业文化建设等方面可能产生重要影响或产生较大的经济、社会效益。这类课题带有强制性，小组应按照指定的课题开展活动。

2. 指导性课题

指导性课题一般由企业主管部门根据企业经营战略、方针目标以及年度中心工作的要求，推荐一些课题，供 QC 小组选择。这是一种上下结合的选择课题方式，这类课题具有民主性，小组可根据本小组实际情况自由选择合适的课题开展活动。

3. 自选性课题

自选性课题是 QC 小组成员根据施工现场、部门实际，针对身边存在的问题以及小组成员的选题愿望，结合上级部门的要求等诸多情况，由小组自行寻找、自行决定，选择适合小组开展活动的课题。自选课题，可以从以下方面考虑：

（1）落实组织方针、目标的关键点

落实组织方针、目标的内容比较广泛，包括提高工程质量、降低消耗、增收节支、绿色施工、提高经济效益、推广新技术、开发新产品、减少质量安全事故、创建安全文明标准化工地、信息化建设以及企业文化建设等。从这些方面选题，能够更好地贯彻落实上级的方针、目标，能够更好地体现上级的指示精神，也更容易得到领导的支持。

例如，企业方针和目标中有降低消耗、节能减排、绿色施工的内容，规定了各个部门的指标，那么，这些部门就有一个完成或者落实降耗、节能减排、绿色施工的措施和任务，这些部门的 QC 小组就可以针对这方面选择课题。这类课题，属于企业急需解决的问题，也是社会所关注的，小组开展活动，在时间、资源、费用等方面，都会得到企业领导、有关部门更多的关心、支持和帮助。

（2）在质量、安全、效率、成本、环保、管理等方面存在问题

施工生产中可能会在质量、安全、效率、成本、环保、管理等方面遇到各种困难和问题，这类问题如不及时解决，对工程质量，安全等方面将产生影响，因此，应该作为 QC 小组活动的课题认真加以解决。

（3）内、外部顾客及相关方的意见和期望

内、外部顾客及相关方的意见和期望是企业管理者必须重视并要解决的问题。把内、外部顾客及相关方期望或不满意的问题选为活动课题加以解决，更能够体现为内、外部顾客及相关方服务的思想。针对工程施工过程中或者竣工后，建设方、监理、设计单位反馈回来的意见和建议，都可以作为小组活动选择课题的来源。

二、选题要求

1. 选题范围

QC 小组的选题范围一般说来是没有严格规定的，从广义的质量概念出发，其范围几乎涉及企业各方面的工作，十分广泛，包含施工生产、工程质量、成本、设备管理、效率、节能环保、绿色施工、职业健康安全、班组建设、服务等方面。选题范围可考虑以下几方面：

（1）提高质量方面的课题

这里所说的质量包括工作质量、产品质量、工序质量、服务质量等，如"提高接触轨安装一次合格率"、"提高装配式预制构件一次安装合格率"等，这类问题在施工现场存在较多，且容易选择作为课题。

（2）节能降耗、增加经济效益方面的课题

这类课题比较多，且容易选择。如"降低辅助材料消耗量"、"合理增加桥梁周转材料使用次数"、"降低 CFG 桩混凝土灌注损耗率"等就属于这类课题。

（3）改善企业管理，提高企业素质方面的课题

这类课题的特点是能够紧密结合企业当前的中心工作，促进企业管理各项工作更加规范、有效。例如"提高项目外埠员工流失率"、"降低投标文件常见错误一审出现率"、"提高企业 OA 系统使用率"等课题。

（4）加强文明建设，绿色施工方面的课题

QC 小组活动的宗旨之一，就是建立文明的、心情舒畅的生产、服务、工作现场。随着 QC 小组活动的深入开展，以改善现场环境、节约资源、激发员工士气，提高员工素质，调动施工人员积极性和创造性的课题已逐渐增多，如"降低施工现场用水量"、"降低施工现场建筑垃圾排放量"等课题，与 QC 小组活动的宗旨是一

致的。

2. 课题应在小组能力范围以内，宜小不宜大

QC 小组选择课题时，应根据 QC 小组的实际情况，选择在小组能力范围以内的具体的小课题。小课题有以下四个方面的好处：

（1）多数小课题解决的是小组成员身边（现场）存在的问题，也是施工生产现场急需解决的问题，在小组能力范围内，通过自己努力，取得了成果，必然会增强 QC 小组的荣誉感和自信心，满足小组成员自我实现的需要。

（2）小课题短小精干，针对性强，大部分对策措施都能够由小组成员来实施和完成，更能发挥本组成员的创造性，有利于调动员工参与 QC 小组活动的积极性。

（3）小课题涉及面比较窄，活动周期短，容易取得成果，能更好地鼓舞小组成员的士气。

（4）小课题容易总结成果，由于内容比较简单，发表成果时也容易系统、生动、简练地把小组所做的努力及成功的经验向大家介绍，更好地起到相互启发、交流经验的作用，如"提高隧道钢拱架支护合格率"、"降低仿古建筑木料表观不合格率"等课题，都是小课题解决大问题的案例。

3. 选题方法

小组选择课题时，可直接明确地确定活动课题。有时会提出或收集多个课题，当出现意见不统一时，就需要小组成员决定优先解决的课题是哪一个，这就涉及用什么方法选择课题。不管用哪种方法，尽可能提供一定的事实和数据支持。一般选择课题常用以下两种方法：

（1）表决法。由小组全体成员用简单的举手表决来选定，将得票最多的选择为首选课题。

（2）评议、评价法。把小组成员提出的课题进行汇总，从多方面进行评议、评价，内容包括：是否符合企业方针目标、重要性、迫切性、经济性、预期效果、与小组全员的关系程度、时间性、推广性等，通过评议、评价并结合小组解决问题的实际需要来选择课题。

4. 课题名称

课题名称要简洁、明确、具体，直接针对所要解决的问题，不可抽象。简洁，就是指要用简短、直接的文字表达。明确，可使小组成员认识统一，有利于解决问题。具体来说，就是要直接表明需要解决什么问题。一般可按图 3-2 方式确定。

（1）设定课题名称分解举例，如图 3-3 所示。

（2）课题名称举例：

1）降低施工现场建筑垃圾排放量；

2）提高超大角度斜屋面挂瓦施工合格率；

3）缩短装配式建筑标准层结构安装工期。

这些课题，都是用特性值表达的具体课题。选择这类课题，小组开展活动时，针对性非常强，便于解决问题。

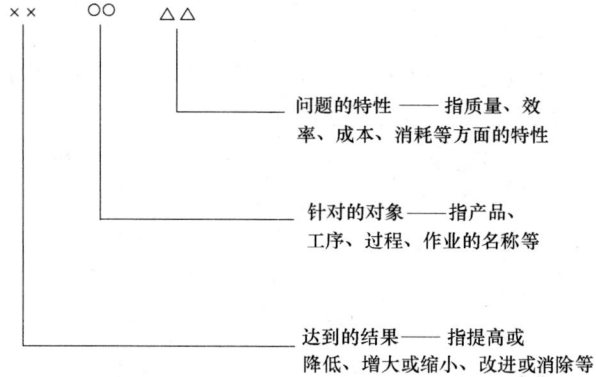

图 3-2　课题名称三段式示意图

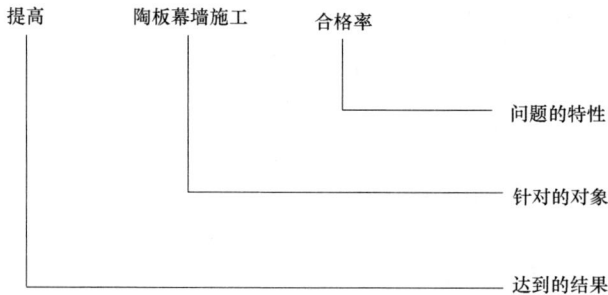

图 3-3　课题名称示意图

5. 选题理由

选题理由要明确，用数据说明。应明确上级要求或建设单位、顾客、合同、标准等文件要求，并说明本小组当前实际情况与相关要求之间的差距。即主要阐明选此课题的目的性及必要性，尽量体现数据化、图表化。可以把相关方的要求（或客观的标准）是什么，现场存在问题的程度，实际达到的要求怎样，差距有多少，尽可能用数据表达出来。用数据能够直观地说明存在问题的严重程度或者重要性、紧迫性，明确急需解决的问题。

三、选择课题举例

案例《提高装配式预制构件安装一次验收合格率》课题（选择课题节选）

【案例分析】

该小组课题名称直接针对要解决的"装配式预制构件安装"问题，抓住了结果、对象、特性值三个要素，符合要求；选题理由首先描述了合同量化的质量要求，随即通过调查发现装配式预制构件安装一次合格率仅为 89.9%，低于合同要求的一次验收合格率 93%，同时应用柱状图直观看到项目实际与合同要求的差距，由此选择本课题，见图 3-4。选题理由明确、简洁，做到数据化、图表化。

施工合同要求 → 装配式建筑现代化产业园-(1号、2号)倒班楼工程施工合同要求各分项施工过程一次验收合格率不低于93%

完成部分装配式预制构件分项安装合格率调查统计表

2号楼层	一层	二层	合计
预制构件检查点数(点)	660	660	1320
合格点数（个）	589	598	1187
合格率(%)	89.2	90.6	89.9

存在问题

发现部分的预制构件安装合格率的平均值为89.9%，未达到施工合同的要求。因此选择课题"提高装配式预制构件安装一次验收合格率"

选定课题

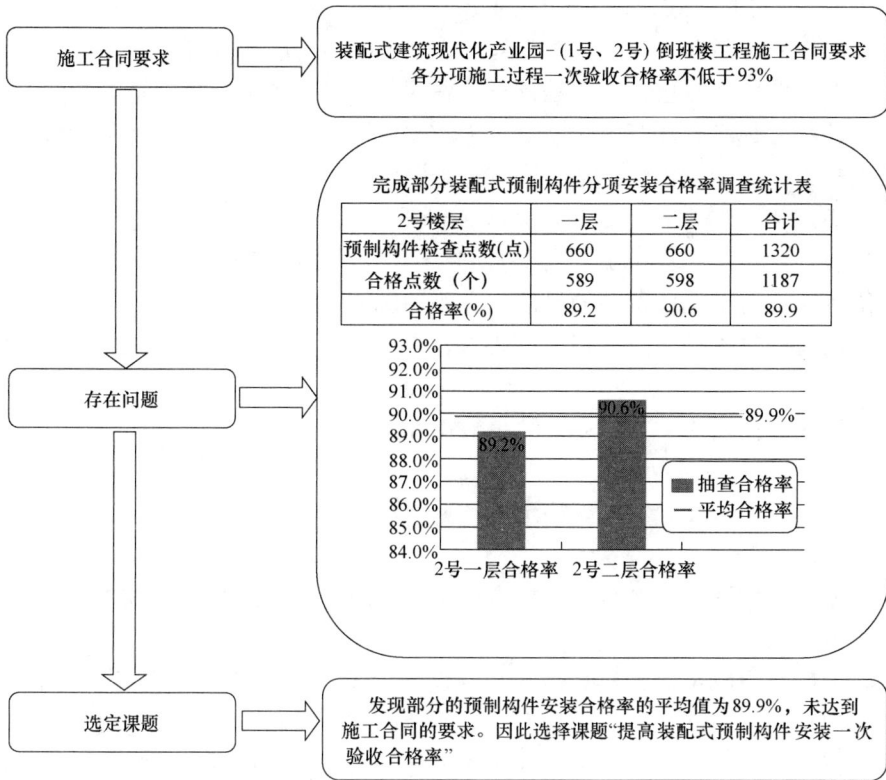

图 3-4　课题选定流程示意图

四、选择课题常见问题

1. 课题名称不符合要求

（1）课题名称大而空、涉及面广。例如"争创长安杯优质工程"，"创建省安全标准化工地"等课题名称，把争创优质工程、安全标准化工地作为课题，课题大，涉及面广，活动时间长，不是仅靠小组成员的能力可以完成。有的口号式课题，如"加强现场安全管理，创建和谐施工环境"，不适合作为课题名称。

（2）课题名称不明确。有的小组课题名称不明确，不清楚到底要解决质量、安全、效率、成本等哪个具体问题。如"解决大体积混凝土施工难题"、"BIM 技术在工程项目中的应用"等课题；

（3）"手段＋目的"式课题名称。有的小组把活动中采取的对策直接写进课题，此类课题名称通常是"手段＋目的"形式。例如"控制铜管铜钎焊质量，确保给水管道安装一次验收合格"，"完善施工工艺，提高防水层合格率"等课题。

（4）"穿靴戴帽"式课题名称。在课题前面加上一个帽子，例如"开展 PDCA 循环，确保大体积混凝土施工合格率"、"运用 QC 小组活动，控制博物馆镜面装饰混凝土成型合格率"。

（5）"多个问题"式课题名称。例如"提高钢管拱吊装、焊接合格率"的课题，就包括"钢管拱吊装"、"钢管拱焊接"两个内容。又如"降低管片运输、保管及安装破损率"的课题，也包含了"运输"、"保管"和"安装"三个问题。

（6）课题名称没有用特性值表达。如"提高 GBF 薄壁方箱空心楼板的施工质量"、"提高大孔径水下灌注桩施工质量"等课题。

2. 选题理由不够明确、简洁，无数据说明

（1）只是列出了部门方针目标、相关方要求、工程难度、如何树立企业形象、锻炼队伍等，没有把选此课题的目的和必要性说清楚。

（2）没有描述现场实际与相关方要求存在的差距，不能说明选此课题的重要性和紧迫性。

（3）选题理由均为文字描述，缺少数据和图表。

第二节　现状调查

现状调查是问题解决型自定目标课题活动程序中的第二步，指令性目标课题活动程序中没有这个步骤（见图 3-1）。

现状一般指事物可以直接观察判断的显现状态，当前的实际状况，在小组活动中现状一般指所面对问题的当前状态，如故障频发、流程耗时长、过程浪费多等。

现状调查的基本任务有两个：一是深入现场对现状进行调查，揭示问题的现状，掌握问题严重到何种程度；二是通过调查，找出问题的症结所在，以确认小组从何处着手改进，以及解决问题的程度，从而为目标设定、原因分析提供依据。

一、收集有关数据和信息

现状调查应收集大量有关数据和信息。用数据和信息说明事实，是 QC 小组活动应具备的一种科学态度，也是小组活动的基本条件。它能准确地掌握实际情况，原来隐隐约约感到有什么疑问，通过核实数据和信息，就能澄清问题，进一步了解现状。避免凭经验来分析、决策。

1. 收集数据和信息的方式

（1）从工程技术档案、统计报表以及记录中收集数据和信息

企业都有完整的工程技术档案资料、统计报表系统，如工程技术档案中，都完整保留了近年来建筑工程的检查验收资料，还有施工产值的统计表、不合格品的统计表、安全生产、环境控制的统计表、物资消耗的统计表、设备情况统计表、节能减排统计表、成本分析统计表等，我们可以从这些档案资料、报表以及相关记录中获取所需的数据和信息。

（2）深入现场进行实地调查，收集数据和信息

到现场实地了解、查看，抽取样本，实地测量，收集数据和信息，彻底了解施工生产过程中存在的问题，为客观地把握现状打下基础，是现状调查的一种有效的

途径。如要了解施工现场梁柱节点施工的合格率问题，统计数据往往显示的是经过整改后的合格率情况，而要了解当前梁柱节点施工一次合格率的情况，则必须深入现场，进行测试测量和观察，掌握第一手资料。只有到现场进行实地调查，取得数据和信息，才能掌握存在问题的真实情况。

2. 收集数据和信息应有的属性

现状调查阶段收集的有关数据和信息，应具有客观性、全面性、时效性和可比性。

数据的客观性：是指现状调查要真实可靠，数据来源有依据，不能主观臆断，更不能挑选对自己有利的数据。取多少数据，怎样取样，要认真研究，保证调查的客观性。

数据的全面性：是指多维度把握反映课题状态的数据，且应不局限于已有的统计数据，还应重视到现场实地测量取得数据。

数据的时效性：是指收集数据的时间能真实反应现状。调查起止时间至少一端和活动开始时间衔接。由于情况会随时间的变化而变化，所以要收集距小组活动开始最近时间段的数据，才能反映现状。

数据的可比性：是指收集的数据的特性及计量单位应一致、可比。收集数据的样本数、地点、时间、规模、类别、施工工艺等要有约束性，不可比的数据不能作为说明采取对策有效性的证据。

二、通过对数据和信息进行分层整理和分析，明确现状，找出症结

1. 对数据和信息进行分层整理和分析

对现状调查取得的数据、信息要进行分层整理和分析，以便找到问题的真正、具体的症结。通过数据分析，往往第一层所找出的主要问题，不一定是问题的症结，可以在此基础上，到现场做进一步的分层调查，可能通过第二次、第三次分层才能找到问题的症结。这样通过逐步深入分层找到的症结，才是影响课题的根本所在，才是问题的实质。分层调查时可多维度分层（即横向分层）与多层级分层（即纵向分层）。分层法的具体做法详见统计方法中的分层法。如《提高公路路面稳定层施工合格率》的课题，横向分层分析可以收集施工的作业班组、作业区域、作业时间、施工设备等数据，看哪个层次出现问题比较突出。纵向分层分析可以针对找到的突出问题，如某作业区域存在的质量问题突出，进一步深入分层分析该区域存在哪些问题，如外观质量问题突出，进一步深入分层分析，找到平整度差为问题症结。

2. 明确现状

所谓现状调查，就是对现状进行全面、彻底地调查。因此，把握问题现状，就是要通过调查弄清楚问题到底严重到什么程度，也就是要掌握现场的实际情况是什么，以便做到知己知彼。即使在选题时已经掌握了部分总体情况，也应进一步分层将具体情况调查清楚，以便从中发现深层次的问题。

3. 找出症结

症结是指事物或问题的关键所在。那为什么要找症结呢？因为多数情况下，小组所选的课题是综合性的，不可能一下子看出主要问题在哪里，这就需要广泛收集大量与课题有关的问题。通过事实和数据分析，找到其中最关键的一个或两个主要问题，予以解决，从而使存在的问题得到明显改善或改进。如针对桥墩施工存在的混凝土外观质量问题，小组调查发现存在蜂窝麻面、裂缝、错台、露筋、色差等外观问题，通过调查发现"裂缝"问题最多，随后小组进一步对"裂缝"问题进行更加深入翔实的调查，发现"墩帽裂缝"问题最多，因此"墩帽裂缝"就是问题的症结所在。随后小组按照活动步骤，解决了"墩帽裂缝"症结，使桥墩混凝土外观质量问题得到明显改善。可见，如果不寻找症结，胡子眉毛一把抓，是很难在短期解决桥墩混凝土质量问题的。

对于有些课题已经很具体（课题很小），小组确实无法找出症结的，可以把课题理解为症结问题。

三、确定改进方向，为目标设定及原因分析提供依据

小组明确现状，找出症结之后，应对症结进行测算分析，为设定目标提供依据。对于症结的测算分析，应考虑针对症结，预计其解决程度，测算小组将达到的水平，以及利用现状调查中的最好状态数据，作为水平对比的标杆，为目标设定提供参照值。以此设定小组的活动目标，这样才能为设定目标提供科学依据。

找到症结之后，原因分析直接针对"症结"即可，即原因分析的对象就是"症结"，这也为原因分析提供了依据，也体现了小组活动环环相扣、逻辑性强。

四、现状调查举例

案例《提高被动式建筑外窗安装一次验收合格率》课题（现状调查节选）

QC 小组成员李××、赵××、孙××在 2018 年 3 月 28 日对××市被动式住宅项目施工完成的西单元 1-15F 外窗进行了现状调查。共检查 450 处，合格 385 处，不合格 65 处，合格率仅为 85.6%，如图 3-5、表 3-1 所示。

图 3-5　气密性检查、窗扇、窗框检查

外窗安装一次验收合格率统计表　　　　　　　　表 3-1

序号	检查部位	检查数量(处)	合格数(处)	不合格数(处)	合格率(%)
1	窗框	150	90	60	60.0
2	窗扇	150	147	3	98.0
3	玻璃	150	148	2	98.7
合计		450	385	65	85.6

制表人：×××　　　　　　　　　　　　制表时间：××××年××月××日

小组继续对 65 项外窗安装一次验收质量问题进一步分析如表 3-2、图 3-6 所示。

外窗安装一次验收质量问题占比统计表　　　　　表 3-2

序号	部位	数量(处)	占比(%)
1	窗框	60	92.3
2	窗扇	3	4.6
3	玻璃	2	3.1
合计		65	100.0

制表人：×××　　　　　　　　　　　　制表时间：××××年××月××日

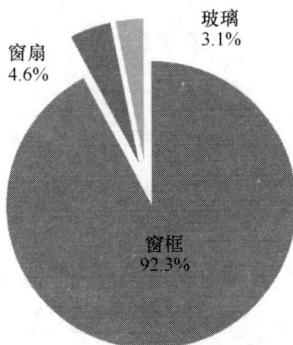

图 3-6　被动式建筑外窗安装一次验收质量问题分布饼分图

制图人：×××　　　　　　　制图时间：××××年××月××日

由外窗安装一次验收质量问题占比统计表及饼分图可知，窗框在质量问题中占比高达 92.3%，是质量问题的主要集中部位。为此 QC 小组将窗框质量问题进行第二层分析，以明确症结所在。

从现状调查统计数据中抽取窗框部位质量问题统计结果进行第二层分析，做出被动式建筑外窗安装一次验收质量问题频数统计表（表 3-3），并绘制排列图（图 3-7）。

被动式建筑外窗安装一次验收质量问题频数统计表　　　表 3-3

序号	质量问题	频数(处)	频率(%)	累计频率(%)
1	窗框气密性差	25	41.7	41.7
2	窗框标高偏差	23	38.3	80.0

续表

序号	质量问题	频数(处)	频率(%)	累计频率(%)
3	窗框隔热性能差	5	8.3	88.3
4	窗框垂直度偏差大	4	6.7	95.0
5	其他	3	5.0	100.0
	合计	60	100	—

制表人：×××　　　　　　　　制表时间：××××年××月××日

根据表 3-3 制作排列图如图 3-7 所示。

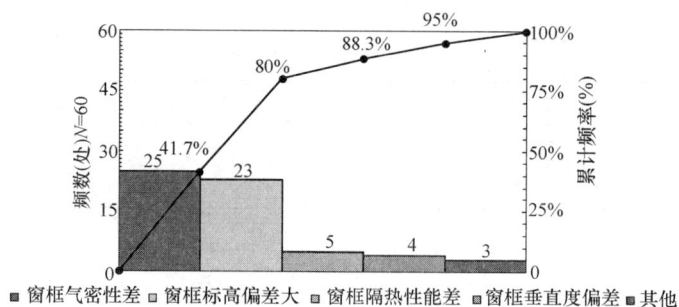

图 3-7　被动式建筑外窗安装一次验收质量问题频数排列图
制图人：×××　　　　　　　　制图时间：××××年××月××日

由排列图可以看出"窗框气密性差"和"窗框标高偏差大"这两项质量问题累计频率为 80%，是影响被动式建筑外窗安装一次验收合格率的症结。

【案例分析】

小组首先对外窗安装一次验收合格率现状进行了调查。共检查 450 处，合格 385 处，不合格 65 处，合格仅为率 85.6%，以此说明问题的严重程度；随后小组逐步深入分层寻找症结。针对存在的 65 处不合格进行调查分析，发现窗框在质量问题中占比高达 92.3%，是质量问题的主要集中部位。为此，小组将窗框质量问题进行第二次分层分析，找出"窗框气密性差"和"窗框标高偏差大"这两项是影响被动式建筑外窗安装一次验收合格率的症结，从而为目标值的确定和原因分析提供了依据。

五、现状调查常见问题

1. 没有全面、深入地收集反映课题现状的数据

部分小组对现状调查的要求理解不到位，在寻找症结的过程中，没有充分展开挖掘数据。一方面是没有从不同角度分层整理课题现状的数据，找到课题的真正症结，另一方面，找到症结之后，此症结并不具体，也未进一步深入分层，找出具体的症结。这就很难将课题症结找准。

2. 把调查的原因当成了现象

现状调查，调查的是现象而不是原因。有的小组把调查的原因当成现象，并按照不同原因进行分组，即使找出症结也是不正确的。如针对"提高混凝土外观一次合格率"课题，就要到现场看看到底是什么问题造成合格率低。在现场可以看到，存在蜂窝、麻面、裂缝、气泡、色差、接缝错台等问题，这些问题就是"现象"。而不能调查导致这些现象产生的"原因"，如混凝土养护温度不够、振捣不密实、配合比不符合设计要求等。

3. 分层不正确

把属于不同分层标志的数据放在同一层级分析，如针对某质量问题的现状调查，小组不是按照质量问题的具体表现放在同一层级分析，而是混入人的原因放在一起分析。

4. 现状调查收集数据缺少客观性

有些小组成员没有到现场进行实地测量或从企业统计报表、工程质量记录中取得数据，而是小组成员根据经验分析得出数据，不能准确反映课题的现状，以致小组活动无法达到预期的效果。

第三节　设定目标

设定目标有两个目的：一是明确通过小组活动，把问题解决到什么程度；二是为检验活动结果是否有效，提供依据。目标设定应以数据说话，可以采用数据、表格、图示相结合的方式表示。

一、目标的来源

问题解决型课题根据目标来源不同分为自定目标和指令性目标。

1. 自定目标

自定目标是由 QC 小组根据现状调查的数据，自主设定的课题目标

自定目标课题的活动程序，设定目标是第三步。

2. 指令性目标

指令性目标是指 QC 小组把自己不能改变的相关要求定为目标，包括：

（1）上级以指令形式下达给小组的目标；

（2）小组直接选定的上级考核指标；

（3）行业强制性标准要求；

（4）顾客要求（包括合同、补充协议、文件、函件的要求等）。

指令性目标课题的活动程序，设定目标是第二步，第三步则是"目标可行性论证"。

二、目标设定依据

小组自定目标时可考虑如下方面：

（1）上级下达的考核指标或工程建设标准规范、施工组织设计、施工方案等要求。

（2）建设单位（业主）、设计、监理等相关方要求，合同要求或顾客需求。

（3）国内外同行业先进水平。小组可以通过水平对比，在工程规模、施工工艺、设备条件、人员条件和环境条件等相近的情况下，把同行业先进水平作为参考。

（4）组织曾经达到的最好水平。小组可以把组织曾经达到过的最好水平作为设定课题目标的参照值。

（5）测算水平。小组可以针对症结（或问题），预计症结（或问题）可以解决的程度，测算出小组课题目标能达到的最好水平。

小组在设定目标时，可参考这些要求，结合自身的实际情况，设定小组活动的课题目标。

三、设定目标的要求

1. 目标应与课题相对应

设定目标应与课题相对应，针对课题所要解决的问题而设定，与课题特性无关的指标，不应作为目标。

例如某施工现场因施工设备分布面广，临时用电线路长，线路故障较多，严重影响施工进度和经济效益，小组选定的课题是"降低线路故障检修时间"，其确定的目标是每天检修时间由平均 6.5h 降至 4h，设定的目标与课题相对应，符合要求。

2. 目标数量不宜多

目标数量不宜多，一般设定一个为宜。目标定得过多，小组活动必然要分别以多项目标为中心进行，使解决问题的过程非常复杂，可导致整个活动的逻辑混乱。如果有多个性质不同的目标，建议采用多个课题予以解决。

3. 目标应可测量、可检查

QC 小组设定的目标，一般应是可以测量、可以检查的，不能测量、不能检查的目标，无法衡量活动效果。小组活动目标可分为定性目标和定量目标两种：

（1）定性目标是指只确定目标性质，而没有具体量化的目标。

（2）定量目标是指具有明确的量化的目标值。

QC 小组设定的目标，一般应是定量目标，或是可进行效果对比检查的定性目标。定性的目标要尽可能转化为定量目标。如"钢地砖铺贴合格率达 94％"就是一个量化目标。不能量化的目标或不能进行效果对比的目标，是无法进行效果检查的，不能作为小组活动的目标。

4. 目标应具有挑战性

设定的目标要具有挑战性，即优于目前已达到的正常水平，需要小组成员努力才能够达到，这样才能更好地调动小组全体成员的积极性和创造性。当经过努力、克服困难，达到所设定的目标时，才能体会到小组活动的价值和活动的乐趣，更好地鼓舞小组的士气。

四、设定目标举例

案例《提高装配式预制构件一次安装合格率》课题（设定目标节选）

1. 目标设定依据

（1）合同质量要求本工程一次性验收合格，所有分部分项工程质量验收合格率达 92％以上。

（2）目标值测算，将症结预制构件混凝土柱安装"轴线偏差大"、"灌浆不饱满"解决，则装配式预制构件一次安装合格率可提升至 92.9％。

$$[204+203+203+205+204+168+(21+18)]/1320=92.9\%$$

（3）小组成员通过在网上查询相关资料，对同行业装配式预制构件安装情况进行调查，如表 3-4 所示。

同行业装配式预制构件安装合格率调查表 表 3-4

序号	类似工程	施工单位	合格率（％）	平均合格率（％）
1	×××市国华时代广场建设项目	××省建设建工(集团)有限责任公司	91.1	
2	××市金茂雅苑(东区)项目	×××局第一建设工程有限责任公司	90.4	91.0
3	××市中纺 CBD 商业中心工程	×××建设有限公司	91.6	

制表人：××× 制表时间：××××年××月××日

从表 3-4 可见，三个项目装配式预制构件安装平均合格率超过 91.0％。因此，小组成员综合考虑以上三个方面，将本工程装配式预制构件一次安装合格率提升至 92.4％作为课题目标是完全可行的。

2. 设定目标值

将装配式预制构件一次安装合格率 89.9％提升至 92.4％。活动目标值与活动前的现状值之间的对比图如图 3-8 所示。

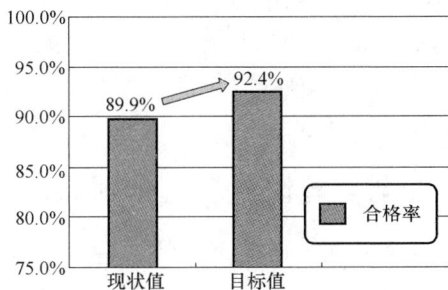

图 3-8 目标设定柱状图

制图人：××× 制图时间：××××年××月××日

【案例分析】

小组在设定目前之前，从三个方面对设定目标的依据进行了阐述，一是合同要求一次安装合格率达 92％以上必须满足；二是通过对"轴线偏差大"和"灌浆不饱满"两个症结的测算，得到一次安装合格率可提升至 92.5%；三是通过调查同行业平均水平达 92.4%，最高水平达 95.1%。有了这三个依据，小组将活动目标设定为 92.4%。可见，小组目标值量化，与课题相对应，目标设定依据也是充分的。

五、设定目标常见问题

（1）设定的目标与课题不对应，如课题是"提高高速路面平整度"，而目标设定为"路面一次验收合格率提高到 95%"；还有把症结作为课题目标的，如课题是"提高混凝土外观一次验收合格率"，现状调查找到的症结是"裂缝"，则把"裂缝率减少 80%"作为课题目标。

（2）目标设定过多。有的小组急于一次课题解决所有问题，如课题明确是提高工程质量，但是却设定了质量、工期、成本三个目标。注意，与课题无关内容，都不能作为目标。

（3）目标不可测量、不可检查。

（4）先根据经验定个目标，再推算症结的解决程度；设定的目标值与测算值相同，没留一定余地。如：只要（如果）把症结解决 x%，即可通过计算得出 y，因此目标设定为 y。

第四节 目标可行性论证

指令性目标应在选择课题、设定目标之后进行目标可行性论证。目标可行性论证是指令性目标课题活动程序的第三步，自定目标课题是没有这个步骤的（见图 3-1）。

一、目标可行性论证的作用

目标可行性论证的作用，主要有两个方面，一是以事实与数据为依据，为指令性目标的实现提供保障、即论证为实现指令性目标，需要解决问题（即指课题）具体表现的哪几个具体问题；二是为原因分析提供依据，即需解决哪几个具体问题，原因分析时就要针对这几个具体问题逐一分析各自的具体原因。

二、目标可行性论证与"现状调查"的异同点

（1）相同点：都要通过全面深入地挖掘反映课题（问题）具体表现的数据和事实，从而找出其症结。

（2）不同点：在自定目标情况下，小组在运用测算分析方法决定目标定在什么水平时，只需针对症结进行问题解决程度的测算，然后留有一定余地确定目标即可；而在指令性目标（小组不可改变）情况下，运用测算分析方法时当然也要首先对症结进行测算，当测算结果满足不了指令性目标要求时，就可不局限于症结，而考虑顺次将症结之后的次要问题进行测算，直至可保证指令性目标的实现。

三、目标可行性论证举例

案例《提高超大角度斜屋面挂瓦施工合格率》课题（目标可行性论证节选）

1. 选择课题（图 3-9）

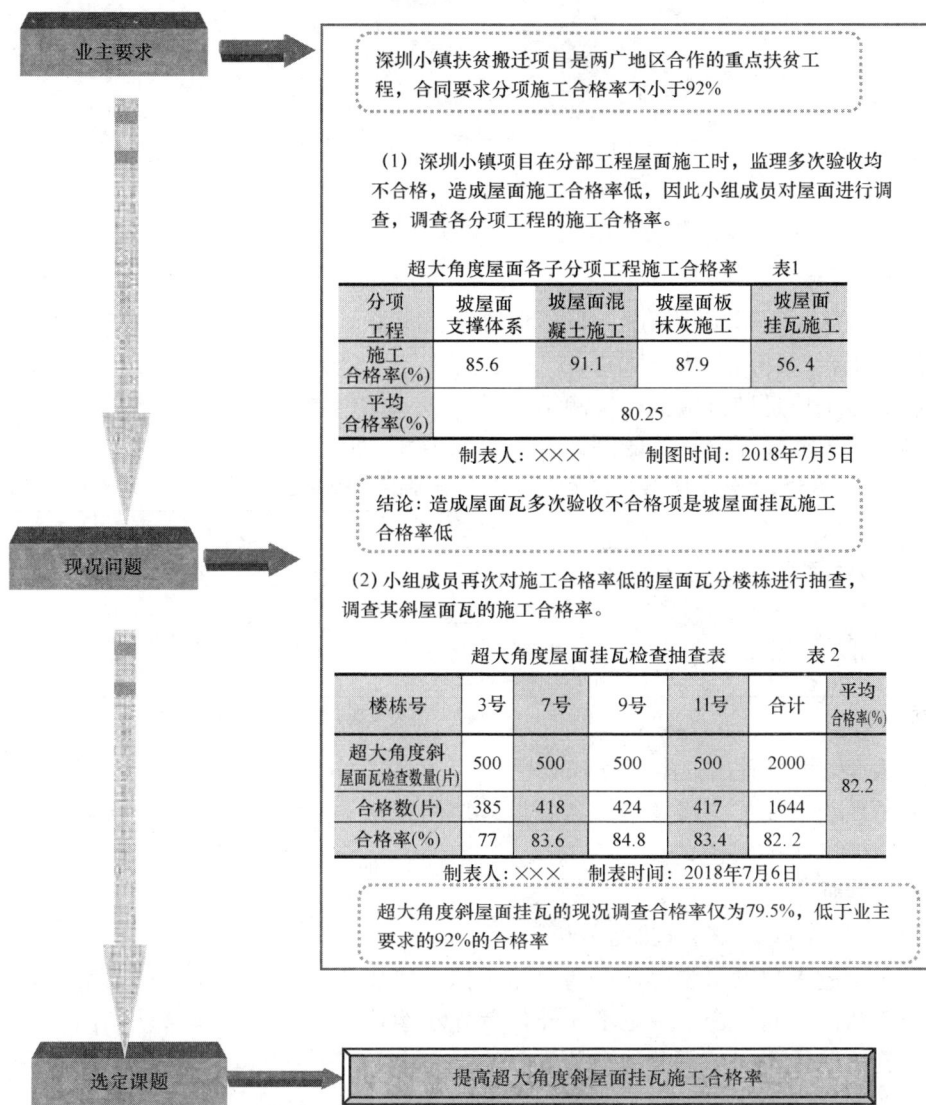

深圳小镇扶贫搬迁项目是两广地区合作的重点扶贫工程，合同要求分项施工合格率不小于92%

（1）深圳小镇项目在分部工程屋面施工时，监理多次验收均不合格，造成屋面施工合格率低，因此小组成员对屋面进行调查，调查各分项工程的施工合格率。

超大角度屋面各子分项工程施工合格率 表1

分项工程	坡屋面支撑体系	坡屋面混凝土施工	坡屋面板抹灰施工	坡屋面挂瓦施工
施工合格率(%)	85.6	91.1	87.9	56.4
平均合格率(%)	80.25			

制表人：×××　　　制图时间：2018年7月5日

结论：造成屋面瓦多次验收不合格项是坡屋面挂瓦施工合格率低

（2）小组成员再次对施工合格率低的屋面瓦分楼栋进行抽查，调查其斜屋面瓦的施工合格率。

超大角度屋面挂瓦检查抽查表 表2

楼栋号	3号	7号	9号	11号	合计	平均合格率(%)
超大角度斜屋面瓦检查数量(片)	500	500	500	500	2000	82.2
合格数(片)	385	418	424	417	1644	
合格率(%)	77	83.6	84.8	83.4	82.2	

制表人：×××　　　制表时间：2018年7月6日

超大角度斜屋面挂瓦的现况调查合格率仅为79.5%，低于业主要求的92%的合格率

业主要求 →

现况问题 →

选定课题 → 提高超大角度斜屋面挂瓦施工合格率

图 3-9　课题选定流程示意图

2. 设定目标

QC 小组决定将超大角度斜屋面挂瓦施工合格率由活动前的 82.2% 提高至 92%，如图 3-10 所示。

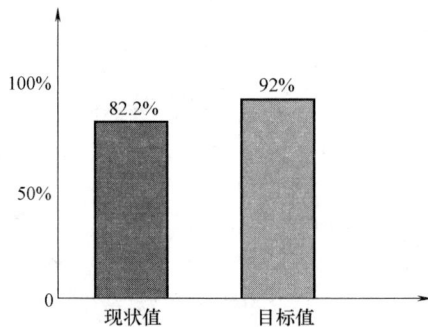

图 3-10　目标值设定柱状图

制图人：×××　　　　　　　　时间：2018 年 7 月 14 日

3. 目标可行性论证

（1）寻差距

为掌握施工项目实际情况与目标值之间的差距，对项目有斜屋面挂瓦的楼栋情况进行抽查。2018 年 7 月 6 日，对 08 地块 8 号、9 号、10 号、11 号已完成的斜屋面挂瓦的施工质量进行检测。检测结果得出 08 地块 4 栋斜屋面挂瓦的施工合格率为82.2%，斜屋面挂瓦分楼栋的测评合格率如表 3-5 所示。

8 号、9 号、10 号、11 号 超大角度斜屋面瓦测评合格率调查统计表　　表 3-5

楼栋号	08-8 号	08-9 号	08-10 号	08-11 号	合计
斜屋面瓦检测数（片）	450	450	450	450	1800
合格个数（个）	335	363	416	366	1480
不合格个数（个）	115	87	34	84	320
合格率（%）	74.4	80.67	92.4	81.3	82.2

制表人：×××　　　　　　　　制表日期：2018 年 7 月 6 日

从表 3-5 可以看出，本工程 08-8 号、08-9 号、08-10 号、08-11 号已经完成施工的超大角度斜屋面瓦在建设单位和监理单位组织的第一次检测时，合格率的平均值仅为 82.2%。

（2）找症结

1）按挂瓦施工队不同进行分析

本工程超大角度斜屋面瓦有两组施工队分别施工。在测评检查的过程中，发现由于施工队伍不同，合格率也不一样，首先小组成员对 320 个不合格的斜屋面挂瓦从挂瓦施工队伍不同进行分层分析。调查统计如表 3-6 所示，不同施工队伍占总不合格数的占比如图 3-11 所示。

不同施工队不合格数调查统计表　　表 3-6

超大角度斜屋面挂瓦施工队伍	冯工挂瓦队	覃工挂瓦队
不合格个数（个）	243	77
不合格总个数（个）	320	
所占比率（%）	75.9	24.1

制表人：×××　　　　　　　　制表日期：2018 年 7 月 8 日

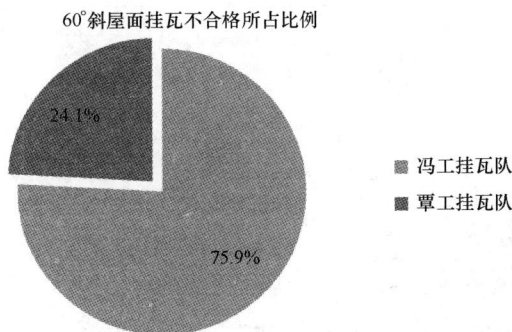

60°斜屋面挂瓦不合格所占比例

图 3-11 不同施工队所占比例饼分图

制图人：×××　　　　　　制图时间：××××年××月××日

从饼分图 3-11 中可以看出，超大角度斜屋面挂瓦在不同施工队中的施工质量差异很大，冯工挂瓦队不合格率占 75.9%，覃工挂瓦队不合格率占 24.1%，所以冯工施工挂瓦队的施工合格率低是影响超大角度斜屋面瓦施工合格率的主要问题。

2）对斜屋面挂瓦不合格项进一步分析

2018 年 7 月 10 日，小组成员再次对不合格率高的冯工挂瓦施工队进行调查，调查其造成斜屋面挂瓦不合格项。通过调查发现，造成本工程不合格的斜屋面挂瓦项有顺直度偏差大、平整度偏差大、屋面瓦污染、屋面瓦破损、屋面瓦剥落和其他。调查统计如表 3-7 所示，排列图如图 3-12 所示。

超大角度斜屋面挂瓦不合格项调查统计表　　　　表 3-7

序号	不合格项	不合格点数（片）	不合格点数（片）	累计不合格点数（片）	累计频率（%）
1	顺直度偏差大		102	102	42
2	平整度偏差大		98	200	82.3
3	屋面瓦污染	243	21	221	90.9
4	屋面瓦破损		12	233	95.9
5	屋面瓦剥落		7	240	98.8
6	其他		3	243	100

制图人：×××　　　　　　制图时间：××××年××月××日

从图 3-10 中可以看出，影响超大角度斜屋面瓦施工合格率的症结是"顺直度偏差大"和"平整度偏差大"。

（3）目标实现的分析

1）症结解决程度的测算

根据技术能力、实际经验及大家讨论分析认为解决"顺直度偏差大"和"平整度偏差大"，则超大角度斜屋面瓦施工合格数可提升至 93.3%。

计算如下：

① 症结"顺直度偏差大"和"平整度偏差大"可以解决，冯工挂瓦合格数可达 180 个，即（102+98）=200（个）；

53

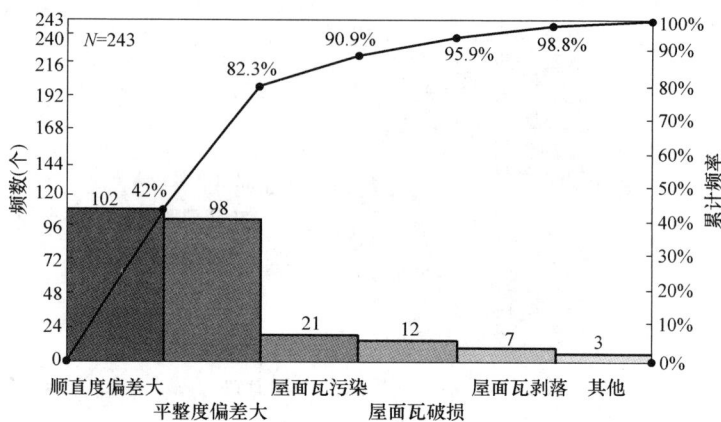

图 3-12　超大角度斜屋面瓦不合格项排列图

制图人：×××　　　　　　制图时间：××××年××月××日

② 则挂瓦不合格个数可减少到：（243－200）＋77＝120（个）；

③ 那么楼栋的超大角度斜屋面挂瓦的施工合格率可提升至：（1800－120）÷1800×100％＝93.3％。

2）历史最好水平

从该目标可行性分析一中看到，2018 年 7 月 6 日超大角度斜屋面瓦施工合格率最高的为 08-10 号，合格率达到了 92.4％。

（4）行业标杆

2018 年本企业其他项目施工的××饭店"超大角度斜屋面挂瓦合格率为 96％"，已成为行业标杆。

综上，根据数据分析，小组成员认为，业主给定的"超大角度斜屋面挂瓦施工合格率 92％"的目标是可以实现的。

【案例分析】

小组设定的目标与业主要求完全一致，均为合格率 92％，因此小组目标是指令性的，所以选择课题后直接设定目标，然后进行目标可行性论证。在目标可行性论证中，小组首先明确了目前合格率仅有 82.2％，与业主的要求相差甚远；其次通过两次分层找到"顺直度偏差大"和"平整度偏差大"两个症结；最后从症结解决程度的测算、历史最好水平及同行业最高水平三方面对目标的实现进行了论证。成果步骤条理清晰、层次分明、数据翔实、论证充分、目标完成可行，运用的统计方法适宜、正确，做到图表化、数据化。

四、目标可行性论证常见问题

（1）将目标可行性论证与现状调查相混淆。

（2）没有寻找症结，直接分析目标能否实现。

（3）论证"指令性目标"的实现，均为大话、空话，如领导重视、资源到位、小组水平高等，没有测算症结的解决程度，也没有考虑症结以外的其他问题。

第五节　原 因 分 析

一、原因分析的要求

在课题症结已明确、目标已设定的前提下，小组活动进入原因分析步骤。原因分析应符合以下要求：

1. 应针对症结或问题进行原因分析

进行原因分析，应先明确原因分析的对象，即分析什么？一般针对症结或问题进行原因分析，小组可根据具体情况的不同，进行原因分析：

（1）针对症结进行原因分析。如果在现状调查时已找到症结，则应针对症结分析原因。

（2）针对问题进行原因分析。如果小组课题很小，实在无法寻找症结，这时可将"问题"理解为课题，直接对课题进行原因分析。

（3）针对指令性目标，如果目标可行性论证中解决症结的测算，不能满足目标的实现，还需把症结以外的问题顺次纳入进行测算，直至课题目标实现。那么，在进行原因分析时，这些顺次纳入的症结以外的问题，也要与症结一样逐个进行原因分析。

2. 问题和原因之间因果关系清晰，逻辑关系紧密

这里的"逻辑关系"既可以是因果关系，也可以是包含关系，如从混凝土搅拌机故障分析到搅拌机叶片损坏；"逻辑关系紧密"是指原因应逐层展开，在进行原因分析时，要逐层分析清晰、透彻，运用逻辑思维，不断深入地探索"为什么"、"包含什么"，一层一层地细化、具体化，前后连贯，一直分析到末端原因。

3. 分析原因要全面

分析原因要全面，是指分析原因需展示问题的全貌，从各种角度把有影响的原因都找出来，可从"5M1E"即人（Man）、机器（Machine）、材料（Material）、方法（Method）、测量（Measure）、环境（Enviroment）几个角度展开分析。如果某一方面原因类别不存在，则无需分析该原因类别，应根据实际情况客观分析。

在原因分析的小组会上，组长应从展示问题的全貌入手引导小组进行讨论，记录小组成员提出的每一条可能影响问题的原因，避免遗漏。

4. 分析原因要彻底

所谓分析原因要彻底，指应将每一条原因分析到末端，以便直接采取对策，能有效解决存在的问题时为止。

例如，针对工人操作中经常出现的一些问题，究其原因，是"质量意识淡薄"，再往下分析是因为"培训教育少"，对操作工人的教育帮助不够。如再往下分析可能就是企业"未设置负责教育培训的机构"或"缺少负责教育培训的专职人员"。要采取的对策就是"设置专兼职教育机构"或"配备负责教育工作的专兼职人员"。由此可见，分析原因越深入、彻底，制定的对策针对性就越强，采取的措施就越具体，

越能解决问题。

一般分析原因展开层次越多越好，一直分析到能直接采取对策的末端原因。仅仅分析一层原因，一般来说是不充分的，其原因往往比较笼统，内容不具体，不利于制定对策，也就很难保证对策的有效性和可操作性。但并非所有原因都要分析到很多层，具体分析至几层，必须结合实际情况决定。只要可以继续分析的原因，都应该继续展开分析，直到便于采取对策措施时为止。

5. 原因分析常用统计方法

在 QC 小组活动中，用于原因分析的常用统计方法有三种：因果图、树图（系统图）和关联图。小组在活动过程中，可根据所存在的问题适宜、正确地选用。这三种方法的主要特点见表 3-8。

原因分析的常用方法   表 3-8

方法名称	适用场合	原因之间的关系	展开层次
因果图	针对单一问题进行原因分析	原因之间没有交叉影响	一般不超过四层
树图	针对单一问题进行原因分析	原因之间没有交叉影响	没有限制
关联图	针对单一问题进行原因分析	原因之间有交叉影响	没有限制
	针对两个以上问题一起进行原因分析	部分原因把两个以上的问题交叉缠绕在一起	

二、原因分析举例

某小组在现状调查时，找到的症结是"隔震预埋钢板表面平整度超偏差"及"预埋钢板与下部混凝土空鼓"，原因分析时小组随即针对这两个症结，运用关联图，结合头脑风暴法进行原因分析，查找到 12 条末端原因。具体分析过程如图 3-13 所示。

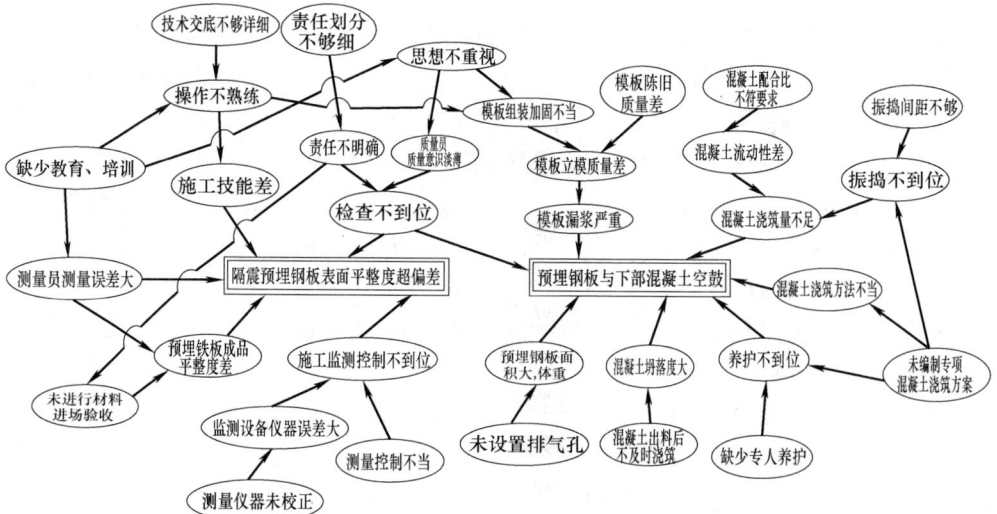

图 3-13　原因分析关联图

制图人：×××　　　　　　　　制图时间：××××年××月××日

【案例分析】

该关联图原因分析方法正确，分析比较全面，人、机、料、法、环、测齐全；问题和原因之间因果关系清晰、逻辑关系紧密；原因分析彻底，逐层深入分析到末端原因，例如"未设置排气孔"、"振捣间距不够"等，都可以直接采取对策。

三、原因分析常见问题

1. 针对"课题"进行原因分析

分析原因针对的对象不明确。在已找出症结的情况下，仍针对课题分析原因，则会出现逻辑上的混乱，也会使分析的原因针对性不强。某小组在活动过程中，找出的症结是"裂缝"，然而在分析原因时却针对课题"提高混凝土外观一次验收合格率"来分析，出现逻辑问题。

2. 原因分析不全面

有的小组原因分析不全面，如该问题与环境有关，却没有针对环境去分析，导致原因分析不全面。有的小组在进行原因分析时，虽然"人、机、料、法、环、测"齐全，但每一个项目都没有充分展开、逐层分析原因，分析不全面、不深入，这样有可能造成末端原因找不全、找不准，将真正影响问题的原因漏掉了。

3. 原因分析不彻底

有的小组对末端原因概念不理解，分不清什么是中间原因，什么是末端原因，分析不彻底，没有分析到可以直接采取对策的程度。使得制定的对策和措施比较笼统，不利于实施的有效进行。例如"人员素质低"、"工艺不合理"、"来料不合格"、"制度不健全"等都不是末端原因，必须继续分析造成"人员素质低"、"工艺不合理""来料不合格"、"制度不健全"等的原因是什么。又如"预埋件安装不规范"可能由方案、交底、人员技能等多方面原因所致，还可以继续分析下去。只有分析到具体的原因，才能对症下药，直接采取对策和措施。

4. 原因之间的逻辑关系不清晰

原因分析过程逻辑关系不清晰，因果关系倒置，或者将没有直接因果关系的原因串联在一起。有的把人、机、料、法、环、测区分不开、归类错误等。

5. 统计方法运用不正确

部分小组对因果图、树图、关联图的用法掌握不准确，多个问题放在一起合画一张因果图或树图；问题有两个，相同原因过多，没有绘制关联图，使得图示不够简明；问题只有一个，原因之间又无交叉影响，却绘制了关联图，而且画出的所谓关联图实际上就是一张树图；问题虽有两个，但是两个问题基本独立，原因之间几乎没有相互影响，绘制的关联图去掉一两条连线，实际上形成了两个完全独立的树图。有的统计方法的使用本身也存在问题，从原因归类、逻辑关系，到图表的绘制，都是不正确的。

第六节　确定主要原因

通过分析原因，可能影响症结的末端原因有很多条，其中有的是影响症结的主要原因，有的则不是，需要加以鉴别和区分。确定主要原因的目的，就是要把那些确实对症结影响程度大的主要原因找出来，将目前状态良好、对症结影响不大的末端原因排除掉，以便有针对性地制定对策，采取具体措施，有效解决问题。

一、确定主要原因的要求

小组应依据数据和事实，针对末端原因，客观地确定主要原因。

1. 收集所有的末端原因，识别并排除小组能力范围以外的原因

在原因分析时用因果图、树图、关联图展示原因的全貌，找到末端原因。末端原因只影响其他原因而本身不被影响，是问题的实质。因此，对症结造成影响的真正原因，必然在末端原因之中。所以，确定主要原因时，应把所有末端原因收集起来，从末端原因当中寻找。

小组能力范围以外的原因，是指小组乃至企业都无法采取对策的原因。如电网停电、雨雪天气、气温过高或过低、自然灾害等，对小组来说都是无法采取对策的，属于小组能力范围之外的原因，所以要把它们剔除出去，不作为确定主要原因的对象。

2. 对每个末端原因进行逐条确认，必要时可制定要因确认计划

对小组能力范围内的所有末端原因都要进行逐条确认，否则就有可能把本来是主要原因的末端原因漏掉。不应凭经验或主观判断先进行筛选，要用客观事实和数据说话，这样才能把真正影响症结的主要原因找出来。

是否制定要因确认计划，可根据方便确认要因的原则，由小组根据活动实际情况自行决定。如果末端原因较多，可制定要因确认计划，按计划分工实施，逐条确认，使确认严密有序。

3. 依据末端原因对症结或问题的影响程度判断是否为主要原因

在确认每条末端原因是否主要原因时，应根据它对所分析症结或问题的影响程度大小来确定，而不应对照现有的工艺标准、操作规程或管理制度等进行比较、判断。如果现状调查已经找到症结，就要判断末端原因对症结的影响程度。如果课题很小，其本身就是症结时，就判断末端原因对课题的影响程度。

判断影响程度大小的依据就是客观事实，而能够准确反映客观事实的就是数据。如数据表明该原因对症结或问题的影响程度大，即判定其为主要原因；如数据表明该原因对症结或问题的影响程度小，即判定其为非主要原因。判断影响程度大小要根据课题的实际情况灵活掌握，个别原因一次调查得到的数据尚不能充分判定时，就要再调查、再确认。

二、确定主要原因的方式

确定主要原因时，小组成员应亲自到现场，通过现场测量、试验及调查分析的方式收集数据和信息，判断其对症结或问题的影响程度，为确定主要原因提供依据。

（1）现场测量是一种直接方式，即到现场通过测量取得数据，通过数据直接判断影响程度；

（2）试验包括模拟试验、仿真试验等，通过试验取得数据，判断影响程度；

（3）调查分析是一种间接方式，即通过测量取得的数据不能直接进行判断，需要借助统计方法如柱状图、散布图等帮助分析，调查分析必须依据数据和事实，客观判断影响程度。

三、确定主要原因举例

案例《提高被动式建筑外窗安装一次验收合格率》课题（确定主要原因节选）

针对"窗框气密性差"症结，分析出 5 条末端原因，且均在小组能力范围以内。小组成员针对 5 条末端原因制定了要因确认计划表（表 3-9）。

要因确认计划表   表 3-9

序号	末端原因	确认方式	确认内容	负责人	时间
1	墙体阳角处防水隔气膜破损	现场测量	墙体阳角处防水隔气膜破损对症结问题的影响程度	×××	×××
2	防水隔气膜粘结剂黏度低	调查分析	防水隔气膜粘结剂黏度低对症结问题的影响程度	×××	×××
3	测风仪精度低	现场测量	测风仪精度低对症结问题的影响程度	×××	×××
4	操作平台晃动	现场测量	操作平台晃动对症结问题的影响程度	×××	×××
5	外窗成品保护措施无缓冲层	调查分析	外窗成品保护措施无缓冲层对症结问题的影响程度	×××	×××

制表人：×××　　　　　　　　　　制表时间：××××年××月××日

1. 要因确认：墙体阳角处防水隔气膜破损

××××年××月××日，由×××、×××对现场防水隔气膜进行检查。现场防水隔气膜先粘贴于窗框室内侧，然后随窗框共同安装至窗洞口位置，防水隔气向内翻折后粘贴于窗洞口，翻折粘贴过程中容易与墙体阳角发生摩擦，导致防水隔气膜的破损。共检查 100 处，破损 25 处，其中 24 处破损于墙体阳角位置，1 处破损于窗洞口位置，墙体阳角位置防水隔气膜破损率远高于其他部位，占总破损的 96%，见图 3-14、表 3-10、图 3-15。

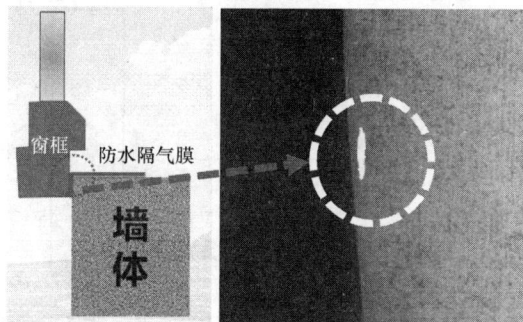

图 3-14　防水隔气膜墙体阳角部位破损

防水隔汽膜破损情况调查统计表   表 3-10

序号	检查数量(个)	检查情况	破损位置	数量(个)	所占比例(%)	破损部位占比(%)
1		未破损		75	75	
2	100	破损	墙体阳角处	25	24	25	96
3			内墙侧		1		4

制表人：×××   制表时间：××××年××月××日

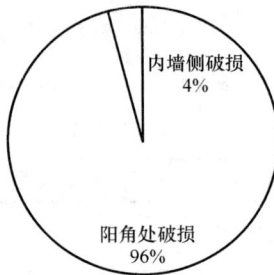

图 3-15 防水隔气膜破损位置占比饼分图

制图人：×××   制图时间：××××年××月××日

对这 24 处阳角防水隔气膜破损的外窗进行气密性检查，全部不合格。另抽取 24 处阳角防水隔气膜未破损的外窗进行气密性检查，合格 23 处，不合格一处，合格率为 95.8%。

防水隔气膜阳角位置破损和未破损的外窗安装气密性检查验收合格率统计表及柱状图见表 3-11 和图 3-16。

外窗安装气密性检查验收合格率统计表   表 3-11

序号	墙体阳角处是否破损	检查数量(个)	合格点数(点)	不合格点数(点)	合格率(%)
1	是	24	0	24	0%
2	否	24	23	1	95.8%

制表人：×××   制表时间：××××年××月××日

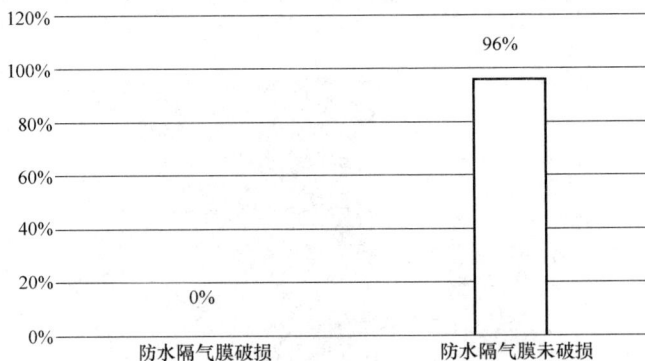

图 3-16 防水隔气膜阳角位置破损和未破损的外窗气密性验收合格率柱状图

制图人：×××   制图时间：××××年××月××日

通过调查对比发现，墙体阳角防水隔气膜破损占比较高，且气密性均不合格，远高于防水隔气膜未破损部位，“墙体阳角处防水隔气膜破损”对“窗框气密性差”这一症结问题影响大。所以，此末端原因为要因。

2. 要因确认：防水隔气膜粘结剂黏度低

××××年××月××日，由×××对现场的防水隔气膜粘结剂材料进行调查(图3-17)，现场采用两种品牌的中性硅酮耐候胶。规范允许黏度范围为500～650cP，耐候胶1黏度为450cP，耐候胶2黏度为650cP。

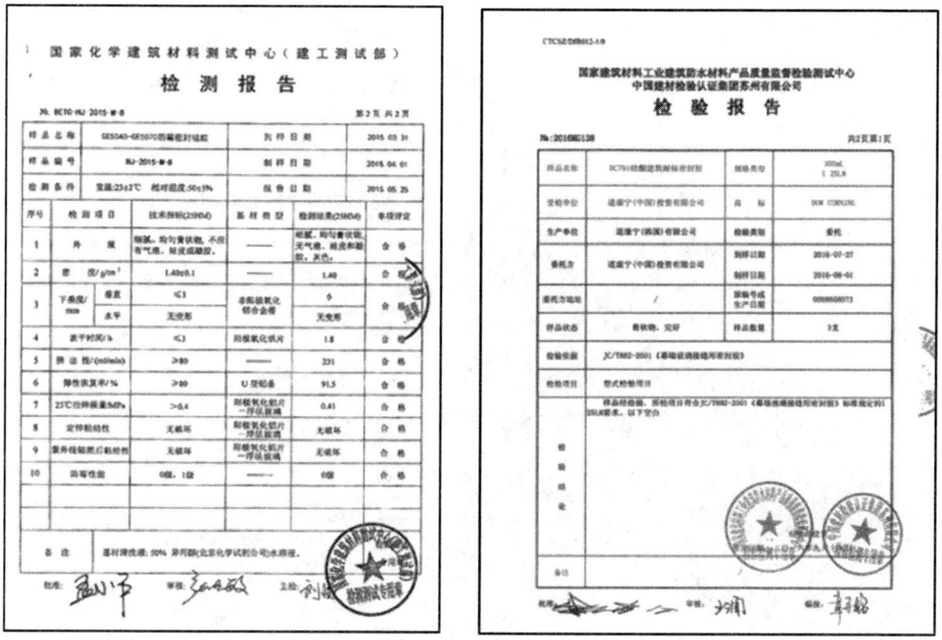
国家化学建筑材料测试中心（建工测试部）
检测报告
国家建筑材料工业建筑防水材料产品质量监督检验测试中心
中国建材检验认证集团苏州有限公司
检验报告

图3-17　粘结剂检测报告

××××年××月××日，×××分别对两种耐候胶粘贴防水隔气膜的外窗气密性进行检查，分别抽取100个点，检查结果如表3-12、图3-18所示。

外窗气密性检查统计表　　**表3-12**

序号	项目	检查数量(个)	合格点数(点)	不合格点数(点)	合格率(%)
1	耐候胶1	100	80	20	80
2	耐候胶2	100	81	19	81

制表人：×××　　制表时间：××××年××月××日

通过调查对比发现，使用黏度低的耐候胶粘贴防水隔气膜的外窗气密性合格率于黏度高的耐候胶基本一致，因此“防水隔气膜粘结剂黏度低”对症结问题影响较小。此末端原因判定为非要因。

3. 要因确认：测风仪精度低

××××年××月××日，由×××检查现场使用的测风仪，现场采用一体式

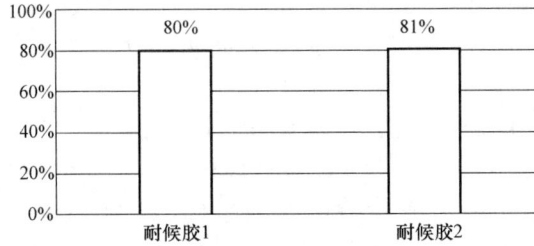

图 3-18　不同黏度耐候胶施工的外窗气密性合格率对比柱状图

制图人：×××　　　　　　　制图时间：××××年××月××日

测风仪，现场测风仪质量合格，校验时间满足要求，测量仪器精度为 0.01m/s（图 3-19、图 3-20）。

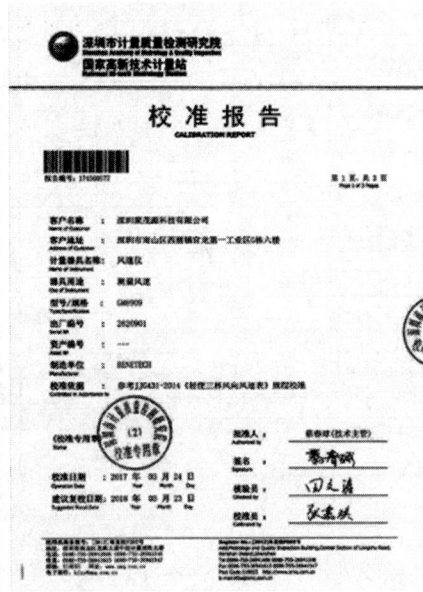

图 3-19　测风仪及校准报告

图 3-20　校验过程

　　××××年××月××日，又新采购一台全新测风仪（图 3-21），测风仪测量精度为 0.001m/s，测量精度高于原有测风仪。×××使用这两个测风仪共同进行外窗气密性检查，两种仪器检查检查结果一致，且不合格点相同。共检查 50 个点，合格 39 个点，不合格 11 个点，合格率 78%，且各漏风点的漏风量基本一致见表 3-13、表 3-14。

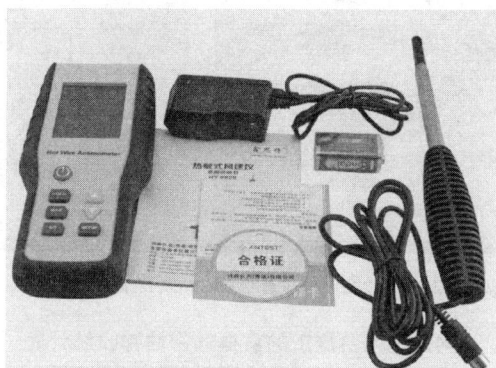

图 3-21　新购高精度测风仪

外窗气密性检查统计表　　　　　　　　　　　　　　　表 3-13

设备	检查数量(个)	合格点数(点)	不合格点数(点)	合格率(%)
原有测风仪 （精度为 0.01m/s）	50	39	11	78
新购测风仪 （精度为 0.001m/s）	50	39	11	78

制表人：×××　　　　　　　　　制表时间：××××年××月××日

外窗气密性检查不合格点漏风量统计表　　　　　　　表 3-14

设备	检测项目	点1	点2	点3	点4	点5	点6	点7	点8	点9	点10	点11
原有测风仪	漏风量(m/s)	0.01	0.01	0.06	0.04	0.03	0.02	0.05	0.04	0.04	0.06	0.01
新购测风仪	漏风量(m/s)	0.01	0.01	0.06	0.04	0.03	0.02	0.05	0.04	0.04	0.06	0.01

制表人：×××　　　　　　　　　制表时间：××××年××月××日

通过测定结果分析，精度低的测量仪器与精度高低的测量仪器测量的各点气密性一致，漏风点漏风量一致。因此"测风仪精度低"对"窗框气密性差"这一症结问题影响较小。此末端原因为非要因。

4. 要因确认：操作平台晃动

××××年××月××日，由×××对现场外窗的操作平台进行检查，现场 1 层外窗采用落地脚手架施工、其余均采用施工吊篮进行施工，两种操作平台均能满足外窗施工的要求。落地脚手架平台无晃动，吊篮存在轻微晃动，见图 3-22。对采用两种施工操作平台施工的外窗分别进行气密性的检查。分别检查 50 个点，合格率均在 79% 左右见表 3-15、图 3-23。

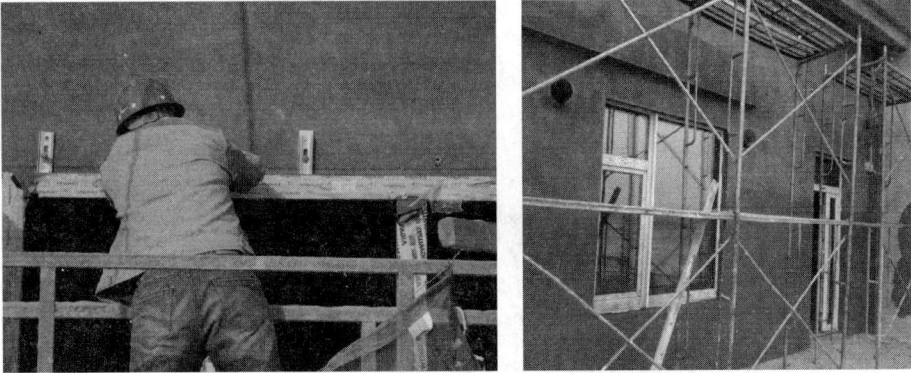

图 3-22　吊篮及落地脚手架操作平台

不同操作平台施工的窗框气密性验收统计表　　　　　　　　表 3-15

操作平台	检测数量(个)	合格点数(点)	合格率(%)
施工吊篮	50	39	78
落地脚手架	50	40	80

制表人：×××　　　　　　　　制表时间：××××年××月××日

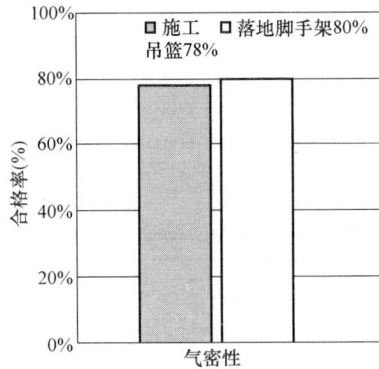

图 3-23　不同操作平台施工的气密性合格率对比柱状图

制图人：×××　　　　　　　　制图时间：××××年××月××日

通过调查对比发现，采用晃动小的操作平台与无晃动的操作平台施工的窗框气密性和窗框标高基本一致，"吊篮施工操作难度大"对"窗框气密性差"症结问题影响较小。所以，判定为非要因。

5. 要因确认：外窗成品保护措施无缓冲层

××××年××月××日，由×××对现场外窗的成品保护措施进行检查，现场 1～4 层样板完成后采用塑料薄膜进行成品保护，5～8 层施工全部采购成品 PE 塑料保护气泡膜进行外窗成品保护，塑料薄膜无缓冲层，气泡膜存在 6mm 的缓冲空气层，见图 3-24、图 3-25 所示。分别对 1～4 层和 5～8 层的窗框气密性进行检查，分别检查 50 个点，具体数据如表 3-16。

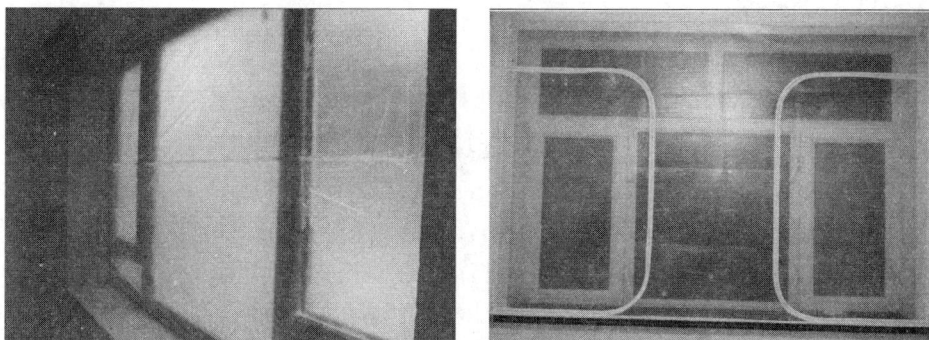

图 3-24　塑料薄膜及成品气泡膜保护措施

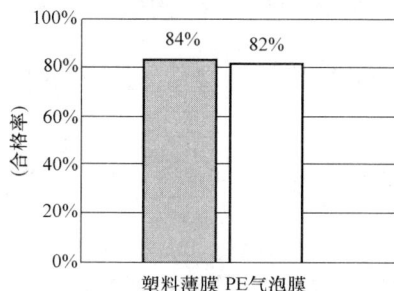

图 3-25　不同成品保护措施的气密性合格率柱状图

不同保护措施的窗框气密性合格率统计表　　　　　表 3-16

检查部位	成品保护措施	检查点数(个)	合格点数(点)	不合格点数(点)	合格率(%)
1～4 层	塑料薄膜	50	42	8	84
5～8 层	PE 气泡膜	50	41	9	82

制表人：×××　　　　　　　　　　制表时间：××××年××月××日

　　通过调查对比发现，成品保护措施有无缓冲层，外窗气密性的合格率基本一致，因此"外窗成品保护措施不合理"对症结问题影响较小，判定为非要因。

　　通过对 5 条末端原因的确认，最终确定一个主要原因："墙体阳角处防水隔气膜破损"。

　　【案例分析】

　　该小组在确定要因时，运用现场测量和试验的方法，通过不同条件下的数据对比，分析末端原因对症结的影响程度，进而判定是否为主要原因，统计方法运用适宜。

四、确定主要原因常见问题

　　（1）没有对全部末端原因逐条确认。把根据经验认为不可能是主要原因的末端原因先加以排除，只对那些被认为可能是主要原因的逐条确认，这样会遗漏真正影响症结或问题的主要原因。

　　（2）要因确认缺少客观事实和数据。分析末端原因对症结或问题影响程度缺少相关事实和数据，仅进行定性描述、理论推导；或将全部末端原因先凭经验区分为要因和非要因，"要因"中的事实和数据具体翔实，"非要因"中则缺少事实和数据。或以是否容易解决来确定要因。

（3）对照标准进行要因确认。虽然进行了现场测量、试验、调查分析，取得数据，但仅将数据与小组制定的确认标准（包括规范要求、工艺标准等）进行比较，符合标准即为非要因，不符合标准即为要因，未能找到真正影响症结或问题的主要原因。

（4）在分析末端原因对症结或问题的影响程度时产生混乱。收集的是末端原因与问题的关联数据，却判定为末端原因对症结的影响程度。只分析到末端原因对前一层级原因的影响程度，来判定该末端原因是否为问题或症结的主要原因。

第七节　制定对策

主要原因确定之后，就可分别针对所确定的每条主要原因制定对策。

一、对策的提出与选择

1. 针对主要原因逐条制定对策

在提出对策时，首先要列出主要原因是什么，然后有针对性地就每条主要原因提出相应的对策，对策应明确，避免对策与主要原因脱节，给解决问题造成逻辑上的混乱。对策应能够从根本上解决导致问题产生的主要原因，而不是治标不治本的对策。提出对策是制定对策的一个重要环节，关系到能否有效地解决由主要原因引起的症结问题。

2. 必要时，针对主要原因提出多种对策，并用客观的方法进行对策的评价和选择

在提出对策时，可以运用头脑风暴法展开思维，让小组成员针对要因，并根据各自掌握的知识、实践经验以及有关的信息，从多角度提出多种对策，以供选择确定。是否针对主要原因提出多种对策，并进行对策的综合评价和比较选择，应由小组根据每条主要原因的实际情况决定，如涉及技术、工艺等方面的问题，可能需要找到更好的方法，则提出多种对策进行比选。这个环节要实事求是，不要将简单问题复杂化，不要拼凑出一些无意义的陪衬对策。

对每一项对策进行综合评价，可采用测量、试验、分析等客观的方法，基于事实和数据从有效性、可实施性、经济性、可靠性、时间性等方面，对提出的对策进行评价，确定出有效实施的对策。

（1）对策的有效性。确定的对策应是治本的对策，对策实施后能够控制或消除产生问题的主要原因。如无把握或不能有效地解决问题，则不宜采用。

（2）对策的可实施性。确定的对策应是小组可以实施的，尽量依靠小组自己的力量完成。如大部分对策需要借助外力协助才能完成，则不宜采用。

（3）对策的经济性。确定对策时要考虑经济的承受能力，要分析研究采取对策需要投入多少资金，尽量选取资金投入少或资金有保证的对策。如需投入大量资金或资金不能保证的，则不宜采用。

（4）对策的可靠性。采取可靠的对策，避免采用临时性的应急对策，这种对策不能从根本上防止问题再发生，应选取能够运行一定年限的对策。

（5）对策的时间性。确定对策要考虑时间的要求，对策应能在相对较短的时间内完成，不影响正常施工生产。如果对策实施后，虽然可以满足工程质量等要求，但是达不到进度计划和合同工期的要求，则不宜采用。

二、制定对策表

1. 设定对策目标

针对每项对策，设定各对策所达到的目标，以检验对策的实施结果。对策目标是针对要因采取措施后所达到的目标，对策目标必须可测量、可检查，它与课题目标没有直接关系，不应是课题目标或课题目标的分解，只与对策所针对的主要原因状态相关联，即将主要原因改善到什么程度进行可测量、可检查的描述。

2. 策划实现对策的措施

对策确定之后，如何去实现这个对策，采用哪些具体措施才能达到对策的要求，是小组成员在制定对策计划时，必须要考虑的问题。不要将对策与措施混淆，对策是指针对主要原因小组采取的改进方案，而措施是指实现改进方案的具体做法。对策是宏观的，措施是对策的具体展开，因此措施应有具体的内容、步骤，具有可操作性。

3. 制定对策表

按 5W1H 制定对策表，对策表是针对所有影响质量的主要原因而制定的整个改进措施计划。"5W1H" 即 What（对策）、Why（目标）、Who（负责人）、Where（地点）、When（时间）、How（措施）。对策表格式可参见表 3-17。

对策表　　　　　　　　　　　　　　　　　　　　　表 3-17

序号	主要原因	对策 What	目标 Why	措施 How	地点 Where	时间 When	负责人 Who

对策表中的前四项：主要原因、对策、目标和措施，其排序是有逻辑关系的，位置顺序不能颠倒。"地点"应明确对策措施执行的地点，值得强调的是当地点经常变动、不固定时，应明确是在现场、办公室，还是在供应方等，地点对于工程项目等现场不固定的小组十分重要，应交代清楚；"时间"是完成对策的时间，应具体到日；对策表中的"负责人"是指根据小组分工明确每一项工作由谁负责，负责人可以由小组中任一成员担任，并非特指组长。

三、制定对策举例

案例《提高被动式建筑外窗安装一次验收合格率》课题（制定对策节选）

小组成员针对以上"墙体阳角处防水隔气膜易破损"、"窗框底部支撑无标高调整措施"两个主要原因，集思广益，运用头脑风暴法，提出多套解决方案。

针对"墙体阳角处防水隔气膜易破损"的主要原因提出了以下两个对策方案，

见图 3-26：

方案 1：在窗框内外露部分粘贴防水隔气膜自粘端，在窗框内侧下边缘粘贴防水隔气膜，另一侧粘贴于窗洞口内侧，避免防水隔气膜直接与墙体阳角接触，减少了墙体阳角处对防水隔气膜的磨损，能够有效地解决症结。

方案 2：将防水隔气膜的自粘端粘贴于窗框的周围，然后将防水隔气膜翻折于窗框内侧，方便安装；将窗框固定后再将另一侧防水隔气膜翻折归位，松弛地粘贴于墙体窗洞口，避免窗框移动对防水隔气膜造成破坏，能够有效地解决症结。

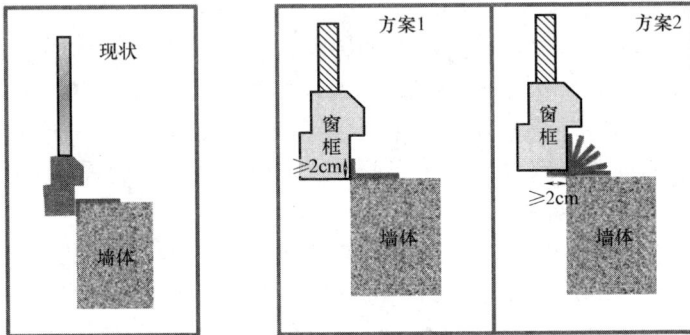

图 3-26 针对"墙体阳角处防水隔气膜易破损"制定的对策方案

针对"窗框底部支撑无标高调整措施"的主要原因提出了以下两个对策方案，见图 3-27：

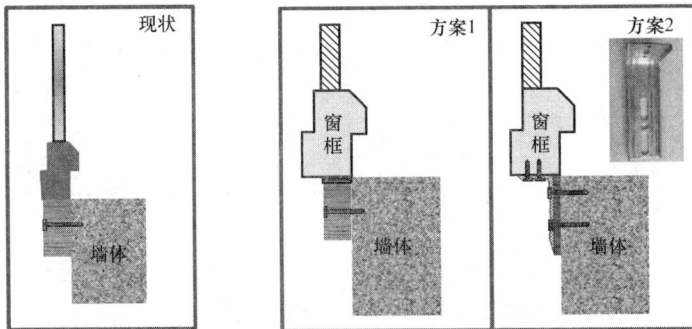

图 3-27 针对"窗框底部支撑无标高调整措施"制定的对策方案

方案 1：采用原有的防腐木固定的方式进行安装，在固定防腐木之后复核防腐木顶标高，根据防腐木顶标高的偏差值，选择不同厚度的防腐木片垫于窗框于防腐木之间，以达到窗框底标高在同一高度处，能够有效地解决症结。

方案 2：采用可调高度角件固定窗框，首先断桥胀栓固定角件的可调高度部分栓孔（长条形），复核角件高度，出现偏差时敲击角件以达到统一高度，再用胀栓固定栓孔（圆形），至此角件固定于统一高度，不再发生位移，再将窗框置于其上，有效地解决了标高偏差大的症结，同时方便施工，可操作性强

小组成员通过有效性、可操作性、经济性、可靠性、时间性五个方面进行分析，将上述试验结果列入对策分析评价表（表 3-18）。

表 3-18

对策分析评价表

要因	方案种类	有效性	可操作性	经济性	可靠性	时间性	综述	结论
墙体阳角处防水隔气膜易破损	方案1：防水隔气膜粘贴于窗框外露部分	1. 有效减少防水隔气膜弯折； 2. 墙体阳角不接触防水隔气膜； 3. 无漏气点	防水隔气膜与窗框的粘贴宽度不易保持	无增量成本	能够长久有效保证气密性	1d/樘	1. 操作难度大； 2. 耐久性差； 3. 效率低	不采用
	方案2：将防水隔气膜粘贴于窗框周圈	1. 有效减少防水隔气膜弯折； 2. 墙体阳角不接触防水隔气膜； 3. 无漏气点	1. 操作方便，粘贴宽度容易保证； 2. 减少粘贴预压自膨胀密封条工序	—17 元/樘	能够长久有效保证气密性	0.83d/樘	1. 有效解决症结问题； 2. 操作方便； 3. 价格低； 4. 耐久性高； 5. 效率高	采用
窗框底部支撑无标高调整措施	方案1：加垫防腐木片调整窗框标高	1. 有效调整窗框标高； 2. 不破坏环保性； 3. 无热桥产生	1. 垫片容易掉落； 2. 不同厚度垫片不方便操作	+3 元/樘	容易产生松动	1d/樘	1. 操作难度大； 2. 价格高； 3. 耐久性差； 4. 效率低	不采用
	方案2：使用可调角件固定底框	1. 有效调整窗框标高； 2. 不破坏环保性； 3. 无热桥产生	1. 无需施工防腐木； 2. 施工方便	—35 元/樘	可靠性好耐久性高	0.83d/樘	1. 有效解决症结问题； 2. 操作方便； 3. 价格低； 4. 耐久性高； 5. 效率高	采用

制表人：×××　　　　制表时间：××××年××月××日

69

小组成员根据 5W1H 原则制定了以下对策（表 3-19）：

对策表 表 3-19

要因	对策	目标	措施	负责人	完成日期	实施地点
墙体阳角处防水隔气膜破损	防水隔气膜粘贴于窗框周围	防水隔气膜100％完好	1. 调整窗框尺寸； 2. 使用 BIM、VR、二维码技术交底； 3. 窗框周围粘贴防水隔气膜； 4. 墙体打胶； 5. 墙体粘贴防水隔气膜	×××	×××	西单元 16-30F
窗框底部支撑缺少标高调整措施	使用可调角件固定底框	窗框标高合格率达到95％	1. 确定角件数量； 2. 底框安装垫木； 3. 安装角件； 4. 调整角件； 5. 固定窗框； 6. 打胶	×××	×××	西单元 16-30F

制表人：×××　　　　　　　　　　制表时间：××××年××月××日

【案例分析】

小组成员针对两项要因，分别提出两项对策，并通过一定的数据对比，评价选择出最优方案，制定了对策表。对策表对策明确，措施具体，目标可测量。

四、制定对策常见问题

（1）5W1H 对策表不全，有漏项或者顺序颠倒；"对策"和"措施"混淆，对策不简练，措施不具体，或对策不明确，是具体措施的提炼。

（2）当小组提出多项对策并对其进行评价时，没有从有效性、可实施性、经济性、可靠性、时间性等方面进行评价，或评价过程仅为主观打分，缺少客观依据。

（3）对策目标只是定性描述，不可测量或检查；有的是用课题目标直接替代对策目标，或者是将课题目标分解作为对策目标，导致逻辑混乱。

（4）措施不够具体，没有说明应如何具体实施对策，可操作性不强。

（5）在对策表中使用抽象的词语，例如"加强、提高、减少、争取、尽量、随时"等词语，不利于对策的具体实施。

第八节　对策实施

对策制定完成，小组成员就可以按照对策表列出的具体改进计划加以实施。在这个阶段，小组成员更多的是要发挥专业技术特长，包括成员自身和小组成员协作的专项技能扩展，以实现改进的目标。

一、对策实施的要求

1. 按照对策表逐条实施对策

由于所确定的主要原因内容、性质各不相同，而对策表中的每项对策都是针对不同的主要原因制定的，因此小组成员要按照对策表中的对策逐条实施，每条对策的实施过程，就是具体措施的落实过程。只有这样，才能确保针对要因改进，达到预期的对策目标。

2. 实施过程的情况要及时记录

在实施过程中，小组成员要注意数据和信息的收集和整理，包括每条对策的具体实施时间、参加人员、活动地点、具体做法、费用支出、遇到困难及如何克服困难等，以真实地反映活动全貌，为小组课题完成后整理成果报告及对 QC 小组活动的现场评价提供依据。

3. 及时进行对策效果的验证

在每项对策实施完成后，小组成员应立即收集改进后的数据，将收集到的数据与对策目标进行比较，以确认对策目标是否达到。注意明确每条对策收集数据的具体时间，收集数据的时间不宜过长，能够说明有效即可。对策目标达到，说明该对策有效，问题得到解决。

当对策实施完毕，未达到对应的对策目标时，应对该对策的具体措施做出调整或修改，按照新的措施再次实施，再次收集数据确认效果，直至对策目标实现。

4. 必要时，验证对策实施结果在安全、质量、管理、成本及环保等方面是否造成负面影响

是否需要验证对策实施结果在安全、质量、管理、成本及环保等方面造成负面影响，小组应根据课题和对策的实际情况决定。例如在工程施工过程中，为了保证工期，加快工程进度，而造成了质量、安全等方面的负面影响；为了节约成本，减少了绿色施工投入，而对环境造成了影响等，如果采取了这样的对策，即使达到了对策的目标，却存在诸多负面影响，这样的对策也不宜采用，需要修订措施进行弥补，或重新考虑更为科学合理的对策。

二、对策实施举例

案例《提高被动式建筑外窗安装一次验收合格率》课题（对策实施节选）

1. 对策实施一：将防水隔气膜粘贴于窗框周围

（1）调整窗框尺寸

后期加工的窗框，由×××负责调整窗框加工尺寸，将原有窗框尺寸超出窗洞口尺寸 2cm，改为与窗洞口尺寸相同，见图 3-28。

（2）使用 BIM、VR、二维码进行技术交底

采用 BIM＋VR 技术集中对工人进行外窗安装的技术交底，见图 3-29。

图 3-28　进行技术交底

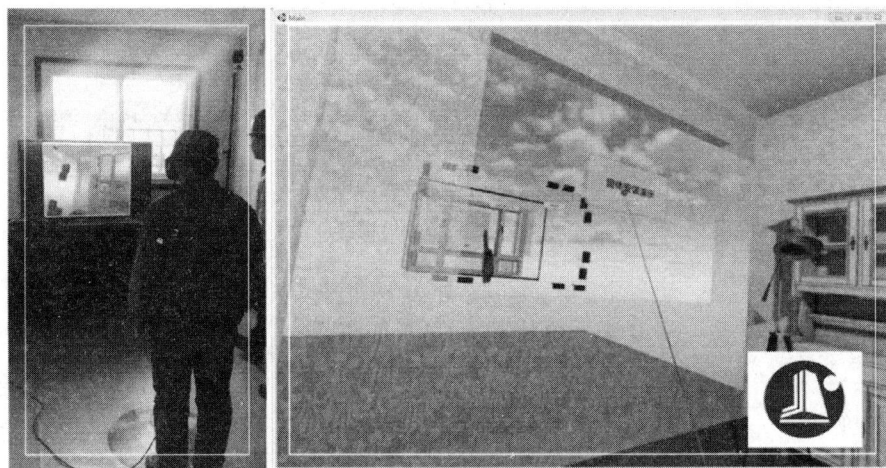

图 3-29　BIM＋VR 技术交底

将施工动画制作二维码，粘贴在作业部位附近，方便工人查看。现场作业人员只需拿起手机"扫一扫"就能快速查询到外窗的施工工艺和质量把控要点，见图 3-30。

（3）窗框周圈粘贴防水隔气膜

在外窗安装前将防水隔气膜粘贴于外门窗框侧边一周。粘贴位置应靠近室内部分，粘贴宽度应不小于 20mm，并预留部分防水隔气材料与门窗洞口侧墙体粘贴，且宽度不应小于 40mm，见图 3-31。

Revit模型搭建　　　Navisworks制作动画　　　制作二维码

图 3-30　二维码互联网技术交底

　　防水隔气膜搭接部位位于门窗框中部 1/3 范围内，搭接长度不应小于 10cm，搭接处满涂粘结剂以使其粘贴密实，见图 3-32。

图 3-31　粘贴防水隔气膜

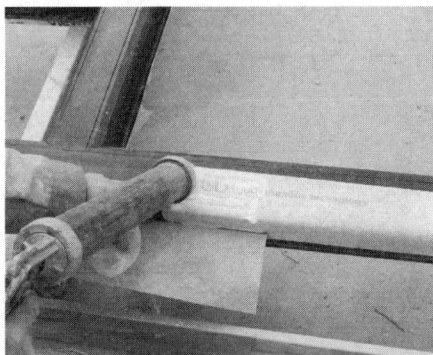

图 3-32　防水隔气膜搭接

　　在窗框四角及每个窗框边的中部用胶带把防水隔气膜临时固定在门窗框上，防止门窗框搬运及安装过程中破坏防水隔气膜，见图 3-33、图 3-34。

图 3-33　防水隔气膜粘贴完成

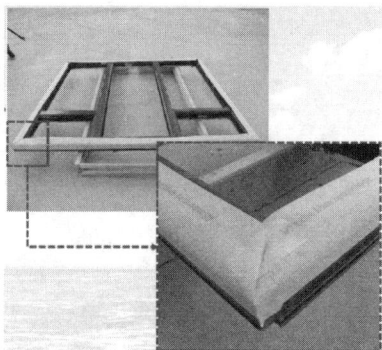

图 3-34　防水隔气膜暂时固定

（4）墙体打胶

在外窗安装就位后，使用"之"字形打胶法打耐候胶，在粘贴防水透气膜范围内先在两边打两道，中间均匀按"之"字形打胶，用抹子涂抹均匀，见图 3-35。

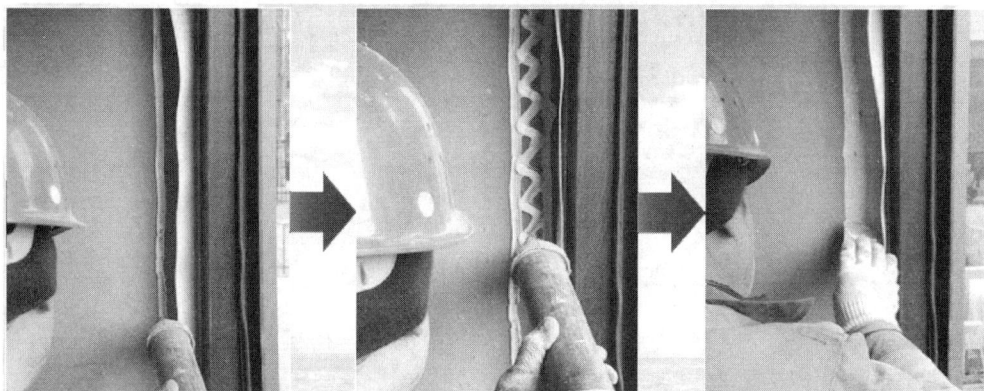

图 3-35　墙体打胶

图 3-36　挤压粘贴密实

（5）墙体粘贴防水隔气膜

用抹子由内而外均匀挤压保证防水隔气膜与基层墙体及窗框粘贴密实、牢固（要求胶粘剂涂抹均匀无漏点，宽度至少超出透气膜 1cm），阴角处 1cm 范围内防水隔气膜应松弛地（非紧绷状态）覆盖在结构墙体上，见图 3-36、图 3-37。

对策一效果验证：

××××年××月××日，对策一实施后，小组成员×××、×××按照规范对西单元 16～22 层被动式建筑外窗防水隔气膜进行抽查，共检查 200 个点，全部无破损，合格率为 100%。对策目标完成，措施有效，且无热桥产生，见图 3-38、表 3-20。

图 3-37　松弛状态的完成效果

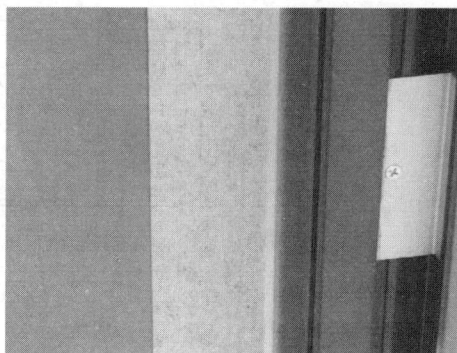

图 3-38　效果检查

对策一效果检查合格率统计表　　　　表 3-20

序号	位置	检查数量（个）	合格点数（点）	不合格点数（点）	合格率（%）
1	16～17 层	50	50	0	100
2	18～19 层	50	50	0	100
3	20～21 层	50	50	0	100
4	21～22 层	50	50	0	100

制表人：×××　　　　　　　　　　制表时间：××××年××月××日

2. 对策实施二：使用可调角件固定底框。

（1）确定角件数量

对窗框进行受力分析，确定角件的使用数量，见图 3-39～图 3-41。

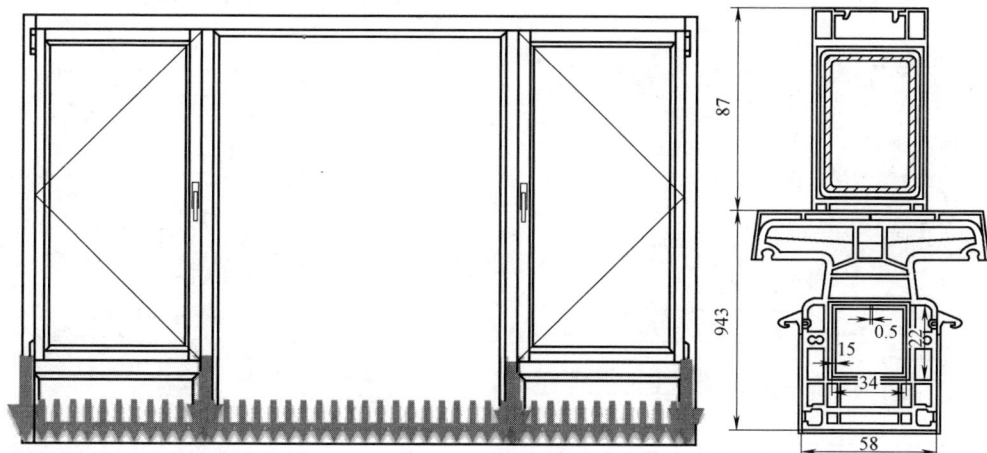

图 3-39　受力计算

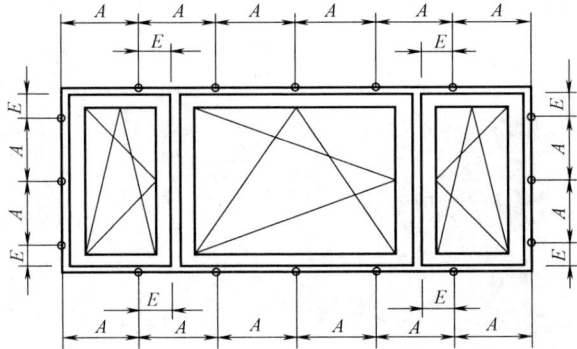

图 3-40　确定角件数量

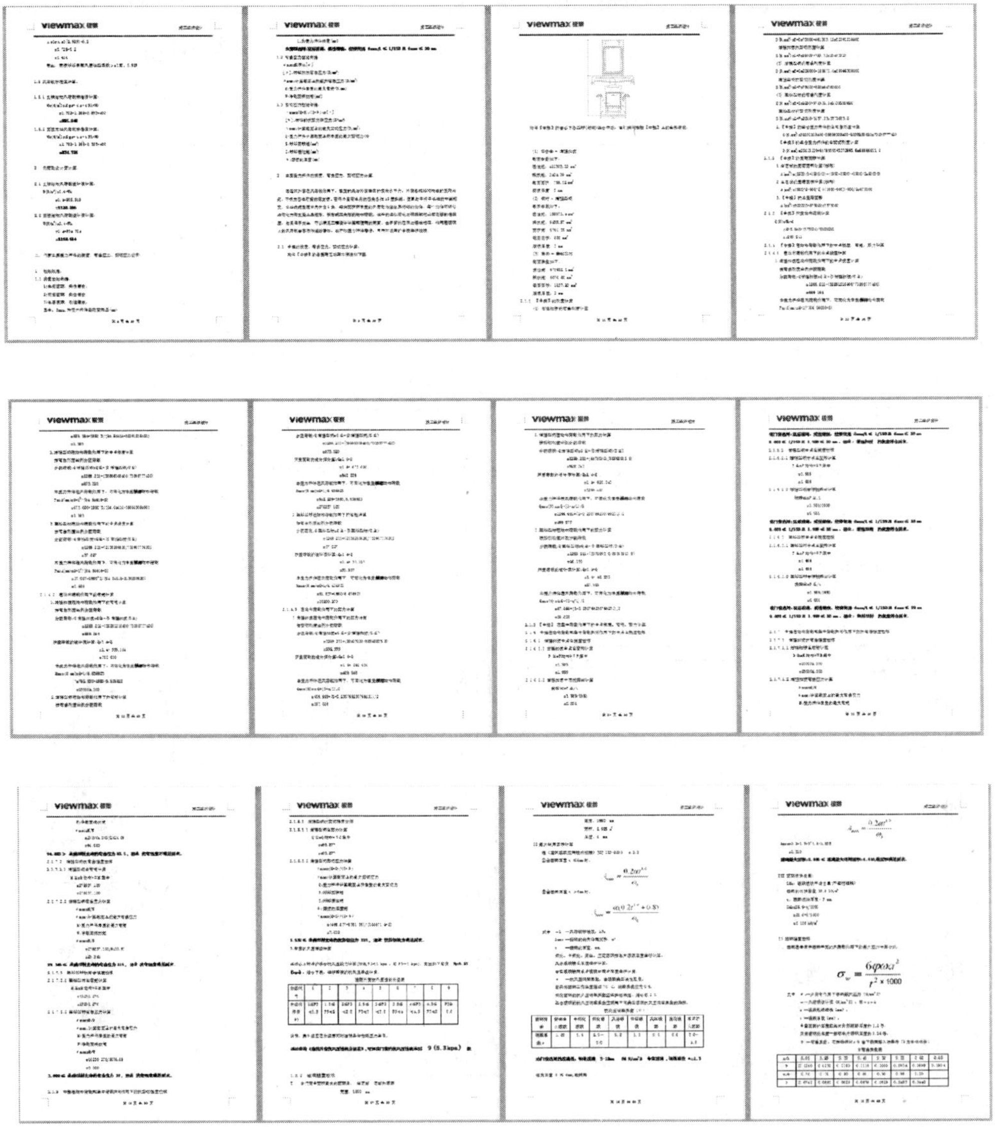

图 3-41　窗框受力计算书

（2）底框安装垫木。

窗框底部垫木粘贴预压膨胀密封条，在底框下部使用螺丝固定隔热垫木，见图 3-42。

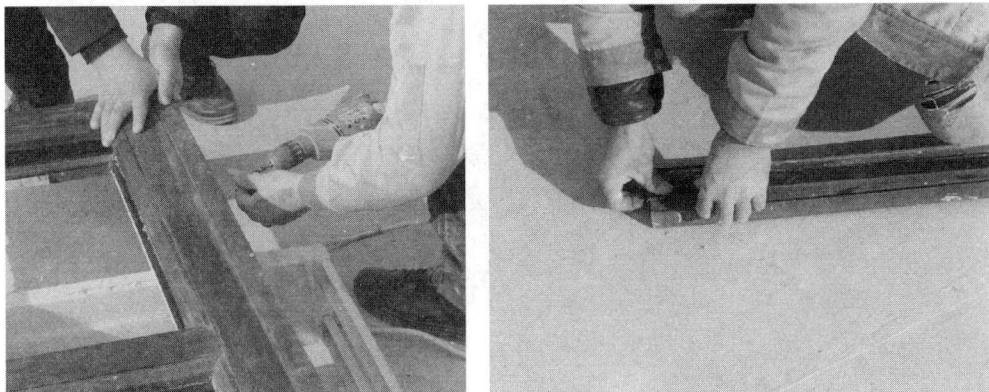

图 3-42　安装隔热垫木

（3）安装角件

确定门窗控制线（窗框边线外超出 3cm），并在角件安装位置处划线标记，确定螺栓位置，见图 3-43。

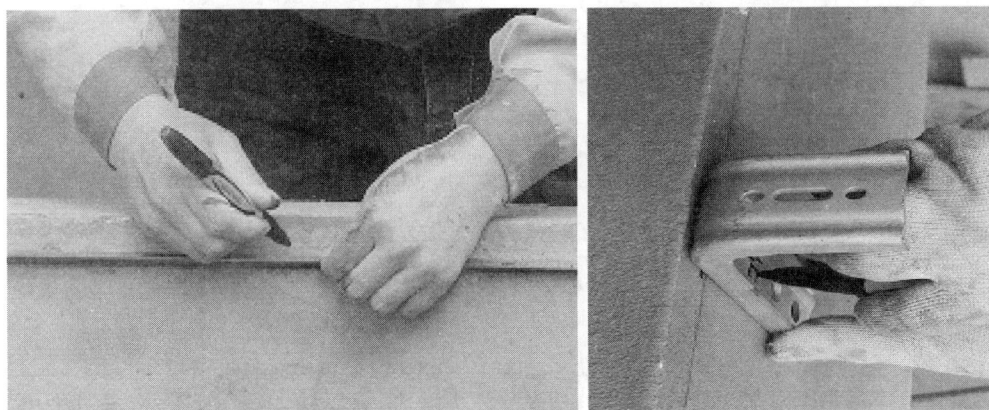

图 3-43　角件定位

钻孔使用膨胀螺栓安装连接件，连接件与墙体之间设置 1cm 厚的隔热垫块，见图 3-44。

（4）调整角件

使用水平激光仪和米尺等调整连接件使其呈水平状态，底部连接件调平后拧紧螺栓，侧面固定连接件膨胀螺栓不必拧得太紧，以便调节窗的位置及水平、垂直状态，见图 3-45。

（5）固定窗框

将窗框抬到安装好的固定角件上，见图 3-46。

77

图 3-44　安装角件

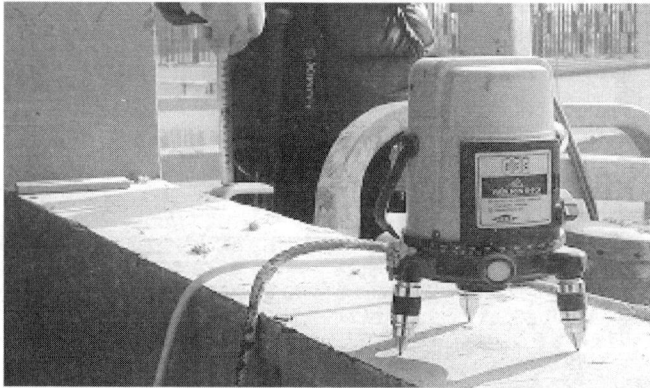

图 3-45　调整角件标高

图 3-46　窗框就位

用红外线水平仪及靠尺校正门窗框的垂直、水平状态，见图 3-47。

图 3-47　调整窗框

锤子轻轻敲击固定角件直至门窗框呈垂直、水平状态且与洞口四周紧密接触、均匀重叠，见图 3-48。

图 3-48　调整窗框的标高

校准门窗框位置无误后，洞口两侧及底部角件固定牢靠后用手电钻将自攻螺丝把窗框固定在角件上。施工过程中随时校核门窗框的水平度、垂直度，门窗框位置调整准确后安装剩余部分的固定角件，见图 3-49。

（6）打胶

在外门窗框与结构墙体之间的接缝处均匀涂一道胶粘剂，打胶时按如下顺序进行打胶，见图 3-50。

对策二效果验证：

××××年××月××日，对策二实施后，小组成员×××、×××按照规范对西单元 16～22 层被动式建筑外窗窗框标高进行抽查，共检查 200 个点，偏差 2 处，合格 198 处，合格率为 99％，见表 3-21。对策目标完成，措施有效，且无安全、环保等方面的负面影响。

窗框固定　　　　　　　　角件固定　　　　　　　　固定完成

图 3-49　窗框固定安装

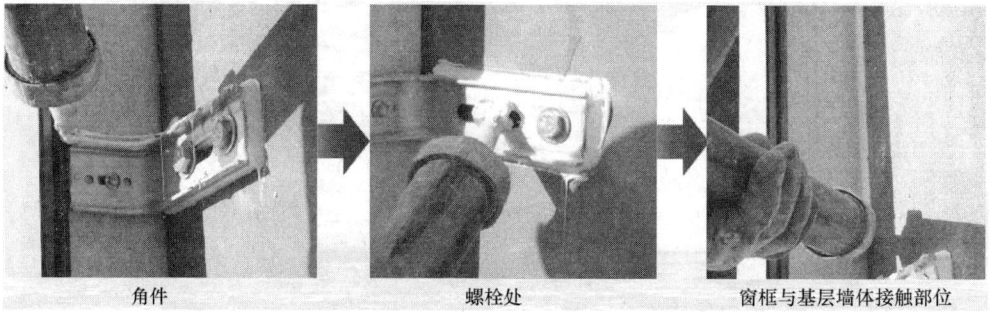

角件　　　　　　　　螺栓处　　　　　　　　窗框与基层墙体接触部位

图 3-50　窗框打胶

对策二效果检查窗框标高合格率统计表　　　　表 3-21

序号	楼层	检查数量(个)	合格点数(点)	合格率(%)
1	16～17 层	50	50	100
2	18～19 层	50	49	98
3	20～21 层	50	50	100
4	21～22 层	50	49	98
合计		200	198	99

制表人：×××　　　　　　　　　　制表时间：××××年××月××日

【案例分析】

小组成员按对策表中的具体措施实施每项对策；每项对策实施完毕，均及时收集数据，确认对策目标是否达到。内容具体翔实，图文并茂。

三、对策实施常见问题

（1）没有按照对策表中的对策逐条实施。

（2）实施过程通篇文字，缺少数据、图表。

（3）每一条对策实施完成后，没有及时收集数据，确认对策目标是否达到；对策效果的检查缺少具体数据，没有具体时间；实施效果收集数据的时长与课题效果检查时长相混淆；在对比实施效果时，只与实施前进行了比较，而未与对策目标进行比较。

第九节　效果检查

对策表中所有对策全部实施完成并逐条确认达到对策目标要求后，即所有的要因都得到了解决或改进，应按改进后的条件进行施工生产（工作），并从施工生产（工作）中收集数据，用以检查改进后所取得的总体效果。

一、检查取得的效果

检查取得的效果主要有两个方面：一是课题的目标是否达到，二是对策实施前的现状是否得到明显改善。

1. 检查小组设定的课题目标是否完成

将所有对策实施完毕后收集的数据与小组设定的课题目标进行对比，检查课题目标是否完成。效果检查与现状调查前后两个阶段收集数据的时间长度尽可能保持一致，以使数据具有可比性。

与课题目标进行比较，是效果检查的主要任务，决定是否继续下一步骤。如果没有达到课题目标，需分析具体原因，应从策划阶段的各个步骤找原因，如找到的症结不准确、设定目标没有预计症结的解决程度、原因分析不全、没有分析到末端原因、主要原因确定不准、对策选择有误等，哪一步骤有问题就从哪一步开始进行新一轮 PDCA 循环，直至达到课题目标。

2. 与对策实施前的现状对比，判断改善程度

小组在现状调查中，通过调查分析，找出了症结，并针对这一症结着手分析原因和找出主要原因，制定并实施对策。因此，在效果检查中，小组应对症结的解决情况进行调查，取得数据，与对策实施前的现状进行对比，检查症结是否改善到预期的解决程度。

对比的方式，可根据现状调查的情况而定。如果现状调查时用排列图找出症结，则检查效果时同样用排列图进行比较，检查症结是否由关键的少数变成了次要的多数，或者已得到明显改善（即达到预期的解决程度）。

二、必要时，确认小组活动产生的经济效益和社会效益

是否计算小组活动的经济效益和社会效益，由 QC 小组根据课题活动的实际情况自行决定，实事求是。

1. 确认经济效益

凡是小组通过改进活动实现了课题目标，如果产生了经济效益，并且能够计算经

济效益的，应计算出本次课题活动给企业带来的经济效益，以明确小组活动所做的具体贡献。应当注意的是，小组取得的经济效益应该实事求是并得到所在单位的认可。

一般来说，QC 小组计算经济效益的期限只计算活动期（包括巩固期）内所产生的效益。经济效益只计算实际产生的效益，不计算预期效益。由于 QC 小组在改进过程中必然要投入一定的费用，因此，QC 小组计算经济效益应扣除投入的费用，即实际效益＝产生的效益－投入的费用。

2. 确认社会效益

由于质量管理小组所在的岗位不同、解决的课题不同，经过活动，有的可以创造很大的经济效益，有的经济效益很小。比如涉及绿色施工、改善环境、消除安全隐患、为顾客提供满意服务以及改善工作环境等方面的课题，有时未必能产生多大的经济效益，有时甚至为负数，但所带来的社会效益有可能是巨大的，不可忽视，也要给予充分肯定并有客观证实。

三、效果检查举例

案例《提高混凝土结构预留洞口合格率》课题（效果检查节选）：

1. 检查对比

（1）目标对比

小组成员×××于××××年××月××日对使用了定型钢制模板工具的 7♯ 住宅楼混凝土预留洞口进行了综合检查，共检查 400 点，不合格为 52 点，预留洞口合格率由实施前 73％提升到了 87％。因此，通过开展"提高混凝土结构预留洞口合格率"的 QC 小组活动，活动的效果超过了预设的合格率 86.5％的目标值，课题目标完成。见图 3-51。

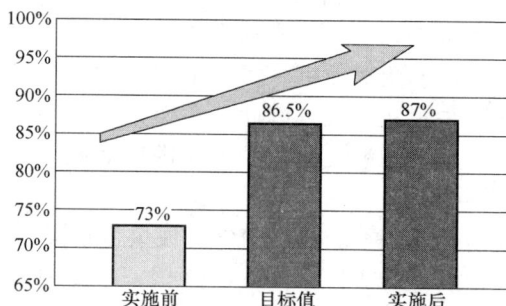

图 3-51　目标完成情况柱状图

制图人：×××　　　　　制图时间：××××年××月××日

（2）现状对比

根据预留洞口不合格部位情况，制作 7 号住宅楼混凝土结构预留洞口不合格部位调查表（表 3-22）、7 号住宅楼电箱预留洞偏差频数统计表（表 3-23），并绘制活动改进前、后效果比较排列图（图 3-52）。

7 号住宅楼混凝土结构预留洞口不合格部位调查表　　表 3-22

序号	部位	不合格点数(点)	不合格点频率(%)	累计频率(%)
1	电箱洞口	18	34.62	34.62
2	水电套管洞口	12	23.08	57.7
3	烟风道洞口	11	21.15	78.85
4	窗洞口	7	13.46	92.31
5	门洞口	4	7.69	100
	总计	52	100	—

制表人：×××　　　　　　　　制表时间：××××年××月××日

7 号住宅楼电箱预留洞偏差频数统计表　　表 3-23

序号	部位	频数(点)	频率(%)	累计频率(%)
1	电箱洞口对角线尺寸偏差	6	33.33	33.33
2	电箱洞口四边不顺直	5	27.78	61.11
3	电箱洞口中心线位置偏差	3	16.67	77.78
4	电箱洞口缺棱掉角	2	11.11	88.89
5	其他	2	11.11	100
合计	合计	18	100	—

制表人：×××　　　　　　　　制表时间：××××年××月××日

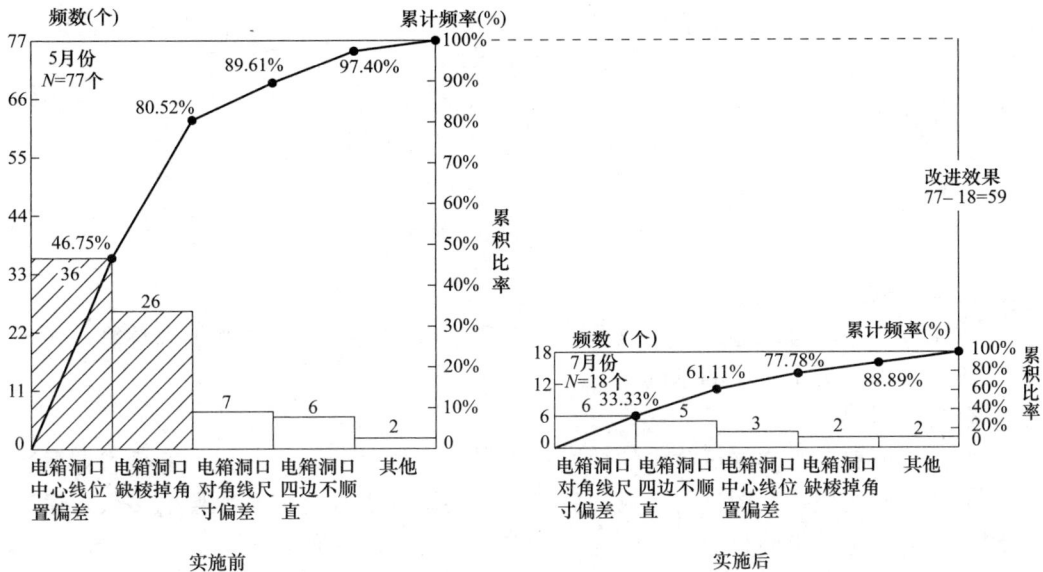

图 3-52　改善前、后效果比较排列图

制图人：×××　　　　　　　制图时间：××××年××月××日

结论：从排列图得出，改进后，"电箱洞口中心线位置偏差"、"电箱洞口缺棱掉角"已从关键的少数变为次要的多数，不再是问题症结了，症结得到了解决。

2．经济效益

通过 QC 小组活动，本工程混凝土结构洞口合格率得到有效提升，提高了工程质量，加快了施工进度，形成了电箱洞口定型模板多次重复使用的形式，降低了工程成本。

（1）节省修补人工费用：人工费 200 元/工日×150 工日＝30000 元。

（2）节省修补材料费用：混凝土原材料 3500 元＋水泥砂浆 2500 元＝6000 元。

（3）QC 小组活动经费：5000 元。

实际效益＝节省修补人工费用＋节省修补材料费用－QC 小组活动经费＝30000＋6000－5000＝31000 元。

经济效益证明如图 3-53 所示。

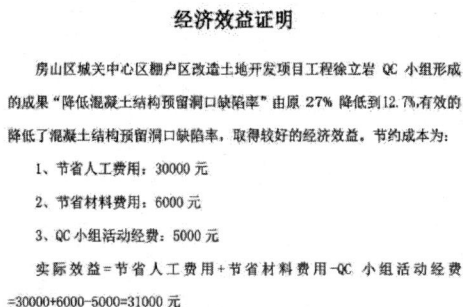

经济效益证明

房山区城关中心区棚户区改造土地开发项目工程徐立岩 QC 小组形成的成果"降低混凝土结构预留洞口缺陷率"由原 27% 降低到12.7%,有效的降低了混凝土结构预留洞口缺陷率，取得较好的经济效益。节约成本为：

1、节省人工费用：30000 元

2、节省材料费用：6000 元

3、QC 小组活动经费：5000 元

实际效益＝节省人工费用＋节省材料费用－QC 小组活动经费
=30000+6000-5000=31000 元

特此证明

北京恒施八建设发展有限责任公司

图 3-53　经济效益证明

3．社会效益

本工程监理单位、建设单位以及业主对质量管控给予肯定，并加以称赞。对后续工程的承揽打下了坚实的基础。

【案例分析】

小组将所有对策实施后收集的数据与小组设定的目标进行对比，经检查课题目标已完成。同时用排列图进行比较，症结已由关键的少数变成了次要的多数，说明小组活动的改进效果明显。经济效益计算实事求是，并附证明材料。

四、效果检查常见问题

（1）没有收集数据与小组的课题目标及实施前的现状进行对比检查，仅用文字说明目标实现。

（2）改进后的效果检查没有收集数据的具体时间；效果检查时收集数据的时间

段与现状调查时收集数据的时间长度不一致，数据可比性差。

（3）经济效益计算时未能实事求是，把还没有确立的费用作为小组取得的效益，不是实际产生的经济效益；有的类推、延长计算年限，夸大取得的效益。

第十节　制定巩固措施

通过改进活动，小组达到了预定的课题目标，取得效果后，就要把效果维持下去，并防止问题的再发生。为此，要制定巩固措施。

一、有效措施标准化

1. 将有效措施纳入相应标准或制度

将对策表中通过实施证明有效的措施纳入相关标准或管理制度，形成长效机制。如果对策表中制定的措施比较具体，那么就可以把其中的具体措施进行巩固；如果对策表中制定的措施不够具体，或比较简单，而在实施中的措施更加具体，也可以把实施中的具体措施，作为制定巩固措施的具体内容。

相关标准和管理制度，如工艺标准、作业指导书、设备管理制度、人员管理制度等，这些标准和制度可以是企业层级的，也可以是部门乃至班组层级的。巩固措施不包括行政后续工作，如推广、应用等。需要关注的是，QC 小组活动形成的专利申请受理或授权专利、发表的论文都不属于制定巩固措施的内容。

2. 标准的修订审批

由于 QC 小组没有制订或修订标准或制度的权限，为此，将有效措施纳入技术标准或管理制度，必须按照企业的有关规定，向企业主管部门申报，分层级批准后执行。

二、必要时，对巩固措施实施后的效果进行跟踪

是否需要设定巩固期，对巩固措施实施后的效果进行跟踪，由小组成员结合课题的实际情况自行决定。为防止已解决的问题再次发生，小组成员可对巩固期的情况到现场进行跟踪，收集数据确认是否按照修订过的新方法、标准操作执行，以确保取得的成果真正得到巩固，并维持在良好的水平上。巩固期内要做好记录，进行统计，用数据说明成果的巩固状况。

巩固期的长短应根据实际需要确定，以能够看到稳定状态为原则，一般情况下，通过观察趋势判断其稳定状态，宜收集 3 个统计周期的数据。

三、制定巩固措施举例

案例《提高吊车梁制孔一次合格率》课题（制定巩固措施节选）

通过这次的 QC 小组活动，成功解决了吊车梁制孔一次合格率低的问题。为使这次成果所取得的效果能够有效地维持，QC 小组制定了一系列的巩固措施。

公司技术部门编制的《吊车梁制孔作业指导书》，经公司领导审批通过，被收录

到企业加工工艺里（收录编号：HBJS.ZDS/2018-01），作为后续施工的指导性文件，并在公司进行发文推广执行，见表 3-24。

吊车梁作业指导书信息表

表 3-24

吊车梁制孔作业指导书			
形成时间	××××年××月××日	收录时间	××××年××月××日
编号	HBJS.ZDS/2018-01		
主要内容摘要			
序号	对策表中实施有效措施		作业指导书主要内容
1	1. 设置滚轴； 2. 配合吊车悬索传送板条； 3. 平面钻工作时，板条一侧用卡具卡紧		2.6.3　1）吊车梁制孔作业平台设置滚轴并配合吊车悬索传送板条，进行数控钻制孔前将板条一侧固定夹紧
2	1. 零件摆放就位机械手设置好程序数控平面钻开始工作； 2. 零件前移，机械手通过动图形化程序进行精调		2.6.3　2）零件摆放就位，机械手要熟练地进行程序设置并开始工作，第二次进行零件移动，机械手通过动图形化程序对零件制孔位置进行精调
3	1. 给每位新手和熟练机械手配对； 2. 熟练机械手操作，徒弟跟班学习； 3. 对徒弟进行考核； 4. 考核合格在首次操作设备时必须有师傅在场		2.6.4　3）加强每位数控平面钻作业人员使用设备熟练度：①前期为给每位新手和熟练机械手配对，熟练机械手操作，徒弟跟班学习；②考核合格在首次操作设备时必须有师傅在场

制表人：×××　　　　　　　　　　　制表时间：××××年××月××日

为保证本次活动效果的延续性，××××年××月××日～××××年××月××日进行了为期 68d 的巩固期效果检查。QC 小组成员对车间加工的 3 个工程的吊车梁制孔工序进行数据跟踪，并按照 17d 为一个分析区间，把巩固期分为 4 个区间。每个区间都统计 3000 个吊车梁孔的数据信息，进行数据分析。数据统计分析见表 3-25。

巩固期不同时段吊车梁制孔一次合格率统计表

表 3-25

时段	时间区间	检验吊车梁孔数（点）	不合格数（点）	合格数（点）	合格率（%）
第 1 时段	2018 年 11 月 21 日～2018 年 12 月 7 日	3000	85	2915	97.17
第 2 时段	2018 年 12 月 8 日～2018 年 12 月 24 日	3000	84	2916	97.20
第 3 时段	2018 年 12 月 25 日～2019 年 1 月 10 日	3000	86	2914	97.13
第 4 时段	2019 年 1 月 11 日～2019 年 1 月 27 日	3000	83	2917	97.23

制表人：×××　　　　　　　　　　　制表时间：××××年××月××日

从统计表及折线图（图 3-54）中可知，巩固期的吊车梁制孔一次合格率平均值为：（97.17%＋97.20%＋97.13%＋97.23%）/4＝97.18%，较对策实施期的吊车梁制孔一次合格率 96.83% 有所提高，巩固措施有效，见图 3-55。

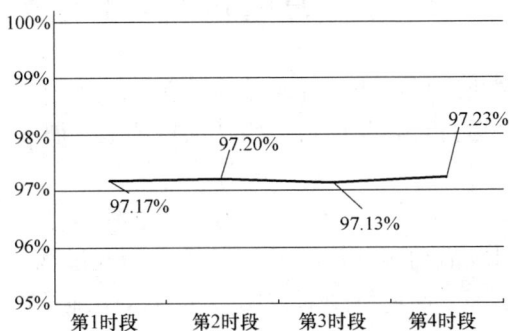

图 3-54 巩固期不同时段吊车梁制孔一次合格率折线图

制图人：×××　　　　　制图时间：××××年××月××日

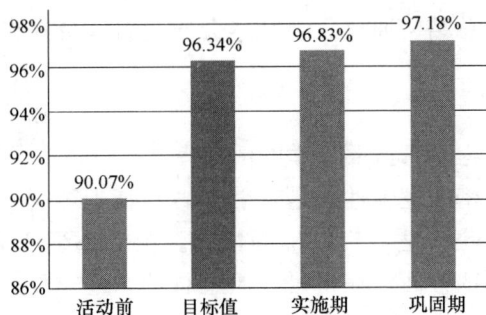

图 3-55 吊车梁制孔一次合格率对比柱状图

制图人：×××　　　　　制图时间：××××年××月××日

【案例分析】

小组将活动中的有效措施进行了整理，纳入各类标准。对巩固期的情况到现场进行跟踪，收集数据确认能够按照修订过的新方法、新标准操作执行，并维持在良好的水平上。

四、制定巩固措施常见问题

（1）未能将实施有效的措施分门别类地纳入相关标准，巩固措施的内容不是列入对策表并通过活动实施证明有效的具体措施。巩固措施简单、笼统，流于形式。

（2）将小组活动后行政方面继续跟进的工作与巩固措施相混淆。

（3）在巩固期内未收集数据进行统计，用数据说明成果的巩固状况，只进行了简单的文字说明；收集数据的时间长短不明确；只收集一个统计周期的数据，不能准确判断趋势。

第十一节　总结和下一步打算

在课题问题得到解决之后，小组要围绕本次活动，对活动全过程进行回顾和总结，有针对性地提出今后打算，从而将小组活动持续地开展下去。

一、总结

小组应结合此次课题活动实际，认真回顾活动的全过程，从专业技术、管理方法和小组成员综合素质等方面进行全面总结，实事求是地总结本次活动的成功与不足之处。

1. 专业技术方面

QC 小组在活动中的程序步骤会涉及专业技术。通过开展活动，小组成员在活动中所涉及的相关专业技术势必会得到提高，同时积累了经验，在这些方面需要小组成员在一起认真回顾和总结。同时，在活动过程中如果发现在专业知识和技能方面还有欠缺，也应进行总结。通过总结必然会使小组成员在专业技术方面得到一定程度的提高。

2. 管理方法方面

针对小组活动全过程是否按照科学的活动程序进行，解决问题的思路是否清晰，一环紧扣一环，具有严密的逻辑性；是否能够做到基于客观事实，进行科学的判断分析和决策；统计方法是否适宜、正确等情况。结合小组活动实际进行全面总结，哪些方面做得较好，哪些方面存在不足，通过总结，进一步提高小组成员科学分析问题和解决问题的能力。

3. 小组成员综合素质方面

在对小组成员综合素质方面进行评价时，可以从以下几个方面进行：

（1）质量、安全、环保、成本、效率等意识是否提高；

（2）问题意识、改进意识是否加强；

（3）分析问题与解决问题的能力是否提高；

（4）团队精神、协作意识是否树立或增强；

（5）工作干劲和热情是否高涨；

（6）创新精神和能力是否增强等。

小组在评价综合素质方面时，应根据小组本次课题的实际情况进行评价，实事求是，有所侧重。通过综合素质的自我评价，使小组成员明确自身的进步与不足，从而更好地调动小组成员参与活动、改进质量的积极性和创造性。

二、下一步打算

小组在对本次活动进行全面总结的基础上，提出下一次活动的课题，从而将小组活动持续地开展下去。对于下一步要解决的课题，可以从以下几个方面来考虑：

（1）在现状调查分析症结时，找出来的关键少数问题已经得到解决，原来的次要问题就会上升为主要问题，把它作为下次活动的课题继续解决，将使质量提升到一个新的水平。

（2）再次发动小组成员广泛提出问题，从中评估选取新课题。

三、总结和下一步打算举例

案例《提高吊车梁制孔一次合格率》课题（总结和下一步打算节选）

1. 活动总结

通过本次活动，小组实现了对吊车梁制孔工艺的改进，提高了吊车梁制孔一次合格率及效率。同时对研究成果进行了技术整理及归纳，并列入科技成果立项课题之一，为今后数控技术的探索提供了思路及宝贵经验见表 3-26、表 3-27。

活动总结表　　　　　　　　　　　　　　　　　　　　　表 3-26

项目	总结
专业技术	小组成员对于移动图形化程序有了深度了解,针对数控技术有了一定程度掌握,在实现机械自动化的路上又迈进了一步
管理方法	小组成员学习了采用科学的 PDCA 循环程序来开展工作,在工作中的实际能力得到了大幅提高;并且提高了独立思考和解决问题的能力
小组成员综合素质	小组成员的质量意识、个人能力、团队精神、工作热情、QC 知识和攻关能力应用水平均得到了提高

制表人：×××　　　　　　　　　　　　　制表时间：××××年××月××日

QC 小组活动总结表　　　　　　　　　　　　　　　　　表 3-27

序号	活动内容	主要优点	存在不足	今后努力方向
1	选择课题	头脑风暴法运用恰当,选定的课题有挑战性,能够提高加工厂的竞争力	提出的 4 个课题比选时主观性较强	在课题选择时要用数据和事实说话
2	现状调查	采用试验方法进行数据采集,数据较有说服力	数据分析时选用的角度较少	多角度、全方位进行数据分析
3	设定目标	在提出目标时,提出了相应的量化目标	没有和国内先进水平进行对比	进行全方位对比来设定目标
4	原因分析	小组成员运用头脑风暴法,充分发表意见,从 5M1E 进行了全面分析,找出了 12 个末端原因	有些原因没有分解到最末端	分解原因一定要到最末端
5	确定主要原因	要因确认方式按照现场测量、试验和调查分析	个别要因确认依据较为主观,需要采用对比试验方式进行确认	加强质量统计方法的学习,将质量统计方法应用到质量管理小组活动中

续表

序号	活动内容	主要优点	存在不足	今后努力方向
6	制定对策	采用头脑风暴法,集思广益,制定了多种对策措施	对策评价时采用打分法,主观性较强	通过试验与数据进行对策比选
7	对策实施	对策表详细,使对策实施有理有据	实施过程不够详细	加强实施的过程控制
8	效果检查	对比现状调查选取了更多的数据进行效果检查	社会效益缺少相关证明文件	在取得相应的社会效益时,要积极地联系相关机构或单位进行确认
9	制定巩固措施	形成了吊车梁制孔作业指导书,纳入标准,在全公司推广	在进行巩固期检查时,只进行了时间区间的数据统计分析	在巩固期检查时,要全方面进行分析,比如以不同的工程进行数据统计分析

制表人:×××　　　　　　　　　　制表时间:××××年××月××日

小组成员按照 QC 方法,遵循 PDCA 原则,累积运用统计方法 49 次,具体如表 3-28 所示。

QC 小组活动统计方法汇总表　　　　　　表 3-28

步骤＼统计方法	统计表	折线图	柱状图	饼分图	排列图	关联图	散布图	流程图	雷达图
小组简介	2								
选择课题	1							2	
现状调查	3		2	1	1				
设定目标			1						
原因分析						1			
确定主要原因	13		1				2		
制定对策	2								
对策实施	4								
效果检查	1		1		1				
制定巩固措施	2	1	1						
总结和下一步打算	5								1

制表人:×××　　　　　　　　　　制表时间:××××年××月××日

小组自我评价表如表 3-29 所示。

通过开展本次 QC 小组活动,在质量意识、个人能力、团队精神、工作热情、QC 知识和攻关能力水平均得到了新的领悟。小组的综合素质得到了提高,小组成员综合素质评价表如表 3-30 所示,小组成员综合素质评价雷达图如图 3-56 所示。

小组自我评价表　　　　　　　　　　　　　　　表 3-29

人员	质量意识		个人能力		团队精神		工作热情		QC 知识		攻关能力	
	活动前	活动后	活动前	活动后	活动前	活动后	活动前	活动后	活动前	活动后	活动前	活动后
×××	4	7	6	8	8	8	6	7	8	9	6	8
×××	8	9	5	7.5	6	7	5.5	8	4	7	8	7
×××	7	8	6	8	7	7	6	8	8	9	6	8
×××	6	7	7	8	7	8	5	8	6	8	7	9
×××	8	8	4	6	6	7	4.5	7.5	7	8	6	8
×××	5	7	4	5.5	7.5	8	5	7	5	8	7	9
×××	8	8	8	8.5	8	8.5	7	8	8	9	6	8.5
×××	3	6	3	5	6	7	4	8	5	8	7	8
×××	7	8	5	7	8.5	9	4.5	9	7	8.5	8	9
×××	8	8.5	6	7	8	9	3	7	4	8.5	5	8
平均值	6.4	7.7	5.4	7.1	7.2	7.9	5.1	7.9	6.2	8.3	6.8	8.3

制表人：×××　　　　　　　　　　　制表时间：××××年××月××日

小组成员综合素质评价表　　　　　　　　　　表 3-30

序号	评价内容	自我评价(满分 10 分)	
		活动前评分	活动后评分
1	质量意识	6.4	7.7
2	个人能力	5.4	7.1
3	团队精神	7.2	7.9
4	工作热情	5.1	7.9
5	QC 知识	6.2	8.3
6	攻关能力	6.8	8.3

制表人：×××　　　　　　　　　　　制表时间：××××年××月××日

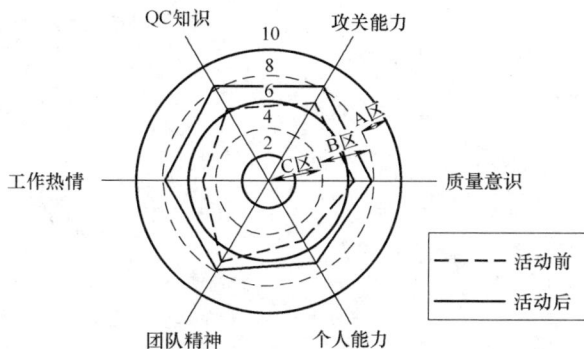

图 3-56　小组综合素质评价雷达图

制图人：×××　　　　　　　　　　制图时间：××××年××月××日

2. 下一步打算

钢结构制孔技术一直是钢结构加工厂研究的课题方向，从制孔新方法的研发到这次提高吊车梁制孔一次合格率，小组成员在数控技术方向积累了许多宝贵经验。制孔技术方向告一段落，将攻关方向定位在钢结构 BIM 技术在制作加工方向的应用，该课题作为科技成果围绕着钢结构 BIM 技术，又开始了新一轮的 PDCA 循环——"钢结构圆管相贯线切割工艺的研发"。

【案例分析】

小组结合课题活动实际，对专业技术、管理方法、小组成员综合素质进行了全面的总结，既有进步，也有不足，内容具体。

四、总结和下一步打算常见问题

（1）总结不全面，未从专业技术、管理方法和小组成员综合素质三个方面进行总结；只总结取得的成绩，未总结存在的不足。专业技术总结不系统。

（2）未针对课题活动的实际情况进行总结，而是套用某些模板。小组总结时大多使用文字描述，未提供必要的数据支持。

第四章 创新型课题 QC 小组活动程序

创新型课题活动程序如图 4-1 所示。

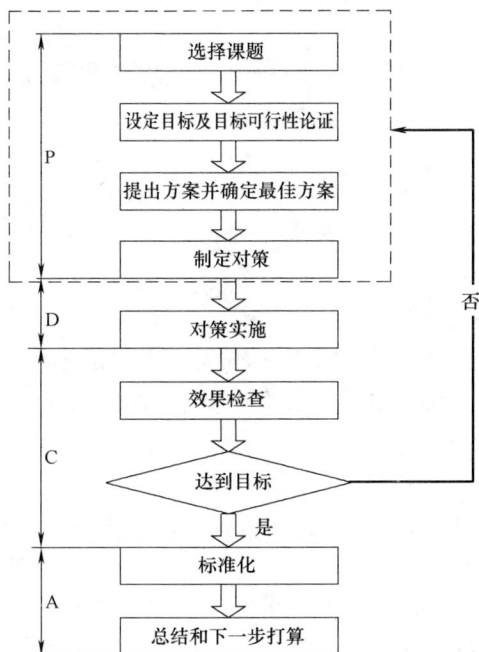

图 4-1 创新型课题活动程序

第一节 选 择 课 题

本节描述了创新型课题 QC 小组活动选择课题步骤的要求，针对现有技术、工艺、技能、方法等不能满足需求，通过广泛借鉴，确定课题。广泛借鉴将为选择课题、设定目标及目标可行性论证、提出方案并确定最佳方案提供依据。

一、课题来源

由于现有的技术、工艺、技能、方法等无法满足内、外部顾客及相关方的需求，所以小组就要运用新思维选择创新型课题。

选择创新型课题，应首先明确需求来自哪里，需求是什么。内部需求主要包括：企业工作任务，服务对象以及下道工序的需求等。其中工作任务需求包含工程项目施工进度、质量、安全、成本、环境等的相关需求；生产加工，机具、设备运行、管控的任务需求；四新技术（新工艺，新材料，新技术，新设备）运用、创新的需求等；管理工作任务、服务工作任务的相关需求等。

外部及相关方需求主要包括：建设单位、设计单位、监理单位、施工企业、分包单位、供应商等，组织的股东、员工、顾客、合作伙伴，以及行业主管或社会等方面的需求。

需求表现形式可以是招标文件、合同、图纸、标准、文件、函件和电子邮件等，如生产计划、施工组织设计、施工方案、项目策划书等，也可以是通过满意度测评获取的报告或建议书。

阐述中，小组也可简要说明现有的技术、工艺、设备机具、技能、方法等不能满足实际需求，运用新思维选择创新型课题。

二、选题要求

创新型课题的选题要求应针对需求，通过广泛借鉴相关内容和数据，启发小组创新灵感、思路、方法等。

1. 借鉴内容应明确具体

应把借鉴内容具体化，借鉴内容是小组创新思路的来源，必须明确，借鉴内容有数据时，要找到相关的功能参数和数据，没有数据时，也要明确我们是借鉴何种技术、原理或实物。

2. 借鉴路径应清晰

（1）确定平台检索。可通过 Incopat 科技创新情报检索平台、百度平台、360 平台（不限于）等路径查询；

（2）通过行业或本企业论文集、企业施工方案、专利、工法等路径查询；

（3）通过咨询、会议等路径查询；

（4）通过国内外杂志、刊物等路径查询。

（5）通过观察自然现象、身边事项或生活中其他已有物品、经验、体会等受到启发。

针对创新课题的需求，确定借鉴查询的检索词。例如《焦炉砌筑用尺杆画线器的研制》课题，创新需求为快速、独立地完成焦炉一道墙体四面的配列线。小组确定了查询路径为：Incopat 专利检索平台。

（1）确定检索词为："焦炉"、"放线"、"焦炉"、"画线"，查出：《采用放线器画配列线的方法》、《用于焦炉砌筑过程中画配列线的放线装置》、《焦炉砌筑快速放线装置》三篇文献。

（2）确定检索词为："测量"、"塔尺"，查出：《高度可调的高精度水准测量标尺》、《便携组合式高精度测量标尺》两篇文献。

三、确定课题名称

1. 课题名称要求

创新型课题名称的确定应简洁、明确，体现研制、研发对象及内容，包括新工具、新工艺、新技术、新方法等创新内容。

（1）工具、装置、平台的创新课题，采用研制……工具（或装置、平台），如《研制城市管廊管线快速安装工具》、《研制综合管廊舱体内混凝土移动式喷淋养护装置》、《研制新型高效环保冲洗平台》。

（2）施工新方法、新技术的创新课题，采用研发……新方法（或新技术），如《研发大体积框架柱混凝土自动喷淋养护新方法》、《研发超高层建筑标准层机电管线施工新方法》、《研发较大单桩水平承载力检测新技术》、《研发粉土区域无支护坑中坑土方开挖新技术》。

（3）模板、材料的创新课题，采用研制……模板（或材料），如《研制一种新型伸缩缝两侧墙体模板》、《研制悬挑外架可周转式成套锚固螺栓》。

2. 从借鉴角度考虑课题命名

（1）借鉴的内容（功能）具体单一，无论来源多少，但是原理、核心技术仅有一个，课题比较具体，命题时可以针对借鉴内容直接确定课题，即课题直接描述研制对象，如"研制可伸缩的消防探头拆装工具"；借鉴思路较多，原理、核心技术不止一个，它们各有不同，则命题时可以直接针对需求确定课题，如"研制新型消防探头拆装工具"。

（2）借鉴"房屋落水管固定工具"，实现对混凝土输送管垂直段的固定；借鉴"混凝土输送管固定装置"，采用了角钢作为加强板，并设置了缓冲垫，减少混凝土浇筑过程中输送管的抖动；通过以上两个思路的借鉴，确定了《混凝土输送管垂直段固定装置的研制》课题。

（3）借鉴了一种发明《一种智能可移动存储箱、运营系统及方法》中的"智能存储箱采用滑轮移动的方式"，依靠无线信号强弱实现自动跟随行人行走，移动距离>5m。小组基于此发明得到了创新灵感，并结合项目实际，得出会展中心强弱电系统可通过滑轮、导轨等移动装置实现移动的创新思路，确定了《研发会展中心强弱电系统移动的使用新方法》作为本次活动的课题。

四、论证课题的可行性

必要时，进行课题可行性的论证，由小组根据课题性质、行业法律法规等情况自行决定。论证课题的可行性，可以采用测算、借鉴相关经验和技术、分析小组拥有的内、外部资源条件以及专家论证等方式。

五、选择课题举例

案例《焦炉砌筑用画线器的研制》课题（选择课题节选）

1. 需求分析

焦炉砌体包括蓄热室、斜道、燃烧室和炉顶，其中两个燃烧室之间为炭化室，是将煤炼成焦炭的部位，温度在1400℃左右，对砌筑灰缝要求极高。在焦炉砌筑过程中，为了控制焦炉砌体的所有砖缝均匀，一般采用画配列线的方式进行预控，消除累积误差。具体方法是通过在头一天砌好的墙体上画好上一层砖的配列线，然后再进行砌筑。针对这一施工流程，2013 年小组成员提出了一种采用放线器画配列线的方法，在当日工作量完成以后，全炉批量放线，以焦炉墙体纵向中心线为起始点，配置四个放线器，分别对应画出焦炉墙体四个面的配列线，大大提高了放线效率（图 4-2）。

全炉配置 15 个小组，每个小组每天满砌一层（每四道墙，每道砌筑一层），四层过后，检查墙体垂直度（以 6m 焦炉炭化室为例，墙体垂直度允许误差不得超过 4mm）。这种阶段性跟踪测量的方式，如果发现垂直度超标，而前三天的砌筑灰缝已干，橡皮锤无法修整，需局部拆除返工。

如果将以往日工作量四道墙满铺一层的方式，改成一天砌筑一道四层的墙。砌筑时，先砌筑两侧的四层炉头，确定垂直度合格后，再砌筑墙体。这样既可将以往阶段性跟踪测量转变为每天跟踪测量，能更好地满足砌体垂直度质量的要求。而现有放线器单独给一道墙放线，画完一侧墙体需要在焦炉上反复转向完成其他三个部位的放线。放线器尺杆较长（9m），在焦炉上反复转向困难，放线效率低，无法满足新砌筑工艺的要求。

鉴于此，目前亟须研制一种便捷的、快速的可供单个墙体四个面放线的放线装置，避免在焦炉上反复转向困难，放线效率低等难题。

图 4-2　焦炉炭化室墙体四个面中一、二面的示意图

2. 查新

创新需求：能快速、独立地完成焦炉一道墙体四个面的配列线放线。

查新途径：IncoPat 专利检索平台。IncoPat 提供了国外专利的中文标题和翻译，支持用中英文检索和浏览全球专利，多语言版本的信息还有助于提高检索的查全率，避免遗漏重要信息。IncoPat 整合了 40 余种常用的专利分析模板，可以快速对专利法律状态、技术发展趋势、竞争对手技术倾向、外国企业在华专利布局等项目进行分析。

查新内容：检索词为"焦炉"、"放线"、"焦炉"、"画线"、"测量"、"塔尺"、"往复"、"画线"、"滚筒"、"画线"，并检索出与需求相关的 6 篇文献。

（1）采用放线器画配列线的方法（图 4-3）/××××集团有限公司//中国专利

申请号：××××

该方法是采用一种包括尺杆、尺板、卡具和辊线机构的放线器，线宽 1mm，对焦炉燃烧室墙体进行放线，一次按压即可完成单道、单层墙体的 1/4 的配列线，画线误差均＜±2mm。

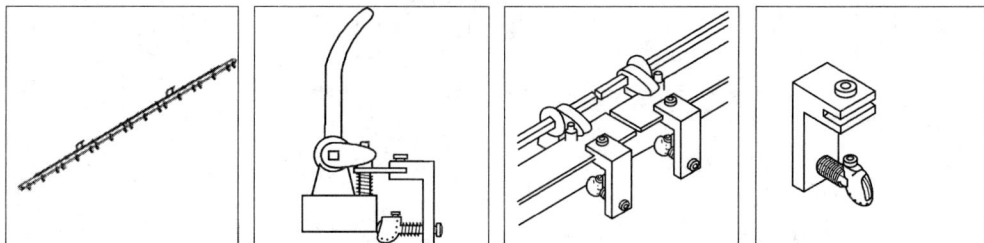

图 4-3　文献 1 方案图

（2）用于焦炉砌筑过程中画配列线的放线装置（图 4-4）/××××集团有限公司//中国专利申请号：××××

该装置是采用一种包括尺杆、尺板、卡具和画线笔的放线器，线宽 1mm，对焦炉燃烧室墙体进行放线，一次按压即可完成单道、单层墙体的 1/4 的配列线，画线误差均＜±2mm。

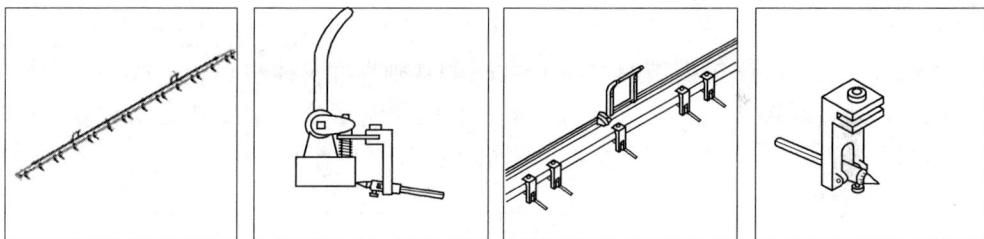

图 4-4　文献 2 方案图

（3）焦炉砌筑快速放线装置（图 4-5）/××××建设有限公司//中国专利申请号：××××

该装置是采用一种包括水平定位标尺和多个与其垂直固接的画线标尺，水平定位标尺的一端与焦炉的纵中心线对应，所有画线标尺的一侧与焦炉蓄热室任一墙壁上的等高孔洞的边线一一对应，实施画线。

（4）高度可调的高精度水准测量标尺（图 4-6）/×××//中国专利申请号：××××

该测量标尺是将多根基础尺体通过连接件相接而成，每根基础尺体的长度为 1～2m，连接件可以是合页、螺栓、套筒等多种结构，但应保证多根基础尺体既可以相互连接为一直尺，又可以折叠或拆卸，既便于携带又具有高精度（测量用标尺 0 误差）。

97

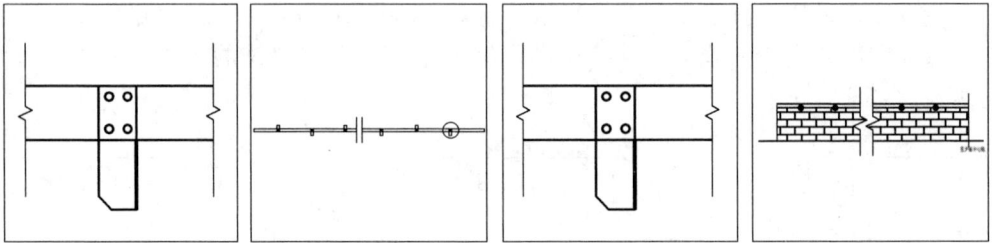

图 4-5　文献 3 方案图

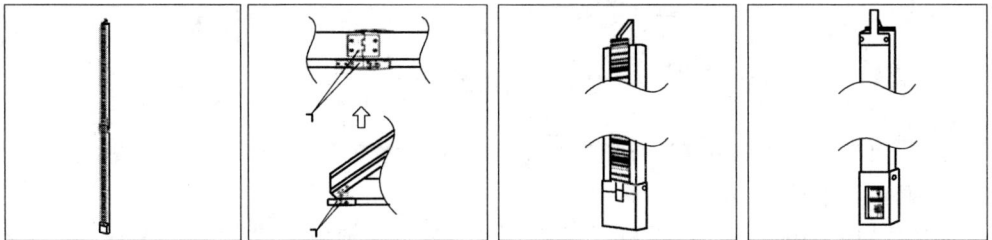

图 4-6　文献 4 方案图

（5）便携组合式高精度水准测量标尺（图 4-7）/×××//中国专利申请号：×××

该测量标尺是将便于携带的多根 1～2m 的基础水准尺体组合连接成一个超长的水准尺体，通过对接装置，使组合的超长水准尺在测量分划精度和可靠性方面均与直尺相同，既便于携带又具有高精度（测量用标尺 0 误差）。

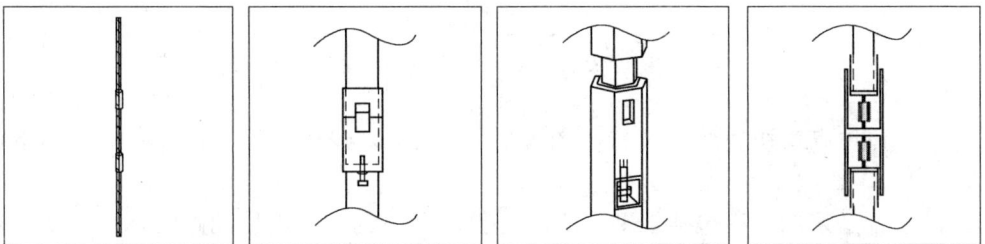

图 4-7　文献 5 方案图

（6）书法练习格画线滚筒（图 4-8）/×××//中国专利申请号：××××

该画线滚筒的滚筒主体外径 d 的计算公式为 $d=n(h+m)/\pi$，其中 n 为滚筒主体滚动一周所画练习格的数量，为任意正整数；h 为练习格的宽度；m 为练习格的间距。主体上的练习格印体间距相等，可连续画出多个练习格，画线效率高且规范，省时省力。

借鉴内容：可借鉴文献（1）、（2）的尺杆安装多个画线装置画线的原理；可借

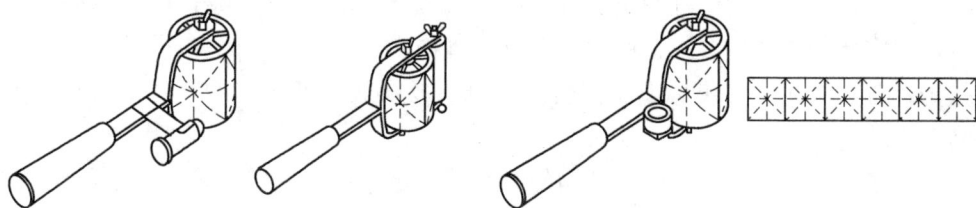

图 4-8　文献 6 方案图

鉴文献（3）的水平定位标尺和多个与其垂直固定连接方式；可借鉴文献（4）、（5）尺体折叠或插接的组合连接方式，增加尺杆的便携性；可借鉴文献（6）滚筒往复转动连续画出多个练习格的方式。

　　小组进一步的查找产品级可借鉴的技术，找到"折叠靠尺、测量塔尺、画线装置的滑移调节方式、手写签字印章、间歇驱动机构、轮式测距仪、印花滚筒刷"等借鉴技术，为创新思路提供了依据，见表 4-1。

借鉴技术一览表　　　　　　　　　　　　　　　　　　表 4-1

序号	1	2	3	4	5
关键词	尺杆	滑移	墨盒	压印	滚轮滚筒
技术借鉴	折叠靠尺	断路器轨道	手写签字印章	凸轮间歇驱动	轮式测距仪
	测量塔尺	窗帘杆	轨道灯旋转臂	楔块间歇驱动	印花滚筒刷
	折叠和插接结构可增加尺杆的便携性	装置在轨道或杆体上滑移定位，方便快捷	印章与旋转臂相结合，可改变角度进行压印	凸轮和楔块用于印章间歇压印的驱动	通过轮式结构和滚筒结构，完成规律的往复画线

制表人：×××　　　　　　　　　　　　制表时间：××××年××月××日

99

3. 提出创新思路

（1）思路一：研制一种便于携带的折叠或可插接的尺杆，尺杆上有滑移定位机构能快速安装和调整墨盒，且通过间歇驱动机构实现墨盒压印的操作，在墙体上印出线条，避免放线器在焦炉上反复转向困难、放线效率低等问题，降低劳动强度，提高工作效率。

（2）思路二：研制一种轮式结构的画线器，通过往复旋转，将滚轮上的印线滚动压印在墙体上，避免放线器在焦炉上反复转向困难、放线效率低等问题，降低劳动强度，提高工作效率。

4. 确定课题

经过充分的分析和讨论，小组成员一致认为将《焦炉砌筑用画线器的研制》作为本次活动的课题。

【案例分析】

对需求进行了描述，借鉴过程描述清晰，有特点，明确了借鉴的原理、借鉴的数据。通过借鉴原理内容和借鉴数据为选择课题、设定目标及目标可行性论证、提出方案并确定最佳方案提供依据。虽然提及需求，但是，需求的来源不清楚，需求的指标要求不够明确，建议用数据说话。

案例《混凝土输送管垂直段固定装置的研制》课题（选择课题节选）

1. 需求分析

（1）现有施工方法分析

在高层房屋建筑主体结构施工过程中，浇筑混凝土是用地泵及混凝土输送管进行输送，传统的混凝土输送管垂直段加固采用搭设钢管加固体系，并在预留洞口中用木方塞紧输送管。该方法在混凝土浇筑过程中，由于混凝土对输送管的水平推力较大，加固钢管经常偏位，这就造成固定用的钢管与输送管之间有空隙，木方随着泵管的晃动会容易脱落，安全隐患高，固定效果差。传统的混凝土输送管垂直段固定方式如图 4-9 所示。

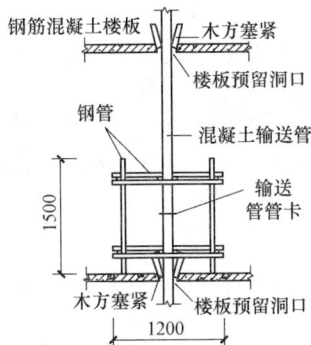

图 4-9　现有混凝土输送管垂直段固定方式示意图

制图人：×××　　　　　　　　制图时间：××××年××月××日

（2）现有方法流程分析（图 4-10）

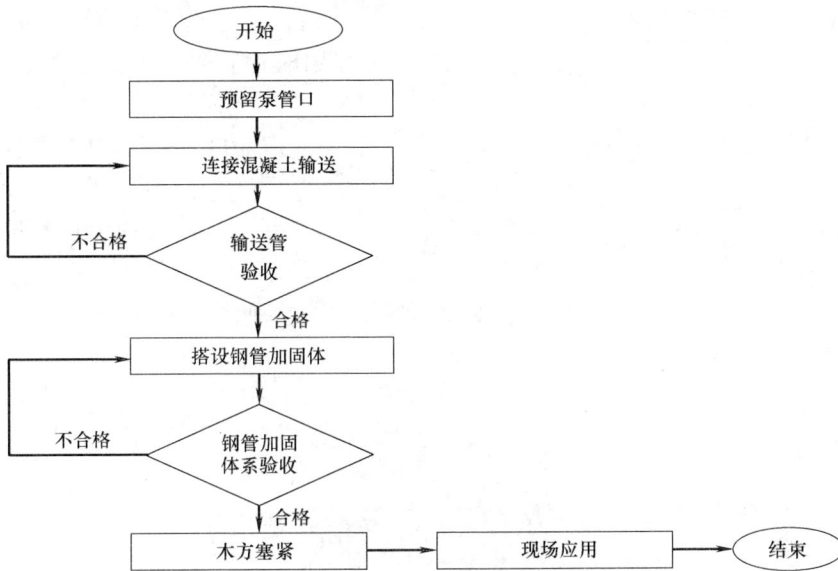

图 4-10　现有方法加固混凝土输送管垂直段流程图

制图人：×××　　　　　　　　　制图时间：××××年××月××日

本工程若采用传统方法加固混凝土输送管垂直段，将会耗费人力、物力，增加成本费用。

（3）课题需求分析

1）需求一：施工效率需求

小组对公司施工的琅樾江山工程其中一个住宅楼的混凝土输送管垂直段采用传统方式固定用时进行调查，层高 2.9m，共 32 层。具体统计加固用时如表 4-2 所示。

传统方法混凝土输送管垂直段固定 10 层用时统计表　　　　　　　　表 4-2

项目	连接输送管用时 （min）	搭设钢管加固体系用时 （min）	木方塞紧预留洞口用时 （min）	合计 （min）
一层	34	65	23	122
二层	33	63	24	120
三层	35	64	23	122
四层	33	63	22	118
五层	35	65	24	124
六层	34	64	23	121
七层	33	65	22	120
八层	34	64	23	121
九层	34	63	23	120
十层	35	64	22	121
平均值	34	64	23	121

制表人：×××　　　　　　　　　制表时间：××××年××月××日

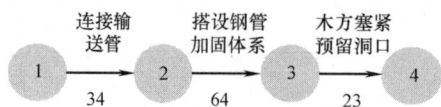

图 4-11　网络图

根据用时统计表，小组成员对采用传统方法对混凝土输送管垂直段加固一层的作业内容用时进行细化分解，并绘制网络图，见图 4-11。

网络图说明：图中箭头表示作业，上方文字表示作业内容，下方数字表示时间（min）。

结论：加固 10 层混凝土输送管垂直段共用时 1210min；平均每层用时 1210/10＝121min。

根据传统方法固定一层混凝土输送管垂直段用时，绘制时间饼分图，见图 4-12。

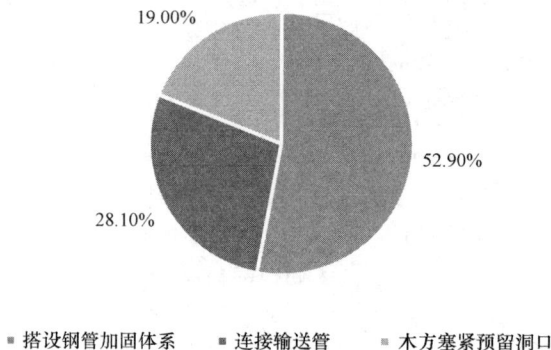

图 4-12　传统方法固定一层混凝土输送管垂直段用时饼分图

制图人：×××　　　　　　　　制图时间：××××年××月××日

结论：传统方法固定 10 层混凝土输送管垂直段共用时 1210min，平均每层用时 121min，其中搭设钢管加固体系用时占 52.9%，施工效率低下。

2）需求二：成本需求

以琅樾江山工程的 3 号楼为例，层高 2.9m，共 32 层。混凝土输送管垂直段需要每层进行加固，计算成本费用如表 4-3 所示。

传统方法混凝土输送管垂直段固定成本分析表　　　　　表 4-3

琅樾江山工程 3 号楼传统固定方法成本计算			
材料	钢管		扣件
数量	1.5m	4 根	36 个
	1.2m	16 根	
层数	32 层		
租用成本	32 层×（4 根×1.5m＋16 根×1.2m）×0.2 元/(d.m)×192d=30965.76 元		32 层×36 个×0.2 元/(d·个)×192d =44236.8 元
人工成本	32 层×0.5 工日×2 人×250 元/工日=8000 元		
总成本	30965.76＋44236.8＋8000＝83202.56 元		
每层成本	83202.56/32＝2600.08 元/层		

制表人：×××　　　　　　　　制表时间：××××年××月××日

结论：按传统方法施工，每层固定混凝土输送管垂直段成本费用高达 2600.08 元，每层必须搭设钢管加固体系，钢管租赁及安拆费用较大。

3）需求三：周转使用需求

小组对本公司施工的其他工程采用传统方式固定混凝土输送管垂直段的周转使用情况进行统计，如表 4-4 所示。

混凝土输送管垂直段固定体系周转使用统计表　　　　　　　表 4-4

工程名称	层高（m）	层数（层）	总计（个）	周转使用数量（个）	周转使用率（%）
南山清水溪工程	3.0	32	62	0	0
	2.9	30			
琅樾江山工程	3.0	32	64	0	0
	3.0	32			
北麓国际城工程	2.9	26	52	0	0
	2.9	26			
金科禹州朗廷雅筑工程	3.0	27	54	0	0
	2.9	27			

制表人：×××　　　　　　　　　　制表时间：××××年××月××日

结论：通过调查分析发现，传统方式混凝土输送管垂直段钢管固定体系不能周转使用，需要拆除后重新安装，造成人力、物力的极大浪费，与绿色施工相悖。

4）需求四：安全性需求

小组成员对公司施工的琅樾江山工程进行安全性调查。3 号楼，层高 2.9m，共 32 层，混凝土输送管垂直段采用传统方式固定，在浇筑 11 层顶板过程中，小组成员对输送管垂直段固定体系中木方脱落情况进行调查统计，如表 4-5 所示。

木方脱落情况统计表　　　　　　　　表 4-5

项目	一层	二层	三层	四层	五层	六层	七层	八层	九层	十层
木方脱落次数	3次	2次	2次	3次	2次	2次	1次	2次	2次	1次

制表人：×××　　　　　　　　　　制表时间：××××年××月××日

结论：通过对混凝土输送管垂直段固定体系中木方脱落情况调查发现，在浇筑混凝土过程中，混凝土对输送管的水平推力较大，木方随着泵管的晃动会容易脱落，安全隐患高，固定效果差。

课题需求分析总结：本工程的混凝土输送管垂直段固定如按照传统方法施工，不仅施工效率低，成本费用大，而且周转使用率低，安全性差；所以我们急需进行"工艺创新"，创新一种"施工效率高、成本费用低、可周转使用、安全性高的混凝土输送管垂直段固定装置"。

2. 确定课题

(1) 课题目的

研制一种定型化混凝土输送管垂直段固定装置，代替人工搭设钢管固定体系，安全可靠，且能够拆卸组装，可进行周转使用。

(2) 课题查新

1) 网络查新

小组成员对混凝土输送管垂直段固定装置的相关文献进行了查新；希望通过查新检索，试图找到一些可供借鉴的思路，如表 4-6、表 4-7 所示。

查新情况表　　　　　　　　　　　　　　　　　　　　表 4-6

查新项目	混凝土输送管垂直段固定装置	查新人	宋晓东
查新方法	网络查新	查新时间	2018 年 06 月 13 日

查新目的：项目鉴定

一、查新范围：
　　中国知网；国家科技图书文献中心；
　　国家科技成果网；维普资讯；
　　百度网；中国专利数据库

二、查新点与查新要求：
　　1. 混凝土输送管垂直段固定效果好，安全可靠；
　　2. 混凝土输送管垂直段固定装置操作简便，施工效率高；
　　3. 混凝土输送管垂直段固定装置可拆卸再组装，能够周转使用

三、查新结论：(详见网络查新汇总表)
　　1. 中国知网、国家科技图书文献中心、国家科技成果网、维普资讯中未查到相关文献；
　　2. 中国专利数据库中查到 1 种相关混凝土输送管固定装置的专利，但其制作复杂，操作不便，不适用于本工程，但创新思路可供我们借鉴；
　　3. 百度搜索里找到一种混凝土输送管固定装置，此输送管固定装置安全可靠，但制作繁琐，操作困难，需要固定于主体结构上，因此不适用于本工程，但创新思路可供我们借鉴。
　　经查新，国内外未有适合本工程的混凝土输送管垂直段固定装置，但有创新思路可供我们借鉴

制表人：×××　　　　　　　　　　　制表时间：××××年××月××日

网络查新汇总表　　　　　　　　　　　　　　　　　　表 4-7

序号	检索网站	检索结果	是否相关
1			否

续表

序号	检索网站	检索结果	是否相关
2	NSTL 国家科技图书文献中心 National Science and Technology Library		否
3	NAST 国家科技成果网 国家科技成果信息服务平台	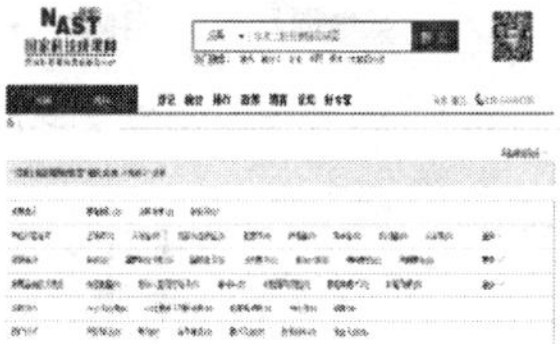	否
4	VIP 维普资讯		否
5	Baidu 百度	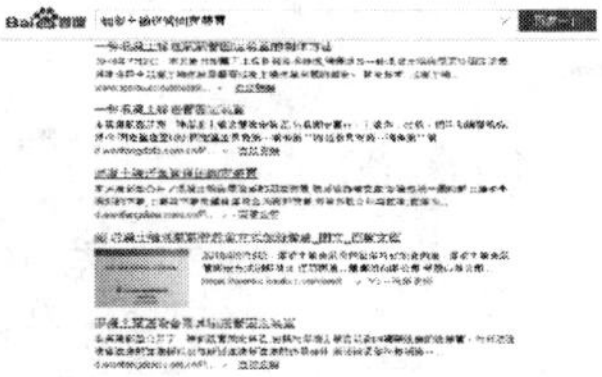	搜索到一种混凝土输送管固定装置,不适用于本工程,但创新思路可供借鉴
6	专利检索及分析 Patent Search and Analysis of SIPO		搜索到一种混凝土输送管固定装置,不适用于本工程,但创新思路可供借鉴

制表人:×××　　　　　　　　　　　　制表时间:××××年××月××日

2)寻找课题创新思路

小组对课题创新思路进行查新,通过企业现有手段分析、网上查新、市场调研

105

多种途径发现，"房屋落水管固定工具"和中联重科有限公司研制的一种"混凝土输送管固定装置"可对本次 QC 活动提供借鉴，如表 4-8、图 4-13 所示。

查新创新思路分析表 表 4-8

借鉴技术	图示	特点分析
房屋落水管固定工具		"房屋落水管固定工具"是采用弧形卡板，通过螺栓连接，拧紧螺栓来固定落水管；卡板与底座连接牢固，底座采用螺栓连接固定于主体结构上。我们可以借鉴此刚性工具，实现对混凝土输送管垂直段的固定
混凝土输送管固定装置		"混凝土输送管固定装置"是采用 U 形螺栓将混凝土输送管固定于主体结构上，采用了角钢作为加强板使加固牢固，并设置了缓冲垫，以减少在混凝土浇筑过程中输送管的抖动。此装置值得我们借鉴学习

制表人：×××   制表时间：××××年××月××日

（3）提炼课题创新思路

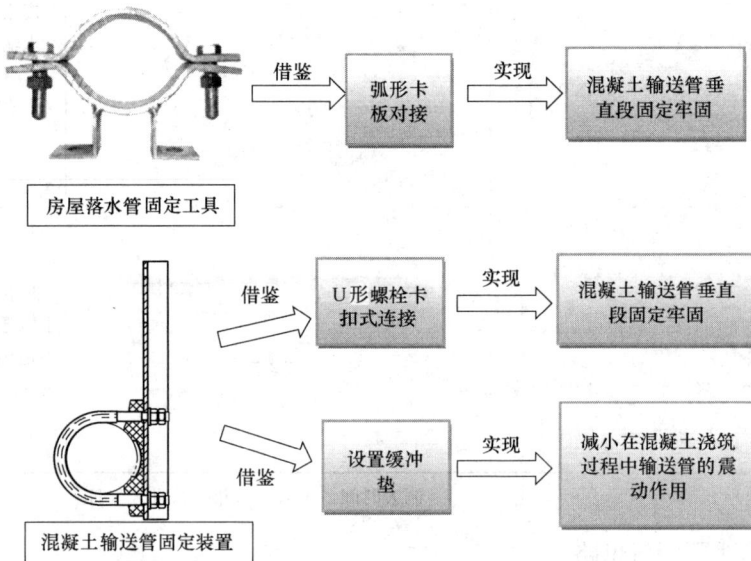

图 4-13 创新思路示意图

综上所述：通过课题查新，对创新思路进行借鉴与梳理，实现课题需求的基础技术条件都已具备。所以本次活动课题名称为《混凝土输送管垂直段固定装置的研制》。

【案例分析】

课题需求是创新一种"施工效率高、成本费用低、可周转使用、安全性高的混凝土输送管垂直段固定装置"。小组通过查新，从中国知网、国家科技图书文献中心、国家科技成果网、维普资讯中未查到相关文献；从中国专利数据库和百度搜索中查到 2 种创新思路可供借鉴。通过企业现有手段分析、网上查新、市场调研多种途径发现，"房屋落水管固定工具"和中联重科有限公司研制的一种"混凝土输送管固定装置"可对本次 QC 活动提供借鉴。在需求分析一开始就对传统施工方法进行分析，不符合要求，借鉴缺少具体的数据，不利于设定目标及目标可行性论证的对比分析。

六、常见问题

（1）选题不是从需求出发，而是从问题出发。

（2）需求来源不明确，需求描述不具体。

（3）创新型课题与问题解决型课题的课题名称相混淆。如把"创新型"课题设定为"提高施工电箱检查验收一次合格率"、"解决工程项目深基坑难题"。

（4）有的成果，先提出经小组讨论的三个课题，选其中一个。选题以后再广泛借鉴，广泛借鉴与选择课题脱节。

（5）借鉴的出发点不对，查询的结果是"无"，或者只是为了说明小组的创新是别人没有的，而不是给小组的创新提供启发。

（6）有借鉴的内容，但是，缺少借鉴的数据，不能为选择课题、设定目标和提出方案并确定最佳方案提供依据。

第二节　设定目标及目标可行性论证

设定目标及目标可行性论证是创新型课题 QC 小组活动程序的第二步骤，确定课题需求应达到的水平，论证目标的可行性。确定课题目标是效果检查步骤验证小组活动效果的依据。

一、设定目标的要求

创新型课题的设定目标可能有两种情况：一是需求是明确的，且带着具体的指标；另一种是需求是定性的描述，无具体明确指标。若是前者，就可直接将需求的具体指标定为目标值；若是后者，则是要分析需求，将其转化成明确具体的课题目标值。

1. 目标应与课题需求保持一致

（1）课题名称确定后，应分析课题研制或研发的产品、服务、方法、技术、工艺、软件、工具及设备等所要达到的需求来设定目标。

（2）设定的目标必须与课题的需求一致，也就是将课题的需求转化为课题目标。

根据需求设定目标，如软件开发，需求如果是提高效率，可以把节约多少时间作为课题目标，不应将研制新产品、新工艺的功能参数作为课题目标。

2. 目标值应可测量、可检查

小组活动的课题目标应可测量、可检查。主要是保证目标是客观衡量的，而不是小组自己主观判定的。如可用仪器、工具实际测量，或对照样板进行对比衡量，而不只是强调定量化。

3. 目标设定不宜多

（1）目标设定不宜多，强调的是设定的目标尽可能一个，主题明确，便于对照检查。

（2）根据课题需求，如果拟设定两个目标，要求这两个目标值应是相互制约的，则可以设定两个目标。

二、目标可行性论证

1. 目标可行性论证的作用

QC 小组通过对设定目标的可行性论证，可使小组成员针对课题需求，通过广泛借鉴的数据和信息，得到创新的灵感、思路和方法等，论证实现目标的可行性，做到心中有数，进而建立开展小组活动的自信心，为创新型课题目标的实现打下基础。

2. 目标可行性论证的要求

目标可行性论证必须依据事实和数据，对应设定的目标，进行定量的分析与判断，提供充分的论证结果，说明目标可以实现。目标可行性论证依据借鉴的相关数据，从以下方面考虑：

（1）当借鉴的是原理时，可进行理论推演；

（2）当借鉴的是技术时，可进行模拟试验；

（3）当借鉴的是实物时，可参照实物的实际效果（数据）。

如果课题需求明确且带有具体指标，这些具体指标就是目标，要将其与上述三种情况进行对比，判断目标是否可行；如果需求无明确具体指标，则需用上述三种情况得出的结论做为目标值设定的参考或依据。

无论借鉴的是原理、技术或实物等，都要依据事实和数据，论证设定目标实现的可行性。上述方法可单独也可结合运用，确保目标可行性论证客观、有效。

三、目标可行性论证举例

案例《焦炉砌筑用画线器的研制》课题（设定目标及目标可行性论证节选）

1. 设定目标

课题目标：成功研制检测精度小于±2mm 的焦炉砌筑用画线器。

2．目标可行性论证

（1）借鉴了专利《采用放线器画配列线的方法》/××××集团有限公司//中国专利申请号：××××（图 4-14）。该方法是采用一种包括尺杆、尺板、卡具和辊线机构的放线器，线宽 1mm，对焦炉燃烧室墙体进行放线，一次按压即可完成单道、单层墙体的 1/4 的配列线，画线误差均小于 ±2mm。

（2）用于焦炉砌筑过程中画配列线的放线装置/××××集团有限公司//中国专利申请号：××××。该装置是采用一种包括尺杆、尺板、卡具和画线笔的放线器，线宽 1mm，对焦炉燃烧室墙体进行放线，一次按压即可完成单道、单层墙体的 1/4 的配列线，画线误差均小于 ±2mm。

(54) 发明名称
　采用放线器画配列线的方法
(57) 摘要
　本发明公开了采用放线器画配列线的方法，其包括如下步骤：步骤一：构造放线器；步骤二：在焦炉砌体清扫勾缝的工序结束后，在焦炉砌体的炉墙长度方向测量并标画焦炉纵向中心线，并延伸至焦炉砌体的两侧；步骤三：将放线器沿焦炉砌体的炉墙长度方向摆放；步骤四：将放线器的焦炉纵向中心线标记对准步骤一中标画的焦炉砌体两侧的焦炉纵向中心线引线，并将放线装置的辊线机构顶住焦炉砌体，使转轴带动按压部件压下尺板；再由尺板带动卡具以及辊线机构在焦炉砌体上画配列线；步骤五：重复步骤四，逐步完成焦炉砌体配列线放线任务。通过本方法，同样 60 道墙分 4 组画线，共需要时间的 15 分钟，且画配列线精确，大大减轻了劳动强度，提高了工作效率。

图 4-14　采用放线器画配列线的方法专利证书及摘要图

（3）小组成员曾经主导完成采用放线器画配列线方法的研究。通过转动放线器的转轴，使转轴带动按压部件压下尺板，再由尺板带动卡具以及辊线机构在焦炉砌体上画配列线，即可完成焦炉炭化室墙一道墙体的 1/4 的配列线。采用这样的方法，同样 60 道墙分 4 组，分别对应焦炉墙体的四个面，进行批量画线，画配列线精确，误差均小于 ±2mm 。

放线器的不足在于，转轴、按压部件与尺板位于尺杆上方，正是因为这个原因放线器无法轴向旋转到焦炉墙体另两个面上进行画线。如果将尺杆上方空出来，转轴带动按压部件压下尺板，再由尺板带动卡具以及辊线机构在焦炉砌体上画配列线的方式，由间歇驱动机构实现墨盒压印的操作，在墙体上印出线条的方法进行替换，即可实现轴向旋转的功能，避免放线器在焦炉上反复转向困难、放线效率低等问题。尺杆的部分结构已有比较成熟的技术可借鉴，课题的研制方向较为清晰。

另外，为增加放线器的便携性，需将现有技术的一整个放线器尺杆分为 5 段，再通过折叠或插接方式进行连接，这对放线精度会造成很大影响，实现画线误差小于±2mm，仍具有很大的挑战性，需借助合理的固定结构和可靠的材料。

同时，轮式结构的画线器结构可通过滚动将轮上的印线滚动压印在墙体上，这种滚轮滚筒结构常用于测距或往复画线的工作，避免放线器在焦炉上反复转向困难、放线效率低等问题，提高工作效率。

（4）公司车间有各种加工机械，具备制作符合精度要求的设备的成熟经验。公司对创新非常支持，会提供研发所需资源的支持，见图 4-15。

图 4-15　加工机械

（5）QC 小组成员结构包括两位教授级高工、两位技能大师，一位创新工作室"创新达人"，参与设计制作的创新成果有 183 项专利授权，2017 年完成的 QC 成果《工业炉内衬垂直影像采集装置的研制》获得 2018 年度工程建设优秀质量管理小组一等奖（图 4-16）。同时，该成果获得了相关媒体的广泛关注，为展现劳动者的创造事迹，弘扬爱岗敬业精神，××电视台《劳动者》专栏，对小组进行专题采访。

图 4-16　专利证书以及研发的装置

从以上 5 个方面得出，小组有信心实现本次 QC 活动的课题目标。

【案例分析】

设定了量化的目标，与课题所要实现的需求保持一致，将课题需求转化为可测量的目标，用借鉴的数据与目标值进行对比分析，使得目标实现具有可行性。论证过程用数据说话。

案例《模板垂直度检测装置的研制》（目标可行性论证节选）

1. 借鉴的相关数据与设定目标值比较

通过借鉴查新，某公司研发的模板垂直度检测装置，检测一处垂直度耗时为 40s，QC 小组确定的课题目标为"检测一处垂直度耗时为 30s"，因本课题是在借鉴先进技术的基础上进行创新，技术水平要求略高相对合理。

2. 技术支持、施工管理方面分析

本创新施工技术目标值是否可行、是否具备值得投入研究的价值，从技术支持、施工管理的角度分析如表 4-9 所示。

3. 能力、资源可行性分析

小组技术力量雄厚，小组成员多次获得全国 QC 成果一等奖，并具备开展 QC 小组活动的理论知识。

施工现场拥有多种设备和材料，有部分研制所需工具及材料可直接从本工程仓库中选取，随时提供使用，见表 4-10。

目标可行性分析表　　　　表 4-9

目标值	可行性分析指标				可行性评价
	费用投入	人员素质	施工成本	BIM 模型	
两人检测一处模板垂直度所需时间为 30s	公司全力支持，课题活动经费 3000 元	QC 小组成员具有丰富的施工经验，创新意识强	该装置所需材料可从施工现场现有材料中优先选择，其次在建材市场购买	集团技术中心给予技术支持，能够指导小组成员建立 BIM 模型	可行

设备材料统计表　　　　表 4-10

序号	名称	型号	制造商	数量
1	铝合金杆	25mm×55mm	—	2000m
2	方钢	40mm×50mm	—	8 根
3	切割机	WM-355	威猛	3 个
4	电钻	WX372	威克士	12 个
5	线坠	2.5kg、5kg		若干
6	螺杆	直径 12mm		400 根
7	钉子	各种型号		1000 枚
8	螺母	各种型号	—	各 200 颗

综合上述各方面的对比分析，通过借鉴的相关数据与设定目标值、拥有的资源和具备的能力进行分析，QC 小组一致认为目标值实现具备可行性。

【案例分析】

目标可行性论证时，将借鉴的数据与目标值进行对比分析，使得目标实现具有可行性，用事实和客观数据说话。对成本分析比较笼统，缺少具体的费用数据，小组所拥有的资源保障条件分析针对性不强。

四、常见的问题

（1）目标与课题所要实现的需求不一致。

（2）目标不可测量，也不可检查。对策实施后将无法进行效果检查，活动结束后，也无法评价活动是否达到预期的目标。如课题目标为"研制一种保温隔热新材料"，目标笼统，效果检查无法评价实施的结果。

（3）目标过多，且相互间有关联（即一个目标实现，则另一个就可以实现了）。

（4）目标可行性论证无可借鉴的相关数据作为依据，有的由于选择课题步骤没有取得借鉴的数据，导致目标可行性论证过于笼统；有的描述了资源保障条件，且只是定性描述，不符合要求。

（5）有的从人、机、料、法、环、测等 5M1E 方面进行目标可行性论证。

（6）目标可行性论证从有利因素和不利因素分析。

（7）没有进行目标可行性论证。

第三节　提出方案并确定最佳方案

提出方案并确定最佳方案是创新型课题活动独有的一个重要步骤，也是有别于问题解决型课题最为关键的一个步骤。

一、提出并整理方案

1. 提出方案

（1）针对需求预期的课题目标，提出可能实现课题目标的各种新思路、技术、方法等。

（2）创新思路、技术方法是来自于选择课题时广泛借鉴内容的启发。

2. 整理方案

在小组依据借鉴内容，并充分发挥创造性思维，提出各种可能达到课题目标的技术、方法等的基础上，将它们整理成可达到课题目标的各种方案，其中包括总体方案和分级方案。

（1）总体方案

总体方案是创新的框架思路，应针对课题目标、根据借鉴内容的方面提出，方案个数没有要求；总体方案应具有创新性和相对的独立性。创新性在总体方案中要体现出来，独立性是各方案核心技术、关键路径不同。

（2）分级方案

分级方案是对总体方案中的具体步骤进行细化，分级方案可以有多级；分级方案应具有可比性，可比性指数据、信息可比，便于比较和选择。方案分解应逐层展开到可实施的具体方案，采用树图等方法进行整理、展开分析。

二、确定最佳方案

最佳方案的确定应基于现场测量、试验和调查分析取得的数据和事实。

1. QC 小组提出总体方案后，如果有多个总体方案应逐一进行评价和选择

采用现场测量、样板试验或模拟试验、计算或调查分析等方式对每个方案进行综合评价，综合评价应基于事实和数据从有效性、可实施性、经济性、可靠性、时间性等方面进行评价，可以从多个总体方案中选取一个最优的，也可将多个方案的优点整合成一个方案。

2. 分级方案的确定也应按照现场测量、试验和调查分析的方式进行评价和选择

对比过程基于数据、信息等客观事实，通过比选分析确定的可以实施的分级方案就是具体方案。

三、提出方案并确定最佳方案举例

案例《焦炉砌筑用画线器的研制》课题（提出方案并确定最佳方案节选）

1. 提出方案

通过创新思路，小组针对课题目标"成功研制检测精度小于±2mm 的焦炉砌筑用画线器"召开了方案分析会，集思广益，运用"头脑风暴法"充分发表意见，结合所选课题和借鉴，提出了两种方案，见图 4-17 。

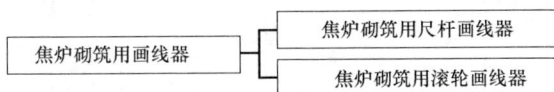

```
焦炉砌筑用画线器 ─┬─ 焦炉砌筑用尺杆画线器
                  └─ 焦炉砌筑用滚轮画线器
```

图 4-17　焦炉砌筑用画线器总体方案分解图

制图人：×××　　　　　　制图日期：××××年××月××日

2. 总体方案的选定

（1）总体方案"焦炉砌筑用画线器"的查新。

查新内容：检索词为"焦炉"、"砌筑"、"配列线"、"控制"、"方法"

通过检索国家科技数字图书馆、IncoPat 专利检索平台，检索到与本总体方案最接近的现有技术，除了选择课题阶段查新工作所找到的"文献 1～2"，没有发现其他相关文献。而"文献 1～2"的技术无法快速、独立地完成焦炉一道墙体四个面的配列线放线，因此，总体方案"焦炉砌筑用画线器"具有创新性，见图 4-18、图 4-19。

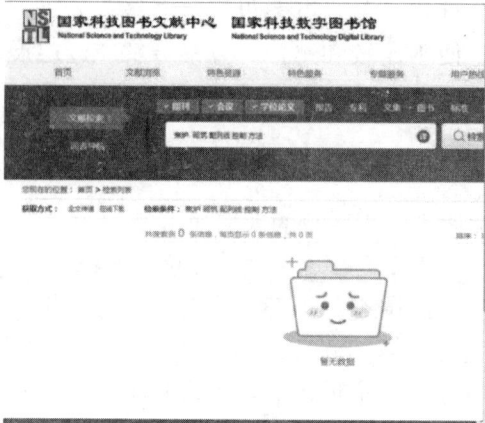

图 4-18　国家科技数字图书馆网站的查新截图

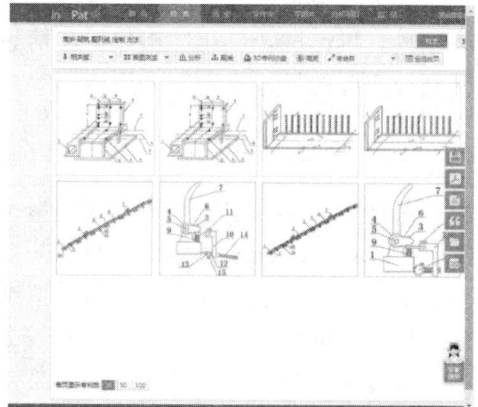

图 4-19　专利检索平台网站的查新截图

（2）总体方案的创新性和独立性分析（表 4-11）。

焦炉砌筑用画线器总体方案创新性和独立性分析表　　　表 4-11

	方案一　焦炉砌筑用尺杆画线器	方案二焦炉砌筑用滚轮画线器
方案		
创新性分析	采用一种与焦炉墙体的 1/2 长度匹配的可折叠或可插接的尺杆,尺杆上有滑移定位机构能快速安装和调整墨盒,且通过间歇驱动机构实现墨盒压印的操作,在墙体上印出线条,画配列线精确、快捷,大大减轻了劳动强度,提高了工作效率	采用带有标线装置的滚轮,在墙体上进行滚动画线,滚轮的周长与砌体两个燃烧室灰缝适配,滚轮转动 8 圈即可完成焦炉墙体的 1/2 的画线工作,体积小,操作方便
独立性分析	尺长与焦炉墙体的 1/2 长度匹配,尺杆上安装 30 多个印线墨盒,通过整体驱动画线	采用滚轮,进行滚动画线

结论:以上两种总体方案具有创新性,并且核心技术原理有较大差异,相对独立

制表人:×××　　　　　　　　　　制表日期:××××年××月××日

114

（3）总体方案的选择（表 4-12）。

总体方案选择表　　　　　　　　　　　　　　表 4-12

选择依据	检测精度小于±2mm		选择方式	现场测量	
序号	方案	结构分析	精度偏差分析		是否选择
1	焦炉砌筑用尺杆画线器	分段结构增加了便携性,尺长与1/2墙体相符	多段连接要满足检测精度小于±2mm 的要求极具挑战		选择
2	焦炉砌筑用滚轮画线器	体积小、便于操作	外径误差 0.5mm,尺长误差大于1.5mm,8 循环约误差 12mm		不选

结论:焦炉砌筑用画线器的选择主要解决的是快速、独立地完成焦炉一道墙体四个面的配列线放线需求,同时满足检测精度小于±2mm 的精度要求,焦炉砌筑用滚轮画线器尺长略有偏差,往复画线均会超标,因此,选择焦炉砌筑用尺杆画线器

制表人:×××　　　　　　　　制表日期:××××年××月××日

3. 提出分级方案

根据方案评价选择表,小组决定采用焦炉砌筑用尺杆画线器的研制方案,并且围绕尺杆、滑移调整机构、复位墨盒和压印机构展开讨论,运用"头脑风暴法"充分发表意见,并用亲和图归纳整理如图 4-20 所示。

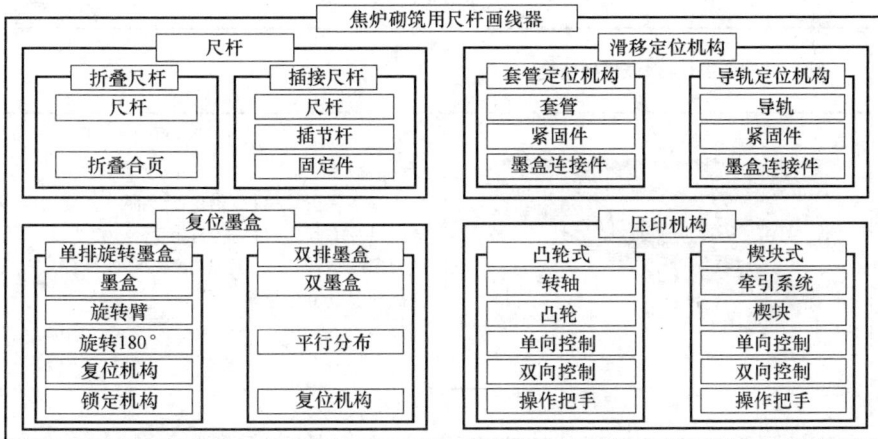

图 4-20　焦炉单道墙体配列线尺杆画线器亲和图
制图人:×××　　　　　　制图日期:××××年××月××日

通过亲和图分析,并将尺杆、滑移定位机构、复位墨盒和压印机构整理出系统图,如图 4-21 所示。

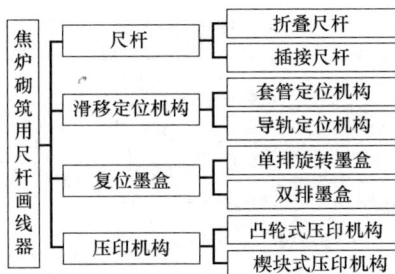

图 4-21　焦炉单道墙体配列线控制尺杆画线器总体方案分解系统图

制图人：×××　　　　　　制图日期：××××年××月××日

（1）尺杆的提出与选择

1）一级方案的提出

小组成员对尺杆进行分析，提出了两种方案：折叠尺杆和插接尺杆，见图 4-22。

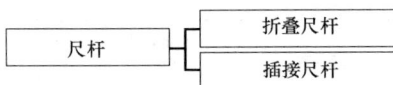

图 4-22　尺杆的系统图

制图人：×××　　　　　　制图日期：××××年××月××日

2）一级方案的选择（表 4-13）

尺杆的选择　　　　　　　　　　　　　表 4-13

选择依据	具有便携性,保证尺杆精度	选择方式	模拟试验
方案描述			方案一折叠尺杆:借鉴了文献 1、2 的铝合金尺杆结构以及文献 4 尺体折叠的组合连接方式,本方案尺杆为多段结构,通过铰链折叠,尺杆一侧安装滑移定位机构以及复位墨盒
			方案二插接尺杆:借鉴了文献 1、2 的铝合金尺杆结构以及文献 5 尺体插接的组合连接方式,本方案尺杆为多段结构,采用插接的方式连接,可采用锁定扣或碰珠固定。尺杆一侧安装滑移定位机构以及复位墨盒,既保证了尺杆的精度,又便于转换工作面以及日常搬运

选择 依据	具有便携性,保证尺杆精度		选择 方式	模拟试验
受力 模拟 试验 及结 果				折叠尺杆刻转半径 4.5m,铰链连接处受力不均;插接尺杆空腔内有木方做支撑,整体受力

序号	方案	结构分析	可靠性分析	是否选择
1	折叠尺杆	具有便携性,铰链外部安装操作简单	尺杆折叠铰链处易损坏	不选
2	插接尺杆	既保证了尺杆的精度,又便于转换工作面以及日常搬运	锁定扣或碰珠固定安装繁琐	选择

结论:尺杆的选择主要解决的是尺杆便携性和保证尺杆精度问题,尺杆折叠铰链处损坏。因此,选定尺杆采用插接尺杆

制表人：×××　　　　　　　　　　　制表日期：××××年××月××日

3）二级方案的提出

小组成员对插接尺杆进行分析，提出了三种方案：螺栓固定尺杆、碰珠固定尺杆和卡扣固定尺杆，见图 4-23。

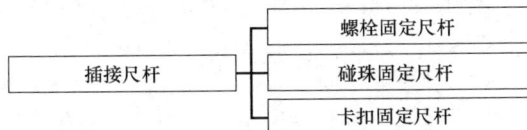

图 4-23　插接尺杆的系统图

制图人：×××　　　　　　　　　　　制图日期：××××年××月××日

4）二级方案的选择（表 4-14）

插接尺杆的选择　　　　　　　　　　　　　　　　　　表 4-14

选择 依据	尺杆拆装快捷、稳固、不变形		选择 方式	模拟试验
方案 描 述				方案一螺栓固定尺杆:借鉴了文献 3 的水平定位标尺和多个与其垂直固接的划线标尺的连接方式,本方案尺杆为多段结构,采用插接的方式连接,一段尺杆设有空腔,另一段尺杆设有插接杆,插接杆插入空腔后采用螺栓固定

117

选择依据	尺杆拆装快捷、稳固、不变形		选择方式	模拟试验
方案描述				方案二碰珠固定尺杆:借鉴了塔尺伸缩锁定方式,本方案尺杆为多段结构,采用插接的方式连接,一段尺杆设有空腔,另一段尺杆设有插接杆,插接杆上有碰珠,尺杆上有定位孔,插接杆与尺杆连接,碰珠自动锁定在定位孔中
				方案三卡扣固定尺杆:借鉴了工具箱锁定方式,本方案尺杆为多段结构,采用插接的方式连接,一段尺杆设有空腔,另一段尺杆设有插接杆,尺杆的接头处安装卡扣,插接杆与尺杆连接后,卡扣进行锁定

序号	方案	适用性分析	可靠性分析	是否选择
1	螺栓固定尺杆	为常规连接方式,连接快捷、牢固	拆除繁琐,螺栓孔容易滑丝	不选
2	碰珠固定尺杆	拆装快捷,便于日常搬运	碰珠固定安装繁琐	选择
3	卡扣固定尺杆	弹簧拉伸加压,拆装快捷、牢固	卡扣宽度大于 30mm,超过了尺杆厚度,导致尺杆放置不平稳	不选

结论:插接尺杆的选择主要解决的是尺杆拆装快捷、稳固、不变形的问题,螺栓固定尺杆拆除繁琐,卡扣固定尺杆会导致尺杆放置不平稳,因此,选定插接尺杆采用碰珠固定尺杆

制表人:×××   制表日期:××××年××月××日

5) 三级方案的提出

小组成员对碰珠固定尺杆进行分析,提出了两种方案:中心固定尺杆和边缘固定尺杆,见图 4-24。

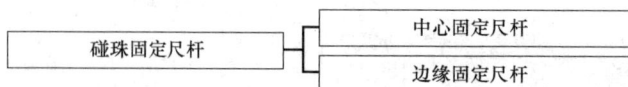

图 4-24 碰珠固定尺杆的系统图

制图人:×××   制图日期:××××年××月××日

6) 三级方案的选择 (表 4-15)

碰珠固定尺杆的选择 表 4-15

选择依据	尺杆拆装快捷、稳固、不变形		选择方式	模拟试验
方案描述				方案一中心固定尺杆:碰珠安装在尺杆中心部位。碰珠与定位孔不容易错位,安装方便
				方案二边缘固定尺杆:碰珠安装在尺杆的两侧。两个碰珠共同固定,拆卸时两指同时按压,操作方便,尺杆连接稳固
受力模拟试验及结果				在管材中心开孔,仅管材表面受力;在靠近矩形管材边缘开孔,管材表面及两侧均受力

序号	方案	适用性分析	可靠性分析	是否选择
1	中心固定尺杆	碰珠与定位孔不容易错位,安装方便	尺杆中心部位比较薄弱会凸起,导致碰珠根部不能完全受力	不选
2	边缘固定尺杆	两个碰珠共同固定,尺杆管材两侧均受力	两个碰珠的安装要求高,可能会出现碰珠与定位孔错位	选择

结论:碰珠固定尺杆的选择主要解决的是尺杆拆装快捷、稳固、不变形的问题,边缘固定尺杆是采用两个碰珠共同固定受力,尺杆连接稳固,因此,选定碰珠固定尺杆采用边缘固定尺杆

制表人:×××　　　　　　　　　　制表日期:××××年××月××日

（2）滑移定位机构的提出与选择

1）一级方案的提出

小组成员对滑移定位机构进行分析，提出了两种方案：套管定位机构和导轨定位机构，见图 4-25。

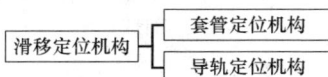

图 4-25　滑移定位机构的系统图

制图人:×××　　　　　　　　　　制图日期:××××年××月××日

2）一级方案的选择（表 4-16）

滑移定位机构的选择　　　　　　　　　　　表 4-16

选择依据	滑移顺畅		选择方式	调查分析
方案描述				方案一套管定位机构:借鉴了窗帘吊环在窗帘杆上滑移的方式,本方案套管以尺杆为路径,滑移固定,套管与复位墨盒连接
				方案二导轨定位机构:借鉴了轨道灯在轨道上滑移的方式,本方案在尺杆一侧安装导轨,定位机构在导轨中滑移固定,定位机构与复位墨盒连接

序号	方案	适用性分析	可靠性分析	是否选择
1	套管定位机构	套管结构强度大,制作简单,操作快捷	尺杆容易与砌体灰浆接触,导致套管无法滑移	不选
2	导轨定位机构	定位机构隐藏在导轨中,能保证清洁,滑移顺畅	与尺杆厚度匹配的导轨截面小,影像结构强度	选择

结论:滑移定位机构的选择主要解决的是墨盒滑移定位的问题,尺杆容易与砌体灰浆接触,导致套管无法滑移。因此,选定滑移定位机构采用导轨定位机构

制表人:×××　　　　　　　　　　制表日期:××××年××月××日

3）二级方案的提出

小组成员对导轨定位机构进行分析，提出了三种方案：断路器导轨定位机构、电缆夹导轨定位机构和画框导轨定位机构，见图 4-26。

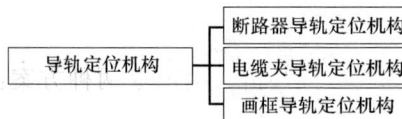

图 4-26　导轨定位机构的系统图

制图人:×××　　　　　制图日期:××××年××月××日

4）二级方案的选择（表 4-17）

5）三级方案的提出

小组成员对画框导轨定位机构进行分析，提出了两种方案：热靴式定位画框导轨和手拧螺母定位画框导轨，见图 4-27。

导轨定位机构的选择　　　　　　　　　　　　　　　**表 4-17**

选择依据	便于安装,夹持紧,排列整齐	选择方式	模拟试验
方案描述			方案一断路器导轨定位机构:采用断路器 U 形导轨与尺杆侧边固定,制作 C 形夹具与 U 形导轨组合,C 形夹具正面有螺杆与复位墨盒连接
			方案二电缆夹导轨定位机构:采用电缆夹 C 形导轨与尺杆侧边固定,制作与复位墨盒连接的支架,支架截面与电缆夹匹配,即可快速安装复位墨盒
			方案三画框导轨定位机构:紧固机构主要由底板、丝杆和旋钮组成,复位墨盒通过丝杆与底板固定连接,旋钮在丝杆上旋转移动,调节旋钮与底板的距离,以便夹紧画框导轨,快速固定复位墨盒,反之即可松脱复位墨盒

序号	方案	适用性分析	可靠性分析	是否选择
1	断路器导轨定位机构	C 形夹具体积小	U 形导轨上方靠顶丝固定 C 形夹具,接触面小,会导致复位墨盒安装不平直	不选
2	电缆夹导轨定位机构	电缆夹为成品,复位墨盒通过连接支架与电缆夹匹配	匹配电缆夹的复位墨盒支架会增大整个放线器的体积	不选
3	画框导轨定位机构	可选择成品或半成品,选择范围大,安装平直	插入到导轨内部的底板很难与导轨完全匹配	选择

结论:导轨定位机构的选择主要解决的是复位墨盒快速滑移和固定的问题,画框导轨定位机构可选择成品或半成品,选择范围大,安装平直,因此,选定导轨定位机构采画框导轨定位机构

制表人:×××　　　　　　　　　　　制表日期:××××年××月××日

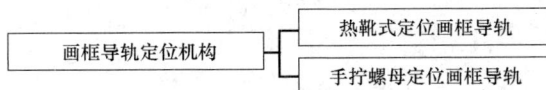

图 4-27　画框导轨定位机构的系统图

制图人:×××　　　　　　　　　　　制图日期:××××年××月××日

6）三级方案的选择（表 4-18）

画框导轨定位机构的选择
表 4-18

选择依据	便于安装,夹持紧,排列误差＝0	选择方式	现场测量
方案描述			方案一热靴式定位画框导轨:采用照相机闪光灯安装热靴结构,将方块底座放置在画框导轨中,再将旋钮拧紧即可快速固定
			方案二手拧螺母定位画框导轨:采用手拧滚花螺栓和螺母组件,将螺栓放置在画框导轨中,再将螺母拧紧即可快速固定

试验过程及结果	序号	方案	排列误差＝0										合格点数（点）	不合格点数(点)	合格率（%）
			1	2	3	4	5	6	7	8	9	10			
	1	热靴式定位画框导轨	0	1	0	1	−1	−1	−1	0	1	1	3	7	30
	2	手拧螺母定位画框导轨	0	0	0	0	0	0	0	0	0	0	10	0	100

检测方式:以画框边为基准,采用角尺和钢板尺逐一对 10 个检测点进行测量

时间:2018 年 4 月 23 日	地点:技术中心车间	负责人:×××

序号	方案	操作性分析	有效性分析	是否选择
1	热靴式定位画框导轨	成品,购买后直接使用,旋钮拨盘大,便于操作	螺杆与导轨的间隙大,排列误差大,合格率30%	不选
2	手拧螺母定位画框导轨	螺杆与导轨的间隙匹配,夹持紧,排列误差小,合格率100%	手拧滚花螺栓的底部与画框导轨接触面略少	选择

结论:画框导轨定位机构的选择主要解决的是便于安装、夹持紧、排列整齐的问题,因此,选定画框导轨定位机构采用手拧螺母定位夹

制表人:×××	制表日期:××××年××月××日

（3）复位墨盒的提出与选择

1）一级方案的提出

小组成员对复位墨盒进行分析,提出了两种方案:单排旋转墨盒和双排墨盒,见图 4-28。

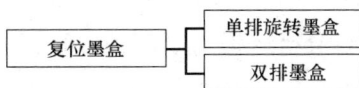

图 4-28 复位墨盒的系统图

制图人：×××   制图日期：××××年××月××日

2）一级方案的选择（表 4-19）

复位墨盒的选择   表 4-19

选择依据	能实现尺杆轴向旋转后，对墙体的两个侧面进行画线		选择方式	调查分析
方案描述				方案一单排旋转墨盒：借鉴了文献 1、2 在尺杆上分布画线装置并结合轨道灯旋转臂的结构，本方案单排复位墨盒在尺杆轴向旋转，从墙体第一面转到第三面时，墨盒旋转臂 180°旋转，将印线部分与墙面对应
				方案二双排墨盒：借鉴了文献 1、2 在尺杆上分布画线装置，本方案双排墨盒分布在尺杆两侧，尺杆轴向旋转后，一侧墨盒工作，一侧墨盒闲置

序号	方案	适用性分析	复杂程度分析	是否选择
1	单排旋转墨盒	墨盒利用率高	多个墨盒需通过联杆连成整体，同时旋转和锁定，制作复杂	不选
2	双排墨盒	无复杂的机械操作	墨盒数量翻倍	选择

结论：复位墨盒的选择主要解决的是砌体印线的问题，双排墨盒无复杂的机械操作，因此，选定复位墨盒采用双排墨盒

制表人：×××   制表日期：××××年××月××日

3）双排墨盒结构组成部分的提出

小组成员对双排墨盒进行分析，提出了两个组成部分：复位机构和墨盒，见图 4-29。

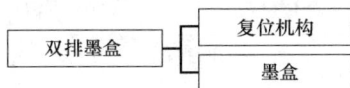

图 4-29 双排墨盒的系统图

制图人：×××   制图日期：××××年××月××日

（4）复位机构的提出与选择

123

1）一级方案的提出

小组成员对复位机构进行分析，提出了两种方案：外置弹簧复位机构和内置弹簧复位机构，见图 4-30。

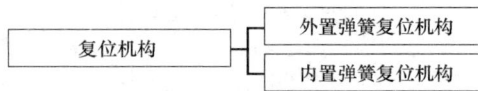

图 4-30　复位机构的系统图

制图人：×××　　　　　　　　制图日期：××××年××月××日

2）一级方案的选择（表 4-20）

复位机构的选择　　　　　　　　　　　　　　　　　表 4-20

选择依据	墨盒复位自如，便于维护	选择方式	调查分析
方案描述			方案一外置弹簧复位机构：借鉴了手写签字印章的结构，本方案的复位弹簧安装在壳体外，墨盒在不受驱动时，复位墨盒自动回缩
			方案二内置弹簧复位机构：借鉴了手写签字印章的结构，本方案的复位弹簧安装在壳体内，墨盒在不受驱动时，复位墨盒自动回缩

序号	方案	复位分析	可靠性分析	是否选择
1	外置弹簧复位机构	加工简单	弹簧容易接触泥浆，影响复位效果	不选
2	内置弹簧复位机构	弹簧隐藏在壳体内，避免与泥浆接触，不会影响复位效果	壳体内的挡板制作略麻烦	选择

结论：复位机构的选择主要解决的是墨盒复位的问题，内置弹簧复位机构的弹簧隐藏在壳体内，避免了与泥浆接触，不会影响复位效果，因此，选定复位机构采用内置弹簧复位机构

制表人：×××　　　　　　　　制表日期：××××年××月××日

（5）墨盒的提出与选择

1）一级方案的提出

小组成员对墨盒进行分析，提出了两种方案：1mm 印线墨盒和 3mm 印线墨盒，见图 4-31。

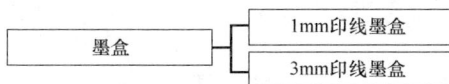

图 4-31　墨盒的系统图

制图人：×××　　　　　　　制图日期：××××年××月××日

2）一级方案的选择（表 4-21）

墨盒的选择　　　　　　　　　　　　　　　表 4-21

| 选择依据 | 配列线标识清晰,灰缝误差小于 1 | | | | | | | | | | | 选择方式 | 现场测量 | | |

方案描述	方案一 1mm 印线墨盒:墨盒的内部设有墨囊,墨盒的前端设有印条,便于在墙体上印出线条。本方案借鉴了文献 1、2 画线精度为 1mm 的标准,是满足画线精度
	方案二 3mm 印线墨盒:墨盒的内部设有墨囊,墨盒的前端设有印条,便于在墙体上印出线条。本方案是直接标识 3mm 灰缝的厚度

试验过程及结果	序号	方案	灰缝误差小于 1										合格点数（点）	不合格点数（点）	合格率（%）
			1	2	3	4	5	6	7	8	9	10			
	1	1mm 印线	0	1	0	1	−1	0	−1	0	1	0	5	5	50
	2	3mm 印线	0	0	0	0	0	0	0	0	0	0	10	0	100

检测方式:在砖墙上采用两种方式画线,干摆砖块,采用楔形尺逐一对 10 个检测点进行测量

时间:2018 年 5 月 5 日	地点:技术中心车间	负责人:×××

序号	方案	实用性分析	有效性分析	是否选择
1	1mm 印线墨盒	标识清晰,墨油用量小	标识不能直接对应砖边,灰缝误差大,合格率 50%	不选
2	3mm 印线墨盒	标识直接对应砖边,灰缝误差小,合格率 100%	墨油用量略多	选择

结论:墨盒的选择主要解决的是配列线标识的问题,3mm 印线提供的是灰缝厚度尺寸,标识直接对应砖边,灰缝误差小,合格率 100%。因此,选定墨盒采用 3mm 印线墨盒

制表人：×××　　　　　　　制表日期：××××年××月××日

（6）压印机构的提出与选择

1）一级方案的提出

小组成员对压印机构进行分析，提出了两种方案：凸轮式压印机构和楔块式压印机构，见图 4-32。

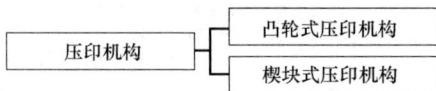

图 4-32　压印机构的系统图

制图人：×××　　　　　　　制图日期：××××年××月××日

2）一级方案的选择（表 4-22）

压印机构的选择　　　　　　　　　　　　　　　表 4-22

选择依据	能同步驱动复位墨盒,便于操作和维护	选择方式	模拟试验
方案描述			方案一凸轮式压印机构：借鉴了现有凸轮往复驱动技术,本方案是转轴驱动凸轮旋转运动,往复推动复位墨盒移动,使墨盒的印条在墙体上印出线条
			方案二楔块式压印机构：借鉴了现有楔块往复驱动技术,本方案是牵引驱动楔块往复推动复位墨盒移动,使墨盒的印条在墙体上印出线条

序号	方案	操作性分析	可靠性分析	是否选择
1	凸轮式压印机构	凸轮结构是常用往复驱动机构,容易找到成品直接应用	凸轮驱动距离固定,无法调整	不选
2	楔块式压印机构	楔块与牵引机构组合使用,楔块驱动的距离可调	楔块采用木材制作,摩擦力大,影响驱动操作	选择

结论：压印机构的选择主要解决的是复位墨盒压印的问题,楔块式压印机构是楔块与牵引机构组合使用,楔块驱动的距离可调,结构简洁,便于维护,因此,压印机构选定采用楔块式压印机构

制表人：×××　　　　　　　　　　制表日期：××××年××月××日

3）二级方案的提出

小组成员对楔块式压印机构进行分析，提出了两种方案：双向牵引压印机构和单向牵引压印机构，见图 4-33。

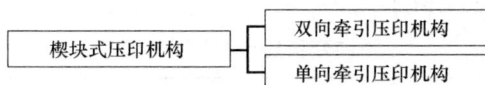

图 4-33　楔块式压印机构的系统图

制图人：×××　　　　　　制图日期：××××年××月××日

4）二级方案的选择（表 4-23）

楔块式压印机构的选择　　　　　　　　　　表 4-23

选择依据	能驱动复位墨盒，便于操作和维护		选择方式	调查分析
方案描述				方案一双向牵引压印机构：在尺杆两侧安装牵引系统，复位墨盒上的楔块斜度相反，尺杆的两侧均可通过操作开合手柄驱动复位墨盒压印
				方案二单向牵引压印机构：在尺杆一侧安装牵引系统，通过操作开合手柄驱动复位墨盒压印
序号	方案	结构分析	操作性分析	是否选择
1	双向牵引压印机构	尺杆的两端均可操作牵引系统，便于对中人员一人操作	双向牵引系统，增加了维护数量，较为繁琐	不选
2	单向牵引压印机构	单向牵引系统，结构简洁，便于维护	第二面墙体需在炉头操作，要听从对中人员指挥	选择

结论：楔块式压印机构的选择主要解决的是复位墨盒压印的问题，单向牵引系统结构简洁，便于维护，因此，选定楔块式压印机构采用单向牵引压印机构

制表人：×××　　　　　　制表日期：××××年××月××日

5）三级方案的提出

小组成员对单向牵引压印机构进行分析，提出了两种方案：刹车把牵引压印机构和剪叉式牵引压印机构，见图 4-34。

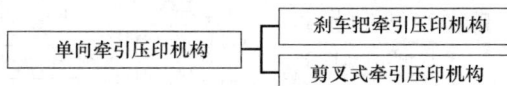

图 4-34　单向牵引压印机构的系统图

制图人：×××　　　　　　制图日期：××××年××月××日

6) 三级方案的选择（表 4-24）

单向牵引压印机构的选择

表 4-24

选择依据	对楔块的牵引操作，需满足握持距离小于 100mm 的要求		选择方式	模拟试验
方案描述				方案一刹车把牵引压印机构：在尺杆一侧安装自行车刹车系统，通过操作开合手柄，拉动所有楔块移动到较大尺寸，驱动复位墨盒移动，使印条在墙体上印出线条。松开开合手柄，刹车系统的复位装置将楔块移动到最小距离，不对复位墨盒进行推动
				方案二剪叉式牵引压印机构：在尺杆端部安装剪叉结构的尖嘴钳，替换自行车刹车系统的开合手柄，通过操作尖嘴钳把手，拉动所有楔块移动到较大尺寸，驱动复位墨盒移动，使印条在墙体上印出线条。松开尖嘴钳把手，刹车系统复位装置将楔块移动到最小距离，不对复位墨盒进行推动
序号	方案	操作性分析	可靠性分析	是否选择
1	刹车把牵引压印机构	自行车刹车系统有成品，与尺杆组装即可实现功能	尺杆替换了车把，握持距离高达 140mm，无法握持	不选
2	剪叉式牵引压印机构	尖嘴钳握持距离为 70～100mm，便于握持	尖嘴钳不能直接用于牵引楔块，需对其夹体进行改装	选择

结论：单向牵引压印机构的选择主要解决的是复位墨盒压印的问题，尖嘴钳握持距离为 70～100mm，便于握持，因此，选定单向牵引压印机构采用剪叉式牵引压印机构

制表人：×××　　　　　　　　　　制表日期：××××年××月××日

4. 确定最佳方案

针对各个环节的深入分析，并且确定了最佳方案，见图 4-35。

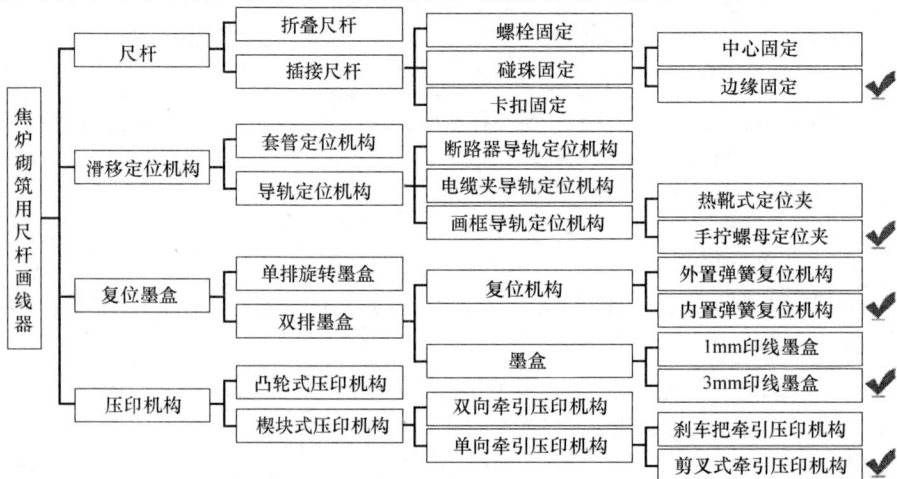

图 4-35　焦炉单道墙体配列线控制尺杆画线器的最佳方案系统图

制图人：×××　　　　　　　　　　制图日期：××××年××月××日

【案例分析】

针对可能达到课题目标的各方面要求，提出了总体方案。总体方案有独立性的分析，分级方案展开分析，基于现场测量、试验和调查分析的方式确定了分级方案，用数据说话，值得肯定。

总体方案缺少创新性的分析，无法说明提出的总体方案具有创新性。

四、常见问题

（1）提出的方案与借鉴的信息不一致。

（2）总体方案中有的不具有创新性；提出的多个总体方案，总体方案之间不具有相对独立性。

（3）方案分解不彻底，未将最佳总体方案逐级分解细化为可以实施的具体方案。

（4）对方案的评价、选择缺少事实和数据，只是定性分析方案的优缺点，或采用打分法确定最佳方案。

（5）具体方案不明确。

第四节　制 定 对 策

制定对策，就是按照 5W1H 要求编制对策表。对策表也可以理解为创新方案实施的计划表。

一、对策表的格式

创新型课题的对策表与问题解决型课题的对策表不完全一样，表中没有"主要原因"这一栏，也不需要列出总体方案及其各组成部分的项目名称。

对策表按照 5W1H 要求编制。5W1H 即 What（对策）、Why（目标）、Who（负责人）、Where（地点）、When（时间）、How（措施）。

对策表的具体格式如表 4-25。

对策表　　　　　　　　　　　　　　　　表 4-25

序号	对策 What	目标 Why	措施 How	地点 Where	负责人 Who	时间 When
1						
2						

二、制定对策表的要求

对策表中的 5W1H 的具体要求如下：

（1）QC 小组将确定的可实施的具体方案作为对策，列入对策表的"对策"栏目。

（2）对策"目标"是该项对策实施完成后，该对策针对的组成项目应达到的状态，而不是课题目标的分阶段目标。

（3）"措施"是细化对策的要求，有具体的步骤，具有可操作性，便于指导实施的展开，"措施"必须与"对策"相对应。

（4）"负责人"指的是该项措施的具体责任人，可以由组长或小组成员担任。

（5）"地点"指的是措施实施的具体地点，而不是制定对策的地点。地点可以细化到施工的区域、楼层，也可以是工作的地方。

（6）"时间"是针对措施的完成日期，用年月日表达。

（7）若总体方案的每个组成部分都是独立的，除了各分级方案（可实施的）在对策表中外，最后还可加工"整合"或"组装"成系统或产品，即"N＋1"。

三、制定对策举例

案例《焦炉砌筑用画线器的研制》课题（制定对策节选）

小组将末级的具体方案，列入对策表。按"5W1H"方法制定相应对策表，见表 4-26。针对工具的研制、研发，按照 N＋1 的要求，增加调试运行。

对策表   表 4-26

序号	对策	目标	措施	地点	负责人	完成时间
1	边缘固定尺杆	拼接间隙等于 0	1. 准备与炉墙长度匹配的铝合金管材、插接用木方和碰珠； 2. 确定碰珠的安装位置钻孔并安装碰珠； 3. 拼接尺杆； 4. 粘贴刻度帖	技术中心车间	×××	2018 年 6 月 21 日
2	手拧螺母定位画框导轨	手拧定位承受力大于 5kg	1. 安装画框导轨； 2. 安装手拧螺母套件	技术中心车间	×××	2018 年 6 月 25 日
3	内置弹簧复位机构	复位行程大于 5mm	1. 制作墨盒壳体以及支架； 2. 制作墨盒复位机构	技术中心车间	×××	2018 年 7 月 5 日
4	3mm 印线墨盒	印线宽度 3mm±0.5mm	制作印线墨盒	技术中心车间	×××	2018 年 7 月 9 日
5	剪叉式牵引压印机构	握持距离小于 100mm	1. 制作楔块； 2. 安装剪叉式把手，钢丝绳和楔块	技术中心车间	×××	2018 年 7 月 18 日

序号	对策	目标	措施	地点	负责人	完成时间
6	组装调试	检测精度 小于±2mm	1. 按标准砖砌筑尺寸设置配列线间距; 2. 在技术中心的展示墙上进行印线测试	技术中心 车间	×××	2018 年 8 月 21 日

制表人：×××   制表日期：××××年××月××日

【案例分析】

按照 5W1H 制定对策表，将可实施的具体方案列入对策表，对策目标可测量，措施有步骤，明确了地点、负责人、时间等，针对画线器的研制，按照 N+1 原则，补充了"组装调试"对策。

四、常见的问题

（1）对策表的"对策"与"可实施的具体方案"不一致；

（2）对策表 5W1H 不全或在"对策"栏前面增加"方案"栏目；

（3）对策表"目标"只是定性描述，不可测量，不可检查；

（4）对策表"措施"不具体，与"对策"的内容不对应；

（5）对策表"时间"没有按照年月日编制，有的制表时间在完成时间之后或没有留出足够的实施时间；有的时间描述为"全过程"；

（6）缺少 N+1；对策表中的对策，仅有总方案中各组成部分（或模块）的可实施的具体方案，缺少组装测试或整合调试运行的对策。

第五节　对　策　实　施

小组策划阶段的任务完成后，进入实施阶段，实施阶段只有一个步骤"对策实施"，即按照制定好的对策表组织实施。

一、对策实施的要求

1. 按照对策表组织实施

实施对策应与制定的对策表中的对策相对应。"实施一"标题为"对策一"，"实施二"标题为"对策二"，依次类推，必须一个对策、一个对策地实施。每条对策的实施，要按照对策表中的"措施"栏逐条展开，顺序清晰。

2. 做好实施记录

在对策实施过程中，小组成员按照对策表分工负责实施，记录每条对策措施的具体由谁来实施、什么时间实施、完成时间、实施地点、运用的统计方法以及实施过程的具体情况，保留好实施过程的照片、图片、数据等原始资料，为整理成果报告和现场评价提供依据。

3. 对策目标检查。

每条对策实施后，即每条对策对应的措施全部实施完成后，应及时收集每条对策实施后的数据，提供原始记录数据或者数据调查统计表，并说明收集数据的时间，与对策目标进行对比，确认每条对策目标是否达到。每条实施的对策目标都达到后，才能进行下一步骤。

4. 修正和调整措施。

在对策实施过程中可能会遇到两种情况：一是小组在实施过程中遇到困难无法进行下去，需要小组成员重新修正该对策措施，二是小组确认措施实施后没有达到对策目标，需要调整完善对策措施，修正或调整后都要再实施，再检查对策目标是否达到。

5. 负面影响验证。

在对策实施过程中，有可能在施工安全、工程质量、项目管理、成本进度、绿色环保等方面产生负面影响，是否需要验证对策实施结果在某一方面的负面影响，由小组根据实际情况自行决定。

二、对策实施举例

案例《焦炉砌筑用画线器的研制》课题（对策实施节选实施一、实施四和实施六）

1. 实施一：边缘固定尺杆

对策目标：拼接间隙＝0。

实施过程如下（图 4-36～图 4-41）：

（1）准备尺杆材料

准备截面 76mm×25mm 的铝合金管材 5 根，裁切长度均为 2m。

准备四段长 1m 的木方，在电刨上加工平整，其截面等于铝合金管材空腔的截面。

准备测量塔尺用碰珠。

（2）安装碰珠

将五段铝合金管材通过插接杆进行连接，插到木方另外的 50cm 上，对接成 10m 尺杆，在搭接处确定碰珠的安装位置，并钻孔定位。抽出插接杆，在孔位上进行扩孔，安装碰珠。在铝合金管材的孔位上进行扩孔。

（3）拼接尺杆

将铝合金管材与插接杆进行拼装，碰珠与铝合金管材定位孔吻合即可。

（4）刻度线

将拼装好的尺杆表面贴上刻度帖。

对策目标检查一：通过尺杆的安装与拆卸，进行多次测试，对接缝的刻度帖以及尺杆的总长进行测量，拼接间隙为 0，总长为 10m，满足了"拼接间隙＝0"的要求。目标实现！

图 4-36 尺杆材料准备

图 4-37 安装碰珠

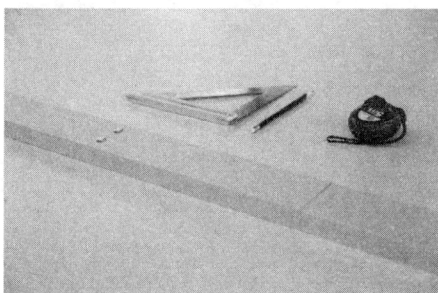

图 4-38 拼接尺杆

图 4-39 贴刻度帖

图 4-40 尺杆拼接总长测量

图 4-41 拼接间隙为 0

2. 实施四：3mm 印线墨盒实施

目标：印线宽度 3mm±0.5mm

制作印线墨盒

墨盒的前端矩形结构进行画线切割出两个直壁板和两个尖头壁板，将两侧的直壁板向尖头壁板靠拢，形成墨盒，在前端墨盒空腔里放置油印条和填充吸墨绒，密封底盖，在墨盒上钻注墨孔，进行墨油的填充。将墨盒外伸的油印条进行切割，满足印线宽度 3mm±0.5mm 的要求。

目标检查四：经检查，在印线宽度测量记录表上印出线条，测量线宽在 2.8～3.2mm，满足了印线宽度 3mm±0.5mm 的要求（图 4-42、图 4-43、表 4-27）。目标实现！

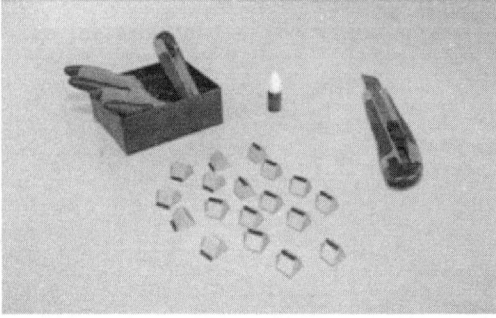

图 4-42　制作墨盒前端及印线

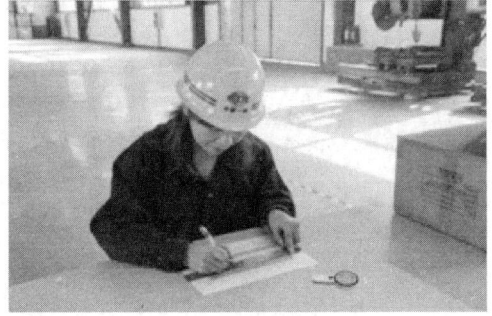

图 4-43　印线宽度测量图

印线宽度测量记录表　　　　　　　　　　　　表 4-27

3. 实施六：组装测试

对策目标：检测精度＜±2mm

（1）配列线间距设置

以标准砖的砖长加上灰缝厚度为两个印线的间距，设置 30 个复位墨盒。

（2）功能测试

在技术中心厂房内进行压印测试，压印后，采用 10m 长卷尺进行检测，印线误差＜1mm。

目标检查六：通过在技术中心的砌体上印线检测，印线误差＜1mm。满足了成功研制检测精度<±2mm 的焦炉砌筑用尺杆画线器的要求（表 4-28、图 4-44）。目标实现！

墙体印线测量记录表   表 4-28

图 4-44 印线测试图

目标检查六：经检查，墙体的正面和背面印线尺寸误差<1mm，满足了检测精度<±2mm 的要求。目标实现！

【案例分析】

实施过程严格按照对策表的对策措施逐条实施，逻辑关系清晰。每一对策实施过程叙述详细，说明了如何具体操作，并附上实施过程的图片，图文并茂。每一对策措施实施完成后，检查了对策目标的完成情况，提供了具体测量结果，用事实、数据说明了目标完成情况，体现了对策实施的真实、有效。

案例《模架体系快速建模方法的创新》课题（对策实施、负面影响验证节选）

1. 确定对策

通过多轮分析比选，小组成员制定出详细的对策，汇总成如表 4-29 所示。

对策表　　　　　　　　　　　　表 4-29

序号	对策 (What)	目标 (Why)	措施 (How)	地点 (Where)	完成时间 (When)	负责人 (Who)
1	常规线条墙模	墙模建模速度达到 $20m^2/min$	1. 创建参数化的墙模； 2. 转化为线性墙模； 3. 绘制墙模	办公室	2018 年 11 月 17 日	×××
2	矩形多参数柱模	柱模建模速度达到 1.5 根/min	1. 创建矩形柱模； 2. 添加参数和公式； 3. 设置柱模	办公室	2018 年 11 月 20 日	×××
3	轮廓式线性梁模	梁模建模速度达到 7.5m/min	1. 修改结构梁系统族的轮廓样式； 2. 绘制梁模	办公室	2018 年 11 月 27 日	×××
4	"玻璃斜窗"式满堂支架	满堂架建模速度达到 $20m^2/min$	1. 创建满堂支架嵌板族； 2. 导入施工方案底图； 3. 按照方案划分架体网格线； 4. 更新"玻璃斜窗"	办公室	2018 年 12 月 5 日	×××
5	平铺式水平剪刀撑	水平剪刀撑建模速度达到 $100m^2/min$	1. 创建水平剪刀撑族； 2. 按照施工方案底图平铺水平剪刀撑模型	办公室	2018 年 12 月 7 日	×××
6	基于"幕墙"的竖向剪刀撑	竖向剪刀撑建模速度达到 $200m^2/min$	1. 创建 4m×4m 的竖向剪刀撑模型族； 2. 按照施工方案底图绘制幕墙模型； 3. 调整嵌板类型	办公室	2018 年 12 月 9 日	×××

制表人：×××　　　　　　　　　　制表时间：××××年××月××日

2. 对策实施

实施二：矩形多参数柱模

措施：

（1）创建矩形柱模。

根据《模板方案》的要求，使用 Revit 软件自带的"公制常规模型 . rft"文件创建包含模板、方木、钢管、对拉螺栓等模型的矩形柱模。

（2）添加参数和公式（图 4-45）。

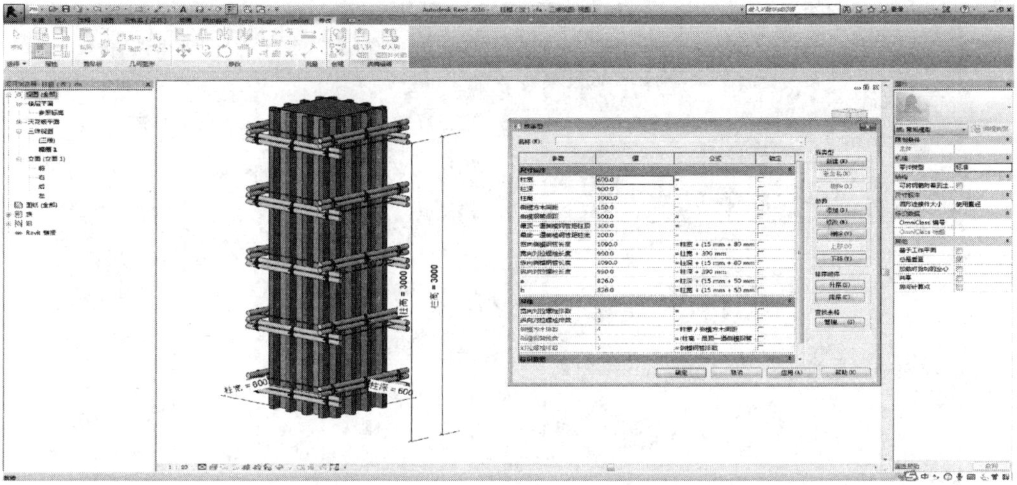

图 4-45　设置柱模参数

为柱模中的各构件模型绑定实例参数，设定计算规则。

（3）设置柱模（图 4-46）。

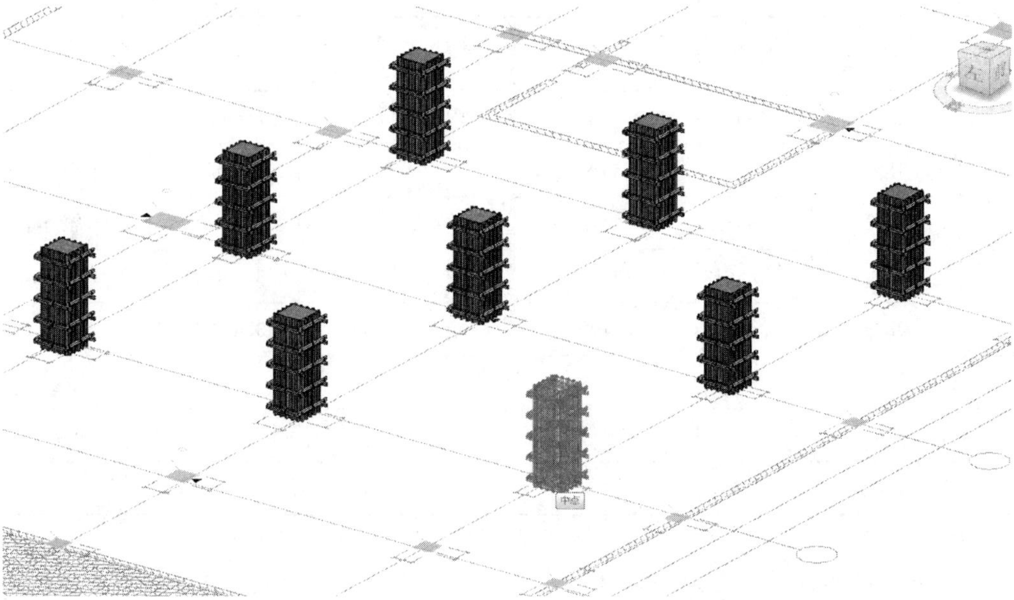

图 4-46　设置柱模

137

将柱模载入工程项目文件中，根据柱子的实际位置，使用"复制"、"粘贴"、"旋转"、"移动"等命令设置相应的柱模。

实施效果检查如图 4-47 所示。

图 4-47　柱模效果展示

3. 柱模建模工作完成（表 4-30）

实施二 9 号楼柱模建模数据统计表　　　　　　　　　　表 4-30

序号	每层 柱子数量	设置时间	柱模 设置速度	序号	每层 柱子数量	设置时间	柱模 设置速度
1	110 根	44min08s	2.49 根/min	6	27 根	15min36s	1.73 根/min
2	51 根	19min40s	2.59 根/min	7	27 根	10min33s	2.56 根/min
3	51 根	22min13s	2.30 根/min	8	27 根	13min09s	2.05 根/min
4	27 根	14min12s	1.90 根/min	9	99 根	35min18s	2.80 根/min
5	27 根	13min54s	1.94 根/min	10	99 根	37min45s	2.62 根/min
柱子总数		545 根					
总设置时间		226min28s					
平均建模速度		2.41 根/min					

制表人：×××　　　　　　　　　　　制表时间：××××年××月××日

4. 柱模平均建模速度为 2.41 根/min ＞ 1.5 根/min，对策目标二实现

实施二的负面影响：

实施二属于 BIM 建模过程，故安全方面无负面影响；在子方案比选时，由于子

方案 4"矩形多参数柱模"无法生成梁柱节点部位的柱模，导致该部位的模型与实际情况不符，故"实施二"在建模质量方面存在负面影响，但无法生成的模型面积只占总建模面积的千分之一，完全可以忽略不计，且不影响模型的交付及使用，故其负面影响对建模质量的影响程度并不大；子方案 4 的建模速度比子方案 3 快，有助于缩短柱模建模时间，故本条实施在管理和成本方面无负面影响。

【案例分析】

实施过程严格按照对策表的对策措施逐条实施，逻辑关系清晰。对策实施过程图文并茂。对策措施实施完成后，提供了柱模建模数据统计表，用事实、数据说明了目标完成情况；分析了柱模建模对安全无负面影响、质量方面虽有负面影响，但影响很小。

实施过程叙述还应详细具体，以便能准确、快速了解该创新技术。

三、常见问题

（1）没有按照制定的对策表逐条实施对策，没有按照对策所对应的措施，分步骤展开。

（2）实施过程中没有落实到相关人员。

（3）对策目标检查缺少具体数据、没有具体时间。

（4）没有逐条确认对策目标完成情况，有的定性描述对策目标完成，有的检查课题目标完成情况，不是对策目标完成情况。

（5）实施过程中，实施过程的记录不完整，没有将活动过程中的数据、实物图示、图纸等原始资料完整收集和保留。

第六节　效果检查

对策实施阶段任务完成，达到对策目标后，进入检查阶段，此阶段步骤是效果检查，确认课题目标完成情况。

一、效果检查的要求

1. 检查课题目标是否完成

小组活动到此步骤，要针对设定的课题目标收集相关事实、数据，验证目标的完成情况，收集数据的样本量要能充分说明课题目标的完成情况，真实可信。收集数据的时间是对策实施完成后时间段的数据，与实施步骤时间没有重复。目标结果有两种情况：一是课题目标完成，进入下一步骤；二是课题目标没有完成，按照活动程序要求，应返回到策划阶段的各步骤查找原因，进行新一轮的 PDCA 循环。

2. 必要时，确认小组创新成果的经济效益和社会效益

小组依据创新活动效果实事求是的分析、判定是否有经济效益产生，确认是否

有社会效益的取得。

（1）经济效益确认。经济效益只计算活动期内的效益，即小组课题选定开始活动到总结完成的时间，不考虑预期效益，应依据采取的对策方案措施，说明在哪些方面有经济效益的产生，详细计算说明，如果活动过程中有资金投入，应减去投入的资金，取得的经济效益是实际的效益。为证明经济效益的真实性，应提供相关部门的证明。

（2）社会效益确认。创新型课题是因为现有的技术、工艺、技能、方法无法满足某些方面的需求，而进行的产品、项目、技术、工艺或者方法的创新，有可能经济效益不明显，而社会效益突出。在完成课题目标，满足关键需求同时还满足其他方面的一些需求，如研发装置满足质量要求同时，可能会对安全、文明施工产生积极的影响；如创新工艺为了满足工期目标要求，活动结果可能对绿色施工、质量管理、安全生产也产生积极的影响；由于创新活动的开展对未来工作带来的效率，得到顾客满意度评价的结果等都可以作为创新型课题的社会效益的方面，必要时进行确认，相关内容要有证明材料，以说明社会效益的真实性。

二、效果检查举例

案例《焦炉砌筑用画线器的研制》课题（效果检查节选）

1. 目标值完成情况

××××年××月××日，公司承建的"河北纵横丰南钢铁焦化 JNX3-7.65-1 型焦炉工程"为每个砌筑小组配备了画线器进行画线，避免放线器在焦炉上反复转向困难、放线效率低等问题。印线误差小于 1mm，印线宽度为 3mm，便于施工人员相对砌筑施工时，都有砌筑依据，满足了"成功研制检测精度小于 ±2mm 的焦炉砌筑用尺杆画线器"的目标。在使用"焦炉砌筑用尺杆画线器"后，避免了为满足砌体垂直度要求而造成砌筑灰缝不均的问题。墙体画线清晰，工人在砌筑时砖缝厚度控制良好，能有效地减少或避免返工的发生，具有显著的经济效益和社会效益，见图 4-48、表 4-31。

图 4-48　画线器在焦炉炭化室砌筑中应用

焦炉燃烧室墙体印线测量记录表　　　　　　　　　　**表 4-31**

2. 经济效益（表 4-32、表 4-33）

焦炉砌筑用尺杆画线器制作费用表　　　　　　　　　　**表 4-32**

序号	费用项目	费用组成		费用(元)	备注
1	材料费	尺杆	铝合金管材	200	尺杆主体
			木方	40	用于尺杆的插接
			卡扣	20	用于尺杆连接试验
		滑移定位机构	画框导轨	130	画框导轨主体
			手拧螺母	105	用于滑移定位固定
		复位墨盒	铝合金管材	270	用于墨盒壳体制作
			铝板	80	用于墨盒连接板制作
			弹簧	30	用于墨盒复位
			圆钢	120	用于墨盒杆体制作
		压印机构	木条	40	制作楔块
			钢丝绳	7	用于楔块牵引
			锁线扣	60	用于楔块固定
			尖嘴钳	15	用于开合手柄
2	人工费	装置制作		暂不计	由小组成员自行完成
	合计			1117	

制表人：×××　　　审核人：×××　　制表日期：××××年××月×× 日

采用传统尺杆画线与新型尺杆画线对比表 表 4-33

序号	费用项目	单价(元)	数量(根)	费用(元)	备注
1	常规尺杆	1080	60	64800	每个砌筑小组 4 根,全炉 15 个小组
2	新型尺杆	1117	15	16755	每个砌筑小组 1 根,全炉 15 个小组
	合计			48045	—

制表人:×××　　审核人:×××　　制表日期:×××× 年××月×× 日

新方法费用较传统方法费用节约 48045 元 ,采用先砌筑两侧炉头,确定垂直度合格后,再砌筑墙体。与常规技术的每天满砌筑一层相比,节省材料及返工费用约 12 万元,经济效益明显,见图 4-49、图 4-50。

图 4-49　应用证明

图 4-50　经济效益证明

3. 社会效益

"焦炉砌筑用尺杆画线器"的运用,避免了为满足砌体垂直度要求而造成砌筑灰缝不均的问题。墙体画线清晰,工人在砌筑时砖缝厚度控制良好,能有效地减少或

图 4-51　发明专利受理通知书

避免返工的发生。本次创新活动关键技术申报了一项发明专利,为炉窑施工行业带来宝贵的经验,见图 4-51。

【案例分析】

效果检查提供了课题目标完成情况的具体数据检查表和效果图片,用事实数据说明完成了创新课题目标。详细列表计算了研发过程的各项费用,计算出活动期节约费用 12 万元,并附上了新产品使用证明和经济效益证明。

案例《会展中心可移动式强弱电系统的研制》课题(效果检查节选)

1. 目标达成

小组成功研制了研发一种适合大型公共建筑的移动式展箱。2018 年 10 月 2 日,小组对已安装一体化可移动展箱进行测试,抽检展箱 12 个,统计结果如表 4-34 所示。

测试结果统计表　　　　　　　　　　　表 4-34

序号	展厅分区	电箱编号	箱门开启	防水性	左右移动距离(m)	是否合格
1	B 区	1 号	满足要求	良好	4.2	合格
		2 号	满足要求	良好	4.1	合格
		3 号	满足要求	良好	4.1	合格
		4 号	满足要求	良好	4.2	合格
2	A1 区	5 号	满足要求	良好	4.1	合格
		6 号	满足要求	良好	4.2	合格
		7 号	满足要求	良好	4.2	合格
		8 号	满足要求	良好	4.3	合格
3	A2 区	9 号	满足要求	良好	4.1	合格
		10 号	满足要求	良好	4.2	合格
		11 号	满足要求	良好	4.2	合格
		12 号	满足要求	良好	4.3	合格

备注：一体化可移动展箱左右移动平均值为 4.18m,大于设定分目标值 3m

制表人：×××　　　审核人：×××　　　制表时间：××××年××月××日

结论：一体化可移动展箱左右移动可达 4.18m，达到了展箱左右移动距离大于 3m 的设定目标值，满足了小组课题研制要求。

一体化可移动展箱在项目实施后，小组邀请甲方、监理对小组成果进行评价，得到一致好评，见图 4-52。

工程应用证明

坪山高新区综合服务中心项目，主体结构为钢框架结构，占地面积 87028 ㎡，总建筑面积 133322.07 ㎡，其会展中心最大展厅面积约 9900 ㎡，移动式强弱电系统的展沟总长 1266.5m。会展中心强弱电系统采用本工法后，取得了良好效果，有效的提高了会展中心展厅的实用性及美观性，节约施工成本，减少后期维修费用等，起到降本增效的作用。该工法技术成熟、质量可靠。

特此证明！

监理单位：
深圳市鲁班建设监理有限公司

建设单位：
深圳市坪山区城市建设投资有限公司

图 4-52　工程应用证明图

制图人：×××　　　　　　制图时间：××××年××月××日

2. 经济效益

为更好地反映技术应用创新成果，将会展中心一体化可移动展箱取的经济效益与常规的强弱电系统施工方法相对比，具体情况如表 4-35 所示。

经济效益分析表 表 4-35

采用工艺	常规强弱电系统施工	本移动式强弱电系统	总计	备注
人工费用	30 人×40d× 320 元/d=38.4 万元	20 人×30d× 320 元/d=19.2 万元	节省 19.2 万元	本工艺较传统施工工艺，施工难度较小
材料费用	0.42 万元/m×1226.5m =515.13 万元	0.27 万元/m×1226.5m =331.2 万元	节省 183.93 万元	传统强弱电线槽安装方式为吊顶安装，材料用量较大
机械费用	3 万元	3 万元	节省 0 万元	—
维修费用	1 万元/年×50 年=50 万元	0.5 万元/年× 50 年=25 万年	节省 25 万元	本工艺较传统施工工艺，检修难度小
合计	606.53 万元	378.4 万元	节省 228.13 万元	—
节省费用	合计节省费用−研制经费=228.13−3=225.13 万元			
工期	40d	30d	节约工期 10d	本工艺较传统施工工艺，施工难度较小

1. 本工程移动式强弱电系统总长 1226.5m，包括展沟、母线槽、排水系统、弱电桥架、电缆、展箱及插接箱等，所需人工数 20 人、工期 30d，材料费用单价为 0.27 万元/m、机械费用单价为 3 万元；

2. 根据我司在施及近两年内已完工的深业上城等，估算使用传统安装方式，材料费用单价 0.42 万元/m，需要人工数 30 人，工期 40d，机械费用为 3 万元；

3. 维修费用计算时间按照设计寿命 50 年；

4. 小组课题研制使用经费为 3 万元；

5. 人工单价根据深圳市 2018 年度市场均价

制表人：×××　　　　　　　　　　　　制表时间：××××年××月××日

综上所述，本一体化可移动展箱与常规的强弱电系统施工工艺相比节省了 228.13 万元，经济效益明显，且节约了 10d 工期，获得了监理及业主单位的一致好评，见图 4-53。

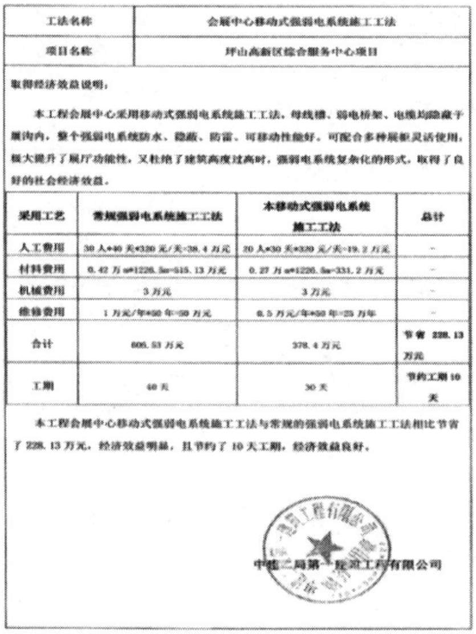

图 4-53　工程应用证明图

制图人：×××　　　　　　　制图时间：××××年××月××日

3. 社会效益

会展中心一体化可移动展箱在本工程的成功应用得到甲方、监理一致认可，本工程会展中心主要服务于国际展览及会议，此施工工法大大提升了展厅美观性，显著地提高了公司知名度。同时很好地解决了建筑"预埋管线"及超高展厅维修难题，节省了维修等人工、材料费用，为公司承接新的工程及与本工程业主建立长期的战略合作伙伴关系奠定了良好的基础。

【案例分析】

效果检查提供了课题目标完成情况的具体数据统计表，用数据说明完成了创新课题目标。计算节约的费用，取得显著经济效益，并附上了工程应用证明和经济效益证明。研发系统应用也取得了很好的社会效益，被同行业观摩（图 4-54），提升了企业的知名度。效果检查若能提供可移动式展箱应用的事实图片，将更能证明研发的效果；经济效益计算没有说明是活动期内产生的经济效益。

图 4-54　观摩效益图

制图人：×××　　　　　　　制图时间：××××年××月××日

三、常见问题

（1）效果检查没有在全部对策实施完成并达到对策目标后进行。

（2）提供事实、数据不足，无法确认课题目标是否达到。

（3）经济效益的计算不实事求是。一是计算预期的经济效益；二是未扣除本课题活动的投入。

（4）经济效益或社会效益缺少相关证明。

第七节　标　准　化

检查阶段的任务完成，达到了课题目标，小组活动便进入标准化步骤。创新型课题的标准化针对的创新成果，而不是具体的对策和措施。这是与问题解决型课题的"制定巩固措施"步骤的最大区别。

一、标准化的要求

标准化首先应对创新成果的推广应用价值进行评价，小组如果有能力进行评价的，可自行评价，如果不具备评价能力，可聘请小组外部的专家进行评价，并应提供相关部门的证明。

1. 标准化的两种情况

（1）对有推广应用价值的成果形成具体标准，应进行推广应用，使其产生更大的作用；

（2）对专项或一次性的创新成果，将创新过程的相关资料整理存档，以备今后查用。

2. 标准化的形式

形成的标准可以是作业指导书、施工方案、工法、设计图纸、工艺文件、产品说明书、操作指南、管理制度等，从而指导今后相关工作内容的标准。至于应该形成什么形式的标准，小组根据创新课题成果的内容，结合施工企业、项目的实际情况确定。

如果是研制产品、装置，可以形成设计图纸、产品说明书；如果是研发一个系统，可以形成系统技术说明书、操作指南；如果是研发新工艺，可以形成施工方案、作业指导书、工法；如果是管理方面的创新，可以形成管理体系文件或管理制度。

这里所形成的标准可以是组织层级的，也可以是部门乃至班组层级的，标准要经过有关主管部门的审批，有具体的批准、执行时间。需要说明的是，有关专利、论文、获奖的科研成果不属于标准化的内容，也不包括行政后续要跟进的工作，如推广、应用等。

二、标准化举例

案例《超深基坑出土栈桥平台设计创新》课题（标准化节选）

本成果具备很强的应用推广价值，已形成的标准化措施总结如表 4-36 所示。

标准化措施总结表　　　　　　　　　　　　　　　　　　　表 4-36

序号	实施措施	标准化形式
1	"一桥四岛"快速出土栈桥	形成图纸、作业指导书、方案
2	自制可周转定型防护	形成图纸
3	运用 BIM 对栈桥进行深化	模型

以下是部分验证资料（图 4-55～图 4-59）：

图 4-55 施工作业指导书

图 4-56 施工方案审批页

图 4-57 BIM 模型

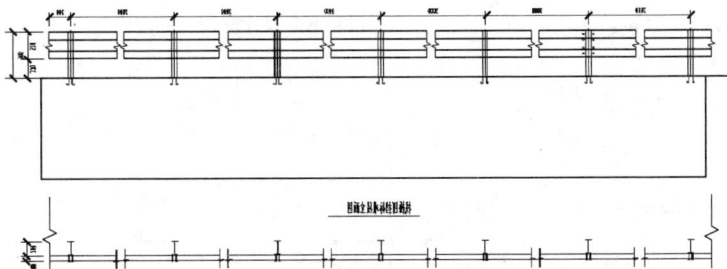

图 4-58 栈桥围挡设计图

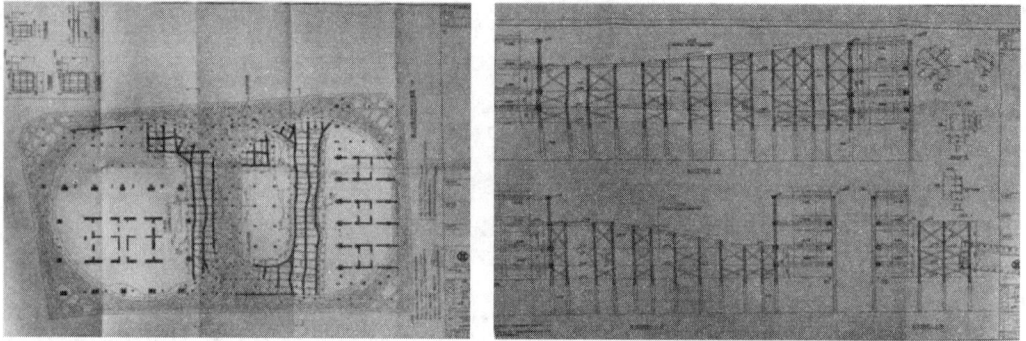

图 4-59　　出土栈桥平台设计蓝图

【案例分析】

小组将研发课题的创新成果分别形成了作业指导书、施工方案和图纸等标准。提供了具体标准的扫描图片。但缺少研发成果可以推广应用的证明。

案例《研制可移动式湿拌砂浆储存装置》（标准化节选）

1. 推广价值

（1）本装置降低了工人的劳动强度，提高了施工效率，对本项目的完成起到积极的推动作用。

（2）本装置在安全、可靠的前提下做到了科学合理的施工，节约了资源，降低了能耗，展现了自主创新的能力，具有很好的推广价值。

2. 纳入企业标准

小组成员将可移动式湿拌砂浆储存装置在设计、制作、安装实施、实际应用、推广过程中获得的各类资料进行整理，纳入企业标准化管理体系之中，如表 4-37、图 4-60 所示。

文件归档统计表　　　　　　　　　　　　　　表 4-37

序号	标准	标准化形式	文件名	文件编号	编制人
1	可移动式湿拌砂浆储存装置设计图纸	纳入公司技术革新库	底部框架设计图纸	TYJTJSTZ-2018-007	孟令任
			顶升部分设计图纸	TYJTJSTZ-2018-008	
			移动部分设计图纸	TYJTJSTZ-2018-009	
			池体部分设计图纸	TYJTJSTZ-2018-010	
2	可移动式湿拌砂浆储存装置使用说明书	编制成使用说明书	可移动式湿拌砂浆储存装置使用说明书	TYJTSYSMS-2018-06	杜纪元
3	可移动式湿拌砂浆储存装置作业指导书	编制成作业指导书	可移动式湿拌砂浆储存装置作业指导书	TYJTZYZDS-2018-07	裴钊光

制表人：×××　　　　　　　　　　制表时间：××××年××月××日

图 4-60　企业标准化文件

3. 推广应用

自 2018 年 5 月 1 日～2018 年 6 月 3 日，小组成员对联泰中心城三期湿拌砂浆储存装置进行跟踪调查，随机检查装完一斗车耗时并做统计，统计表如表 4-38、图 4-61、图 4-62 所示。

巩固期装料用时记录表　　　　　　　　　　　　　　表 4-38

检查统计时间	1(min)	2(min)	3(min)	4(min)	5(min)	平均时间(min)
5 月 6 日	0.32	0.32	0.33	0.32	0.32	0.32
5 月 13 日	0.31	0.32	0.33	0.32	0.31	0.32
5 月 20 日	0.30	0.31	0.32	0.31	0.33	0.31
5 月 27 日	0.31	0.30	0.29	0.31	0.30	0.30
6 月 3 日	0.30	0.30	0.29	0.31	0.30	0.30

制表人：×××　　　　　　　　　　　　制表时间：××××年××月××日

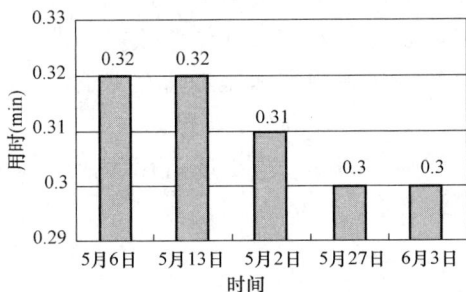

图 4-61　巩固期用时折线图

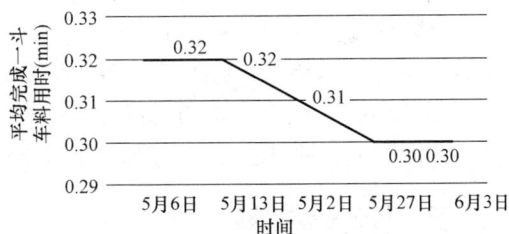

图 4-62　装料用时对比柱状图

制图人：×××　　　　　制图时间：××××年××月××日

【案例分析】

小组将研发课题的创新成果分别形成了可移动式湿拌砂浆储存装置设计图纸、使用说明书和作业指导书相关标准，并提供标准的扫描件和文件编号；提供推广应用结论的事实数据。但缺少研发成果可以推广应用的证明。

三、常见问题

（1）没有对创新成果的推广应用价值进行评价。

（2）把创新型课题的"标准化"与问题解决型课题"制定巩固措施"步骤相混淆。

（3）标准化形式不具体。有些小组没有将创新成果形成具体可执行的技术标准；有的标准没经过审批。

（4）将成果推广应用的做法、申请的专利、获奖的工法、发表的论文及行政后续要跟进的工作等作为标准化的内容。

第八节　总结和下一步打算

总结和下一步打算是创新型课题小组活动的最后一个步骤。这一步骤小组应从创新角度对活动全过程进行回顾和总结，有针对性地提出下一步的打算。

一、总结

从创新角度对在专业技术、管理方法和小组成员综合素质三个方面进行全面回顾和总结，找出小组活动的创新特色和不足。

（1）专业技术总结是小组开展创新活动过程中所涉及的与课题相关的专业技术方面有哪些提高和遗留问题，应有针对性地进行总结；可以将获得的认可，包括专利、编写的论文等作为专业技术部分进行总结。

（2）管理方法总结是小组活动过程遵循 PDCA 循环，基于客观事实，运用统计方法情况。在开展创新活动满足需求的过程中，QC 小组活动是否按照创新型课题 PDCA 程序，一个步骤一个步骤地、一环紧扣一环地科学开展活动，是否具有严密的逻辑性；在各个阶段、各个步骤是否都能以客观的事实和数据作为依据，进行科学的分析论证与决策，得出正确的结论；在统计方法运用方面是否适宜、正确。这些都需要进行总结，以提高下一次活动的水平，使下次活动少走弯路。

（3）小组成员综合素质总结是结合本课题活动的实际，小组成员在综合素质的哪些方面有明显进步，哪些方面还有不足，实事求是进行总结。

二、下一步打算

小组此次活动课题圆满完成，达到了预定的目标，但 QC 小组活动是无止境的，小组应该继续选择下一个创新型或问题解决型课题开展活动。

下一个课题的来源可以考虑两个方面：一是如果小组在开展活动之初针对多个问题或者需求，提出了多个课题，可考虑选择本次活动已完课题以外的其他课题；二是重新寻找与此次活动课题无关的新的问题或针对内、外部顾客及相关方的需求选择下一个活动的课题。

三、总结和下一步打算举例

案例《超深基坑出土栈桥平台设计创新》（总结和下一步打算节选）

1. 总结

通过本次 QC 小组活动，顺利实现了"超深基坑出土栈桥平台设计创新"的设计，施工及使用效果良好，达到了课题目标。对本次 QC 活动的开展总结如下：

（1）专业技术方面：经过此次 QC 活动，小组成员对超深基坑土方开挖有较深的认识，在创新设计出土栈桥快速出土等方面总结了成熟的施工工艺及方法，创新能力得到有效提升。

（2）管理方法方面：小组成员通过实践 PDCA 循环，以事实和充分的数据说话，运用逻辑推理方法，找到创新的方案，并能按 5W1H 的原则制定对策，加强过程控制，全面提高了小组成员分析问题和解决问题的能力。

（3）小组成员综合素质方面：增强了 QC 小组成员的质量意识，提高了管理水平，与活动前对比"团队精神"、"工作热情和干劲"有了很大的提高。

整体总结回顾：虽然在各方面均有良好的成果，但由于成员负责的内容过于参考个人职责范围，从而限制了个人能力的提升；在接下来的 QC 活动中希望通过小组内职责轮岗来解决这个问题。

同时，活动小组根据课题创新实施过程中自身的综合素质情况，进行自我评价，并将结果统计量化，绘制雷达图，见表 4-39、表 4-40、图 4-63。

综合素质分析情况汇总表　　　　　　　　　　　　表 4-39

序号	项目 QC 活动小组成员	QC 知识		个人能力		团队精神		质量意识		工作热情和干劲		解决问题信心	
		活动前	活动后	活动前	活动后	活动前	活动后	活动前	活动后	活动前	活动后	活动前	活动后
1	×××	8.6	9.6	9	9.3	8.2	9.2	9	9.5	9	9.6	9.2	9.5
2	×××	9.1	9.3	9.3	9.5	9	9.2	9.1	9.5	9.2	9.7	9.5	9.8
3	×××	8.4	9.3	8.6	9.1	8	9.2	8.9	9.3	8.7	9.8	9	9.5
4	×××	9	9.7	8.5	9	8.1	8.9	8.8	9.3	8.5	9.5	8.7	9.3
5	×××	8.5	9.5	8.5	8.9	7.8	8.8	8.5	9.1	7.9	9.5	8.6	9.1
6	×××	9.1	9.7	8.9	9.2	8.2	9	9	9.5	8.1	9.3	8.7	9.7
7	×××	8.3	9.4	8.4	9	8.2	9.2	8.6	9.3	8.3	9.6	9.1	9.4
8	×××	8.9	9.6	8.1	8.8	7.9	8.9	7.8	9.3	8.7	9.6	8.7	9.3
9	×××	8.7	9.3	8.2	8.8	7.8	8.9	8.9	9.5	8	9.5	9	9.6
10	×××	8.8	9.5	8.2	8.9	7.8	9.1	7.9	8.9	8.3	9.6	9.1	9.2
平均值		8.8	9.5	8.5	9.1	8.1	9.1	8.7	9.3	8.4	9.5	9	9.4

制表人：×××　　　　　　　　　　　　时间：××××年××月××日

综合素质自我评价对比表　　　　　　　　　　　　**表 4-40**

项　　目	自我评价情况	
	活动前	活动后
QC 知识	8.8	9.5
个人能力	8.5	9.1
团队精神	8.1	9.1
质量意识	8.7	9.3
工作热情和干劲	8.4	9.5
解决问题信心	9	9.4

制表人：×××　　　　　　　　　　时间：××××年××月××日

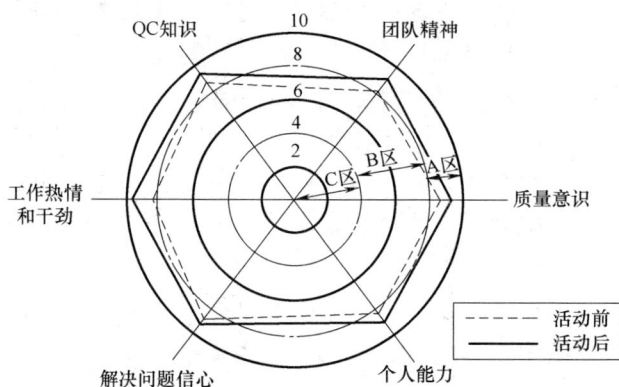

图 4-63　自我评价雷达图

制图人：×××　　　　　　时间：××××年××月××日

2. 下一步打算

项目 QC 活动小组今后将继续开展 QC 活动，把 PDCA 循环贯穿到整个施工过程并形成制度，加强创优意识，推动新技术、新工艺的应用发展和施工质量的严格把控。

基于本次活动的成功开展，项目 QC 活动小组多次召开活动总结交流会，并根据项目工程施工重点难点、技术质量工作的深入开展以及现场实际施工进度，确定了"追风逐电"QC 小组的下一项活动课题为：复杂环境下超厚底板施工技术创新。

【案例分析】

小组从专业技术、管理方法和小组成员综合素质三个方面进行了全面总结。小组通过总结分析找到了不足和解决的方向，尤其在小组成员综合素质评价方面，以评价形式分别进行了前后对比，通过运用雷达图评价，确定了下一次活动提升的方面。小组选择了下一个活动课题，继续开展 QC 小组活动，体现了小组活动的连续性。专业技术和管理方法两个方面总结不够具体。"QC 知识"评价应纳入管理方法总结中。

案例《室内砌筑工程新型垂直运输设备研发》课题（总结和下一步打算节选）

1. 活动总结

（1）在专业技术方面：通过本次 QC 活动，实现了室内砌筑工程上料运输的便捷化，提高了工作效率、降低了施工成本，同时提高了施工安全性，为室内砌筑工程施工提供了较先进的工作方法，积累了宝贵的施工经验。对所发现的问题都能提出多个解决方案，积极寻求新的解决办法，技术创新能力有了显著的提高。

（2）管理方法方面：通过此次活动，使小组成员认识到创新型 QC 小组活动管理方法的重要性，小组成员学会了运用多种统计方法，并且灵活地运用于本次活动中。小组成员学会利用 PDCA 循环并运用在日常各类工作中，解决问题的思路得到拓展。

QC 成果编制统计方法运用水平的统计如表 4-41 所示。

统计方法运用统计表　　　　　　　　　　　　　　表 4-41

阶段	工具名称	使用次数	工具名称	使用次数	工具名称	使用次数
P	分析论证表	15	饼分图	5	系统图	2
	统计调查表	14	甘特图	1		
	柱状图	2	流程图	2		
	诸葛亮法	1	亲和图	1		
D	统计调查表	26	分析论证表	1	折线图	1
C	统计调查表	1	柱状图	1	对比表	2
A	分析论证表	2	雷达图	1	柱状图	1
	对比表	2	统计调查表	1		
合计	共使用统计工具 82 次					

制表人：×××　　　　　　　　　　　制表时间：××××年××月××日

（3）小组成员综合素质方面：

通过本次 QC 小组活动的开展，全体成员踊跃参与、积极学习，本小组成员的创新能力、施工技术水平、质量意识、团队意识、工作热情等得到了进一步提高，在较大程度上提高了项目部的整体施工管理水平。

对活动前后进行了自我评价，综合素质指标都得到了提高，综合素质评价标准、综合素质评价表如表 4-42、表 4-43 所示，综合素质评价统计雷达图如图 4-64 所示。

综合素质评价标准　　　　　　　　　　　　　　表 4-42

项目	评价标准（内容）	得分分值
团队配合	团队成员具有高度的团队认同感，凝聚力、向心力强、树立良好的对外形象，体现良好的精神风貌	8～10
	团队成员互助互爱、在工作上互相帮扶、在生活中互相关照	6～8
	在必要时团队之间相互沟通、协作、与其他部门相互联系	4～6
	小团队配合，不与其他部门相互联系	2～4
	无团队配合意识	0～2

续表

项目	评价标准(内容)	得分分值
质量意识	工作高质量、高标准,专业知识掌握牢固,责任心强	8～10
	能认真完成交代的工作,认真及时反馈相关信息	6～8
	总体质量管控较好,质量管控不严谨,过程管控一般	4～6
	质量意识淡薄,经常犯错	2～4
	无质量意识	0～2
创新能力	本着理想化需要或为满足市场需求,而改进或创造新的事物并能获得一定有益效果	8～10
	思想活跃、创新能力强,设定合理目标(想法)并能全身心投入	6～8
	对认识到问题都能提出多个解决方案,积极寻求新的解决办法	4～6
	有创新的想法,不主动沟通、交流,仅仅停留在想象当中	2～4
	思想顽固,无创新能力	0～2
QC 知识	熟练掌握 QC 知识并能很好运用,除积极主动学习外,还能对管理人员组织培训讲解 QC 知识	8～10
	熟练掌握 QC 知识并能积极主动学习,与时俱进	6～8
	基本掌握 QC 知识,业务能力良好	4～6
	QC 知识掌握甚少,需要督促学习	2～4
	无主动学习 QC 知识态度,不了解 QC 知识	0～2
工作热情	工作干得有声有色,保持积极向上工作态度并能带动身边人员工作热情	8～10
	工作认真负责,能积极主动完成工作,沟通能力强,不断地提高自己的业务水平和工作能力	6～8
	工作效率高,能较好地完成本员工作	4～6
	工作效率较低,工作热情度低,本员工作完成较差	2～4
	工作消极,凡事都感到漠不关心	0～2
成本意识	树立了成本观念,不断提出完善与优化建议,将成本观念转化为自觉自愿的节约行动	8～10
	成本意识强,不断地提高自己的工作能力,工作严谨程度	6～8
	成本意识较强,能较好完成工作任务	4～6
	成本意识淡薄,工作上常出现失误,带来资源浪费	2～4
	无成本意识,浪费企业资源	0～2

制表人:×××　　　　　　　　制表时间:××××年××月××日

综合素质评价表　　　　　　　　表 4-43

序号	项目	自我评价	
		活动前满分 10 分	活动后满分 10 分
1	团队配合	7	9
2	质量意识	7	9
3	创新能力	6	8

序号	项目	自我评价	
		活动前满分10分	活动后满分10分
4	QC知识	7	9
5	工作热情	8	9
6	成本意识	7	8

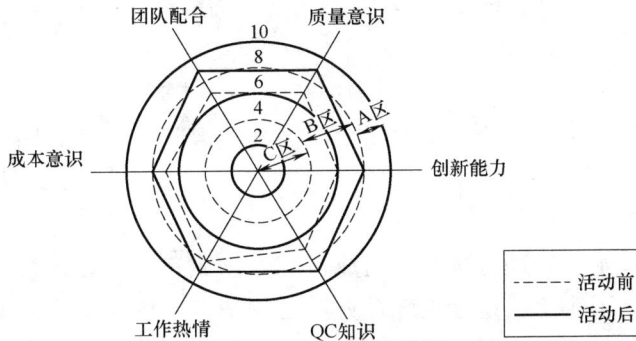

图 4-64　活动前后综合素质评价统计雷达图

制表（图）人：×××　　　　　时间：××××年××月××日

2. 下一步打算

创新脚步不会停下，确保质量是一个不变的目标，本次小组活动的研究、研制取得了较好的结果，小组成员的信心有了更好地提升。

小组成员将会继续研究创新。目前小组成员拟选了四个课题，并分别从"紧迫性"、"重要性"、"可操作性"进行分析，如表 4-44 所示。

小组课题选择评价表　　　　　　　　　　　　　　表 4-44

序号	课题名称	紧迫性	重要性	可操作性	结论
1	提高内墙粉刷石膏施工一次合格率	项目正在进行内墙粉刷石膏施工，工期紧	内墙粉刷石膏属于专项分包施工，直接影响工程交付质量	内墙粉刷石膏施工工序复杂，进行研究投入费用高，经济效益差	不选定
2	提高现浇混凝土楼板实测合格率	现浇混凝土楼板施工，开发商质量要求高，现阶段施工现浇混凝土楼板实测合格率较差	现浇混凝土楼板施工质量直接影响开发商过程的质量检查评比	现浇混凝土楼板施工，进行研究投入费用昂贵，经济效益差，不便于实施	不选定
3	高层冬季砌体施工围护保温研制	由于工期紧项目进入冬季高层砌筑工程	研制高层冬季砌体施工围护保温措施，保证冬季砌筑工程质量，提高工作效率	在楼层外部施工，安全性难以保证，研究投入费用昂贵，经济效益差，不便于实施	不选定

续表

序号	课题名称	紧迫性	重要性	可操作性	结论
4	研制高层混凝土输送管固定装置	输送管固定不牢固,浇筑混凝土时接头容易脱落,不仅造成混凝土浪费,并且造成不可忽视的安全隐患	楼板浇筑混凝土时,混凝土输送管需穿过楼板。输送管浇筑混凝土时冲击力大固定不牢固,导致周围楼板面开裂,严重影响施工质量	在楼层内部实施,可操作性强,进行试验模拟性强	选定

制表人:×××   制表时间:××××年××月××日

经过小组成员讨论、评价,决定将"研制高层混凝土输送管固定装置"定为下一个活动课题。

【案例分析】

小组从专业技术、管理方法和小组成员综合素质三个方面进行了全面总结。在管理方法方面总结了小组活动过程统计方法运用情况,说明了小组成员在哪些方面有提升。在小组成员综合素质评价方面,给出了具体评分依据并分别评价,进行了前后对比,通过运用雷达图评价,说明小组综合素质在几个方面都有提高。小组根据现场实际情况选择了四个活动课题,通过评价确定了下一个活动课题,继续开展 QC 小组活动。专业技术总结不够具体,小组成员在完成课题目标的过程中,和课题相关的专业技术有哪些方面的提高,没有具体说明。"QC 知识"评价应纳入管理方法总结中。

案例《研制一种顺作法下钢屋架分块滑移施工新技术》课题(专业技术、管理方法总结节选)

1. 专业技术方面总结

通过本工程 QC 小组活动的开展,小组成员学到了许多专业的技术技能,对顺作法下钢屋架分块滑移施工积累了大量的实践经验,为今后相同的钢结构施工技术提供了有力的技术措施保证。小组成员完成的技术总结如表 4-45 所示。

技术总结汇总表   表 4-45

序号	技术论文总结	申报情况
1	28.8m 跨度钢结构的吊装施工技术应用	××省土木协会论文评比/企业技术总结类
2	顺作法下屋架分块滑移施工技术探讨	××省土木协会论文评比/企业技术总结类
3	22m 劲性柱钢筋安装技术应用	××省土木协会论文评比/企业技术总结类
4	格构架华夫板安装施工技术探讨	××省土木协会论文评比/企业技术总结类
5	浅谈高空工业厂房钢屋架吊装的安全控制技术	××省土木协会论文评比/企业技术总结类

2. 管理方法方面总结

在整个活动过程中,QC 小组严格按照 PDCA 循环程序进行,坚持以事实为依据，用数据说话，运用新方法解决了原设计逆作法下钢屋架安装施工工期问题，总结了钢屋架分块滑移顺作法施工作业指导书和施工工法用于指导施工，见表 4-46。

QC 小组活动总结评价表　　　　　　　　　　表 4-46

序号	活动内容	主要优点	统计应用	存在不足	今后努力方向
1	选择课题	选题理由充分，课题简洁明了	简易图表	无	学习 QC 知识，吸收其他 QC 小组经验，扩大选题范围
2	设定目标及目标可行性分析	目标具体、量化，与课题对应，可行性分析以数据说话，为实现目标提供依据	简易图表、饼分图	内部与外部资源分析不够	加强统计技术的学习，熟练掌握统计工具
3	提出方案，确定最佳方案	小组成员充分发表意见，提出总体方案和分级方案，并确定相关试验数据	流程图、系统图、简易图表	个别方案分析较粗，试验数据	应多加强对比分析统计工具应用，提供试验照片
4	对策与实施	对策针对分级末级方案而提，解决措施为对策中措施的具体落实与实施	简易图表	对策实施效果验证过程图片较少	应加强实施过程人员的落实，过程图片收集应及时
5	检查效果	确认实施效果，确保效果稳定	柱状图、简易图表	无	不断学习，持续改进，应用好统计图表
6	标准化和总结	将有效的对策措施纳入到标准，对活动进行总结	雷达图、简易图表	总结深度不足	继续加强程序的学习

制表人：×××　　　　　　　　　　制表时间：××××年××月××日

【案例分析】

在专业技术总结方面，对顺作法下钢屋架分块滑移施工积累了大量的实践经验，为今后相同的钢结构施工技术提供了有力的技术措施保证；管理方法方面对小组活动程序步骤以及统计方法运用情况总结具体。

四、常见问题

（1）总结过于简单，不全面。小组活动虎头蛇尾，只注重活动过程，不注重活动最后的总结。专业技术总结缺少专业技术方面的内容描述，管理方法总结没有从遵循 PDCA 循环、基于客观事实及统计方法运用情况等方面进行描述。有的小组套用别的小组的模板，敷衍了事。

（2）总结针对性不强。没有结合小组创新课题的实际，总结出创新过程的特色和不足之处。

（3）没有提出下一次活动的课题。

第五章 QC小组活动成果的整理、发表、交流、评价与推广

QC小组活动成果的整理、发表、交流、评价与推广是QC小组完成课题、达到预期目标后非常重要的一项工作。这部分工作做好，小组活动才算完整。因此，应该引起小组成员的重视，有始有终地做好这部分工作。

第一节 QC小组活动成果报告的整理

QC小组经过PDCA循环活动，完成了课题，就应对活动全过程进行认真整理，通过发表、交流、评价以及推广，达到相互学习、相互促进和共同提高的目的。

一、成果报告整理的目的

1. 回顾活动过程，总结经验及不足

在完成了选定的活动课题，实现了预期的目标之后，小组成员要认真回顾整个活动过程，重温活动各环节、各步骤，明确QC小组活动的改进程度与成果、活动程序及统计方法、数据论证等方面取得的进步、经验及不足，为下一步活动明确方向。

2. 为发表与交流小组活动成果奠定基础

QC小组是全员参与全面质量管理活动的一种有效形式。为了广泛开展QC小组活动，让全体员工都能积极参加到活动中来，除了一般性的培训、宣传、教育，还应该通过取得成果的QC小组现身说法，让大家具体地感受开展QC小组活动的乐趣，激发其他员工产生参加活动的愿望。这就需要那些开展活动并取得成果的QC小组，把活动的过程和取得的成果，用事实和数据反映在成果报告中，以便交流与发表。

成果的发表交流，既为QC小组成员提供展示QC成果的平台，也让与会代表，全面了解小组开展活动的过程，怎样收集、整理数据，怎样分析问题与解决问题，怎样用数据论证和运用统计方法等。能够让小组代表直观地了解QC小组活动，对如何开展好QC小组活动的理解更加具体化、形象化。

整理成果报告必须真实，把QC小组活动过程真实情况展现出来，不应该为了发表而特意编造虚假的内容，不按照实际的活动情况编写成果报告。

3. 提升小组成员科学总结成果的能力

QC小组成员在总结活动成果时，要做到条理化、系统化、科学化。这样有利于培养科学系统的思维习惯和行为习惯，也有助于提高科学总结活动成果的能力。

在整理成果报告过程中，要把握活动的逻辑关系，把 QC 小组的活动过程一步一步地描述清楚，不要漏掉有用的数据、事实和方法。通过整理 QC 小组活动成果报告，可以提高小组成员科学总结成果的能力，并逐步养成系统、科学的逻辑思维和提炼归纳能力。这种能力的培养和提高，对于小组成员从事各项工作都大有益处。

4. 梳理知识，为今后活动奠定更好的基础

通过成果报告的整理，小组成员可以将整个活动各步骤中学到的知识进行系统的梳理，QC 小组遵循 PDCA 活动程序、以事实为依据、用数据论证、统计方法的运用等，包括小组活动技巧的掌握以及业务技能的提升。通过小组成员知识、技能、经验的汇总，归纳出小组活动过程或小组成员的闪光点，进行小组技术储备，为今后的小组活动打下更好的基础，也使小组成员的知识和管理水平有所提高。

5. 促进协作、有效增进小组成员之间的感情

小组成员通过对整个活动过程的回顾和成果的整理，深切体会活动过程的艰辛、快乐与成功的喜悦，通过整理成果报告的分工和协作，相互之间关系更加和谐融洽，更加热爱并愿意参加小组活动。同时，通过报告的整理、发表和交流，得到领导和他人的认可，为企业争得荣誉，增强了小组成员的成就感，感受到自我价值的实现。

二、成果报告整理的步骤

成果报告是 QC 小组活动全过程的书面表现形式，是其活动过程的真实写照，是在小组活动原始记录的基础上，经过小组成员共同讨论总结出来的，具体按照以下步骤进行整理。

1. 制定编写成果报告计划

由 QC 小组组长召集小组全体成员开会，讨论制定编写成果报告的计划。这个计划应该比较简单，甚至可以是口头计划。明确收集活动记录、原始资料和原始记录的人员、时间，成果报告初稿的完成时间、责任人以及下次集体讨论修改成果报告初稿的时间和方式等事项。

2. 讨论及总结

小组成员认真回顾本课题活动全过程，讨论、分析、总结活动的经验教训，如选题是否适宜、现状调查是否分层、数据论证是否充分、目标设定是否可测量、原因分析是否全面有逻辑、要因确认方式是否正确、对策措施的步骤是否具体、实施过程的描述是否有效展开、巩固措施是否有效等；畅谈活动中体会最深的是什么、成果报告的中心问题是什么等内容。回顾总结成果强调真实性，应把小组活动过程中有效的做法提炼总结。

3. 搜集小组活动的原始资料

搜集小组活动资料必须真实，以活动记录为依据。小组成员按照分工要求，搜集和整理小组的原始记录和资料，包括小组开展活动的会议、学习情况记录，选题理由、现状调查的有关数据、图表和调查记录，原因分析、要因确认的过程，对策

实施过程中施工方案，进行试验、检测、分析的数据和记录，以及课题目标与国内外同行业、与企业历史最好水平、活动前后的对比资料，各种统计方法运用的图表等。

4. 整理成果报告

由成果报告执笔人在掌握上述资料和总结小组成员意见的基础上，按照小组活动的基本程序，整理出 QC 小组活动成果报告初稿。

将执笔人整理出的成果报告初稿提交小组成员全体会议讨论，由全体成员认真讨论，集合大家的智慧，群策群力，修改、补充、完善、最后整理完成成果报告。

成果报告整理步骤可参见图 5-1。

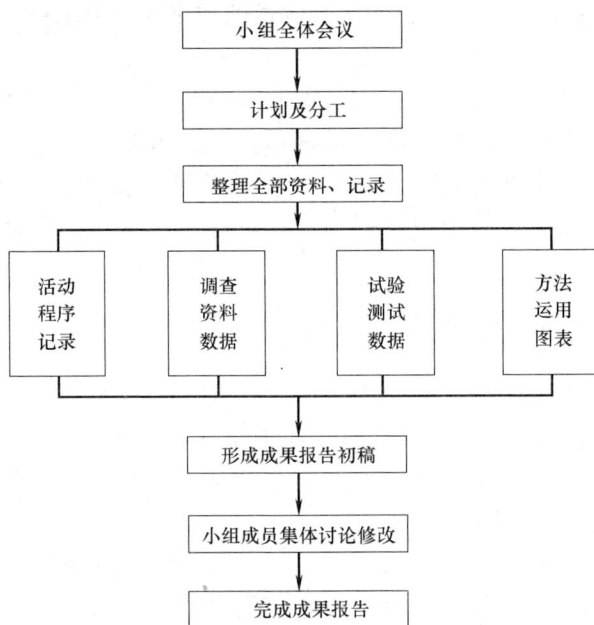

```
        小组全体会议
            ↓
         计划及分工
            ↓
       整理全部资料、记录
   ┌───────┬───────┬───────┐
 活动      调查      试验      方法
 程序      资料      测试      运用
 记录      数据      数据      图表
   └───────┴───────┴───────┘
            ↓
       形成成果报告初稿
            ↓
      小组成员集体讨论修改
            ↓
        完成成果报告
```

图 5-1　成果报告整理步骤图

5. 报企业主管部门备案

QC 小组整理完成的成果报告，应报企业主管部门审核、备案。

三、成果报告的基本内容

QC 小组成果报告的基本内容，一般按 PDCA 循环程序进行整理，可在程序前描述课题概况/工程概况及小组简介，下面推荐三种成果报告的基本内容。

1. 问题解决型自定目标课题 QC 小组成果报告的基本内容

（1）课题/工程概况；（2）小组简介；（3）选择课题；（4）现状调查；（5）设定目标；（6）原因分析；（7）确定主要原因；（8）制定对策；（9）对策实施；（10）效果检查；（11）制定巩固措施；（12）总结和下一步打算。

160

2. 问题解决型指令性目标课题 QC 小组成果报告的基本内容

（1）课题/工程概况；（2）小组简介 ；（3）选择课题；（4）设定目标；（5）目标可行性论证；（6）原因分析；（7）确定主要原因；（8）制定对策；（9）对策实施；（10）效果检查；（11）制定巩固措施；（12）总结和下一步打算。

3. 创新型课题 QC 小组成果报告的基本内容

（1）课题/工程概况；（2）小组简介；（3）选择课题；（4）设定目标及目标可行性论证；（5）提出方案并确定最佳方案；（6）制定对策；（7）对策实施；（8）效果检查；（9）标准化；（10）总结和下一步打算。

一份完整的 QC 小组活动成果报告，如果按照以上要求的内容进行总结，成果报告的内容就基本齐全了，每个章节内容的详略描述，由小组根据活动的实际情况确定。

四、注意事项

总结、整理成果报告，对 QC 小组成员来说，是一次很好的锻炼和提高的机会，要通过实践、总结、再实践、再总结，来逐步提高小组成员科学总结成果的能力和分析解决问题的能力，逐步提高成果报告的水平，从而达到培养人才、开发人力资源的目的。QC 小组在总结、整理成果报告时要注意以下几个问题。

1. 按活动程序进行总结

QC 小组开展活动是按活动程序进行的，在课题解决之后，再按活动程序对活动全过程一个步骤一个步骤地进行总结回顾，总结整理成果报告要做到各步骤之间上下衔接，前后呼应，强调逻辑性。每一步骤要条理清楚，所做出的结论要有充分的依据和说服力，所用的统计方法要正确。注重过程数据、资料的积累，搜集的数据翔实有效，企业主管部门必须认真把好关，可以通过现场评价的形式确认过程数据的真实，客观反映小组活动的有效性。只有通过认真全面的总结、整理，才能对管理技术的运用有更深刻的认识，真正提高小组成员分析问题、解决问题的能力。通过全面的总结、整理，仍会发现欠缺之处，在可能的情况下，小组可进一步补充、完善。这样总结、整理出的成果报告，就有很强的逻辑性，一环扣一环，全部活动过程清楚，顺理成章，具有说服力。

2. 重点突出，特点鲜明

整理成果报告时，不要每个步骤用同样的笔墨平铺直叙，应根据小组课题活动的实际情况，将课题活动的难点、特点总结出来，将本次课题活动中小组成员下的功夫最大、收获最多之处，最能表现出小组成员协作努力和创造精神的部分描述清楚，充分地反映在成果报告中。例如，小组在现状调查中下的功夫最多，那么，就要把小组成员是如何对现状从一个个侧面、一层层地进行调查分析，从而找出症结，将其事实重点写清楚。如果小组成员在制定对策时，充分地发挥每个人的创造性，提出了多个对策，那么就要把大家提出的各种对策，以及如何从中筛选出最好对策的过程重点地反映在成果报告中，这样就能把成果内容总结、整理得生动、充实。

这不仅使小组成员本身得到启发，也可为其他小组提供很好的借鉴。

3. 数据说话、简明扼要

成果报告要以图、表、数据为主，配以少量的文字说明来表达，尽量做到标题化、图表化、数据化，使成果报告简洁、清晰。如实施过程，可以穿插图表、示意图、工艺流程、施工工序图，甚至可以充分利用电子信息技术如 BIM、动漫等，把实施过程直观形象地展现出来。做到图文并茂、直观、新颖，达到引人入胜的效果。

4. 统计方法运用适宜、正确

在整理成果报告过程中，应注意把小组在活动中运用的适宜、正确的统计方法进行认真总结，哪个步骤中应用了什么统计方法，得到怎样的结论，都要总结到成果报告中。忽略了这一点，整理出的成果报告，就不完善。

5. 避免使用专业技术性太强的名词术语

工程建设专业技术术语很多，要尽量用通俗易懂的语言进行必要的说明。整理成果报告的目的主要在于发表与交流，其前提是要让人听懂、看明白，因此，在整理成果报告时，要避免使用专业技术性太强的名词术语，在不可避免时，要用通俗易懂的语言进行解释，使外行的人也能明白，以便收到较好的交流效果。

6. 课题/工程概况及小组简介

在描述课题/工程概况时，一般只简要介绍与课题有关的内容，与课题无关的内容不必介绍，千万不要描述成广告。小组简介可考虑描述小组名称、课题名称、小组注册号及课题注册号、课题类型、活动时间、活动次数、出勤情况、接受 QC 教育时间、小组人员及组内分工等。一般不介绍小组以往荣誉，若以往的业绩和荣誉突出，亦可简要提及，切不可篇幅过多。

第二节　QC 小组活动成果的发表、交流

QC 小组成员经过共同努力，使课题活动取得了成果，达到了预定的目标，经过总结、整理后，则可以在不同场合或层次进行发表和交流。成果发表与交流，可以在小组所在基层单位，也可以在全公司范围。组织不同层次的 QC 小组成果发表、交流会，是 QC 小组活动的一个特色，具有其他形式难以替代的独特的作用。QC 小组活动的领导者、组织者、参与者，应该充分认识到 QC 小组活动成果发表、交流的重要作用。

一、成果发表交流的作用

1. 相互启发，推动 QC 小组活动整体水平的提高

QC 小组在成果交流会上发表成果，展示活动过程，畅谈经验体会，为每个 QC 小组学习别人的经验、寻找自己的差距提供了条件。通过成果交流会的展示成果、介绍 QC 小组活动的经验、体会，特别是专家和小组代表的互动，会起到相互交流、相互启发、共同探讨、共同提高的作用。通过各个层级的成果交流会，与会代表及

小组成员分享了其他小组取得的成果，拓宽了视野，学到了知识，也看到了自己的不足，受益匪浅。

2. 鼓舞士气，满足小组成员自我价值实现的需要

QC小组成员公开发表交流活动所取得的成果，并获得领导及广大员工的承认，给小组成员自我价值实现的机会，尤其是对于许多在施工生产、服务现场工作的员工来说，是很难得的。这必然会增强QC小组成员的荣誉感和自信心，起到激励和鼓舞士气的作用，给今后的活动增强动力。

3. 现身说法，吸引更多员工参加QC小组活动

通过QC小组成员讲述自己活动的过程与取得的成果，可以起到现身说法的作用，从而吸引更多的员工参加到QC小组活动中来，提高员工参与QC小组活动的热情和积极性，提高现场管理的水平，进一步推动QC小组活动更广泛、更深入地开展。

4. 公正评价，扩大QC小组活动的群众基础

通过成果交流会，QC小组成果得以公之于众，让专家和听众一起来评价。这样就可以增大评选QC小组和成果的透明度，使评选出的小组和成果具有广泛的群众基础。

二、成果发表、交流的要求

QC小组成果发表的主角是QC小组成员，要发表好成果，既要做好发表前的准备工作，还要了解发表的细节，提高现场发表水平。

1. 做好发表前的准备工作

为了使发表取得好的效果，应认真选择恰当的发表形式，可根据不同场合、不同听众以及课题的特点而定。如在现场，可由一人发表，也可由多人发表；可以配合图、表或实物发表，也可以带有模拟性的表演式发表。发表形式不要拘泥一种模式，可灵活多样、生动活泼、不拘一格，如应用电脑制片，采用多媒体、挂图或模型配合发表等。但也要注意不要哗众取宠，始终不要忘记发表成果的作用。在准备发表成果所需的图片、实物或模型时，可由小组成员共同分担，分工负责，体现人人参与的精神。在正式发表之前，最好能在小组内进行"预演"，让大家对于发表时的仪态、声音、时间、重点、连贯性、动作等方面发表意见，提出不足和需要改进之处，通过群策群力，修改完善，提高成果发表水平。主要发表人应该是小组的骨干，这样才能讲得清楚明白，回答问题时也能应对自如，从而取得好的发表效果。

2. 制作多媒体成果资料

为使成果发表交流取得好的效果，一般可将成果资料用多媒体演示文稿（PPT）片的形式予以展示。PPT片的制作应简明、清晰，重点突出，以数据、图、表为主，配以小标题和必要的文字说明。篇幅要尽可能少，每张PPT上的字、图、表也要精炼，注意背景与文字的色差，亦可穿插动漫、信息模型演示等形式，形象生动地展示成果交流资料。

3. 注意发表时的细节

发表成果时，发表者应注意并处理好一些细节问题，一是上台后先做自我介绍（在项目部、工地内发表时可免），让听众知道你是本小组的成员，而不是外请的"演员"；二是自始至终都要语音洪亮，语言简明，吐字清楚，语气自信，语速适宜，如同给听众讲故事一样叙述活动过程，讲成果而不是念稿子，如能脱稿发表，效果会更好；三是仪态自然端庄，不要过于拘谨和紧张，面向观众，自然大方，即使发表中出现了错、漏处也不要紧，道声"对不起"，加以纠正和补充即可。如果是多人发表的，注意相互配合默契；四是在本企业（或同行业）以外发表成果时，要尽量避免使用技术性很强的专业术语，必须使用时应略做解释，以便听众明白；五是要控制好发表时间（一般发表时间要求为 15min），详略得当，重点突出。

4. 恰当地回答提问

发表成果后遇到提问答疑时，发表人态度要谦虚，对提问者要有礼貌，回答提问要简洁明了、实事求是；对专家的提问答疑应抱着一种共同探讨、互相学习、以求改进的态度，提问较多时要有耐心，没听清楚时，可请提问者再重复一次，有回答不出的地方如实承认，评委指出的问题要虚心接受，今后改进，不要视提问为挑刺。如涉及技术保密问题，可婉言谢绝。

三、成果发表、交流的形式及组织

QC 小组成果发表交流意义重大，组织好成果发表交流工作，才能更好地发挥其作用。企业和各级协会的 QC 小组活动组织者和主管领导，都应该根据本单位的实际，选择适宜的发表交流形式，并认真做好组织工作。

1. 成果发表、交流的形式

成果发表交流的形式应根据企业及协会实际，不拘一格，采取灵活多样的形式。无论采取哪种发表形式，均应服从于发表、交流的目的。一般常见的有以下几种。

（1）会议发表形式

会议发表交流是一种比较普遍的发表形式，许多基层企业通过这种形式使小组活动成果得以展示交流。

（2）竞赛形式

为了更好激发小组成员的积极性，利于高质量、有引领及借鉴价值的 QC 小组脱颖而出，部分协会及单位采取竞赛形式进行成果的发表、交流。竞赛的具体要求及内容，组织单位可根据实际自行决定。

（3）书面交流形式

书面交流的形式，利于小组成员及广大员工学习其他 QC 小组取得的成果和经验，不受时间及地点的限制，一般采取成果汇编的形式，将小组活动的成果印刷成册，以供学习、借鉴、参考。

2. 成果发表交流的组织

（1）做好 QC 小组成果发表的各项筹备工作

组织好成果发表交流会，需要做很多复杂细致的具体工作。如成果发表交流会时间、地点的确定要合适；布置好会场，准备发表交流成果时所需的工具（投影仪、屏幕、笔记本电脑、激光笔、计时器等）。

（2）组建专家评价队伍

按规定选聘一定数量、具有较高理论水平与丰富实践经验的专家担任评委。确定成果发表的主持人，主持人一般由评价组组长担任。评委会还应聘请评分统计员，按照规定的原则统计核实所得分数。

（3）组织成果发表应注意的问题

1）为了更好地发挥成果发表交流的作用，小组活动组织者应根据所在协会或单位实际，灵活多样运用不同的发表形式。企业自行组织的发表和参加各级协会组织的发表，其形式也可不同。发表时间和答辩时间可根据不同层次、场合而异。在各级协会组织的交流会上，可提出若干统一要求，如要上报成果报告材料，PPT 文件及 WORD 文本的字体、大小、格式要统一，发表时间一般为 15min，提问答辩时间一般不超过 5min。在企业内（工地、项目部）发表时，提问答辩时间可自行掌握，专家、领导多提出一些问题并进行探讨，对小组进一步完善成果报告有很好的作用。

2）评委进行适当评价和提问。每个成果发表后，应由担任评委的专家给予客观的评价。既要肯定小组成果的优点、好的经验和做法，又要实事求是地指出成果中的不足和问题，并提出改进建议。提出的问题，应是评委未听清的问题，或是成果本身存在的明显问题。特别要注意，不要将提问变成为技术问题的专题研讨。发表人应实事求是、简明扼要进行回答；评委可作适当解答。这种互动启发式的提问和答辩，既可以活跃会场气氛，又能起到相互交流、相互学习、共同提高的目的。

3）专家进行综合讲评。一般发表会上要发表的成果很多，而时间又很有限，不能对每个成果进行充分讲评，可以考虑在全部成果发表完毕后，由担任评委的专家组长汇总全部成果中的主要优点，特别是经验做法、突出特点，并且指出存在的主要问题，尤其是具有普遍性的问题，提出改进意见，进行综合讲评，这样每次成果发表会都成为一次结合实际案例的教育机会，与会者都能得到一次学习和提高。

4）发挥领导参与的作用。组织者要尽可能邀请主管领导参加会议，听取成果发表，并在全部成果发表结束、评委讲评后，邀请主管领导发表即席讲话、为小组颁奖、与小组成员合影留念，为小组成员鼓劲，发挥领导的权威、动员、号召和激励的作用，给后续工作的推进带来更大的动力和助力。

第三节　QC 小组活动成果的评价

小组活动成果水平如何，活动效果怎样，还有哪些不足，下一步如何改进提高，就需要对活动的成果进行客观、公正、全面的评价。

一、成果评价的目的及要求

评价 QC 小组活动成果，就是与现行的有关评价标准对比，衡量小组活动达到标准的程度，评价小组活动过程及成果是否完整、正确、真实、有效。

评价 QC 小组活动成果的目的，一是肯定取得的成绩，总结成功的经验，指出不足，不断提高 QC 小组活动水平；二是表彰先进、落实奖励，使 QC 小组活动扎扎实实地持续开展下去。为此，评价工作应满足以下三个基本要求：

1. 有利于调动积极性

企业广大员工自主组织起来参加 QC 小组活动，进行质量改进，具有深远的意义。为此，评价时要充分肯定他们的成绩，帮助他们总结成功经验，同时诚恳地指出存在的缺点和不足，以帮助他们提高活动水平；切不可对其缺点加以指责，更不能嫌弃，要保护和鼓励小组成员活动的积极性。

2. 有利于提高活动水平

QC 小组经过活动取得成果后，愿意分享成功的喜悦，同时也愿意听取领导、专家和同行的评价意见，指出活动成果中的不足，以便在下次活动时改进和提高。为此，要对成果内容和活动过程进行评价，认真负责地指出缺点、不足和改进建议，提供热情的帮助，不断地提高活动水平。

3. 有利于互相交流启发

QC 小组活动成果发表是进行交流的主要方式，而评价活动成果对交流能起到引导作用。对一个小组活动成果进行评价，总结成功的经验，为其他小组树立典范；指出存在的问题和不足，提出改进意见，也给其他小组提供前车之鉴。

二、成果评价的基本原则

QC 小组活动成果的评价包含肯定成绩、指出不足两个方面的内容。评价中如何识得准、抓得实是能否正确引导小组活动的关键，也是考验评价人员水平的要点。评价人员既要指明小组成果中的优点，以利于今后继续发扬光大，更要准确指出问题所在，而且要注意尺度的把握，使小组成员明白不足在何处，今后怎么做才能有所改进和提高，同时又使小组成员易于接受，避免挫伤他们的积极性。因此，评价时要按以下原则进行。

1. 从大处着眼，找主要问题

在评价小组活动成果时，无论是总结小组活动的成功经验，还是找出存在的主要问题，都要把握一个基本原则：从大处着眼，抓主要问题，即抓大放小。任何一个 QC 小组活动成果都不可能十全十美，都有其可学习的亮点，也存在着问题和不足之处。

找主要问题重点从以下三个方面考虑：

（1）小组活动成果所展示的活动全过程是否符合 PDCA 循环的程序。按 QC 小组活动的程序开展活动和总结的成果，其内容应是一步一步循序渐进、一环紧扣一环，思路清晰，逻辑性强，如果没能按科学程序开展活动和进行总结，逻辑混乱，会影响活动的效果。评价时，这些方面应作为主要问题提出。

（2）各个环节是否做到基于客观事实，即以事实为依据、用数据"说话"。QC小组活动应基于客观事实，用数据"说话"，通过对收集的大量数据进行归纳整理，把握事物的客观规律。

（3）统计方法的应用是否适宜、正确。统计方法的应用是 QC 小组活动中很重要的环节之一，因此其应用得是否适宜、正确，同样要给予评价。例如，亲和图在采用头脑风暴法后，用它归纳问题最为适宜，用它来直接分析问题的原因，属于应用不适宜。又如，因果图应是一个问题做一张图来分析原因，两个以上问题（或质量特性）用一个因果图来分析，属于应用不正确。

2. 客观有依据

评价提出的意见，特别是指出问题和不足，一定要站在客观的立场上。所谓客观，就是要依照事物的本来面目去考察，不带个人偏见。为此，对提出的每一个不足，都要有依据。要对照评价标准，明确指出不足及在 QC 小组活动程序上存在的问题，统计方法应用是否符合要求，并提出改进建议，做到以理服人。

3. 避免在专业技术上钻牛角尖

QC 小组活动完成课题，取得成果，其中包含着两个方面内容，一个是专业技术方面，另一个是管理方法方面，这就是质量管理必须要专业技术和管理方法两个轮子一起转动的道理。

每一个 QC 小组活动成果涉及的专业技术是各不相同的。即使都是工程建设施工企业，但由于专业领域不同，如建筑安装、铁路、港航、市政、水利、电建、冶金等多种专业，而且各施工企业的设备条件不同、施工工艺不同、作业习惯不同、施工环境不同、标准不同，也会有很大差异。有的还会关系到技术秘密或专利问题。而在管理方法方面则有较多的共性，可以交流，可以互相启发。因此，QC 小组活动成果的评价，应主要放在管理方法方面，避免在专业技术上钻牛角尖。当然在企业内部评价 QC 小组活动成果时，会涉及专业技术方面，企业应该在专业技术方面把好关，此时进行探讨是可以的，但在提出评价意见时要侧重管理方法。

4. 不单纯以经济效益为依据评价 QC 小组活动成果

开展 QC 小组活动是要解决存在的问题，取得成果。获得经济效益越大，该QC 小组活动成效就越大。然而大多数 QC 小组，特别是施工现场员工组建的 QC小组，他们身边需改进的大都是一些小课题，取得成果后，所产生的经济效益与那些重大的课题成果所产生的经济效益是无法相比的，甚至是"微不足道"。因此，在评价 QC 小组活动成果时，不能单纯以创造经济效益的大小论高低。不仅要看经济效益，也要看社会效益；不仅要重视有形成果，也要重视无形成果；不仅要鼓励重大成果，也要鼓励出小成果。广泛开展 QC 小组活动，才有着更深远的意义。

三、QC 小组活动现场评价

QC 小组活动开展得如何，最真实的体现是活动现场。因此，对现场的评价是 QC 小组活动成果评价非常重要的方面。现场评价应从 QC 小组的组织、活动情况与活动记录、活动真实性和有效性、成果的维持与巩固、QC 小组教育这五方面进行，具体内容见表 5-1。

1. 现场评价目的

现场评价是 QC 小组活动成果评价的重要方面，目的是评价小组活动的真实性和有效性。评价实施部门应是小组所在企业的 QC 活动主管部门，各级协会可以适当组织抽查。

QC 小组取得成果，向企业主管部门申报后，企业应组织有关人员组成评价组，深入 QC 小组活动现场，面向 QC 小组全体成员，了解他们活动过程的详细情况以及他们做出的努力、克服的困难、取得的成绩。体现企业对 QC 小组活动的关心和支持。

2. 现场评价方式

现场评价就是对小组活动过程和效果进行全面考评，现场评价一般采取"看、查、听、问、考"的方式进行。

看：看小组活动实物及效果；

查：查小组活动记录、原始资料、原始数据、效果认定等资料；

听：听取企业或项目部人员对小组活动过程及活动效果的评价；

问：询问小组成员是否参加小组活动、承担职责及履行等情况；

考：对小组成员的质量管理小组活动知识进行书面或口头考试。

3. 现场评价内容

现场评价的时间一般安排在小组取得成果后进行，但相隔时间不宜太短，也不易太长。相隔时间太短，不能很好地看出效果的维持和巩固的情况；相隔时间太长，则不利于更好地调动小组成员的积极性。

现场评价时，企业主管部门要组织熟悉 QC 小组活动的有关人员组成评价组，严格按照《质量管理小组活动现场评价表》（表 5-1）的内容进行评价。评价组成员不少于 2 人。

质量管理小组活动现场评价表

表 5-1

序号	评价项目	评价方法	评价内容	分值
1	质量管理小组的组织	查看记录	(1)小组和课题进行注册登记； (2)小组活动时,小组成员出勤及参与各步骤活动情况； (3)小组活动计划及完成情况	10

续表

序号	评价项目	评价方法	评价内容	分值
2	活动情况与活动记录	听取介绍 查看记录 现场验证	(1)活动过程应按质量管理小组活动程序开展; (2)活动记录(包括各项原始数据、统计方法等)保存完整、真实; (3)活动记录的内容应与发表资料一致	30
3	活动真实性和有效性	现场验证 查看记录	(1)小组课题对技术、管理、服务的改进点有改善; (2)各项改进在专业方面科学有效; (3)取得的经济效益得到相关部门的认可; (4)统计方法运用适宜、正确	30
4	成果的维持与巩固	查看记录 现场验证	(1)小组活动课题目标达成,有验证依据; (2)改进的有效措施或创新成果已纳入有关标准或制度; (3)现场已按新标准或制度执行; (4)活动成果应用于施工生产和服务实践	20
5	质量管理小组教育	提问或考试	(1)小组成员掌握质量管理小组活动程序; (2)小组成员对方法的掌握程度和水平; (3)通过本次活动,小组成员的专业技术、管理方法和综合素质得到提升	10

4. 现场评价的组织和实施

由于 QC 小组所在的企业及成果发表的路径不同,因此现场评价的组织和实施可分级进行,具体如下:

(1) QC 小组所在企业,应该对小组活动成果的真实性和有效性负责,可根据企业实际情况,在小组活动的过程中或小组取得成果后,立即组织有经验的专家及推进者深入小组所在单位,进行实地评价。

(2) 各级协会对推荐到中国建筑业协会的优秀成果,可组织本地区 QC 专家采取抽查的方式,对成果的真实性和有效性进行确认。抽查比例各协会自定,但应呈现逐年增多的趋势,并采取专家回避策略进行。

(3) 中国建筑业协会对每年推荐国优的 QC 小组,为确保成果的真实有效,也可组织相关专家赴小组所在企业开展现场评价的复评工作。

通过层层进行的现场评价,使小组成员认识到开展 QC 小组活动必须具有真实性和有效性,切实达到开展 QC 小组活动的目的,逐步杜绝抄袭、倒装、闭门造车等不良现象的发生。

四、成果评价

在 QC 小组进行发表交流或小组参加竞赛活动时,为了便于学习、交流以及评价小组,要对成果进行评价。

1. 成果评价的做法

成果的评价,应由主办方聘请熟悉质量管理理论、能指导小组活动、会评价小组成果的人员担任评委，组成评价组，评价时做到公平、公正。评价一般应按以下程序进行：

（1）主办方把参加评选小组的成果材料进行汇总，编制目录，提前交评委进行审阅。

（2）评委对成果资料认真审阅，并按评价原则和评价标准提出评价意见。一是对成果的总体评价；二是指出成果的不足之处。

提前交评委审阅 QC 小组活动成果资料和提出初步的评价意见，是发表会或竞赛前必要的准备。如果没有这样的准备，评委们很难在 15min 发表后给出恰如其分的分数和正确的评价意见。评价意见还可以书面形式提供给小组，作为今后 QC 小组活动中改进、提高的参考。

（3）专家组长在本组成果交流后，应对本组成果进行综合点评，指出好的方面、不足之处、改进建议等。在总结大会上亦应指定一名专家作综合讲评，提出对本年度 QC 小组活动成果或本次竞赛活动的综合评价意见。这样的综合评价，对开展 QC 小组活动具有指导和引导意义。

2. 成果评价标准

质量管理小组活动成果的评价标准，分为《问题解决型课题成果评价表》和《创新型课题成果评价表》两种，因问题解决型和创新型课题活动程序有所不同，二者的评价内容和重点有所差异，具体见表 5-2、表 5-3。

问题解决型课题成果评价表　　　　　表 5-2

序号	评价项目	评价内容	分值
1	选题	（1）所选课题与上级方针目标相结合，或是本小组现场急需解决的问题； （2）选题理由明确，用数据说明； （3）现状调查（自定目标课题）为设定目标和原因分析提供依据；目标可行性论证（指令性目标课题）为原因分析提供依据； （4）目标可测量，可检查	15 分
2	原因分析	（1）针对症结或问题分析原因，逻辑关系应明确、紧密； （2）每一条原因已逐层分析到末端，能直接采取对策； （3）针对每个末端原因逐条确认，以末端原因对症结或问题的影响程度判断主要原因； （4）判定方式为现场测量、试验和调查分析	30 分
3	对策与实施	（1）针对主要原因逐条制定对策，进行多种对策选择时，有事实和数据为依据； （2）对策表按"5W1H"要求制定； （3）按照对策表逐条实施，并与对策目标进行比较，确认对策效果； （4）未达到对策目标时，有修正措施并按新的措施实施	20 分
4	效果	（1）小组设定的课题目标已完成； （2）确认小组活动产生的经济效益和社会效益,实事求是； （3）实施的有效措施已纳入相关标准或管理制度等； （4）小组成员的专业技术、管理方法和综合素质得到提升，并提出下一步打算	20 分

续表

序号	评价项目	评价内容	分值
5	成果报告	(1)成果报告真实,有逻辑性; (2)成果报告通俗易懂,以图表、数据为主	5分
6	特点	(1)小组课题体现"小、实、活、新"特色; (2)统计方法运用适宜、正确	10分

创新型课题成果评价表　　　　　　　　表 5-3

序号	评价项目	评价内容	分值
1	选题	(1)选题来自内、外部顾客及相关方的需求; (2)广泛借鉴,启发小组创新灵感、思路和方法; (3)设定目标与课题需求一致,目标可测量,可检查; (4)依据借鉴的相关数据论证目标可行性	20分
2	提出方案并确定最佳方案	(1)总体方案具有创新性和相对独立性,分级方案具有可比性; (2)方案分解应逐层展开到可以实施的具体方案; (3)用事实和数据对每个方案进行逐一评价和选择; (4)事实和数据来源于现场测量、试验和调查分析	30分
3	对策与实施	(1)方案分解中选定可实施的具体方案,逐项纳入对策表; (2)按 5W1H 要求制定对策表,对策即可实施的具体方案,目标可测量,可检查,措施可操作; (3)按照制定的对策表逐条实施; (4)每条对策实施后,确认相应目标完成情况,未达到目标时有修正措施,并按新措施实施	20分
4	效果	(1)检查课题目标的完成情况; (2)确认小组创新成果的经济效益和社会效益,实事求是; (3)有推广应用价值的创新成果已形成相应的技术标准或管理制度;对专项或一次性的创新成果,已将创新过程相关资料整理存档; (4)小组成员的专业技术和创新能力得到提升,并提出下一步打算	15分
5	成果报告	(1)成果报告真实,有逻辑性; (2)成果报告通俗易懂,以图表、数据为主	5分
6	特点	(1)充分体现小组成员的创造性; (2)创新成果具有推广应用价值; (3)统计方法运用适宜、正确	10分

五、成果评价的文字资料编写

成果评价文字资料的编写应尽量简明扼要，并有针对性，其内容包括两部分：

1. **总体评价**

（1）问题解决型课题成果总体评价

1）选题明确。选题与上级方针目标是否结合，或是否是小组现场急需解决的问题，是否用数据说话。

2）目标值是否完成。评价小组本次课题活动目标值是否完成，以此说明小组本次活动的最终结果是否实现了预期目标、完成了既定任务，评价小组的活动效果。

3）程序、方法应用情况。从总体上评价小组在活动程序方面的完整性、逻辑性，在统计方法应用方面的适宜性及正确性。对活动程序、统计方法应用水平有一个概括的评价，使小组成员对本次课题活动有一个总体的认识和定位。

4）有无推广应用意义。对小组本次课题活动的效果及推广应用价值进行评述，尤其要指明小组活动中的哪些环节有特点，有哪些创新，成果报告是否以图表、数据为主，以便学习借鉴。

5）结论及改进之处。对小组本次课题的成果给出总体评价后，应指明小组课题活动中需要改进的地方，为小组今后的活动指明方向。

（2）创新型成果总体评价

1）成果的创新特点。指明小组本次活动选择课题的主要创新点。在综合评价时首先要明确小组本次活动课题是否和内容完全一致，是否属于"创新型"的课题，选择课题是否针对需求，并进行了广泛借鉴。

2）目标值是否完成。评价小组本次课题活动目标值是否完成，主要看研制或研发是否成功并实现了预期的目标，以此来评价小组的活动效果。

3）程序、方法应用情况。从总体上评价小组在活动程序方面的逻辑性，特别是创新过程是否注意了用数据说话，是否进行了必要的实验验证，并逐级地分解展开、评价和确定最佳方案。在统计方法应用方面是否适宜、正确。总体上对小组课题活动程序及统计方法应用水平有一个概括的总体评价。

4）有无推广应用意义。对有推广应用价值的创新成果，是否形成了标准；对专项或一次性的创新成果，是否将创新过程整理形成相关资料整理存档。评价时，还应关注小组活动中的哪些环节有特点，有哪些创新等。

5）结论及改进之处。对小组本次课题的成果给出总体评价后，应指明小组课题活动中需要改进的地方，为小组今后的活动指明方向。

2. **不足之处**

（1）程序方面。针对 PDCA 循环程序要求，逐一指出小组在活动中每个步骤存在的不足。

（2）方法方面。对统计方法应用是否适宜、正确进行评价，指出存在的问题。

指出不足之处时，要实事求是，抓住重点，并说明依据。针对不足，还可指出应该采取的正确做法，以便下次活动加以改进。指出不足，是为了帮助小组提高活动水平，用词应缓和，避免打消小组成员的积极性。

第四节　QC成果的推广与应用

QC小组活动过程在遵循PDCA循环程序的基础上，应高度重视QC成果的推广与转化应用，努力把QC成果转化为生产力，使QC成果持续创造效益。

一、成果的推广

QC成果的推广，是QC成果转化应用的重要途径，QC成果推广的形式多样，包括交流会、成果选编、杂志刊登、建立成果库、网站等。

1. QC成果通过交流会形式推广

工程建设企业组织召开QC成果发表交流会，在企业内部进行成果推广交流。省市协会以及中国建筑业协会召开QC成果发表交流会，在地方和全国层面进行成果的推广和交流。

2. QC成果通过成果选编、杂志刊登

（1）各企业以及相关协会在组织QC成果发表交流会时，选择典型有特色的QC成果进行汇总，编辑印发QC成果选编，将QC成果在更大的范围推广。

（2）企业在企业信息化平台中建立QC成果库，供企业员工学习交流和分享。

（3）通过刊物刊登QC成果报告，交流推广QC成果。

如《中国质量》期刊，专门设置了"QC小组平台"栏目，定期刊登QC成果报告、QC有关的论文以及QC知识问答等。

如《水利建设与管理》期刊，专门设置了"质量管理QC小组活动专题"栏目，定期刊登QC成果报告、QC有关的论文等。

（4）中国质量协会、中国建筑业协会质量管理与监督检测分会、中国水利工程协会等网站，都不时刊登QC成果的一些资料，推广QC成果。一些公众网站也刊登了各种QC成果的信息，可以下载有关的QC成果，进行学习。

二、成果的应用

QC小组通过活动形成了标准，这些标准包括制度、作业指导书、施工方案、图纸、工艺文件等。在应用方面，有的将作业指导书、施工方案进行提炼和完善，形成了企业工法；有的将活动中的内容进行总结，从专业技术方面进行完善，有的编写了论文，有的申报了专利。

1. 形成标准

QC成果形成标准的过程，就是成果的转化应用。

问题解决型课题的巩固措施步骤明确，将对策表中通过实施证明有效的措施，经过主管部门批准分门别类纳入或形成作业指导书、施工方案、工法、工程图纸、管理制度等相关标准。

创新型课题的标准化步骤明确：一是对有推广应用价值的创新成果进行标准化，

形成作业指导书、施工方案、工法、设计图纸、产品说明书、操作指南、管理制度等相关标准；二是对专项或一次性的创新成果，将创新过程整理形成相关资料整理存档。

2. 形成工法

工法依托于具体的工程项目，是技术、管理和改进的有效整合，有应用实例，用数据说话，被证明是先进成熟的，而 QC 小组活动成果也是通过现场测量、试验和调查分析，有具体措施落实过程，可作为工法编写的基础，而工法的推广应用，又能引导与其相关的 QC 小组活动成果的有效推进。

3. 形成专利

创新型课题的方案和确定最佳方案的步骤明确，一个或多个总体方案应具有创新性和相对独立性，更是利于将方案转化成多项专利技术，而分级方案进一步契合了专利技术的"新颖性、创造性、实用性"。对方案进行多层级分析：一级方案主要是研发内容的主体框架，往往是专利文本的权利要求内容；二级方案是一级分支的从属权利要求；三级方案是二级分支的从属权利要求，以此类推。

问题解决型课题的巩固措施步骤明确，小组可以进行总结和提炼，对具有"新颖性、创造性、实用性"的成果，申报专利。

4. 科技研发

研发项目往往需要完成一个项目的多个技术难题或需求，可以分解成多个 QC 课题。

（1）研发项目的立项包括研发项目的必要性及意义相当于 QC 小组活动的需求，项目的创新点包含在具体方案中，提出方案并确定最佳方案以及应用的统计方法都是研发过程的第一手研发资料。

（2）创新型课题的开展，借鉴是重点。"借鉴的对象，包括本专业已有的文献，国内外以及跨行业已有的实际技术、经验，或者自然现象、创新灵感等"，跨行业借鉴与转用发明的思路异曲同工，将跨行业的技术进行转用会产生预料不到的技术效果。

（3）在 QC 小组活动中，也有原创的一些小发明、小创新，也可以认为是小的科技研发。

5. 编写论文

有些 QC 小组活动成果，可以编写成科技论文，针对主题，分析提出一些独到的见解，为小组以及企业员工开展活动、推广成果提供借鉴。

三、企业推广、应用参考做法

实现 QC 小组活动成果在施工企业内部进行推广及转化，可参考以下做法。

1. 建立成果推广应用的管理系统

建立 QC 小组活动管理系统，通过 QC 小组课题注册、培训、推进等方面对小组活动进行全过程管理，组织成果评价、发布、表彰，为成果的推广应用搭建一个全过程控制的管理平台。

（1）建立 QC 小组活动管理网络化的组织机构，逐级明确 QC 小组活动推进管理的专、兼职人员。

（2）建立员工质量管理知识培训的常态机制。确定普及培训、针对性培训、骨干培训及现场专业指导相结合的培训机制。

（3）通过建立注册课题目录数据库及成果目录数据库，提供 QC 创新成果的信息，提高创新课题的可行性。

（4）建立企业内部的成果评价专家库，由内部 QC 小组活动专家对成果实际应用情况进行现场评价，验证 QC 成果的真实性。

2. 建立成果推广应用渠道

工程建设 QC 小组活动成果大部分表现为对施工企业当前的施工工艺、机具、流程进行研发、创新、攻关以及"小改小革"。

（1）实现成果的推广，应确认推广的成果及其范围，并逐层推荐。对需申请专利进行企业知识产权保护的成果，则移交并转入企业知识产权保护部门的相关工作流程。

（2）建立推广应用结果的反馈渠道，由各级 QC 小组活动的管理部门负责收集成果应用的成效及存在问题，及时向专业管理部门反馈，以便对存在问题进行分析处理。

3. 建立成果推广应用的激励机制

企业可通过精神上的肯定和奖励，加之适当的物质回报，对将推广应用的成果以小组名称进行命名、激励，增强小组成员的成就感。亦可针对成果应用价值进行奖励，有助于将 QC 小组活动引向更加务实的发展方向。

4. 推动成果的转化

（1）引导成果申报专利

专利成果是施工企业在不授权的情况下他人不能无偿使用的专业技术或管理方法。成果申请专利后，具有一定的广告效应，有利于提升企业产品的市场附加值或顾客满意度，对涉及施工企业产品技术核心的成果，具有对竞争对手的排斥性，需要严格保密。

（2）为有偿转让成果创造条件

向其他企业提供成果信息，有偿转让成果，不仅可缩短企业的推广流程（如委托加工），同时有偿转让还将减少企业推广成果所需要的资金投入，而且在产业链条的相互作用下，还将有助于推动整个行业的发展和进步。

四、企业推广应用的实例

××××建设有限公司《PC 柱吊装辅助装置的研制》QC 小组活动成果推广应用总结。

1. 完成创新型课题成果的标准化

小组活动过程中成功地研发了一种 PC 柱吊装辅助装置，并通过标准化研究总结编制了《PC 柱吊装辅助侧立架设计图》，并编入企业标准化工艺图集，还在企业内公布了《电动液压侧立架辅助 PC 柱吊装作业指导书》，形成了本公司装配式建筑 PC 柱吊装工程施工的专有技术和独特工艺，最后纳入企业 OA 系统工艺库中，供各分公司及项目管理人员在线查阅和借鉴。

2. 具体推广应用措施

（1）在公司在建及拟建工程范围内，结合成果的适用范围和应用成本进行推广项目排查，并制定对应的推广方案；其后，由小组成员对活动的全过程进行介绍、交底和培训，并与项目管理人员在具体实施方面展开讨论。

（2）QC 小组成员组成技术推广应用小分队，派驻同类项目进行实时跟踪，主要负责安装（或改装）、使用、更新、优化等技术指导工作，及时交流推广中遇到的问题，并进行必要的质量检查测量，确保装置安装 100％符合设计要求，100％正常运转无异常。同时负责相关技术参数的收集、更新、汇总及统计工作，统计成果在各项目取得的成效（经济、工期、质量、团队、无形效益等），形成成果推广效果评价表，分析各种存在的问题，以便技术的不断改进和升级，提高技术的实用性和适用性。

（3）公司技术研发团队就 QC 活动及后续同类项目的实施过程中创新的关键技术进行总结，形成专利保护技术《一种 PC 柱直立起吊辅助装置》及《一种 PC 柱直立起吊辅助装置及其使用方法》。至此，该装置正式投产，可供社会各界租赁、购买或定制，有效地扩大了推广使用范围。

形成了成果评审挑选→成果推广→成果转化→成果信息传播反馈为一体的 QC 小组活动管理体系，为成果的推广转化搭建一个全过程控制的管理平台。

3. 成果的推广应用效果

截至 2019 年 8 月，该 PC 柱吊装辅助装置已在公司多个同类装配式建筑工程项目中使用，有效地避免了 PC 柱构件由于翻起至直立吊装引起的柱脚碰撞破坏或构件自身的弯曲变形，PC 柱吊装外观质量平均合格率可达 96％，与传统起吊方法相比节省了构件修补造成的人工及材料浪费。还避免了构件起吊时因晃动造成的吊装安全事故，既有效保障了工程质量，还提高了装配式建筑的安全文明施工程度，也使得公司在装配式建筑施工新领域赢得了社会各界的赞誉。该 PC 柱吊装辅助装置也成为公司的另一张"名片"，不仅为公司带来了数以万计的经济效益，还提升了企业知名度。

第六章　统计方法基础知识

本章简要介绍统计方法的基本知识，主要包括统计方法的性质、用途和基本特征。目的是使 QC 小组成员在活动过程中做到用事实数据说话，通过适宜、正确地运用统计方法，提高活动效果。

第一节　统计方法及其用途

QC 小组在解决问题或者满足需求的活动过程中，需要收集各种信息、数据资料，加以整理分析得出正确的结论，使小组活动能顺利完成课题目标，体现小组活动的科学性，就需要运用统计方法。

一、统计方法概述

在质量管理过程中，要收集、整理和分析大量的质量数据，运用概率论和数理统计方法，从中找出规律、发现问题，从而产生了调查表、分层法、排列图、因果图等统计方法；而后，运筹学、系统工程等现代管理技术引入质量管理，又产生了系统图、关联图、矩阵图等统计方法，这些统计方法逐渐成为质量管理和 QC 小组活动必不可少的重要方法。

在人类认识和改造世界的过程中统计方法起到了重大的作用，在科学技术高速发展的今天，统计方法得到了日益广泛和深入的应用。日本在战后的经济恢复和发展中，统计方法所起的作用引起了世界各国的瞩目。美国著名的质量管理专家菲根堡姆指出，在全面质量管理中"无论何时、何处都会用到数理统计方法"，"这些统计方法所表达的观点对于全面质量管理的整个领域都有深刻的影响"。因此，在质量管理和 QC 小组活动中，应掌握和运用这些行之有效的统计方法。

目前，我国建筑行业在开展全面质量管理和 QC 小组活动中，普遍学习和运用了这些先进的质量管理方法，但是总体水平不平衡，还需要进一步提高。

二、统计方法及其分类

1. 统计方法的定义

统计方法是指有关收集、整理、分析和解释统计数据，并对其所反映的问题做出一定结论的方法。

2. 统计方法分类

统计方法一般可分为描述性统计方法和推断性统计方法两类。

（1）描述性统计方法

描述性统计方法是对统计数据进行整理和描述的方法。如收集到的一组数据计算其平均值和最大值与最小值的差距，就是描述性统计方法。描述性统计方法常用曲线、表格、图形等形式反映数据和描述观测结果，以使数据或观测结果更直观、更加容易理解，如排列图、折线图、柱状图、直方图等。

例如：表 6-1 是某 QC 小组在解决隧道背贴式止水带安装合格率低的问题时将收集到的隧道左洞 ZK23＋300-ZK23＋220 背贴式止水带统计数据整理成统计表，为描述性统计方法。

活动前背贴式止水带安装合格率统计表 表 6-1

部位(桩号)	检查频数(个)	不合格点数(个)	一次自检合格率(%)
ZK23＋300-ZK23＋280	60	8	86.67
ZK23＋280-ZK23＋260	60	6	90.00
ZK23＋260-ZK23＋240	60	7	88.33
ZK23＋240-ZK23＋220	60	6	90.00
合计	240	27	88.75

制表人：×××　　　　　　　　制表日期：××××年××月××日

（2）推断性统计方法

推断性统计方法是在对统计数据描述的基础上，进一步对其所反映的问题进行分析、解释和做出判断性结论的方法。例如，某混凝土搅拌站混凝土抗折强度要求为 4.8MPa，统计 28d 的抗折强度一直维持在 4.5MPa 左右，技术人员通过运用正交试验设计法对配合比进行调整后，使混凝土抗折强度提高至 5.5MPa 左右，于是得出结论：调整配合比有助于混凝土抗折强度的提高，这个结论的得出就是运用了推断性统计方法。

三、统计方法的性质

1. 描述性

利用统计方法对统计数据进行整理和描述，以便展示出统计数据所反映事件或事物的规律，这就是统计方法的描述性。在定量描述中，统计数据可用数量值加以度量，如平均数、中位数、极差和标准偏差等；也可用统计图表予以直观表述，如折线图、饼分图、直方图等。

2. 推断性

统计方法都要通过详细研究样本来达到了解、推测总体状况的目的，因此它具有由局部推断整体的性质。如 QC 小组利用隧道左洞 ZK23＋300-ZK23＋220 背贴式止水带检查得出的结论（表 6-1），来推断整个隧道背贴式止水带铺贴质量，就具有明显的推断性。

3. 风险性

统计方法既然是用部分去推断全体，那么这种由推断而得出的结论就不会是百分之百的正确，即可能有错误。犯错误就要担风险。因此，适宜、正确地使用统计方法显得很重要，只有这样才可以最大限度地减少带来的风险，并对犯错误的可能性和风险大小做出有效的估计。例如，前面举例的混凝土强度试验取值，如果采取的统计方法不适宜，按照错误的统计方法得出结论，即使试验数据显示试块的强度达到要求，实体混凝土强度却不一定符合要求。

四、统计方法的用途

在质量管理过程中，统计方法的用途一般有以下几方面。

1. 提供特征数据

在质量管理活动过程中收集到的数据，大都表现为杂乱无章，这就要运用统计方法计算其特征值、平均值、中位数、方差、极差、标准偏差等以反映出事物的规律性。

2. 比较差异

在质量管理活动中，实施质量改进或应用新材料、新工艺、新方法，均需要用数理统计，并判断所取得的结果同改进前的状态有无显著差异，这就要用到假设检验、显著性检验、方差分析和水平对比法等。

3. 分析影响因素

在质量管理活动中，为对症下药，并有效解决质量问题，可以应用各种统计方法，分析影响事物变化的各种原因，找出主要原因加以解决，如采用调查表、因果图、散布图、分层法、关联图、树图（系统图）等统计方法。

4. 分析相关关系

在质量管理活动过程中，常常遇到两个甚至两个以上的变量之间虽然没有确定的函数关系，但存在一定的相关关系。运用统计方法确定这种关系的性质和程度，对于质量活动的有效性显得十分重要，如采用散布图等。

5. 确定试验方案

在改进过程中，为能找到参数的最佳值或者参数间的最佳搭配，就需要进行试验。为缩短试验时间，减少试验次数，可以通过研究取样和试验组合，确定合理的试验方案，如采用抽样检验、单因素试验法、正交试验设计法等。

6. 发现质量问题

根据质量数据的分布，分析和掌握质量数据的分布状况和动态变化，发现异常，寻找问题，如采用排列图、直方图、散布图、控制图等。

7. 描述质量形成过程

统计方法可用于描述质量形成过程以及过程的变化。用于这方面的统计方法有流程图、控制图等。

统计方法在质量管理活动中起到的是归纳、发现和分析问题、显示事物客观规律的作用，而不是具体解决质量问题的方法。如同医生看病，要借助体温表、血压计、心电图仪、X光透视机、B超、核磁共振等仪表器具，了解病人的病情，并帮助医生做出正确的诊断；但诊断并不等于治疗，要想治病，还应当采用打针、吃药或其他治疗方法。因此，统计方法在质量管理中的作用在于利用这些方法，探索质量的症结所在，分析产生质量问题的原因，但要具体解决质量问题和提高产品质量，还需要依靠专业技术和相应管理措施。

通过统计方法的学习应认识到，在质量管理的现场，随时都要同变量、波动和风险打交道，因此，必须形成利用调查、分析、判断等统计方法去考虑问题，并适宜、正确地利用各种统计方法，找出原因，得出正确的结论，以便更好地改进和解决问题。

第二节　统计方法中常用的基本概念

要想掌握和运用统计方法并得出正确的结论，使小组活动顺利达到目标，首先要了解统计方法涉及的基本概念。

一、产品质量波动

产品是由生产者制造而成的，产品的质量具有波动性和规律性。在生产过程中，即使操作者、机具、原材料、加工方法、测试手段、生产环境等条件相同，生产出的一批产品的质量特性数据也不会完全相同，总存在有一定的差异，这就是产品质量的波动性。产品质量波动具有普遍性。当生产过程处于统计控制状态时，生产出的产品质量特性数据，其波动服从一定的分布规律，这就是产品质量的规律性。

从统计学的角度看，可以把产品质量波动分成正常波动和异常波动两类。

1. 正常波动

正常波动是由随机原因引起的质量波动。这些随机因素在生产过程中大量存在，对产品的质量经常产生影响，但它所造成的质量特性值的波动往往较小。如原材料的性能和成分的微小差异，机具的轻微振动，环境温度、湿度的微小差异，操作方法、测量方法、检测仪器的微小差异等。要消除这些波动的随机因素，在技术上较难达到，在经济上的代价也较大。因此，一般情况下这些质量波动在生产过程中是允许存在的，故称为正常波动。公差就是承认这种波动的产物。把仅有正常波动的生产过程称为处于统计控制状态，简称为控制状态或稳定状态。

2. 异常波动

异常波动是由系统原因引起的产品质量波动。这些系统原因在生产过程中并不大量存在，对产品质量的影响也不是经常发生，但一旦存在，它对产品质量的影响就比较明显。比如，原材料的质量不符合规定要求；机具超载或带病运转；操作者违反操作规程；测量工具带有系统性误差等。由于这些原因引起的产品质量波动大小和作用方向一般具有一定的倾向性或周期性，所以比较容易查明，可以预防和消除。

异常波动对质量特性值的影响较大，在生产过程中一般是不允许存在的。把有异常波动的生产过程称为"非统计控制状态"，也称"不稳定状态"或"失控状态"。

质量管理的一项重要工作,就是要找出产品质量波动规律,消除系统原因引起的异常波动,并把正常波动控制在合理范围内,使生产过程始终处于受控状态(稳定状态)。

在生产现场,当影响过程的诸多因素都处于受控状态时,产品质量特性值在要求的范围内随机波动,而且这一波动是有规律性的,该特性值如果是计量数据,则一般服从正态分布。

二、统计数据及其分类

QC 小组活动过程中强调用数据"说话",收集数据时会遇到很多统计数据,如人数、产值、偏差、强度、压力、温度、时间、耗电量、用水量、平整度、垂直度、合格品数、合格品率等。这些统计数据,有的可以测量出来,有的能数出来,有的是由两个或多个数据计算得到的。从统计角度看,一般把统计数据归纳成两大类,即计量数据和计数数据。

1. 计量数据

凡是可以连续取值,或者说可以用测量工具具体测量出小数点以下数值的这类数据,就叫计量数据。如长度(宽度)、体积(容积)、质量(重量)、化学成分、温度、湿度、偏差等。以长度为例,在 2~3mm,可连续测出 2.1mm、2.2mm、2.3mm 等数值,而在 2.2~2.3mm,可进一步测出 2.21mm、2.22mm、2.23mm 等数值。计量数据一般服从正态分布。

2. 计数数据

凡是不能连续取值,或者说即使使用测量工具也得不到小数点以下的数据,而只能得到 0 或 1、2……等自然数的这类数据,就是计数数据。如不合格品数、缺陷数等。以不合格品数为例,测量时只能得到 1 件、2 件、3 件……计数数据还可细分为计件数据和计点数据。计件数据是指按件计数的数据,如不合格品数、质量检验项目数等。计点数据是指按缺陷点(项)计数的数据。

应当注意,当数据以百分率表示时,它是计量数据还是计数数据的判断,取决于数据计算公式中分子的数据类型,当分子是计量数据时,求出的百分率数据为计量数据;当分子是计数数据时,即使求出的百分率不是整数,也应属于计数数据。例如,生产加工的 1000 个螺杆中,有 11 个为不合格品,则不合格品率为:

$$\frac{11\ 个}{1000\ 个} \times 100\% = 1.1\%。$$

单从数据 1.1% 来看,它虽有小数点以下数值,但由于分子 11 个是计数数据,所以螺杆的不合格品率 1.1% 应为计数数据。

三、总体与样本

通常我们为了掌握一批产品的质量信息不可能检查整批产品。同样,在大部分情况下,为了解某道工序的产品质量,不可能把该工序所生产的全部产品一一检验,而只能从中抽取一定数量的样品进行检验，从样品的检验结果来推断这批产品的质量。

1. 总体

总体又叫"母体"。它是指在某一次统计分析中要研究对象的全体。如为研究一批产品质量的好坏，被研究的"这批产品"就是总体。总体可以是无限的，也可以是有限的。例如生产一批扣件 12 万件，尽管它的数量相当大，但总是可以得出具体数据，因此可以说被研究的这批 12 万件扣件是有限总体。然而对于生产这批扣件的工厂，或某个生产过程，或某道生产工序来说，过去、现在都生产这种扣件，将来可能继续生产，这样它的数量就不能得到具体的数据，因此，可将这个工厂、某个生产过程或某道生产工序的从前、现在和将来的全部产品视为无限总体。

2. 个体

组成总体的每个单元（产品）叫作个体。12 万件扣件中的每一件就是一个个体，生产工序中一直生产的产品每一件也是一个个体。

3. 总体含量

总体中所含的个体数叫作总体含量，也称总体大小，通常用符号 N 表示。

4. 样本

样本也叫"子样"。它是从总体中随机抽取出来并要对其进行详细研究的一部分个体。

5. 样本容量

样本容量也叫样本量，是指样本中所含的样品的数量，也可叫样本大小，通常用符号 n 表示。

6. 总体和样本的关系

从总体中抽取样本是为了研究总体。在 QC 小组活动过程中，常用这种研究样本去估计、预测总体的统计方法，从而达到保证或提高总体质量的目的。

总体和样本的关系见图 6-1。从总体中（一个检验批或者施工工序）随机抽取几件作为样本，对样本进行全数测量，取得数据，经过整理、分析，得出结论，再用样本数据的结论来判断总体。

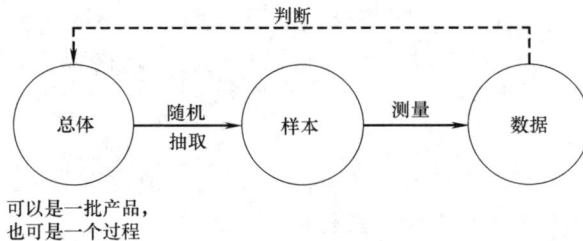

图 6-1　总体和样本关系图

例如某项目采购同强度、同种类水泥 200t，为检验该批水泥的质量，随机抽取 10 包水泥，从每包中取约 1kg，共 10kg 混合搅拌均匀后进行检验。那么，这 200t

水泥就是总体，即 $N=200t$，抽出的 10kg 就是样本，即 $n=10kg$。用 10kg 样本的检验结果来判断 200t 水泥质量。

如果产品特性值是计量数据，则总体与样本的关系如图 6-2 所示。

总体为正态分布，数量 N，集中位置 μ，分散程度 σ。而随机抽取出的样本同样成正态分布，数量 n，平均值 $\overline{x}$，标准偏差 s，因此一般用样本的统计特征数 x、s 参与计算，用得出的结果来判断总体。

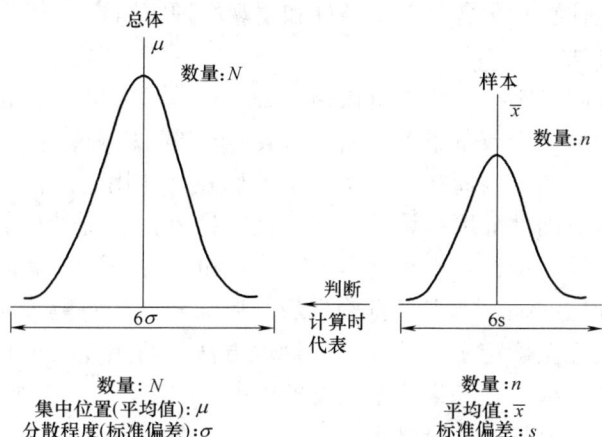

图 6-2 计量数据总体和样本的关系图

四、随机抽样

1. 随机抽样的概念

抽样就是从总体中随机抽取出样品而组成样本的活动过程。

随机抽样，就是要使总体中的每一个个体（产品）都有同等的机会被抽取出来，而组成样本的活动过程。

抽取样本不是以获得样本的信息为目的，而是达到研究总体状况的一种手段。在质量管理活动过程中，常采用这种研究局部去推断全局，研究样本去估计、预测总体的方法，从而达到保证产品质量和提高产品质量的目的。这种运用样本来估计、推断总体肯定会有误差和判断错误，由于样本的局限性、样品的特性，使得用样本估计、推断总体不会百分之百正确，但可以根据研究目的的要求让错误尽量减少。

在质量管理过程中，由于研究的目的不同，研究的对象也会不同，采用的统计方法也不尽相同。如果收集数据的目的是为了对一批产品进行质量评价和验收，判定这批产品的质量是否合格，产品质量达到什么样的水平，应该不应该接收，那么就应以这批产品为研究对象，从中随机抽取一部分产品作为样本进行测试，把得到的质量数据与规定的质量判定标准进行比较，从而判定这批产品的质量状况。

2. 随机抽样方法

（1）简单随机抽样法

简单随机抽样法又称单纯随机抽样法。简单随机抽样法是对总体不作任何处理，不进行分类也不排队，而是从总体的全部个体中随机抽选样品，使总体中的每个个体被抽取出来的机会完全相同。

简单随机抽样法方法简单，主要用于：一是对调查对象了解较少；二是总体中个体的排列没有秩序；三是抽到的样品较分散时对研究工作没有影响或影响较小情况。这种方法的优点是抽样误差小，缺点是抽样手续比较繁杂，尤其是总体中产品数目较大时。在实际工作中，要真正做到总体中的每个个体被抽到的机会完全一样是比较困难的，这往往是由各种客观条件和主观心理等因素综合影响的结果。

（2）系统抽样法

系统抽样法又叫等距抽样法或机械抽样法。它是对研究的总体按一定顺序排列，每隔一定的间隔抽取一个或若干个样品，组成样本进行检测。系统抽样法操作简便，实施起来也不易出差错，因而在生产实际中人们经常使用它。例如在空心砖生产流水线上，每隔一定时间就抽取一块砖进行检测，这就是系统抽样的一个实例。在实际中可有随机起点等距抽样、半距起点等距抽样和对称等距抽样等方法。

由于系统抽样法的抽样起点一旦确定后，后续样本按每隔一定的距离抽取，即整个样本的组成就完全确定了，因此这种抽取方法容易出现大的偏差。例如，对砖厂生产的空心砖进行检测，如果流水线设备出现了问题，正好每隔 20min（周期性）产生一块不合格砖，而检验人员又正好每隔 20min 抽取一块砖进行检查，抽样的时间恰好碰到不合格的砖，这样的结果是以后抽查的砖都不合格，从而会对整批砖甚至整个工序的质量得出错误的结论。由此可见，当总体含有周期性的变化，而抽样的间隔又与这个周期相吻合时，采用系统抽样法得到的样本就会出现严重的偏差，不能准确地反映总体的状况。因此，在总体会发生周期性变化的场合，不宜采用系统抽样法。

（3）分层抽样法

分层抽样法也叫类型抽样法。它是从一个可分成不同于总体的总体（或称"层"）中，按规定的比例从不同层中随机抽取样品（个体）的方法。如甲、乙、丙三人用同一台机具采用倒班的方式生产同一种产品，并把他们加工的产品分别堆放在三个地方，现在要对他们加工的产品进行检测，要求抽取其中 15 件产品组成样本，如采用分层抽样法，就应从三个堆放产品的地方分别随机抽取 5 件产品，合起来共 15 件产品组成样本加以检测。这种方法的优点是样本的代表性比较好，抽样误差较小；缺点是抽样的手续比简单抽样法还繁杂。这种抽样方法通常用于产品的质量验收工作。

（4）整群抽样法

整群抽样法又叫集团抽样法。此种方法是将总体分成许多群，每个群由个体按一定的方式结合而成，然后随机抽取若干群，并由这些群中的所有个体组成样本。在质量管理活动中，有时为了实施上的方便，通常以群体（工厂、公司、项目、班组、工序或一段时间内施工的项目等）为单位进行抽样，凡是抽到的群体要进行全面检查和仔细研究。比如，对某种产品每隔 20h 就抽取其中 1h 内生产的产品组成样本；或每隔一定时间（如 0.5h、1h、8h 等）一次抽取若干个（几个、十几个或几十个等）产品组成样本。这种抽样方法的优点是抽样实施方便、节约费用；缺点是由于样本只来自于个别几个群体，而不能均匀地分布在总体中，因而其代表性较差，抽样误差大。这种抽样方法一般常用在工序控制中。

五、统计特征数

统计特征数是对样本来说的。

统计方法中常用的统计特征数可分为两类：一类用于表示统计数据的集中位置，如样本平均值、样本中位数等；另一类用于表示数据的离散程度，如样本极差、样本标准偏差等。

1. 样本平均值

样本平均值是表示数据集中位置的各特征数中最基本的一种，通常用符号 $\bar{x}$ 来表示，其计算公式为：

$$\bar{x} = \frac{1}{n}\sum_{i=1}^{n}x_i \tag{6-1}$$

式中：$\bar{x}$——样本的算术平均值；

x_i——第 i 个样品的统计数据值；

n——样本大小。

例如，有 3、4、5、6、7 五个统计数据，则其平均值为：

$$\bar{x} = \frac{3+4+5+6+7}{5} = 5$$

2. 样本中位数

把收集到的统计数据 x_1、x_2、$\cdots x_n$，进行整理，按照从小到大（或从大到小）的顺序重新排列，排在正中间的那个数就叫中位数，用符号 $\tilde{x}$ 来表示。

当 n 为奇数时，正中间只有一个数，此数即是这批统计数据的中位数；当 n 为偶数时，中间位置有两个数，中位数就是正中两个数的算术平均值。

例如，有 7 个统计数据分别为 1.7、1.2、1.5、1.3、1.4、1.1、1.6，计算时选择从大到小排列，1.7、1.6、1.5、1.4、1.3、1.2、1.1，则中间的数 1.4 为中位数，即 $\tilde{x} = 1.4$。

又如，有 1.0、1.3、1.2、1.5、1.4、1.6 六个统计数据，则中位数 $\tilde{x} = \frac{1.3+1.4}{2} = 1.35$。

中位数也是表示统计数据集中位置的一个特征数，和样本平均值相比，它所表示的数据集中位置要粗略，但可以减少计算的工作量。

3. 样本方差

样本方差是衡量统计数据离散程度的一种特征数，在方差分析中常用到。其计算公式为：

$$S^2 = \frac{1}{n-1}\sum_{i=1}^{n}(x_i - \overline{x})^2 \qquad (6\text{-}2)$$

式中：S^2——样本方差；

$x_i - \overline{x}$——某一统计数据与样本平均值之间的偏差；

n——统计数据的个数，即样本大小。

例如，有 2、3、4、5、6、7、8、9、10 九个统计数据，其样本平均值为：

$$\overline{x} = \frac{2+3+4+5+6+7+8+9+10}{9} = 6$$

则样本方差为：

$$S^2 = \frac{1}{9-1}\big[(2-6)^2 + (3-6)^2 + (4-6)^2 + (5-6)^2 + (6-6)^2 +$$

$$(7-6)^2 + (8-6)^2 + (9-6)^2 + (10-6)^2\big]$$

$$= \frac{1}{8}(16+9+4+1+0+1+4+9+16) = 7.5$$

4. 样本标准偏差

国际标准化组织规定，把样本方差的正平方根作为样本的标准偏差，用符号 s 来表示。样本标准偏差的计算公式为：

$$s = \sqrt{\frac{1}{n-1}\sum_{i=1}^{n}(x_i - \overline{x})^2} \qquad (6\text{-}3)$$

沿用上面计算求样本方差的例子，则其标准偏差为：$s = \sqrt{7.5} = 2.74$。

为什么要用 s^2 或 s 来衡量数据的分散程度呢？通过上述例子可以看到，$x_i - \overline{x}$ 表示第 i 个数据与样本平均值的偏差，如果将这些偏差值简单相加，结果和为零，因而无法表示数据的离散程度。因此一般都用偏差的平方和来衡量，为什么在计算样本方差时用 $n-1$ 作为除数，不像计算样本平均值那样用 n 作为除数，是使计算结果更精确。

5. 样本极差

样本极差是一组统计数据中的最大值与最小值之差。通常用符号 R 来表示，其计算公式为：

$$R = x_{max} - x_{min} \qquad (6\text{-}4)$$

式中：x_{max}——一组统计数据中的最大值；

x_{min}——一组统计数据中的最小值。

例如，有 3、5、7、9、10 五个数据组成一组，则极差为 $R = 10 - 3 = 7$。

极差是表示统计数据离散程度的各种特征数中计算最简单的一种。但是由于只采用了一组统计数据中的最大值和最小值（即两头的数据），并没有充分利用全部数据提供的信息，因此用样本极差来反映研究的实际情况，准确性较差。

举例说明，2、3、5、7、9 与 2、6、7、8、9 这两组数据，它们的极差是相同的，即 $R = 9 - 2 = 7$，但是这两组数据的分布情况却不相同，各自反映出的问题完全不同。

六、两类错误和风险

根据随机样本提供的信息，可以对总体未知参数做一定可靠程度的估计，但反过来，能否先对总体的未知参数作一假设，然后根据样本信息，对这个假设是否可信做出判断。这种根据一定随机样本所提供的信息，用来判断总体未知参数事先所作的假设是否可信的统计分析方法，叫作假设检验。

假设检验的基本思想是：为了判断总体的某个特征，先根据决策要求，对总体特征做出某种假设，然后从总体中抽取一定容量的随机样本，计算和分析样本数据，对总体的原假设作假设检验，进而做出接受或拒绝原假设的决策。

假设有一批数量很大的成品，其质量状况不清楚，现在随机抽取其中的一个样本，通过检测，研究此样本的质量状况，以此来推测判断整批成品的质量好坏，然后做出接受或拒收决定。上述做法可能出现以下四种情况：

（1）假定这批成品的质量是好的。通过详细研究其中的一个样本，发现此样本的质量是好的，于是就推断这批成品质量好，决定将其接收。

（2）假定这批成品的质量是好的。通过详细研究其中的一个样本，发现此样本的质量是坏的，于是就推断这批成品质量差，决定将其拒收。

（3）假定这批成品的质量是坏的。通过详细研究其中的一个样本，发现此样本的质量是坏的，于是就推断这批成品质量差，决定将其拒收。

（4）假定这批成品的质量是坏的。通过详细研究其中的一个样本，发现此样本的质量是好的，于是就推断这批成品质量好，决定将其接收。

上述四种情况中，第（1）、（3）两种情况的推断是正确的，因为它符合客观实际情况；第（2）、（4）两种情况的推断是错误的，因为它不符合客观实际情况。

对于第（2）种情况，犯了把质量好的一批成品当作质量差的一批成品去看待、处理的错误，这类错误在统计方法中叫作第Ⅰ类错误，称为"弃真"错误。犯这类错误的概率值一般以符号 α 表示。犯判断错误就要承担风险、承担经济损失，所以 α 又叫作第Ⅰ类错误的风险率。

对于第（4）种情况，犯了把质量差的一批成品当作质量好的一批成品去看待、处理的错误，这类错误在统计方法中叫作第Ⅱ类错误，称为"取伪"错误。犯这类错误的概率值一般以符号 β 表示。同样，犯这类错误也要承担风险、承担经济损失，所以 β 又叫作第Ⅱ类错误的风险率。

例如在某桥梁施工中，某批商品混凝土质量不合格，但由于取样或试验或其他问题，发现样本的质量是符合要求的，因此推断这批混凝土的质量是合格的。随即灌注某号桥墩，重载试验时该桥墩发生倾斜和裂缝，项目部只能将该桥墩炸掉，重新施工，既带来了安全质量风险，也带来了较大的经济损失。反之，如果这批商品混凝土是合格的，当成不合格的处理了，同样会带来不必要的麻烦或经济损失。

我们希望犯错误的概率都尽可能小，但在一定的条件下，风险率 α 和风险率 β

是一对矛盾，减少 α 会引起 β 增大，减小 β 会引起 α 增大，即此长彼消或此消彼长。适宜、正确地运用统计方法可以把这两者的总风险率和总损失控制在期望的范围内。

第三节　应用统计方法的要求

一、统计方法简介

统计技术是一个大概念，是指整个学科而言，指的是一门技术的总概括。

统计方法是统计技术中的具体方法。如控制图是统计技术中的一种方法，直方图是统计技术中的一种方法，散布图是统计技术中的一种方法等。原则上不应称控制图、直方图、散布图等为统计技术，而应称之为统计方法。

QC 小组在活动过程中所用的统计方法，无须掌握统计方法的推导原理和设计，熟悉怎么使用就可以。比如工人在生产过程中操作各种生产工具，如榔头、扳手、螺丝刀等，并不要求工人掌握这些工具的设计原理和制造工艺，只要能在适用的条件下得心应手地去使用即可。

二、统计方法运用要求

在质量管理小组活动中，可用的统计方法很多，有时很难选择，到底使用那种统计方法更好呢？是不是统计方法的使用越难、越深就越好？下面给出了统计方法运用的具体要求，注意事项及 QC 小组活动常用的统计方法。

1. 统计方法运用具体要求

统计方法运用具体要求如表 6-2 所示。

统计方法运用要求表　　　　　　　　　　　　　　　　　　表 6-2

序号	要求	结论
1	该用什么统计方法用什么统计方法	适宜
2	使用统计方法后就要有所收获	有效
3	统计方法要"使用"，不要事后编套	真实
4	先学后用，学会再用，学以致用	正确

2. 统计方法运用注意事项

（1）统计方法运用不是用得越多、越难、越深就越好，关键在于用的适宜、用得恰当、用得正确，简单的统计方法不代表水平低。

（2）必须明确使用统计方法是分析问题和改进质量的手段，而不是目的，这样才能在活动的各个阶段选择适宜的统计方法。

（3）学习永无止境，要不断学习和掌握更多的统计方法，这样自然就有利于更好地解决质量问题。

（4）在运用统计方法过程中，会遇到收集数据不顺利或收集不到的现象，对此

表 6-3

质量管理小组活动常用统计方法一览表

序号	程序步骤	分层法	调查表	排列图	因果图	直方图	控制图	散布图	树图(系统图)	关联图	亲和图	网络图(箭条图)	PDPC法	简易图表	正交试验设计法	优选法	水平对比法	头脑风暴法	流程图	矩阵图
1	选择课题	●	●	●		○	○	○			○			●			○	○	○	○
2	现状调查(自定目标课题)	●	●	●		○		○						●			○		○	
3	设定目标		○											●			●			
4	目标可行性论证(指令性目标课题)	●	●	●		○	○	○						●				○		
5	原因分析				●				●	●								○		
6	确定主要原因		○			○		●						●						
7	制定对策	○																		
8	对策实施					○			○		○	○	○	○	○	○	○	○	○	○
9	效果检查	●	○	●		○	○							●						
10	制定巩固措施		○				○							●			○		○	
11	总结和下一步打算	○	○											●						

注1：●表示经常用，○表示可用。

注2：简易图表包括：折线图、柱状图、饼分图、甘特图、雷达图。

建议试着按照以下三点去做：

① 先明确需要收集什么数据，了解其特性值；

② 按照需要收集数据，也就是收集有用的数据，而不应该盲目地收集所有数据；

③ 试着做一份调查表，明确数据的特性值和可能获取数据的方式，然后再行动。

3. 质量管理小组活动常用统计方法

在 QC 小组活动的四个阶段、十个步骤中，到底使用哪种统计方法更为适宜呢？本书给出 QC 小组活动常用统计方法一览表，见表 6-3，供小组成员参考。

第七章　分层法、调查表、排列图、因果图、直方图（过程能力）、控制图、散布图

第一节　分　层　法

一、分层法的定义

分层法（Stratification）也称分类法或分组法，它是按照一定的标志，把收集到的大量有关某一特定主题的统计数据按照不同的目的、特征加以归类、整理和汇总的一种方法。分层的目的在于把杂乱无章和错综复杂的数据加以归类汇总，使之能确切地反映客观事实。由于建筑产品质量波动的原因是多种多样和错综复杂的，收集到的质量数据也具有错综复杂性和综合性。因而，在 QC 小组活动中，经常根据数据的性质、来源等应用分层法对收集到的质量数据进行分类、整理和分析，找出产品质量波动的真正原因和发展变化的规律。

二、常用的分层标志

为了提高数据的使用价值，QC 小组可以根据不同的分层目的来设定不同的分层标志。一般来说，可采用人员、设备、材料、方法、测量、时间、环境等类别来进行分层分析，也可以根据实际需要增加其他项目。

常用分层标志如表 7-1 所示。

常用分层表 表 7-1

分层标志	项　　目
人员	可按年龄、工龄、性别、学历、岗位、经验、职务、熟练程度、班组等分层
设备	可按设备类型、新旧程度、工具和工装夹具类型等分层
材料	可按产地、批号、制造厂商、规格、成分、等级等分层
方法	可按不同的工艺要求、操作参数、操作方法、施工速度等分层
测量	可按测量设备、测量方法、测量人员、测量取样方法等分层
时间	可按小时、天、月、年以及不同的班次等分层
环境	可按照明度、清洁度、温度、湿度等分层
其他	可按地区、使用条件、问题部位、问题情况等分层

按上面的分层标志分层，只是一个粗的分层。有时为了准确找出影响质量问题的症结，还要根据产品本身的特点进行进一步的分层或交叉分层，如按合格与不合

格、包装类别、搬运方法等分层。在实际的 QC 小组活动中分层的方法是非常多的，要根据具体的问题进行具体的分析，采用灵活适用的分层方法，找出质量问题的症结所在。

三、分层法应用步骤及应用原则

使用分层法一般有如下几个步骤：
（1）明确需要解决的问题及需要什么样的数据资料；
（2）根据质量问题本身的特性，正确选择和确定数据分层的分层标志；
（3）收集到足够且能确实反映质量问题的数据；
（4）根据分层标志对数据进行分层；
（5）将分层后的数据按层归类并画出分层归类图；
（6）对分层后的数据进行进一步的分析。

分层法的应用原则是同一层次内的数据波动幅度要尽可能小，而层与层之间的差别却要尽可能大，否则难以起到归类和汇总的作用；分层法应用的关键是分层标志的选择要适当，并尽可能地与产生建筑产品质量波动的原因相一致。

四、注意事项

（1）在数据收集之前使用分层法。数据收集的目的是解决问题，如果收集的数据与想要解决的问题不相关，那么数据收集工作就白做了。所以在数据收集之前就应该使用分层法，确定分层标志，才能够得到确实有用的数据。

（2）分层的标志尽可能多。为了防止片面和极端看待问题，也为了尽可能不受"经验主义"影响，在分层分析时，尽可能多角度、多维度尝试予以分层，从不同侧面反映不同层面的问题。

（3）与其他统计方法的结合使用。在 QC 小组活动中，分层法既可以单独应用，也可以和其他的统计方法配合应用，产生更为实用的 QC 小组活动技术方法，可以与排列图、直方图、散布图、因果图等统计方法配合使用。

五、应用举例

在 QC 小组活动中，分层法主要是在对收集到的数据进行整理和分析时使用。
表 7-2 是某 QC 小组在解决输气管道焊接质量问题时所做的分层表。

××工地输气管道焊接漏气质量情况交叉分层表　　　　　　　　表 7-2

操作者	作业情况	焊条		合计
		A 种	B 种	
王师傅	不平整、夹渣	7	0	7
	合格	3	10	13
李师傅	不平整、夹渣	4	5	9
	合格	6	5	11

续表

操作者	作业情况	焊条		合计
		A 种	B 种	
张师傅	不平整、夹渣	0	4	4
	合格	10	6	16
合计	不平整、夹渣	11	9	20
	合格	19	21	40
共计		30	30	60

制表人：×××　　　　　　　　　　　制表日期：××××年××月××日

这是一个交叉分层表，从表中可以分析出很多改进和提高焊接质量的信息。QC小组是在对比试验的基础上使用的分层法。试验是对三个操作者和两种焊条的综合对比试验。分层时采用了交叉分层的方法，既对三个操作者分层，也对两种焊条分层。

从表 7-2 中可以看出，试验是三个操作者每人使用 A、B 两种不同的焊条各焊接 10 道焊缝，总计是 60 道焊缝。试验结果表明：三个操作者中张师傅的合格率最高，达到了 80%；其次是王师傅，达到了 65%；最差是李师傅，仅为 55%。说明张师傅技术水平最高，工艺较好，质量最好。同时也可以看出：A 种焊条的合格率为 63.3%，B 种焊条的合格率为 70%，有区别但相差不大，但使用 B 种焊条能提高焊接质量。进一步分析还可以看出：使用 A 种焊条时应采用张师傅的工艺方法，使用 B 种焊条时应采用王师傅的工艺方法，二者的合格率都达到了 100%。

举例：《提高储罐内浮顶安装一次合格率》课题（分层法）

××××年××月××日，QC 小组在项目部召开了关于开展"提高储罐内浮顶安装一次合格率"QC 小组活动的专题会议。会后，QC 小组成员对本工程已完成的 2 个储罐内浮顶安装的原始测量记录进行了统计分析，共检查点数 737 点，存在缺陷点数 160 点，合格率为 78.3%，具体情况见表 7-3。

内浮顶安装情况调查表　　　　　　　　　　表 7-3

项目	7 号储罐	11 号储罐	合计
检查点数（点）	400	337	737
合格点数（点）	315	262	577
不合格点数（点）	85	75	160
合格率（%）	78.8	77.7	78.3

制表人：×××　　　　　　　　　　　制表日期：××××年××月××日

（1）QC 小组成员按内浮顶构成进行分层统计，可以看出单盘板质量问题累计频率达到 81.25%，具体情况见表 7-4。

内浮顶安装质量问题分层统计表　　　　　表 7-4

序号	项目	频数(点)	频率(%)	累计频率(%)
1	单盘板	130	81.25	81.25
2	罐内壁	30	18.75	100
3	合计	160	100	

制表人：×××　　　　　　　　　制表日期：××××年××月××日

由表 7-4 "内浮顶安装质量问题分层统计表"，绘制成饼分图，见图 7-1。

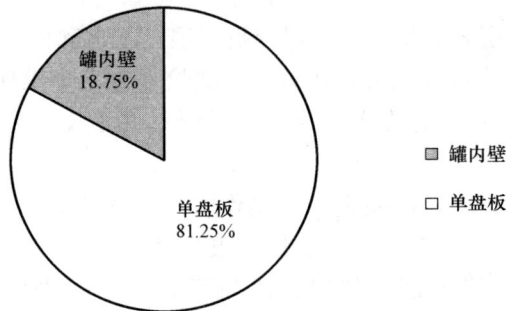

图 7-1　内浮顶安装质量问题饼分图

制表人：×××　　　　　制表日期：××××年××月××日

（2）QC 小组成员××对单盘板存在的 130 点的问题进行分析，具体情况见表 7-5。

单盘板质量问题频数统计表　　　　　表 7-5

序号	项目	频数(点)	频率(%)	累计频率(%)
1	单盘板制安几何尺寸超差	90	69.2	69.2
2	支架安装超差	13	10	79.2
3	人孔安装超差	12	9.3	88.5
4	呼吸阀安装超差	10	7.7	96.4
5	其他	5	3.8	100
6	合计	130	100	

制表人：×××　　　　　　　　　制表日期：××××年××月××日

根据以上频数统计表，绘制排列图，见图 7-2。

由排列图可以直观地看出，"单盘板制安几何尺寸超差"的频数为 90 点，频率为 69.2%，因此，"单盘板制安几何尺寸超差"是症结。

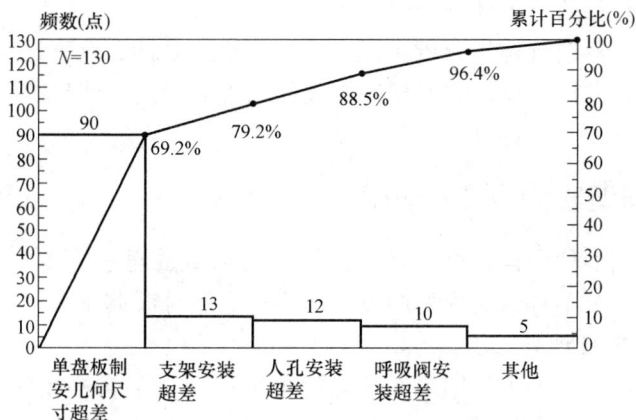

图 7-2　　　单盘板质量问题排列图

制表人：×××　　　　　　制表日期：××××年××月××日

【案例分析】

小组在现状调查中运用分层法来寻找影响储罐内浮顶安装一次合格率的症结。小组对本工程已经完成的 2 个储罐内浮顶安装原始记录进行了调查分析，共计检查 737 点，其中合格点数 577 点，不合格点数 160 个点，合格率为 78.3%。小组对 160 个不合格点进行第一层分析，发现单盘板质量问题占比 81.25%，是主要的质量问题。随后小组对单盘板质量问题进行第二层分析，发现"单盘板制安几何尺寸超差"的频数为 90 点，频率为 69.2%，是影响储罐内浮顶安装一次合格率的症结，从而为目标值的设定和原因分析提供了依据。

第二节　调　查　表

一、调查表的定义

调查表（Data-collection Form）也称检查表，是用来系统地收集资料和积累数据、确认事实并对数据进行粗略整理和分析的统计图表。由于调查表使用简便，既能够让使用者按统一的方式收集资料，又便于直观分析，因此，在质量管理活动中，特别是在 QC 小组活动、质量分析和质量改进中得到了广泛的应用。

二、调查表应用步骤

在 QC 小组活动中使用调查表步骤如下：

（1）根据小组活动的目标，确定收集资料的目的；

（2）根据收集资料的目的，确定收集资料（这里强调问题）的种类和范围；

（3）确定对资料的分析方法和责任人；

（4）根据不同目的，设计调查表格式；

（5）对所获资料进行初步分析，检查调查表格式设计的合理性；

（6）对调查表进行评审，如发现调查表使用不当，或不能反映质量问题的实质，则应重新设计调查表，进行进一步的调查。

三、常用调查表的格式及应用

调查表的格式多种多样，可根据调查的目的和质量问题的实质，灵活设计和使用。常用的调查表有不合格品项目调查表、质量数据分布调查表和矩阵调查表等。

1. 不合格品项目调查表

不合格品项目调查表主要用来调查和记录生产现场不合格品项目频数，根据调查的结果统计分析不合格品率，画出统计分析表和排列图。

一般来讲，调查表是小组活动时在现场使用的，而统计分析表则是小组在分析和整理调查数据时使用的。

表 7-6 是某 QC 小组在解决混凝土外观质量问题时填写的现场调查表。从表中可以看出，现场浇注的混凝土质量问题包括混凝土裂缝、预埋地脚螺栓偏差、截面尺寸超差、混凝土表面不平整、混凝土蜂窝麻面等，但是混凝土裂缝和预埋地脚螺栓偏差出现的频次最多。

混凝土外观质量不合格调查表　　　　　表 7-6

序号	不合格项目	频数（点）
1	混凝土裂缝	38
2	预埋地脚螺栓偏差	26
3	截面尺寸超差	7
4	混凝土表面不平整	4
5	混凝土蜂窝麻面	3
6	其他	2
合计		80

调查者：×××　　地点：××工地　　日期：××××年××月××日

表 7-7 是根据表 7-6 编制的混凝土外观质量不合格统计分析表。从表 7-7 中可以看出，混凝土裂缝和预埋地脚螺栓偏差等质量不合格问题占总质量不合格数的 80%，进一步印证了它们是主要的质量问题。

混凝土外观质量不合格统计分析表　　　　　表 7-7

序号	不合格项目	频数（点）	频率（%）	累计频率（%）
1	混凝土裂缝	38	47.5	47.5
2	预埋地脚螺栓偏差	26	32.5	80
3	截面尺寸超差	7	8.75	88.75

续表

序号	不合格项目	频数（点）	频率（%）	累计频率（%）
4	混凝土表面不平整	4	5	93.75
5	混凝土蜂窝麻面	3	3.75	97.5
6	其他	2	2.5	100
	合计	80	100	

制表人：×××　　　　　　　　　　　　制表日期：××××年××月××日

2. 质量数据分布调查表

质量数据分布调查表主要是用于对计量数据进行的现场调查。一般是根据以往的经验和资料，将反映产品的某一质量特性的数据分布范围分成若干区间，并以此来制成表格，用以记录和统计数据落在某一区间的频数。

表7-8是某QC小组在解决预埋件尺寸不合格问题时的预埋件尺寸实测值分布调查表。

从表格的形式看，质量分布调查表与直方图的频数分布表相似。所不同的是，质量分布调查表的区间范围是根据以往资料，首先划分区间范围，然后制成表格，以供现场调查记录数据；而频数分布表则是首先收集数据，再适当划分区间，然后制成图表，以供分析现场质量分布状况之用。

××预埋件质量数据分布调查表　　　　　　　　表7-8

调查者：×××　　　　地点：××车间　　　　××××年××月××日

频数	1	4	14	24	36	26	14	6	1	1	0
					一						
					正						
					正	一					
				止	正	正					
				正	正	正					
				止	正	正	正	止			
				正	正	正	正	正	一		
		一	止	正	正	正	正	正	正		

　　　6.0　　6.1　　6.2　　6.3　　6.4　　6.5　　6.6　　6.7　　6.8　　6.9　　7.0（cm）

制表人：×××　　　　　　　　　　　　制表日期：××××年××月××日

3. 矩阵调查表

矩阵调查表是一种多因素调查表。它要求把产生问题的对应因素分别排列成行和列，在其交叉点上标出调查到的各种缺陷、问题和数量。

表7-9是某QC小组在解决某工地钢筋焊接质量时的矩阵调查表，利用此表可以分析两台焊机、四个工人在一段时间内的质量问题。

从表中可以看出：气孔和夹渣主要是2号焊机产生，尤其该机的白班工人产生

×× 工地钢筋焊接质量矩阵调查表　　　　　　　　　　　　　　　表 7-9

焊机	7月3日		7月4日		7月5日		7月6日		7月7日	
	白班	夜班	白班	夜班	白班	夜班	白班	夜班	白班	夜班
1号	× ○ ○ □	× ○ × ○ ●	○ ○ △ ○ △	× × ○ ● △	× × ○ ○ ○ ○ ○ △ △	× × × × ○	○ × × △	● ○	○ ○ △ △ △	× ○ ○ □
2号	□ □ × ● ● △	□ △ ○	□ □ ● ● ●	× ○	□ □ × ● ● ● △	□ □ □ × ×	□ ● ●	△ ○	□ □ ○ ● ●	× ○

调查者:×××　地点:××工地	×接头强度不足　　○接头焊包不匀
日期:××××年××月××日	●接头偏移　△弯折　□气孔和夹渣

制表人:×××　　　　　　　　　　　　制表日期:××××年××月××日

的此类问题最多，要解决此类问题，必须从 2 号焊机及其白班工人入手；接头强度不足和接头焊包不匀主要是 1 号焊机产生，且白班产生的接头焊包不匀较多，夜班产生的接头强度不足较多，从此可以看出此类质量问题的突破口；而接头偏移多基本上都是 2 号焊机的白班工人产生，且又是产生气孔和夹渣最多的人，可以考虑对其进行必要的技术培训；此外，7 月 5 日产生的质量问题最多，可以考虑气候、节日等方面的影响。

从这张矩阵调查表上可以分析出很多的问题，由此看出，矩阵调查表在 QC 小组活动中的重要作用。

四、注意事项

1. 制表目的

一般来讲，为彻底了解目前出现问题的真实情况，以便进一步采取对策，一般会设计调查表进行原始数据的收集，并在改进过程中及改进后的一定时期内对相同数据进行收集，反馈改进过程及结束后的效果。同样，为了进一步分析问题、检查确认有关事项、整理原始数据都可以借助调查表进行。

2. 调查表的设计及记录方法应简单

调查表的实际记录者一般是基层员工，如果形式太复杂可能会增加记录者的工作量，使其产生抵触情绪，从而可能会造成伪数据、假数据的增加。因此，设计调查表应尽可能简捷，并用最简单的记号或文字完成。

3. 收集的数据应及时处理

凡是数据都有一定的时效性，也就是说，调查表的数据是在一定的条件下收集的，这些条件随着时间的变迁可能会有所变化，所以当数据收集完成后，必须及时处理，才能保证反馈信息的有效性，进而反映问题的真实情况。

4. 数据是否有异常

需要观察数据是否有周期性，是否有超出规范的数值，是否有突变的数据。如果有异常，应当立即着手分析原因并采取相应的改善对策。

5. 持续记录数据

在改进过程中，应持续记录相同性质的数据，并随时观察数据的变化，看改进是否有效果，如果没有效果或效果不明显，需要进一步进行分析。

第三节　排　列　图

一、排列图的定义

排列图（Pareto Diagram）也称帕累托图。它是将质量改进项目从最重要到最次要顺序排列的一种图表。排列图由一个横坐标、两个纵坐标、几个按高低顺序（"其他"项例外）排列的矩形和一条累计百分比折线组成，如图 7-3 所示。

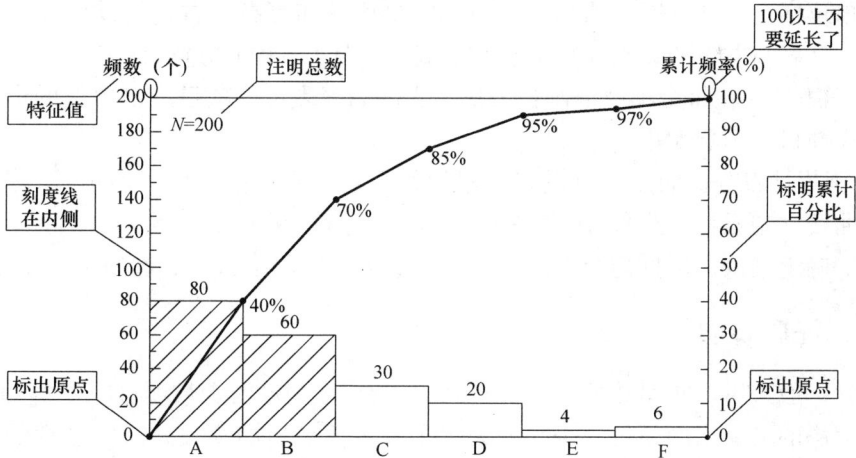

图 7-3　排列图格式

排列图建立在帕累托原理的基础上，帕累托原理是意大利经济学家帕累托（Pareto）在分析意大利社会财富分布时得到的"关键的少数和次要的多数"的结论。运用这个原理，就意味着在质量改进项目中，少数的关键项目在事物的发展中往往起着主要的、决定性的影响作用，而多数的次要项目并不对事物的发展产生很大的影响。因此，运用排列图区分最重要的和次要的项目，就可以用最少的人力、物力、财力的投入，获得最大的质量改进效果。

排列图的主要用途是：

（1）识别重点。按重要顺序显示出每个质量改进项目对整个质量问题的影响。

（2）识别进行质量改进的机会。

（3）检查改进效果。在实施改进措施后，用排列图进行前后对比，以此来说明改进措施的有效性。

二、排列图应用步骤

（1）确定分析项目。选择要进行质量分析的项目或质量问题。

（2）明确度量。选择用来进行质量分析的度量单位，如出现的次数（频数、点数）、成本、金额或其他。

（3）确定分析周期。选择进行质量分析数据的时间间隔。

（4）收集数据制作统计表。按照确定的时间周期及进行分析的变量项目，收集整理相关数据，编制数据统计表如表 7-10 所示，计算出各变量项目占总变量项目的百分比及累计百分数。

（5）绘制排列图

① 画横坐标。按度量单位量值递减的顺序自左至右在横坐标上列出项目，将量值较小的几个项目归并成"其他"项，放在最右端。

② 画纵坐标。在横坐标的两边画两个纵坐标，左边的纵坐标为频数坐标，高度按度量单位标定，其高度必须与所有项目的量值总和等高；右边的纵坐标为百分比坐标，其高度与左边的纵坐标量值总和等高，并从 0~100％进行标定。

③ 画矩形。在每个项目上画长方形，它的高度表示该项目度量单位的量值，显示出每个项目的影响大小。

④ 画累计百分比曲线。由左到右累加每个项目的量值（以％表示），并画出累计频率曲线（帕累托曲线），用来表示各个项目的累计影响。

（6）确定结论。用排列图确定质量改进最为重要的项目（关键的少数项目）。

三、注意事项

（1）一般来讲，收集数据应不少于 50 个为宜。关键的少数项目应是本 QC 小组有能力解决的最突出的项目，否则就失去了找主要矛盾的意义。需要注意的是：在实际应用中，不宜生硬套用"二八原则"。

（2）纵坐标可以用"点数"或"金额"等表示，以便于找到"主要项目"为原则。

（3）不太重要的项目很多时，横轴会变得很长，通常把排在最末尾的频数很小的一些项目加起来作为"其他"项，因此"其他"项不能为"1"，通常排在最后。

（4）排列图项目一般应多于 3 项，最多不宜超过 8~9 项。当项目较少（少于 3

项及以下）时可用饼分图、柱状图等简易图表表示，这样更为简单。如果将尾数项合并为"其他"项后仍在 10 项以上时，往往会突出不了"关键的少数"。

（5）确定了关键项目进行改进后，为了检查改进效果，还可以重新收集数据并画出排列图再进行改进活动前后的比较。

四、应用举例

1. 排列图一般应根据统计表画出

图 7-4 是根据表 7-10 画出的排列图。

混凝土外观质量问题统计表　　　　　　　　　表 7-10

序号	不合格项目	频数（个）	频率（%）	累计频率（%）
1	混凝土裂缝	38	47.5	47.5
2	预埋地脚螺栓偏差	26	32.5	80
3	截面尺寸超差	7	8.75	88.75
4	混凝土表面不平整	4	5	93.75
5	混凝土蜂窝麻面	3	3.75	97.5
6	其他	2	2.5	100
	合计	80	100	

制表人：×××　　　　　　　　　　　　制表日期：××××年××月××日

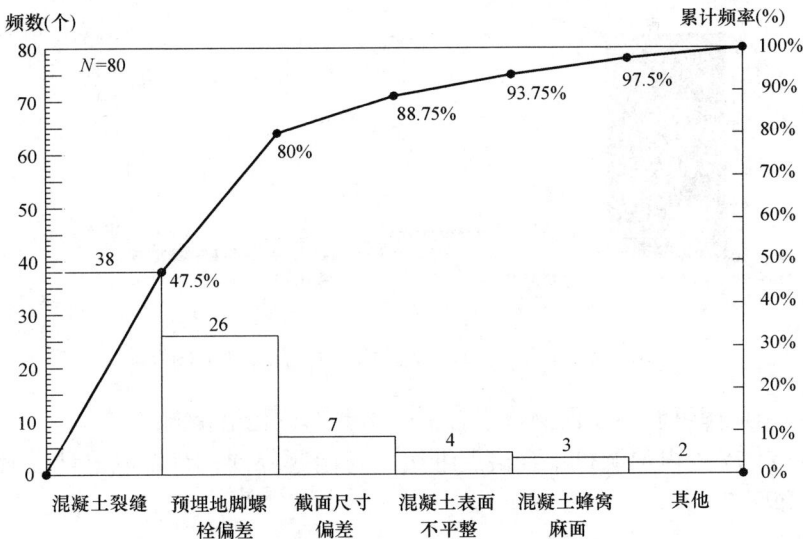

图 7-4　混凝土外观质量问题排列图

制图人：×××　　　　　　　制图日期：××××年××月××日

从排列图可以看出"混凝土裂缝"是"关键的少数项",即症结所在,应作为质量改进的主要对象,QC 小组应继续对上述问题进一步分析原因,采取对策,直至问题得到解决。

2. 举例

《提高混凝土结构预留洞口合格率》课题（排列图）

小组成员对本单位正在施工的 6 号住宅楼已施工完成部位合格情况进行了调查,共计调查 400 点,其中合格点数 292 点,合格率为 73%。不合格点数 108 点,调查洞口不合格点发生的部位,编制成频数统计表及排列图,见表 7-11 和图 7-5。

6 号住宅楼混凝土预留洞口不合格部位情况频数统计表 表 7-11

序	部位	不合格点数（点）	频率（%）	累计频率（%）
1	电箱洞口	77	71.30	71.30
2	水电套管洞口	12	11.11	82.41
3	烟风道洞口	9	8.33	90.74
4	窗洞口	7	6.48	97.22
5	门洞口	3	2.78	100
	总 计	108		

制表人：×××　　　　　　　　　　制表日期：××××年××月××日

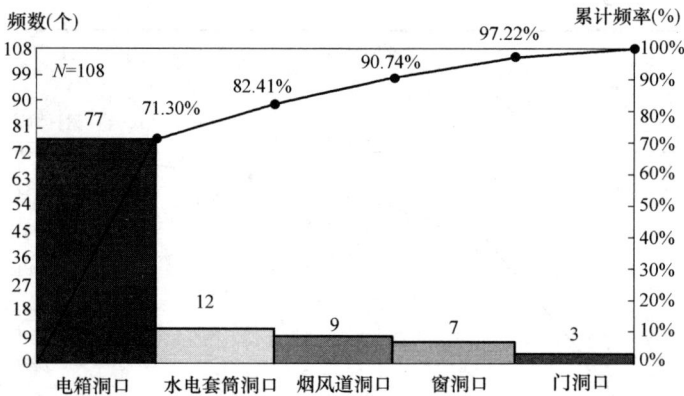

图 7-5　混凝土结构预留洞口缺陷问题排列图

结论：由此图可看出预留洞口不合格的主要部位是电箱洞口。

小组针对 77 处电箱洞口不合格点继续进行问题统计。编制成统计表及排列图,见表 7-12 和图 7-6。

6 号住宅楼电箱预留洞口偏差统计表 表 7-12

序	部位	频数（个）	频率（%）	累计频率（%）
1	电箱洞口对角线尺寸偏差	36	46.75	46.75

序	部位	频数(个)	频率(%)	累计频率(%)
2	电箱洞口四边不顺直	33	42.86	89.61
3	电箱洞口中心线位置不准确	4	5.19	94.80
4	电箱洞口缺棱掉角	2	2.60	97.40
5	其他	2	2.60	100
	总计	77		

制表人：×××　　　　　　　　制表日期：××××年××月××日

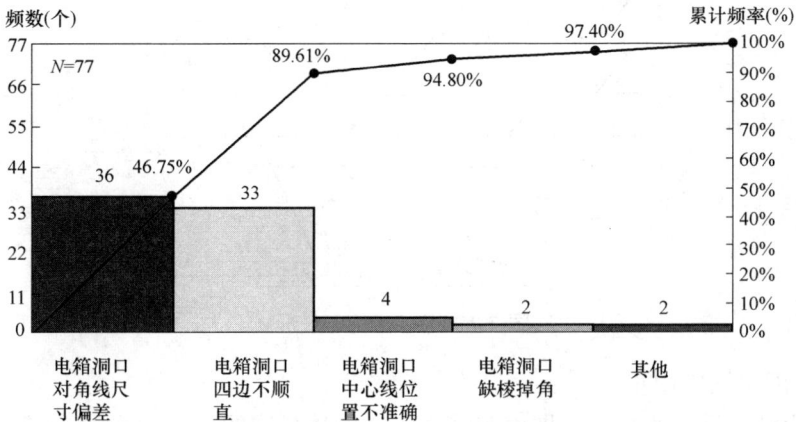

图 7-6　电箱预留洞口外观缺陷问题排列图

制表人：×××　　　　　　　制表日期：××××年××月××日

结论：由此图可看出电箱洞口对角线尺寸偏差及电箱洞口四边不顺直为"症结"。

【案例分析】

小组在现状调查中运用分层法来寻找影响混凝土结构预留洞口合格率的症结。小组对正在施工的 6 号住宅楼已施工完成部位合格情况进行了调查，共计调查 400 点，其中合格点数 292 点，不合格点数 108 个点，合格率为 73%。小组对 108 个洞口不合格点进行第一层分析，发现电箱洞口问题占比 71.30%，是主要的质量问题。随后小组对电箱洞口问题进行第二层分析，发现"电箱洞口对角线尺寸偏差"及"电箱洞口四边不顺直"是影响混凝土结构预留洞口合格率的症结，从而为目标值的确定和原因分析提供了依据。

第四节　因　果　图

一、因果图的定义

因果图（Cause-and-effect Diagram），又称石川图。由于其形状像鱼刺，也称鱼

203

刺图。它是表示质量特性波动与其潜在原因的关系，即表达和分析因果关系的一种图表，运用因果图有利于找到产生问题的原因，便于对症下药。因果图在质量分析和质量改进中有着广泛的用途。

二、因果图的形式和应用步骤

（1）因果图的形式

因果图的一般形式如图 7-7 所示。

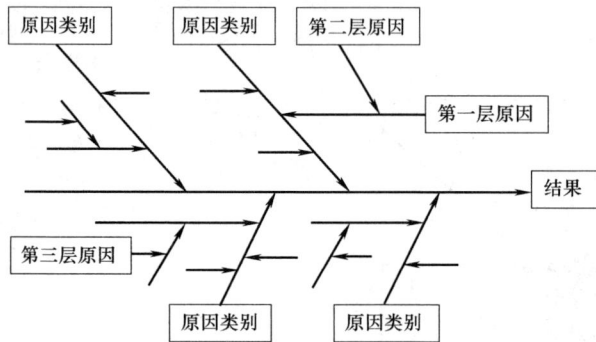

图 7-7　因果图的一般形式

（2）因果图应用步骤

① 明确因果图的结果，即确定需要解决的质量问题，如混凝土裂缝、预埋地脚螺栓偏差、接口渗漏等；

② 规定可能产生原因的主要类别，一般是从"5M1E"原因类别入手，即人员、机器、材料、方法、环境、测量；

③ 根据因果图的一般形式，画出因果图的主干部分，即画出结果和主要的原因类别；

④ 对产生质量问题的原因层层展开分析，直到可以直接采取对策为止，并将寻找到的各个层次的原因逐一地画在相应的枝上；

⑤ 对分析出来的所有末端原因，都应到现场进行测量、试验、调查分析等，以确认主要原因。

三、注意事项

（1）画因果图时必须召开"诸葛亮会"，利用"头脑风暴法"，充分发扬民主，各抒己见，集思广益，全面分析；

（2）画图时要注意确定的主要质量问题（特性）不能笼统，一个主要质量问题只能画一张因果图，多个主要质量问题则应画多张因果图，因果图只能用于单一问题的分析。如"混凝土裂缝、渗漏"，不能画一张因果图，应画两张因果图分别分析；

（3）因果图的层次要分明，原因分析必须彻底，要分析到可以直接采取对策的程度。如图 7-8 所示，针对"灌注混合料用时过长"，在分析人的原因时，小组首先认为是"工人基本技能不合格"和"操作错误多"，如果分析到这里就结束，就没有办法直接采取对策。应进一步再分析，结果是由于"无岗前培训"导致"工人基本技能不合格"，由于"无施工前的技术交底"导致"操作错误多"。这样就可以直接针对"无岗前培训"和"无施工前的技术交底"采取对策。

（4）"要因"一定要在末端原因上确定，而不应该在中间因素中寻找。如图 7-8 所示，在分析人的原因时，末端原因应该是"无岗前培训"、"无施工前的技术交底"，而不应该是"工人基本技能不合格"和"操作错误多"。

（5）对末端原因，应逐项论证是否是主要原因。

四、应用举例

某 QC 小组针对 CFG 桩"灌注混合料用时过长"问题画出的因果图，如图 7-8 所示。

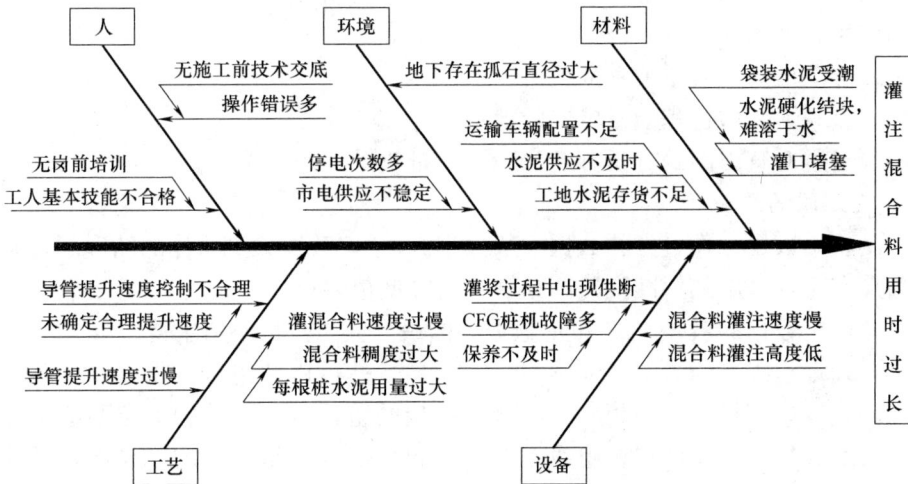

图 7-8　灌注混合料用时过长因果图

制图人：×××　　　　　　　制图日期：××××年××月××日

第五节　直方图

一、直方图

1. 直方图的定义

直方图（Histogram）是一种通过对大量计量值数据进行整理加工，用图形直观形象地把质量分布规律表示出来，根据其分布形态，分析判断过程质量是否稳定的统计方法。直方图是用一系列宽度相等、高度不等的长方图形表示数据的图。长方形的宽度表示数据分布范围的间隔，长方形的高度表示在给定间隔内的数据值。

在实际生产过程中，虽然工艺条件相同，但生产出的产品质量却不会完全相同，而是在一定范围内波动，这种波动是否正常，是 QC 小组希望了解和掌握的。直方图的优点是计算和绘图比较方便，既能明确表示质量的分布情况，也能准确地得出质量特征的平均值和标准偏差，可以帮助 QC 小组做出准确判断，查找质量问题，以便制定改进措施。

2. 频数直方图

直方图根据长方形的高度（纵坐标）所表示的数据的性质分为频数直方图、频率直方图和频率密度直方图。其中频数直方图是 QC 小组经常使用的一种统计方法。

频数直方图：在横坐标上标出各组组限值，纵坐标上标出频数。根据数据统计表画出以组距为底边，以频数（常用 f 表示）为高度的 k（k 表示组数）个矩形，便得到了频数直方图。在频数直方图中，各矩形高度之和等于总频数。

3. 直方图的用途

在质量管理和 QC 小组活动中，直方图是一种应用广泛、实用的统计方法，其主要的作用有：

（1）准确地显示质量波动的状态；

（2）直观地传递过程质量状况的信息；

（3）通过对直方图的分析判断，确定质量改进工作的着重点。

4. 直方图的绘制方法

（1）收集数据。作直方图数据一般大于 50 个，数据太少所作的图形不能确切反映分布形态，计算出的标准偏差的精度也会降低很多。

（2）确定数据的极差（R）。用数据中的最大值减去最小值求得。

（3）确定组距（h）。先确定直方图的组数，然后以此组数去除极差，可得直方图每组的宽度，即组距。组距一般取测量单位的整倍数。组数的确定要适当，组数太少，会引起较大计算误差；组数太多，会影响数据分组规律的明显性，且计算工作量加大。组数（k）的确定可参考表 7-13。

组数（k）选用表   表 7-13

观测次数（次）	推荐组数	观测次数（次）	推荐组数
20～50	6	201～500	9
51～100	7	501～1000	10
101～200	8	1000 以上	11～20

（4）确定各组的界限值。以下界限为起始，以确定的组距为间隔，依次确定各组的界限值。为避免因数据值与组的界限值重合，而出现一个数据同时属于两个组，造成重复计数。最简单的方法，可将各组区间按照"左开右闭"的原则取数，即可将各组数据区间定为左边（小数）属本组，右边（大数）属下组，或者在收集数据中最小值与公差下限不重合时，可将第一组的下界限值取收集数据中最小值减去最

小测量单位的 1/2，第一组的下界限值与组距 h 相加得出第一组的上界限值，其他依次类推。

（5）编制频数分布表。把各组的上、下界限值分别填入频数分布表中，并把数据表中的各个数据"对号入座"列入相应的组，统计落入各组数据个数，即各组频数（f）。

（6）按数据值比例画横坐标。

（7）按频数值比例画纵坐标，以观测值数目或百分数表示。

（8）按纵坐标画出长方形的高度，它代表落在此长方形中的数据个数。因组距相同，所以每个长方形的宽度都是相等的。

（9）在直方图上标注公差上下限（T_u、T_L）、样本数（n）、样本平均值（$\overline{x}$）、样本标准偏差值（S），以及公差中心 M 的位置等。

样本分布中心即样本平均值：

$$\overline{x} = \frac{1}{n}\sum_{i=1}^{n}x_i \tag{7-1}$$

样本标准偏差：

$$S = \sqrt{\frac{1}{n-1}\sum_{i=1}^{n}(x_i - \overline{x})^2} \tag{7-2}$$

5. 直方图的观察分析

直方图的应用，首先要收集数据，将数据分组，绘制成图。针对绘制的直方图显示的形态、数据分布中心和公差中心位置的分析，对数据波动情况作出判断。对直方图的观察分析可从形状和规格界限两方面入手。

（1）形状分析与判断

观察分析直方图整个图形的形状是否属于正常分布，分析过程是否处于稳定状态，判断产生异常的原因。常见的直方图形状如图 7-9 所示。

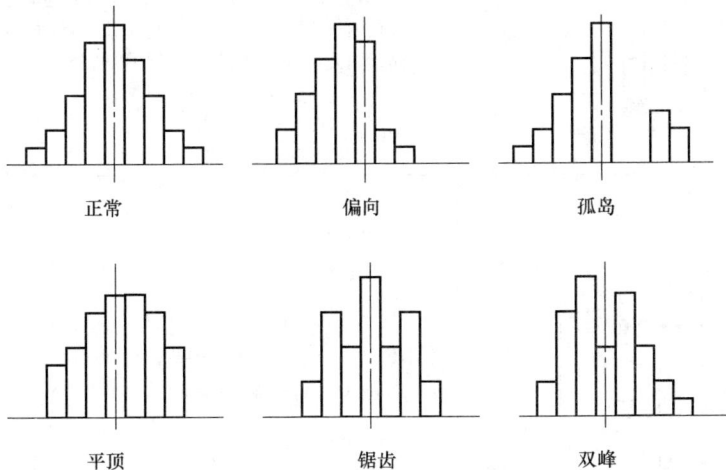

正常　　　　　　偏向　　　　　　孤岛

平顶　　　　　　锯齿　　　　　　双峰

图 7-9　直方图的六种不同形状

① 正常型：又称标准型、对称型。中部有一顶峰，左右两边逐渐降低，近似对称。一般情况下，直方图多少有点参差不齐，主要从整体上看其形态。这时，可判断工序运行正常，处于稳定状态。

② 偏向型：偏向型又分左偏型和右偏型。一些有单项公差要求或加工习惯的特性值分布往往呈偏向型；孔加工习惯造成的特性值分布常呈左偏型，而轴加工习惯造成的特性值分布常呈右偏型。

③ 孤岛型：孤岛型直方图属于数据的异常波动，多为异常因素所引起，如测量工具有误差、原材料的变化、设备老化、刀具严重磨损、短时间内有不熟练操作者顶岗、操作疏忽、混入规范不同的产品等。

④ 平顶型：平顶型直方图往往因生产过程有缓慢因素作用引起，如刀具缓慢磨损、操作者疲劳等。

⑤ 锯齿型：锯齿型直方图是由于直方图分组过多或是测量数据不准、测量方法不当、量具精度不高等原因造成。

⑥ 双峰型：直方图出现两个峰，这是由于数据来自不同的总体造成的，比如，两个操作者或两批原材料，或两台设备生产的产品混在了一起。

（2）与规格界限的比较分析

当直方图的形状呈正常型时，即工序在此时刻处于稳定状态时，还需要进一步将直方图同规格界限（即公差）进行比较，以分析判断工序满足公差要求的程度。常见的典型状态如表 7-14 所示。

直方图的典型状态及与公差的比较 表 7-14

图例	调整要点
 (1) 理想型	样本分布中心 $\bar{x}$ 与公差分布中心 M 近似重合，图形对称分布，且两边有一定余量，是理想状态。此时，一般很少出现不合格品，因此可保持状态水平并加以监督
 (2) 偏心型	样本分布中心 $\bar{x}$ 比公差分布中心 M 有较大偏移，此时，稍有不慎就会出现不合格。因此，要调整分布中心 $\bar{x}$，使分布中心 $\bar{x}$ 与公差中心 M 近似重合

图例	调整要点
 (3) 无富余型	样本分布中心 $\bar{x}$ 与公差分布中心 M 近似重合,但两边与规格的上、下限紧紧相连,没有余地,表明过程能力已到极限,非常容易失控,造成不合格。因此要立即采取措施,提高过程能力,减少标准偏差 S
 (4) 能力富余型	样本分布中心 $\bar{x}$ 与公差分布中心 M 近似一致,但两边与规格的上、下限有很大距离,说明工序能力出现过剩,经济性差。因此,可考虑改变工艺,放宽加工精度或减少检验频次,以降低成本
 (5) 能力不足型	样本分布中心 $\bar{x}$ 与公差分布中心 M 近似重合,但分布已超出上、下界限,分散程度过大,已出现不合格品。因此,应多方面采取措施,减少标准偏差 S 或放宽过严的公差范围

6. 直方图应用注意事项

（1）一般要求数据不少于 50 个，最好 100 个。实验表明，低于 50 个，绘制出来的直方图差异较大，很容易造成误判。

（2）确定组距 h 时，应取测量单位的整数倍。

（3）确定分组界限关键是第一组的下界限值，避免一个数据同时属于两个组。

（4）编制频数分布表时，频数记号应按数据表的顺序逐个数据"对号入座"进入相应的组，避免遗漏和重复。

（5）作出直方图后，应在图上标注抽样数、规格上限、规格下限、公差中心、样本均值、标准偏差等。

（6）在分析直方图时，要结合实际情况对图形的类别和原因进行分析、判断，原因可能会多种多样，采取的措施也要慎重并加以验证，尤其是如果采取放宽控制界限时，要经过论证和验证，避免盲目放宽控制界限造成不合格品被放行。

7. 直方图应用举例

某班组加工钢轴，钢轴直径尺寸随机抽样 100 个，具体见表 7-15，工艺要求钢轴加工尺寸为 60 ± 2.0mm，班组希望了解加工质量，寻求改进。

这种情况下，利用直方图能够快速、方便、形象地分析质量状况。

（1）收集数据 100 个，即 $n=100$，见表 7-15。

钢轴加工尺寸数据表 表 7-15

59.3	59.7	60.6	60.8	60.3	61.2	60.2	59.7	59.6	59.5
60.9	59.4	60.1	60.4	59.2	61.9	59.5	59.4	60.7	59.3
60.1	61.3	60.5	58.9	59.8	59.5	59.4	60.4	60.5	60.5
60.2	60.5	58.5	59.6	59.5	58.9	58.9	59.2	59.9	59.9
59.9	58.0	59.0	59.3	58.7	59.7	59.8	59.9	60.0	60.3
60.2	60.3	60.4	61.4	59.4	60.2	59.8	61.6	59.6	61.0
59.7	59.8	61.0	60.9	60.7	60.6	59.4	60.0	60.3	60.2
60.1	59.9	59.8	59.7	61.0	60.9	59.2	60.3	60.1	60.6
61.2	60.8	60.3	60.6	60.2	59.6	59.9	58.9	58.5	59.7
59.9	59.6	59.7	59.9	58.3	59.0	61.2	61.6	61.3	60.0

（2）求极差 R：在数据表中找到最大值和最小值。最大值 $x_{max}=61.9$mm，最小值 $x_{min}=58.00$mm，则：$R=61.9-58.0=3.9$

（3）确定分组数 k 及组距 h：取组数 $k=10$，则组距 $h=R/k=3.9/10=0.39\approx0.40$

（4）确定各组界限值。将表 7-15 中的数据按照组距分为 10 组，确定各组界限值，见表 7-16。

频数表 表 7-16

组号	组界值	频数统计 f_i
1	58.0~58.4	2
2	58.4~58.8	3
3	58.8~59.2	6
4	59.2~59.6	15
5	59.6~60.0	25
6	60.0~60.4	19
7	60.4~60.8	13
8	60.8~61.2	8
9	61.2~61.6	6
10	61.6~62.0	3

也可以将第一组的下界限值取数据中的最小值 58.0 减去最小计量单位的 1/2，即 0.05，得 57.95，第一组上限为下限值 57.95 加上组距 0.4，为 58.35，即频数 f_i 列入表 7-17。

频数表 表 7-17

组号	组界值	频数统计 f_i
1	57.95～58.35	2
2	58.35～58.75	3
3	58.75～59.15	6
4	59.15～59.55	15
5	59.55～59.95	25
6	59.95～60.35	19
7	60.35～60.75	13
8	60.75～61.15	8
9	61.15～61.55	6
10	61.55～61.95	3

（5）计算样本平均值 $\overline{x}$ 与标准偏差 S：

工艺要求钢轴加工尺寸为 60.0 ± 2.0mm，$T_u=62.0$，$T_L=58.0$，则：

公差中心： $M=(T_u+T_L)/2=(62.0+58.0)/2=60.0$

样本平均值： $$\overline{x}=\frac{1}{n}\sum_{i-1}^{100}x_i=60.006$$

标准偏差： $$S=\sqrt{\frac{1}{n-1}\sum^{100}(x_i-\overline{x})^2}=0.763$$

可见，样本平均值 $\overline{x}$ 与公差中心 M 基本吻合。

（6）绘制直方图

根据计算结果及表 7-16 绘制直方图，见图 7-10。根据计算结果及表 7-17 绘制直方图，见图 7-11。

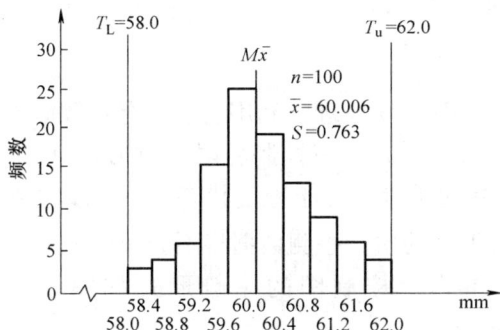

图 7-10 钢轴加工直径直方图 1

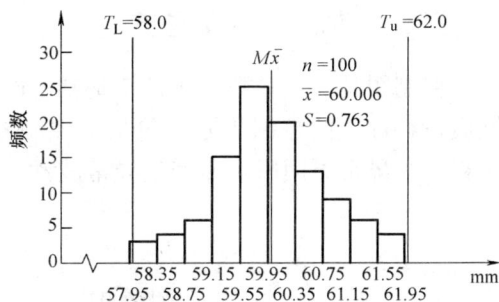

图 7-11 钢轴加工直径直方图 2

（7）分析：从图 7-10 和图 7-11 可以看出，无论第一组下限值取数据的最小值 58.0，还是取减去最小计量单位的 1/2，即取 57.95，其图形与结论基本一致。

两个直方图均为无富余型，样本分布中心 $\overline{x}$ 与公差中心 M 近似重合。两边与规格的上、下限紧紧相连，几乎没有余地，尤其是下限已有数据落在规格下限 58.0mm，表明过程能力已到极限，非常容易出现失控，造成不合格。因此，小组决定立即采取措施，提高过程能力，减少标准偏差 S。小组通过直方图找到了改进的方向。

二、注意事项

（1）计算过程能力指数时，首先要判别是单侧公差还是双侧公差，以便正确选用公式。

（2）应在影响过程特性值的人、机、料、法、环、测等因素受控时抽取样本测量，当过程不处于稳定状态时抽取样本，可能会出现不同时间等状况下，计算的 C_{pk} 相差很大，计算出的过程能力指数不能代表过程的实际情况，也无法做出准确判断。

（3）样本要大于 50 件，最好 100 件以上，样本数量太小会影响 S 的精确度。

（4）要注意，不同行业过程能力指数评价分级及处置会有差异，因此一定要根据具体情况统筹考虑。

第六节 控 制 图

一、控制图定义

控制图（Control Chart）也称管理图，是在直角坐标系内画有控制界限，描述质量波动状态及其原因的图表。质量波动分为正常波动和异常波动；正常波动是由随机原因产生的，是一种在预计界限内随机重复的偶然波动，不是质量管理中要控制的对象；而异常原因引起的异常波动是影响产品质量特性波动的主要方面，必须对其影响因素进行仔细认真的判别、分析，并使之处于受控状态。

二、控制图的基本形式

控制图是建立在数理统计学基础上的。它根据 3σ 原理，利用前期的有效数据建立质量特性值的控制界限，包括上控制界限（UCL）和下控制界限（LCL）。如果过程不受异常原因影响而产生异常波动，产品的质量将处于稳定状态，下一步过程所得到的质量检测数据将不会超出上下控制界限。控制图的一般形式如图 7-12 所示。

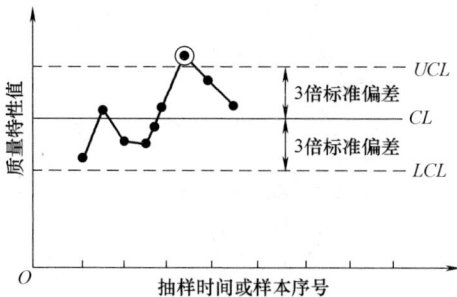

图 7-12 控制图的基本形式

三、控制图的种类

控制图的种类很多，按数据的性质可分为计量值控制图和计数值控制图两大类。

计量值控制图中主要包括：平均值——

极差控制图、中位值—极差控制图和单值—移动极差控制图等。

计数值控制图主要包括不合格品数控制图、不合格品率控制图、缺陷数控制图和单位缺陷数控制图等。

在所有的控制图中最常用的是平均值—极差控制图。

常用的各种控制图种类、特点及其适用场合如表 7-18 所示。

四、控制图的用途

控制图作为一种实用和高效的技术手段，主要用在质量管理和 QC 小组活动中的质量诊断、质量控制及质量改进过程中。

（1）在质量诊断方面的应用

控制图种类、特点及适用场合　　　　　　　　表 7-18

类别	控制图名称	符号	特点	适用场合
计量值控制图	平均值—极差控制图	$\bar{x}-R$	常用、效果好，计算量较大	产品批量较大工序
	中位数—极差控制图	$\tilde{x}-R$	常用、效果稍差,计算量较小	产品批量较大工序
	单数—移动极差控制图	$x-R_s$	简便、易用、及时,有时效果较差	单因素或单数据时使用
计数值控制图	不合格品数控制图	p_n	较常用,计算简单,易于理解	样本容量相等
	不合格品率控制图	P	计算量大,控制线凹凸不平	样本容量不等
	缺陷数控制图	c	较常用,计算简单,易于理解	样本容量相等
	单位缺陷数控制图	u	计算量大,控制线凹凸不平	样本容量不等

根据观察质量数据是否超出由 3σ 决定的上下控制界限，来检测和度量工艺运行状态是否处于正常状态，生产过程是否处于控制状态，产品的质量是否处于稳定状态等等。

（2）在质量控制方面的应用

根据质量数据与 3σ 决定的上下控制界限间的关系来确定是否对工艺过程加以调整。如超过 3σ 控制域的质量特性值超出了正常的统计概率，则应对过程加以适当调整，否则应保持过程的相对稳定状态。

（3）在质量改进方面的应用

控制图用于质量诊断方面主要是度量质量状态，用于质量控制方面主要是确定是否对过程加以调整，而用于质量改进方面主要是检查质量改进的效果，检查调整后的过程是否重新处于受控状态。

五、控制图应用步骤

（1）确定控制图拟控制的对象，一般都是产品质量的关键特性值，如重量、尺寸等，以及产品质量的统计数据，如不合格品数、不合格品率等；

（2）根据确定的控制对象，选用合适的控制图种类；

（3）确定控制图所使用的样本容量、样本数和抽样方法、抽样间隔等，在样本内，假定波动只由偶然因素所引起；

（4）根据确定的样本容量、样本数和抽样方法，抽取控制图所需的数据，也可以使用前期的质量统计数据；

（5）计算样本的统计特征值，如样本平均值、样本中位数、样本极差和样本标准差等；

（6）根据样本的统计特征值，计算各控制量的上下控制界限；

（7）根据计算出的控制界限和样本数据，画出控制图；

（8）对控制图进行研究和分析，重点是分析控制界限以外的点子和在控制界限内排列有缺陷的点子，由此对质量状态做出较为明确的诊断；

（9）根据诊断的结果决定下一步行动。

六、控制图计算公式

控制图的计算，主要是控制中心线和控制界限的计算。不同类型的控制图，其计算公式不同。表 7-19 和表 7-20 给出了常用的控制图的计算公式及其系数。

控制图计算公式 表 7-19

类别	控制图名称	中心线	控制界限
计量值控制图	平均值 $\bar{x}$ 控制图	$\bar{\bar{x}} = \dfrac{\sum\limits_{i=1}^{k} \bar{x}_i}{k}$	$\left.\begin{array}{l}UCL\\LCL\end{array}\right\} = \bar{\bar{x}} \pm A_2\bar{R}$
	极差 R 控制图	$\bar{R} = \dfrac{\sum\limits_{i=1}^{k} R_i}{k}$	$UCL = D_4\bar{R}$ $LCL = D_3\bar{R}$
	中位数 $\tilde{x}$ 控制图	$\bar{\tilde{x}} = \dfrac{\sum\limits_{i=1}^{k} \tilde{x}_i}{k}$	$\left.\begin{array}{l}UCL\\LCL\end{array}\right\} = \bar{\tilde{x}} \pm m_3 A_2\bar{R}$
	单值 x 控制图	$\bar{x} = \dfrac{\sum\limits_{i=1}^{k} x_i}{K}$	$\left.\begin{array}{l}UCL\\LCL\end{array}\right\} = \bar{x} \pm E_2\bar{R}$
	移动极差 R_s 控制图	$\bar{R}_s = \dfrac{\sum\limits_{i=1}^{k} R_{si}}{k}$	$UCL = D_4\bar{R}_s$
计数值控制图	不合格品数控制图	$\bar{P}_n = \dfrac{\sum\limits_{i=1}^{k} P_{ini}}{k}$	$\left.\begin{array}{l}UCL\\LCL\end{array}\right\} = \bar{P}_n \pm 3\sqrt{n\bar{p}(1-\bar{p})}$
	不合格品率控制图	$\bar{P} = \dfrac{\sum\limits_{i=1}^{k} P_{ini}}{\sum\limits_{i=1}^{k} n_i}$	$\left.\begin{array}{l}UCL\\LCL\end{array}\right\} = \bar{P} \pm 3\sqrt{\dfrac{\bar{p}(1-\bar{p})}{n_i}}$

控制图系数选用表 表 7-20

n	2	3	4	5	6	7	8	9	10	11	12	13
A_2	1.880	1.023	0.729	0.577	0.483	0.419	0.373	0.337	0.308	0.285	0.266	0.249
A_3	2.659	1.954	1.628	1.427	1.287	1.182	1.099	1.032	0.975	0.927	0.886	0.850
D_4	3.267	2.575	2.282	2.115	2.004	1.924	1.864	1.816	1.777	1.744	1.717	1.693
B_4	3.267	2.568	2.266	2.089	1.970	1.882	1.815	1.761	1.716	1.679	1.646	1.618
E_2	2.660	1.772	1.457	1.290	1.134	1.109	1.054	1.010	0.975			
m_3A_2	1.880	1.187	0.796	0.691	0.549	0.509	0.43	0.41	0.36			
D_3	—	—	—	—	—	0.076	0.136	0.184	0.223	0.256	0.283	0.307
B_3	—	—	—	—	0.030	0.118	0.185	0.239	0.284	0.321	0.354	0.382
d_2	1.128	1.693	2.059	2.326	2.534	2.704	2.847	2.970	3.078	3.173	3.258	3.336

注："—"表示不考虑。

七、控制图的分析与判断

应用控制图的目的，就是要及时发现过程中出现的异常，判断异常的原则就是出现了"小概率事件"。为此，判断的准则有两类：

第一类：点子越出控制界限。在稳定状态下，点子越出控制界限的概率为 0.27%。

第二类：点子虽在控制界限内，但排列的形状有缺陷。

由于控制界限为 $\mu \pm 3\sigma$，犯第一种错误的概率 α 就很小了，仅为 0.27%，但犯第二种错误的概率 β 就要增大，为了减少这种错误，即使点子都在控制界限内，也要注意其排列有无缺陷。如果有缺陷（不是随机分布），就要判作异常，看作过程已经发生了变化。

《常规控制图》GB/T 4091—2001，对控制图的评判，提供了 8 种检验模式，也就是 8 种判断准则，其中准则 1 属第一类；准则 2～8 均属第二类。

准则 1：1 个点子落在 A 区外（点子越出控制界限），如图 7-13 所示。

准则 2：连续 9 点落在中心线同一侧，如图 7-14 所示。

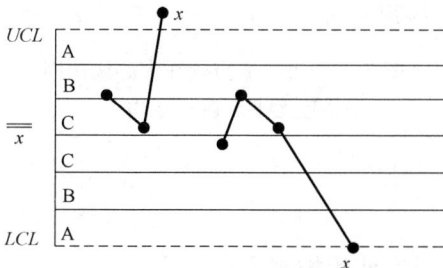

图 7-13 1 个点落在 A 区以外

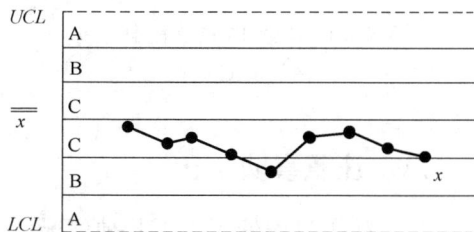

图 7-14 连续 9 点落在中心线同一侧

准则 3：连续 6 点递增或递减，如图 7-15 所示。

215

准则 4：连续 14 点中相邻点子总是上下交替，如图 7-16 所示。

准则 5：连续 3 点中有 2 点落在中心线同一侧的 B 区以外，如图 7-17 所示。

准则 6：连续 5 点中有 4 点落在中心线同一侧的 C 区以外，如图 7-18 所示。

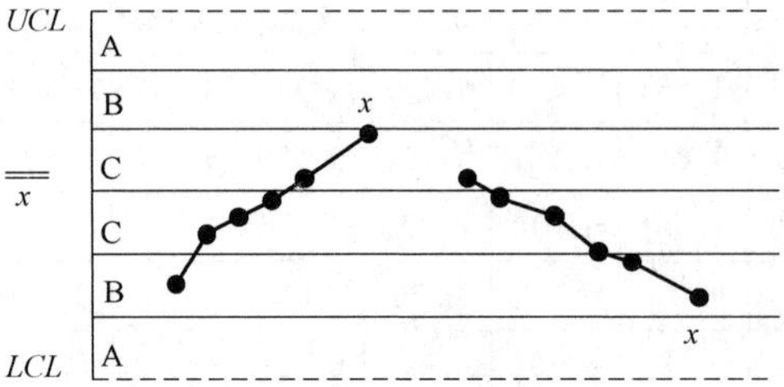

图 7-15　连续 6 点递增或递减

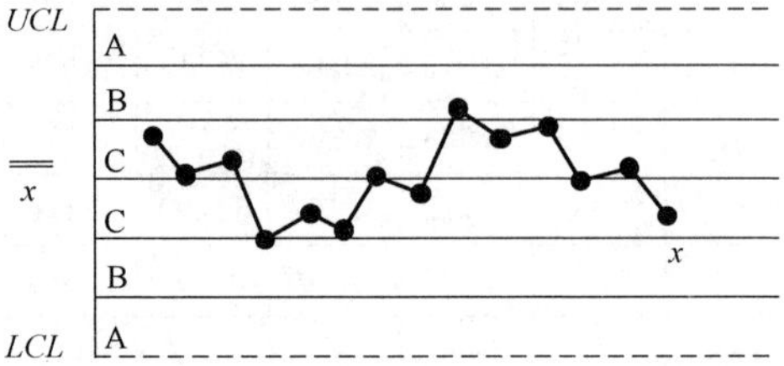

图 7-16　连续 14 点中相邻点交替上下

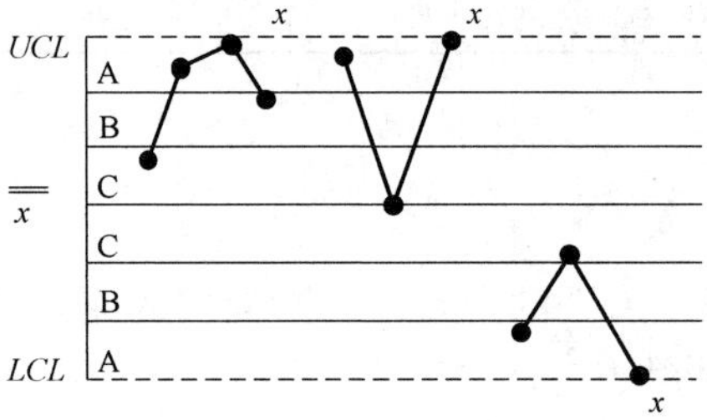

图 7-17　连续 3 点中有 2 点落在中心线同一
侧的 B 区以外

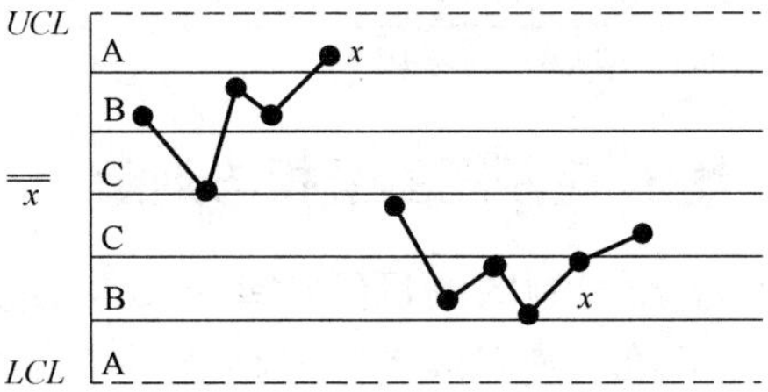

图 7-18　连续 5 点中有 4 点落在中心线同一
侧的 C 区以外

准则 7：连续 15 点落在中心线两侧的 C 区之内，如图 7-19 所示。

准则 8：连续 8 点落在中心线两侧，且无 1 点在 C 区内，如图 7-20 所示。

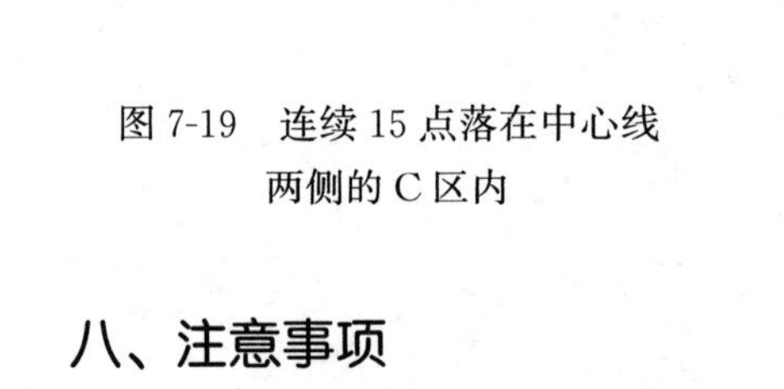

图 7-19　连续 15 点落在中心线
两侧的 C 区内

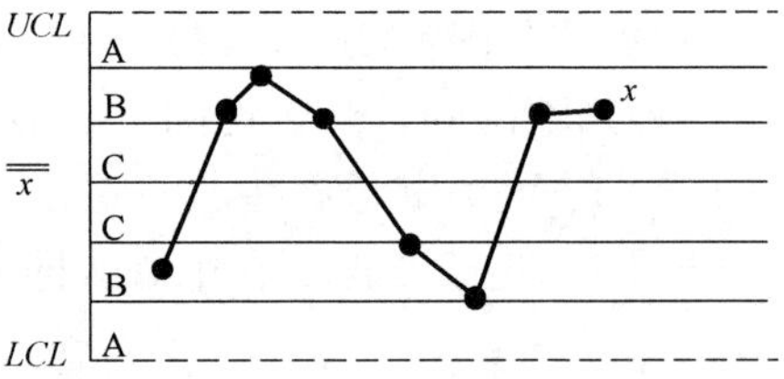

图 7-20　连续 8 点落在中心线两则
且无 1 点在 C 区内

八、注意事项

（1）如果过程处于以下几种情况，一般不适宜使用控制图：

① 在 5M1E 原因未加控制、过程处于不稳定状态；

② 在过程能力不足，即 $C_p < 1$；

③ 没有量化指标的过程；

④ 所控制的对象不具有重复性，一次性或只有少数几次重复性（单件、小批量生产）的生产过程。

（2）选择控制对象时，一般选择需严格控制质量特性值。当一个过程需要控制的质量特性值很多时，则要选择能真正代表该过程主要状况的特性值。必要时要进行分层控制，如不同设备或不同班组等。

（3）避免由于画法不规范或不完整导致图示错误；避免使用公差线代替控制线，小组活动中常出现这种错误；当5M1E发生变化时，应及时调整控制线。同时也避免在实际生产过程使用中，常常因为忙碌等原因不及时打"点"，无法及时发现过程异常；在研究分析控制图时，对已弄清有系统原因的异常点，在原因消除后，要及时剔除异常点数据，并在图中标明，以避免影响正确的分析判断。

（4）要根据打"点"结果进行分析判断，否则，只绘图不分析就失去控制图的报警作用。

九、应用举例

控制图在建筑施工领域质量管理上应用非常广泛，在此只对 $\bar{x}-R$ 控制图和 $x-R_s$ 控制图的应用举例介绍。

1. $\bar{x}-R$ 控制图的实例

某建筑工程公司在浇筑混凝土时，为了保证混凝土的强度，采用了 $\bar{x}-R$ 控制图对工序质量进行管理和分析。

（1）收集数据

共收集了20组（$k=20$），每组5个数据（$n=5$），列于表7-21中。

（2）数据计算

① 中心线（CL）的计算

$\bar{x}$—样本平均值和 R—样本极差。根据公式 $\bar{x}_i = \frac{\sum x_{ij}}{n}$，$j=1,2,\cdots5$，$i=1,2,\cdots,20$ 和公式 $R_i = x_{i\max} - x_{i\min}$，$i=1,2,\cdots20$ 分别计算，计算结果见表7-21。

$\bar{\bar{x}}$—样本平均值的平均值和 $\bar{R}$—样本极差的平均值。

$$\bar{\bar{x}} = \frac{\sum \bar{x}_i}{k} = \frac{568.48}{20} = 28.42$$

$$\bar{R} = \frac{\sum R_i}{k} = \frac{24.6}{20} = 1.23$$

混凝土强度数据表　　　　表7-21

样本组号	混凝土抗压强度（MPa）					$\bar{x}_i$	极差 R_i
	x_1	x_2	x_3	x_4	x_5		
1	29.4	27.3	28.2	27.1	28.3	28.06	2.3
2	28.5	28.9	28.3	29.9	29.0	28.72	1.9

样本组号	混凝土抗压强度（MPa）					$\overline{x}_i$	极差 R_i
	x_1	x_2	x_3	x_4	x_5		
3	28.9	27.9	28.1	28.3	28.9	28.42	1.0
4	28.3	27.8	27.5	28.4	27.9	27.98	0.9
5	28.8	27.1	27.9	27.9	28.0	27.78	1.6
6	28.5	28.6	28.3	28.9	28.8	28.60	0.6
7	28.5	29.1	28.4	29.0	28.6	28.72	0.7
8	28.9	27.9	27.8	28.6	28.4	28.32	1.0
9	28.5	29.2	29.0	29.1	28.0	28.76	1.2
10	28.5	28.9	27.7	27.9	27.7	28.14	1.2
11	29.1	29.0	28.7	27.6	28.3	28.54	1.5
12	28.3	28.6	28.0	28.3	28.5	28.34	0.5
13	28.5	28.7	28.3	28.3	28.7	28.50	0.4
14	28.3	29.1	28.5	27.7	29.3	28.58	1.6
15	28.2	28.3	27.8	28.1	28.4	28.28	1.0
16	28.9	28.1	27.3	27.5	28.4	28.04	1.6
17	28.4	29.0	28.9	28.3	28.5	28.64	0.7
18	27.7	28.7	27.7	29.0	29.4	28.50	1.7
19	29.3	28.1	29.7	28.5	28.9	28.90	1.6
20	27.0	28.2	28.1	29.4	27.9	28.64	1.5

制表人：×××   制表日期：××××年××月××日

CL 的计算包括：

a. $\overline{x}$ 控制图的 CL 计算：

$$CL = \overline{\overline{x}} = 28.42$$

b. R 控制图的 CL 计算：

$$CL = \overline{R} = 1.23$$

② 上控制线（UCL）和下控制线（LCL）的计算

$\overline{x}$ 控制图的 UCL 和 LCL 计算：

$$UCL = \overline{\overline{x}} + A_2\overline{R} = 28.42 + 0.58 \times 1.23 = 29.13$$
$$LCL = \overline{\overline{x}} - A_2\overline{R} = 28.42 - 0.58 \times 1.23 = 27.71$$

R 控制图的 UCL 和 LCL 计算：

$$UCL = D_4\overline{R} = 2.12 \times 1.23 = 2.61$$

LCL 在 $n \leqslant 6$ 可以不考虑。

（3）控制图绘制

该控制图的绘制可以分四步完成。第一步按比例画出 $\overline{x}$ 图和 R 图的横坐标和纵坐标；第二步根据计算值画出 $\overline{x}$ 图和 R 图的中心线和上下控制线；第三步根据计算出的 $\overline{x}$ 值和 R 值在控制上画点并连线；第四步标注控制图。本例的控制图如图 7-21 所示。

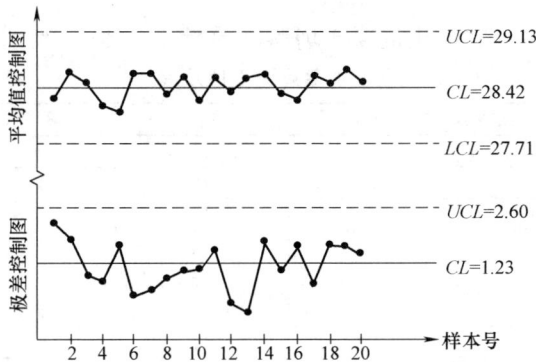

图 7-21　混凝土强度 $\overline{x}—R$ 控制图

制图人：×××　　　　　　　制图日期：××××年××月××日

（4）控制图分析

控制图中没有出现越出控制界线的点子，也未出现点子排列有缺陷的现象，说明该工序运行状态良好，工序质量处于稳定状态。

2. $x—R_{\mathrm{s}}$ 控制图的实例

某混凝土搅拌站为了保证混凝土的坍落度强度，采用了 $x—R_{\mathrm{s}}$ 控制图对工序质量进行管理和控制。

（1）收集数据

对混凝土的坍落度共测量了 20 个数据，整理后列于表 7-22 中。

（2）数据计算

① 平均值的计算：

$$\overline{x}=\frac{\sum x_i}{k}=\frac{134.6}{20}=6.73$$

$$\overline{R}_{\mathrm{s}}=\frac{\sum R_{\mathrm{si}}}{k-1}=\frac{6.8}{20-1}=0.358$$

② x 控制图的计算：

$$CL=\overline{x}=6.73$$

$$UCL=\overline{x}+E_2\overline{R}_{\mathrm{s}}=6.73+2.66\times0.358=7.68$$

$$LCL=\overline{x}-E_2\overline{R}_{\mathrm{s}}=6.73-2.66\times0.358=5.78$$

③ R_{s} 控制图的计算：

$$CL=\overline{R}_{\mathrm{s}}=0.358$$

$$UCL=D_4\overline{R}_{\mathrm{s}}=3.27\times0.358=1.17$$

（注：本例共收集 20 组、每组仅有坍落度 1 个数据，查《控制图系数选用表》，

因无 $n=1$ 时 D_4 的值，故取接近值 $n=2$，所以 $D_4=3.267\approx3.27$，R_s 控制图的控制下界限可以不考虑。）

（3）控制图绘制

根据计算的结果按步骤绘出混凝土坍落度质量 $x-R_s$ 控制图，如图 7-22 所示。

混凝土坍落度测量值及 R_s　　　　　　　　　表 7-22

样本号	坍落度(cm)	R_s	样本号	坍落度(cm)	R_s
1	7.9	—	11	7.4	0.4
2	7.5	0.4	12	7.7	0.3
3	7.1	0.4	13	6.8	0.9
4	6.8	0.3	14	6.4	0.4
5	6.3	0.5	15	6.0	0.4
6	6.0	0.3	16	5.8	0.2
7	6.2	0.2	17	6.1	0.3
8	6.7	0.5	18	6.3	0.2
9	6.9	0.2	19	6.6	0.3
10	7.0	0.1	20	7.1	0.5

制表人：×××　　　　　　　　　　　　制表日期：××××年××月××日

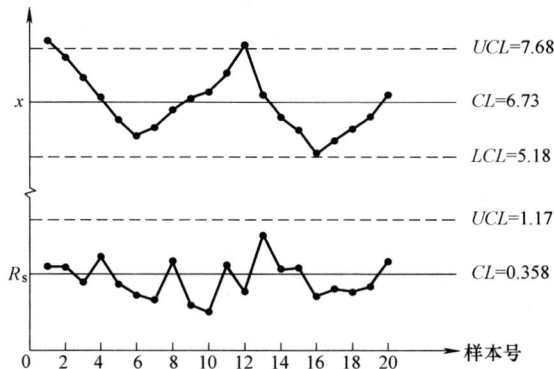

图 7-22　混凝土坍落度 $x-R_s$ 控制图

制图人：×××　　　　　　制图日期：××××年××月××日

（4）控制图分析

从控制图上可以看出，第一点和第十二点越出控制界限，应当剔除。剔除该两点后的平均值和控制上、下限分别为：

$$\bar{x}=\frac{1}{20-2}(20\times6.73-7.9-7.7)=6.61$$

$$UCL=\bar{x}+E_2\bar{R}_s=6.61+2.66\times0.361=7.57$$

$$UCL=\bar{x}-E_2\bar{R}_s=6.61-2.66\times0.361=5.65$$

如果修订后的控制上、下限满足工序的质量要求（技术规范），该控制图可以作为今后质量控制的标准。

第七节 散 布 图

一、散布图的定义

散布图（Scatter Diagram）又叫相关图、散点图，是研究成对出现的两组数据代表的两种特性之间相关关系的简单图示技术。如（X，Y），每对为一个点子。在散布图中，成对的数据形成点子云，研究点子云的分布状态便可推断成对数据之间的相关程度。如图 7-23 展示出 6 种常见的点子云状态。散布图可以用来发现、显示和确认两组相关数据之间的相关程度，并确定其预期关系，常在 QC 小组的质量改进活动中得到应用。

二、散布图的形式和应用步骤

1. 散布图的形式

散布图由横、纵坐标和点子云组成，通过研究点子云的分布状态来推断成对数据间相关程度。如成对出现的数据（X，Y），横轴可以代表 X，纵轴可以代表 Y，每对（X，Y）构成一个点子，众多的点子就构成了点子云。当 X 值增加，相应地 Y 值也增加，则 X 和 Y 是正相关；当 X 值增加，相应地 Y 值却减少，则 X 和 Y 之间是负相关。

散布图典型的点子云分布形状有六种，如图 7-23 所示。

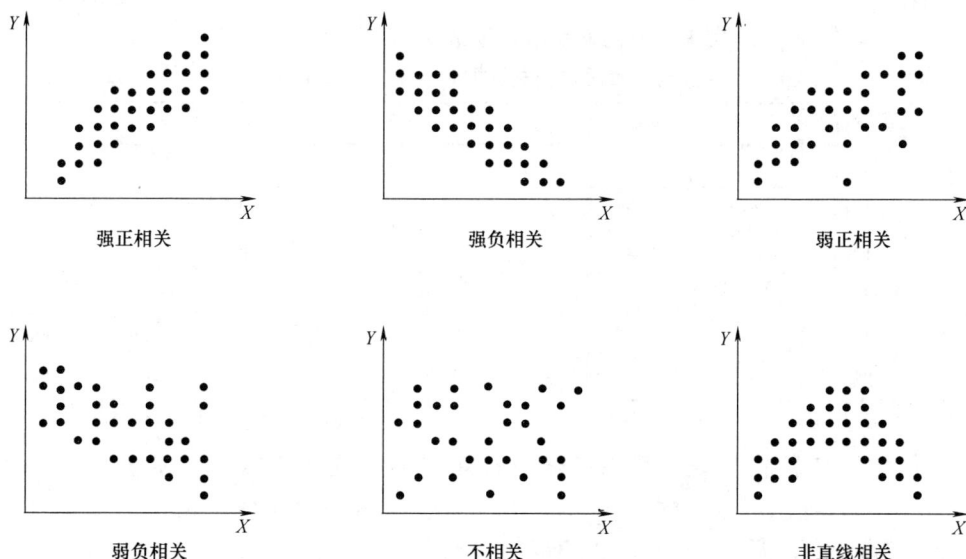

图 7-23 散布图点子云的典型形状

2. 散布图应用步骤

（1）收集两个变量间对应的相关数据（X，Y）至少不得少于 30 对；

（2）找出 X 和 Y 的最大值和最小值，并用这两个值标定横轴 X 和纵轴 Y，画出 X 轴和 Y 轴；

（3）将每对数据所构成的点画出，当两组数据值相等，数据点重合时，可围绕数据点画同心圆表示；

（4）分析点子云的分布状况，确定相关关系的类型。

3. 散布图的相关性判断

常用的散布图相关性判断方法有三种：比较法、象限法和相关系数判断法。在 QC 小组活动中常用的是比较法，就是把做出的散布图同散布图典型图例相比较，从而确定数据间的相关程度。

三、注意事项

（1）要注意对数据进行正确分层，否则可能作出错误判断；

（2）观察是否有异常点或离群点的出现。对于异常点或离群点，应查明原因；

（3）当收集的数据较多时，可能会有重复数据出现，在画图时可以用双重圈表示；

（4）由相关分析所得的结论应注重数据的取值范围。一般不能随意更改其适用范围，当取值范围不同时，应再进行相应的试验与分析。

四、应用举例

某 QC 小组为了摸清混凝土容重与抗渗透性能之间的关系，收集数据后，利用散布图法进行分析。

（1）收集数据。共收集了 30 组数据，如表 7-23 所示。

混凝土容重与抗渗透性相关数据表（单位：mm；g/cm^2）　　　　表 7-23

抗渗	容重	抗渗	容重	抗渗	容重	抗渗	容重	抗渗	容重
7.8	2290	6.5	2080	4.8	1850	5.8	2040	5.5	1940
5.0	1919	7.0	2150	7.3	2200	5.9	2050	6.8	2140
5.5	1960	8.4	2520	7.5	2240	6.4	2060	6.2	2110
8.1	2400	5.2	1900	8.1	2240	7.8	2350	6.3	2120
8.2	2450	5.1	1910	6.1	2100	7.4	2200	4.9	1900
8.0	2351	7.5	2250	6.9	2170	7.5	2300	7.0	2200

制表人：×××　　　　　　　　　　　　　　制表日期：××××年××月××日

（2）画出 X 轴和 Y 轴。找出混凝土容重 X 的最大值 $2520(g/cm^2)$ 及最小值 $1850(g/cm^2)$，找出混凝土抗渗性 Y 的最大值 8.4mm 及最小值 4.8mm，并用这两个值标定横轴 X 和纵轴 Y，画出 X 轴和 Y 轴。

（3）将容重和抗渗性每对数据所构成的点画在对应的纵、横坐标上，如图 7-24 所示。

（4）分析点子云的分布状况。从图 7-24 中可以看出，混凝土的抗渗性随着容重

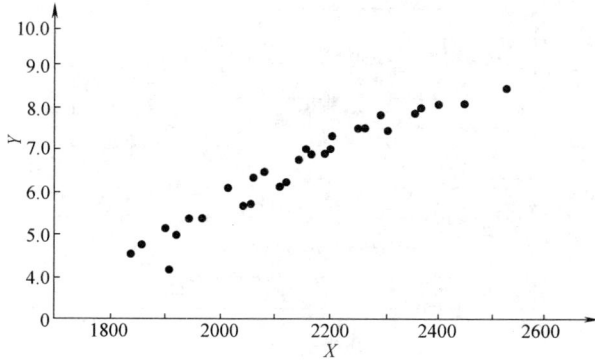

图 7-24　混凝土容重（X）与抗渗性（Y）相关图

制图人：×××　　　　　　　　制图日期：××××年××月××日

的增大而增大，二者是线性强正相关关系，以后，可以在大量数据的情况下，得出具体的经验公式。

举例：《提高蒸汽系统冷凝水热量回收利用率》课题（散布图）

要因确认：末端原因为"软化水箱材质防腐性能差"。症结为"蒸汽冷凝水回收效果差"。确认方法为现场试验。确认时间：××××年××月××日，确认人为×××。确认依据：在弱酸环境下，不锈钢 304 防腐性能对症结蒸汽冷凝水回收效果差的影响程度大小。

确认过程：

（1）××××年××月××日，由 QC 小组成员××对软化水箱的材质防腐性能进行确认：

① 查阅原设计说明，确认软化水箱要求使用不锈钢 304 材质；

② 根据厂家提供的产品质量证明书，确定现场水箱材质使用无误；

③ 记录 5％硫酸溶液中不锈钢材质的腐蚀速率与蒸汽表冷凝水回收量相关表，见表 7-24，并绘制散布图，见图 7-25。

5％硫酸溶液中不锈钢材质的腐蚀速率与蒸汽表冷凝水回收量相关表　表 7-24

腐蚀速率 （mm/年）	蒸汽冷凝水回 收量（m³/h）	腐蚀速率 （mm/a）	蒸汽冷凝水回 收量 m³/h	腐蚀速率 （mm/年）	蒸汽冷凝水回 收量（m³/h）
59.80	2.30	44.75	5.32	26.13	6.53
57.54	2.76	43.32	5.43	25.47	7.23
56.43	3.01	42.55	5.75	23.67	7.50
54.62	3.25	40.98	5.76	22.41	7.63
53.56	3.63	39.75	6.02	20.21	7.75
51.23	3.97	37.45	6.15	18.34	7.76
49.50	4.12	35.69	6.37	16.29	8.08
47.98	4.57	32.76	6.58	14.32	8.43
46.93	4.86	30.48	6.85	12.85	8.58
45.63	4.85	27.94	6.88	10.70	8.89

制表人：×××　　　　　　　　　　　　　　　　　　日期：××××年××月××日

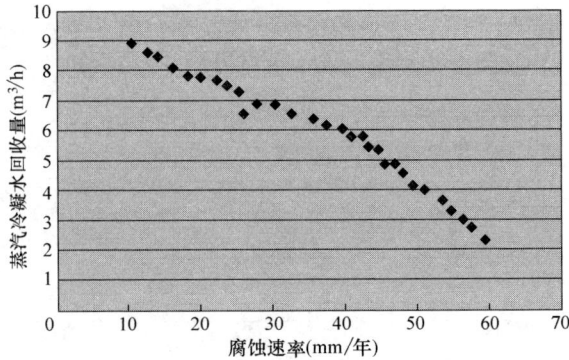

图 7-25　不锈钢材质的腐蚀速率与蒸汽表冷凝水回收量散布图

制图人：×××　　　　　　制图日期：××××年××月××日

（2）由以上数据分析发现不锈钢 304 材质在弱酸环境下的腐蚀速率与蒸汽冷凝水回收呈负相关，防腐性不可以满足现场使用要求，因此该因素对蒸汽冷凝水回收效果产生较大影响。

确认结果：在弱酸环境下，不锈钢 304 材质的软化水箱板材耐腐蚀能力受到很大影响，对蒸汽冷凝水回收效果产生较大影响。结论：软化水箱材质防腐性能差为主要原因。

【案例分析】

小组在进行要因确认的过程中，针对"软化水箱材质防腐性能差"这个末端原因，运用散布图来构建不锈钢在弱酸环境中的腐蚀速率与蒸汽冷凝水回收量的相关关系，从而来判断"软化水箱材质的防腐性能"对症结"蒸汽冷凝水回收效果差"的影响程度大小。

在现场试验中，小组确认了软化水箱的材质为不锈钢 304 材质，选用了与现场环境比较接近的 5％硫酸溶液来测试不锈钢材质的腐蚀速率。小组在收集了 30 对"5％硫酸溶液中不锈钢材质的腐蚀速率与蒸汽表冷凝水回收量"的成对数据后，绘制成散布图，从点子云的分布状态可以看出，不锈钢 304 材质在弱酸环境下的腐蚀速率与蒸汽冷凝水回收呈负相关，说明在弱酸环境下不锈钢 304 材质的软化水箱板材耐腐蚀能力对蒸汽冷凝水回收效果产生较大影响。由此小组确认"软化水箱材质防腐性能差"为主要原因。

第八节　过 程 能 力

一、过程能力的定义

过程能力是指生产过程在一定时间内处于统计控制状态下制造产品的质量特性值的经济波动幅度，也称加工精度。它反映产品质量的稳定程度或工序运行状态的稳定程度。

对于任何生产过程，产品质量特性值总是存在波动的，过程能力越高，产品质量特性值的波动就越小；反之，过程能力越低，产品质量特性值的波动就越大。我们通常用产品质量特性值的实际波动幅度来描述过程能力，一般是用 6 倍的标准偏差，即用 6σ 来描述。

之所以要用 6σ 来描述过程能力，是因为当生产处于稳定状态时，在 $\mu \pm 3\sigma$ 范围内的产品占了整个产品的 99.73%，用 6σ 来描述是比较全面的。当然范围取得更大一些，例如 8σ、10σ 甚至 12σ，所包括的产品比例是可以增加的，但所付出的代价非常大，从价值工程角度看是很不合理的。

二、过程能力指数

在实际生产过程中，不同过程的质量特性值是不同的，过程能力也随之不同。这给工序能力的研究、比较和分析带来很大的麻烦。为解决这一问题，我们引入过程能力指数的概念。

过程能力指数是公差范围（即技术要求）和过程能力的比值，它反映过程能力满足产品质量标准的程度。

我们用 C_{p} 表示过程能力指数，其数学表达式为：

$$C_{\mathrm{p}} = \frac{公差范围}{过程能力} \tag{7-3}$$

三、过程能力指数的计算

过程能力指数虽有统一的表达式，是技术要求与过程能力的比值，但其计算却是根据不同的技术要求和质量波动情况有不同的计算公式。

过程能力指数的计算公式如表 7-25 所示。

过程能力指数计算公式

表 7-25

公差状况	质量分布状况及图例	计 算 公 式
双侧公差	(1) $\bar{x}$ 与 M 重合时 	$C_{\mathrm{p}} = \dfrac{T}{6S} = \dfrac{T_{\mathrm{u}} - T_{\mathrm{L}}}{6S}$
	(2) $\bar{x}$ 与 M 不重合时 	$C_{\mathrm{pk}} = \dfrac{T - 2\varepsilon}{6S}$ $\varepsilon = \lvert M - \bar{x} \rvert$

公差状况	质量分布状况及图例	计 算 公 式
单侧公差	(3) 给定公差上限时 	$C_{pu}=\dfrac{T_u-\bar{x}}{3\sigma}\approx\dfrac{T_U-\bar{x}}{3S}$
	(4) 给定公差下限时 	$C_{pL}=\dfrac{\bar{x}-T_L}{3\sigma}\approx\dfrac{\bar{x}-T_L}{3S}$

从上表可以看出，过程能力指数的计算有四种情况：

（1）双侧公差，样本分布中心 $\bar{x}$ 与公差分布中心 M 重合，这是一种比较理想的情况。

过程能力指数 $C_p=\dfrac{T}{6\sigma}=\dfrac{T_u-T_L}{6\sigma}$

由于实际过程中总体的标准偏差 σ 无法得知，一般用样本的标准偏差 S 来计算。所以，上面公式可表示为：

$$C_p=\dfrac{T}{6\sigma}\approx\dfrac{T}{6S}=\dfrac{T_u-T_L}{6S}$$

案例：某零件质量要求为 20 ± 0.15mm，抽样 100 件，测得 $\bar{x}=20.00$mm，$S=0.05$mm，计算该工序的过程能力指数。

过程能力指数 $C_p=\dfrac{T}{6S}=\dfrac{T_u-T_L}{6S}=\dfrac{20.15-19.85}{6\times0.05}=1$

（2）双侧公差，样本分布中心 $\bar{x}$ 与公差分布中心 M 偏离：

过程能力指数 $C_{pk}=\dfrac{T-2\varepsilon}{6\sigma}\approx\dfrac{T-2\varepsilon}{6S}$

$$\varepsilon=|M-\bar{x}|$$

案例：某零件质量要求为 20 ± 0.15mm，抽样 100 件，测得 $\bar{x}=20.05$mm，$S=0.05$mm，计算该工序的过程能力指数。

根据零件的规格要求，$T_u=20.15$，$T_L=19.85$，则：

$$M=\dfrac{T_u+T_L}{2}=\dfrac{20.15+19.85}{2}=20$$

$$\varepsilon=|M-\bar{x}|=0.05$$

$$C_{\mathrm{pk}}=\frac{T-2\varepsilon}{6S}=\frac{0.3-2\times0.05}{6\times0.05}\approx0.67$$

（3）单侧上限公差 T_{u}：

对于某些特性值，如垂直度、沙子的含泥量等，它的公差只能是单侧的，即规定上限不能超过某个数值，但不规定下限，它的分布不是正态，而是偏态分布。

过程能力指数 $\qquad C_{\mathrm{pu}}=\dfrac{T_{\mathrm{u}}-\overline{x}}{3\sigma}\approx\dfrac{T_{\mathrm{u}}-\overline{x}}{3S}$

案例：某零件清洁度的要求不大于 96mg，抽样 100 件，结果得：$\overline{x}=48$mg，$S=12$mg，求过程能力指数。

$$C_{\mathrm{pu}}=\frac{T_{\mathrm{u}}-\overline{x}}{3S}=\frac{96-48}{3\times12}\approx1.33$$

（4）单侧下限公差 T_{L}：

某些特性值只给出下限，如绝缘材料的绝缘强度、金属材料的抗拉强度等，它的公差，也只能是单侧的。

过程能力指数 $\qquad C_{\mathrm{pL}}=\dfrac{\overline{x}-T_{\mathrm{L}}}{3\sigma}\approx\dfrac{\overline{x}-T_{\mathrm{L}}}{3S}$

案例：某金属材料的抗拉强度要求不少于 32MPa，抽样 100 件后测得：$\overline{x}=38$MPa，$S=1.8$MPa，求过程能力指数。

$$C_{\mathrm{pL}}=\frac{\overline{x}-T_{\mathrm{L}}}{3S}=\frac{38-32}{3\times1.8}\approx1.11$$

四、过程能力指数的评定

过程能力评价就是利用过程能力指数评定过程的等级。评价的目的是掌握过程能力和根据不同的过程能力对过程采取不同措施加以管理和控制。

常用的过程能力等级评定表如表 7-26 所示。

过程能力等级评定表 　　　　　　表 7-26

范　围	等级	判断评定	不合格品概率 $P(\%)$	措施
$C_{\mathrm{p}}\geqslant1.67$	特级	过程能力过剩	$p<0.00006$	• 为提高产品质量,对关键或主要项目可适当缩小公差范围; • 提高效率,降低成本,可适当降低设备精度等级; • 放宽波动幅度
$1.67>C_{\mathrm{p}}\geqslant1.33$	1 级	过程能力充分	$0.006>p\geqslant0.00006$	• 若受控对象为非关键或主要项目,可适当放宽波动幅度; • 保持状态; • 适当降低对原材料的要求; • 适当简化质量检验,采取抽样检验或减少检验频次

范　围	等级	判断评定	不合格品概率 $P(\%)$	措施
$1.33>$ $C_\mathrm{p}\geqslant 1$	2 级	过程能力尚可	$0.27>$ $p\geqslant 0.006$	• 必须用控制图或其他方法对工序进行控制和监督,以便及时发现异常波动; • 对产品按正常规定检验; • 当 C_p 值接近 1 时,出现不合格可能性加大,要对过程加以控制
$1>C_\mathrm{p}$ $\geqslant 0.67$	3 级	过程能力不足	$4.55>p$ $\geqslant 0.27$	• 分析分散程度大的原因,制订措施加以改进; • 在不影响产品质量的情况下,放宽公差范围; • 加强质量检验,全程检验或增加检验频次; • 减少标准偏差
$0.67>C_\mathrm{p}$	4 级	过程能力严重不足	$p\geqslant 4.55$	• 停止施工,找出原因,改进工艺,提高 C_p; • 全数检验,挑出不合格品

五、提高过程能力指数的途径

由过程能力指数的计算公式 $C_\mathrm{pk}=\dfrac{T-2\varepsilon}{6\sigma}$ 可见,影响过程能力指数有 3 个变量,即产品质量范围(公差范围 T),过程加工的分布中心与公差中心 M 的偏移量 ε,过程加工的质量特性值的分散程度,即标准偏差 σ,一般用样本的标准偏差 S 代替。因此,提高过程能力指数的途径有 3 个,即减少中心偏移量 ε;减少标准偏差 S;增大公差范围 T。

(1)调整过程加工的分布中心,减少中心偏移量 ε

① 通过收集数据,进行统计分析,找出大量连续生产过程中由于工具磨损、加工条件随时间逐渐变化而产生偏移的规律,及时进行中心调整,或采取设备自动补偿偏移、刀具自动调整和补偿等。

② 根据中心偏移量,通过首件检验,可调整设备、刀具等的加工定位装置。

③ 改变操作者的倾向性加工习惯,以公差中心值为加工依据。一般孔加工中易出现向上差偏移的现象。

④ 配置更为精确的量具或采用高一等级的量具检测。

(2)提高过程能力,减少分散程度,即减少过程加工的标准偏差 S

材料的不均匀、设备精度等级低、可靠性差、工装磨具精度低、工序安排不合理和工艺方法不正确等,会造成分散程度增大,对工序能力指数的影响是十分显著的。提高过程能力、减少分散程度的措施极为广泛,一般包括以下几方面:

① 修订工序,改进工艺方法,修订操作规程,优化工艺参数,补充增添中间工序,推广应用新材料、新工艺、新技术;

② 检修、改造或更新设备,改造、增添与公差要求相适应的精度较高的设备;

③ 增添工具工装，提高工具工装的精度；

④ 加强进货材料质量检验，尽可能减少由于材料进货批次的不同而造成的质量波动；

⑤ 改造现有的现场环境条件，以满足产品对现场环境的特殊要求；

⑥ 对关键工序、特种工艺的操作者进行技术培训；

⑦ 加强现场的质量控制、设置过程质量控制点或推行控制图管理，开展 QC 小组活动，加强质检工作。

（3）修订公差范围

修订公差范围，其前提条件是必须保证放宽公差范围不会影响产品质量。在这个前提条件下，可以对不切实际的过高的公差要求进行修订，以提高过程能力指数。

大量的实践结果表明，在实际工作中，减少重心偏移量的措施，在技术上、操作上比较容易实现，同时也不必为此花费太多的人力、物力和财力，因此常常作为提高过程能力指数的首要措施。只有当中心偏移量 $\varepsilon = 0$，而 C_p 值仍然小于 1 时，才考虑减少过程加工的分散程度，或考虑是否有可能放宽公差范围，以提高过程能力。提高过程能力往往需要对现场的生产进行工艺上的改进和改造，技术上难度大，需要花费较多的时间和费用，但提高过程能力却可以提高制造质量水平，对于企业是很必要的。

第八章 树图、关联图、亲和图、PDPC法、网络图、矩阵图

第一节 树图（系统图）

一、树图的定义

树图也称系统图（Tree diagram），是表示某个质量问题与其组成要素之间的关系，从而明确问题的重点，寻求达到目的所应采取的最适当的手段和措施的一种树枝状图。它可以系统地把某个质量问题分解成许多组成要素，以显示出问题与要素、要素与要素之间的逻辑关系和顺序关系。比如，可以把头脑风暴法产生的意见、观点，按其内在的联系整理成树图，以便更清晰地显示出诸要素之间、要素同主题之间的逻辑关系、顺序关系或因果关系。树图常用于单目标展开，一般均自上而下或自左至右展开作图。

二、树图的形式

树图一般由主题、要素类别、要素和各级子要素组成。由于它的单目标性决定了其主题只有一个，主题下面是要素类别，每个要素类别又分若干个要素，要素又分子要素，子要素又分子要素，直至末端子要素为止。

实际使用中，树图可以向下展开，也可以侧向展开。向下展开的称宝塔型，侧向展开的称侧向型。图 8-1 是宝塔型树图的典型形式。

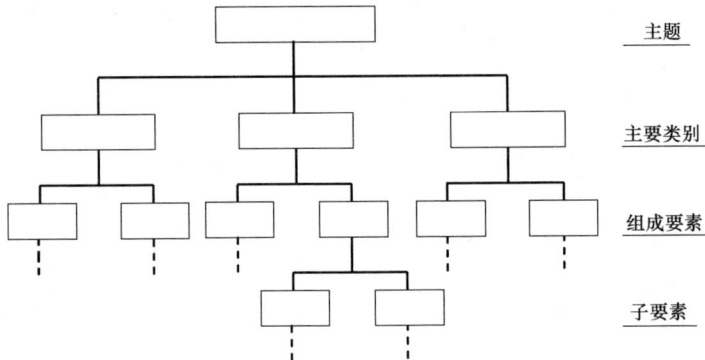

图 8-1 宝塔型树图

三、树图的主要用途

（1）树图可用于质量管理活动的展开，如质量方针、质量目标、质量责任制的

展开；

(2) 作为多层次因果关系分析方法；

(3) 质量改进要求的展开；

(4) 新产品、新工艺、新设计方案的展开；

(5) 树图也可以作为亲和图的一种表现形式，用于问题的归类；

(6) 用于创新型课题方案的展开分析；

(7) 对各部门职责、权限展开，用于机构调整时的职能分配。

四、树图应用步骤和注意事项

1. 树图的应用步骤

(1) 列出要解决的主题（如症结）；

(2) 确定该主题的主要类别，即主要层次，可以利用亲和图中的主卡片或头脑风暴法明确的主要层次来确定；

(3) 根据主要类别确定其组成要素和子要素；

(4) 把主题、主要层次、组成要素和子要素放在相应的方框内；

(5) 检查画出的树图，确保无论在顺序上或逻辑上都没有差错和空档。

2. 树图注意事项

(1) 用于因果分析的树图（系统图）是单目标的，即一个问题用一张树图；

(2) 运用树图（系统图）进行原因分析时，树图中的主要类别一般可以不先从"5M1E"出发，而是根据具体的质量问题或逻辑关系去选取。

五、应用举例

图 8-2 是某小组在分析地铁管片姿态异常（问题解决型-原因分析）时应用的树图。

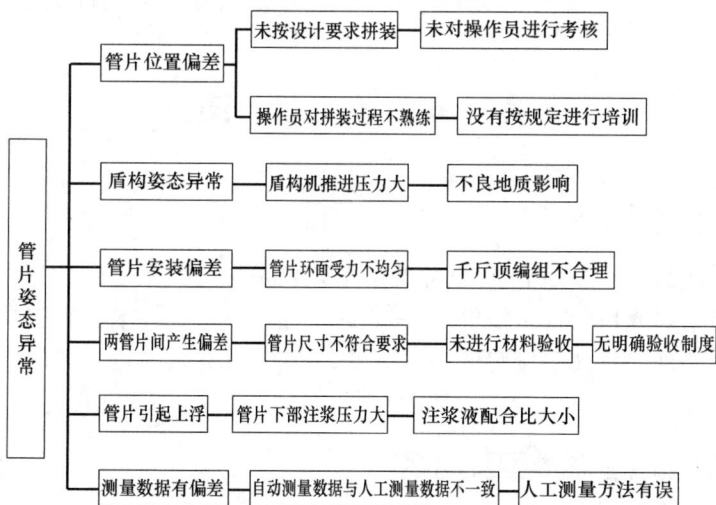

图 8-2 管片姿态异常原因分析树图

制图人：×××   日期：××××年××月××日

图 8-3 是某小组在创新研发电动葫芦提升式操作平台（创新型-方案展开分析）时应用的树图。

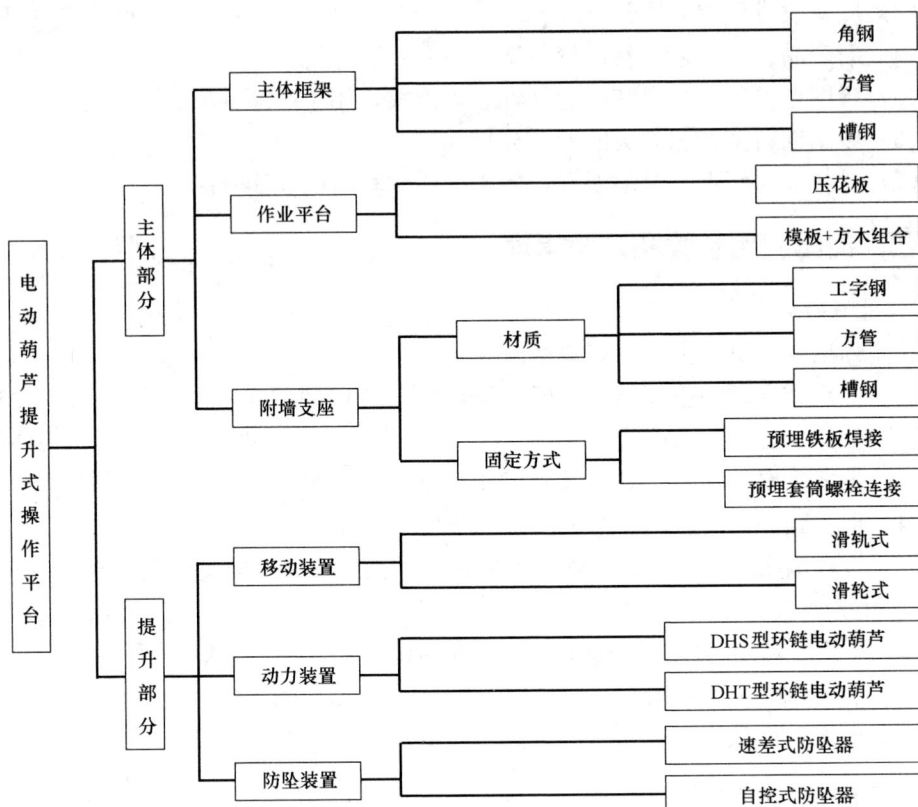

图 8-3 电动葫芦提升式操作平台方案分解树图

制图人：×××　　　　　　日期：××××年××月××日

第二节　关　联　图

一、关联图的定义

关联图（Relation diagram）也称关系图。它是解决关系复杂、原因之间又相互关联的原因与结果或目的与手段等单一或多个问题的图示技术，是根据逻辑关系理清复杂问题、整理语言文字资料的一种方法。与树图不同的是，关联图的主题不止一个，可以是多个。

二、关联图的基本类型及用途

（1）关联图的基本类型

关联图的基本类型有中央集中型和单侧汇集型两种。

① 中央集中型关联图。把要分析的问题放在图的中央位置，把同"问题"发生关联的原因逐层排列在其周围，如图 8-4 所示。

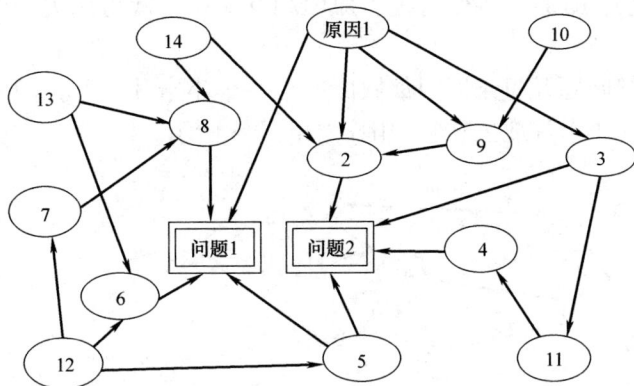

图 8-4　中央集中型关联图

② 单侧汇集型关联图。把要分析的问题放在右（或左）侧，把与其发生关联的原因从右（左）向左（右）逐层排列，如图 8-5 所示。

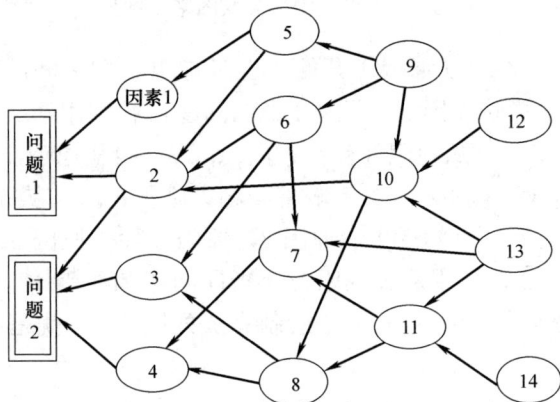

图 8-5　单侧汇集型关联图

（2）关联图的主要用途：

① 针对症结进行原因分析；

② 开发研究质量对策；

③ 规划过程和活动的开展；

④ 顾客投诉问题的分析；

⑤ 其他使用的领域和方面。

三、关联图的应用步骤

（1）广泛分析收集原因。针对存在的问题召开原因分析会，运用头脑风暴法集思广益，广泛提出可能影响问题的原因，并把提出的末端原因收集起来。例如，某

"利箭"小组分析收集原因共 12 条。

（2）初步确认。初步分析出的原因中，有不少原因是互相影响的，前面提到的"利箭"小组手机的 12 条原因中有很多原因相互关联，就可用关联图把它们的因果关系理出头绪来。

（3）整理。把问题及每条原因都做成一个一个小卡片，并把问题的小卡片放在中间，把各原因的小卡片放置在它周围，如图 8-6 所示。

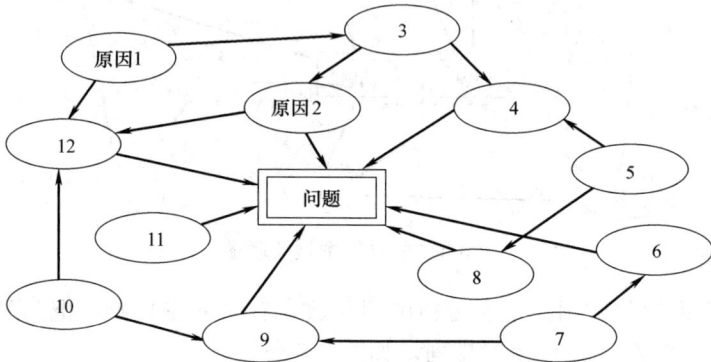

图 8-6　中央集中型关联图基本图形

（4）寻找关系并绘图。从原因 1 开始，逐条理出它们之间的因果关系。如原因 1 影响原因 3，原因 3 影响原因 2，原因 2 影响问题，我们用箭头将其联系起来，即从原因 1 箭头指向原因 3，从原因 3 箭头指向原因 2，再从原因 2 指向问题。如果原因 1 同时又影响原因 12，原因 12 又影响着问题，则再把箭头从原因 1 指向原因 12，原因 12 再把箭头指向问题。然后再看原因 2，原因 2 除受原因 3 的影响和直接影响问题外，还影响原因 12，就用箭头从原因 2 指向问题和原因 12。这样把 12 条原因逐项理一遍，关联图也就绘制完成了。绘制完成的图 8-6，就是中央集中型关联图的基本图形。

图中，▭（也可用◯）表示问题；◯（也可用▭）表示原因。箭头指向为原因→结果。由于位置紧凑，无论是问题还是原因，均要用简洁、明了的语言填入其中。

（5）找出末端原因。关联图（见图 8-6）中各原因有以下三种情况：

① 箭头只进不出

箭头只进不出，说明此原因只有别的原因影响它，而它不影响别的原因，这就是需要分析原因的问题。

② 箭头有进有出

箭头既有进又有出，说明该原因既影响别的原因，同时又受到别的原因的影响，表明它不是具体的末端原因，只是一个中间原因。有的原因进、出箭头很多，也只能说明是一个很重要的中间环节而已，不能把它作为末端原因。如图 8-6 中的原因 2、原因 3、原因 4、原因 6、原因 8、原因 9、原因 12。

③ 箭头只出不进

箭头只出不进，表明该原因只影响别的原因，而不受别的原因影响，是造成问题的末端原因，即是原因的根源。从图 8-6 的关联图中可以看出，箭头只出不进的末端原因有：原因1、原因5、原因7、原因10、原因11，主要原因要从这5条末端原因中逐一确认、识别和选取。

四、注意事项

（1）原因之间没有相互缠绕时，不能用关联图。

（2）文字、语言应简洁、准确。

（3）末端原因箭头只出不进。

（4）要把所有末端原因再检查一遍，看其是否分析到可直接采取对策的程度，如果不能采取对策，则要再展开分析下去，一直分析到可以直接采取对策的程度为止。

五、应用举例

图 8-7 为某小组针对"顺直度偏差大"和"平整度偏差大"的症结进行原因分析，绘制了关联图。

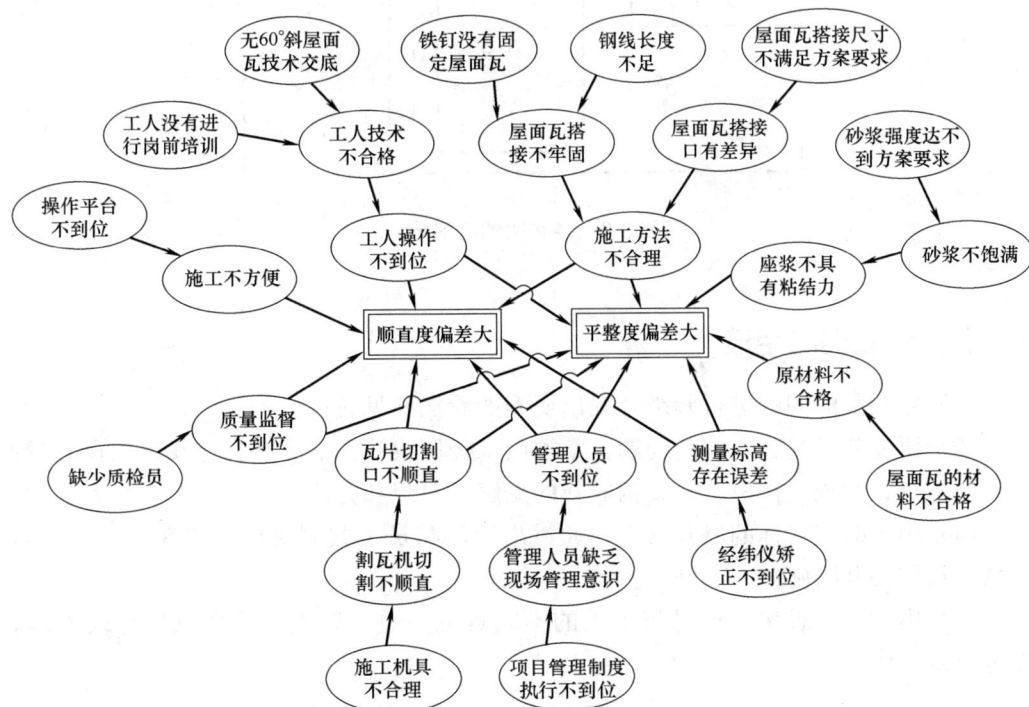

图 8-7 "顺直度偏差大"和"平整度偏差大"原因分析关联图

制图人：×××　　　　制图日期：××××年××月××日

235

第三节 亲 和 图

一、亲和图的概念

亲和图（Affinity Diagram）也称 A 型图解，它是 KJ 法中的一种。它是把收集到的有关某一特定主题的意见、观点、想法和问题，按它们间的相互亲近程度加以整理、归类、汇总的一种图示技术。在 QC 小组活动中，亲和图常用于归纳、整理由"头脑风暴"法和"诸葛亮会"所产生的各种意见、观点和想法等语言资料。

亲和图的一般形式如图 8-8 所示。

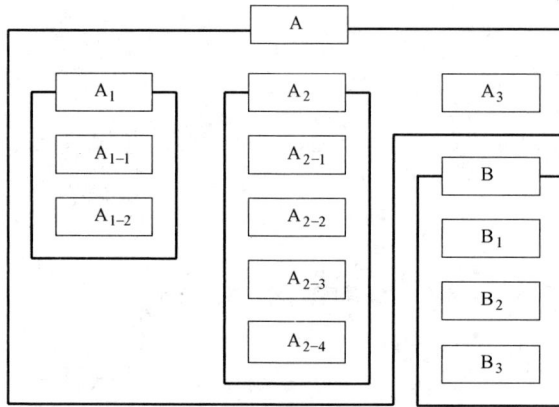

图 8-8　亲和图的一般形式

二、亲和图的用途

（1）对杂乱的问题进行归纳，提出明确的看法和见解；

（2）研究新情况、发现新问题，掌握尚未经历或认识的事实，寻找其内在关系；

（3）打破常规、构思新意，构成新的见解、思想和方法；

（4）用于既定目标的展开落实，通过决策层与员工共同讨论、研究，发挥集体智慧，贯彻展开措施；

（5）用于统一思想，通过将个人的不同意见汇总、归纳，发现意见分歧原因，促进有效合作。

三、亲和图应用步骤

（1）确定主题。参加讨论的小组成员最多不应超过 10 人，小组的组织者应用通俗语言（非专业术语）讲明将要讨论研究的问题，并得到每位成员的确认，便于统一思想。

（2）收集语言资料。采用集体讨论、面谈、阅览、独立思考、观察等方法收集语言资料。常见的头脑风暴法，也是比较有效的语言资料收集方法。

（3）制作语言资料卡片。尽量做到每张卡片只记录一条意见、一个观点和一种想法，这样便可以形成许多卡片。

（4）汇总、整理卡片。反复阅读卡片，把有关的卡片归在一起，并找出或另写出一张能代表该组内容的主卡片，把主卡片放在最上面，进行标识分类，按类将卡片中的信息加以登记、汇总。

（5）绘制亲和图。把分类卡片按照相互关系进行展开排列，使各类间位置能清晰地显示出相互关系，并用适当的记号、框线加以标识，绘制出亲和图。

（6）报告结论。根据绘制的亲和图，写出书面分析报告，指明结论。

四、应用举例

图8-9为某QC小组成员在选择课题时，从各个方向进行选题考虑，并用亲和图归纳整理得到五个方面范围的选题，如图8-9所示。

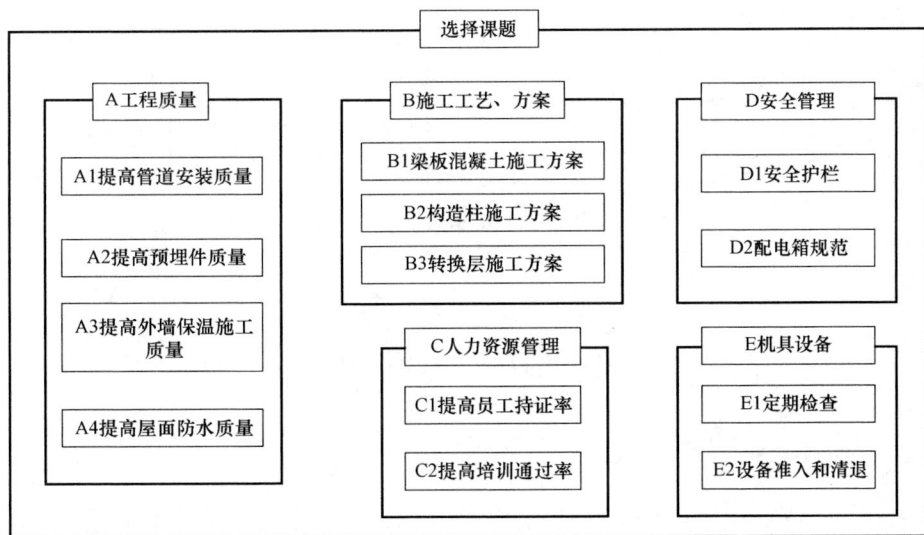

图 8-9 选择课题亲和图

制图人：×××　　　　　　　制图日期：××××年××月××日

图8-10为某QC小组成员在研发失表示报警装置时，多方面提出研发思路，并用亲和图归纳整理得到三个类型的方案，如图8-10所示。

图 8-10　失表示报警装置亲和图

制图人：×××　　　　　　　制图日期：××××年××月××日

第四节　PDPC 法

一、PDPC 法概念

PDPC 法（Process Decision Program Chart）又称过程决策程序图法。它源于运筹学和系统理论的思想方法，是指为实现某一目的实现进行多方案设计，以应付实施过程中产生的各种变化的一种计划方法。在动态实施过程中，随着事态发展所产生的各种结果及时调整方案，运用预先安排好的程序，确保达到预期结果和目的。通俗地讲，就是事先"多做几手准备"预测各种困难（如应急预案），并提出解决方案。PDPC 法主要有以下基本特征：

（1）掌握全局；

（2）动态管理；

（3）兼具预见性和临时应变性；

（4）提高目标的达成率；

（5）具有可追溯性；

（6）使参与人员的构想、创意得以充分发挥。

PDPC法一般有以下两种思维：

（1）顺向思维法。顺向思维法是定好一个理想的目标，然后按照顺序考虑实现目标的手段和方法（见图9-9）。这个目标可以是比较大的工程（产品）、一项具体的革新、一个技术改造方案等，为了稳步达到目标，需要设想很多条线路。总之，无论怎么走一定要走到目的地。但行走的方案，并不需要真正等到碰得头破血流以后才去解决，事先预测所有可能出现的问题，确保计划得到顺利实施。

（2）逆向思维法。当 Z 为理想状态（或非理想状态）时，从 Z 出发，逆向而上，从大量的观点中展开构思，使其和初始状态 A_0 连接起来，详细研究其过程做出决策，这就是逆向思维法（见图 8-11）。逆向思维应该考虑从理想状态开始，实现目标的前提是什么，为了满足这个前提又应该具备什么条件，一步一步倒推，一直退到出发点。通过正反两个方面的连接，倒着走得通，顺着也可以走通，这就是PDPC法一种正确的思考方法。

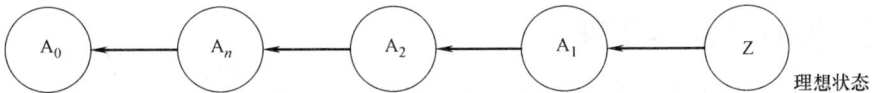

图 8-11　逆向思维的 PDPC 法

二、PDPC 法基本形式

PDPC 法的基本形式如图 8-12 所示。A_0 表示初始状态，Z 表示目的，A_0 与 Z 之间是几种不同的方案设计。从初始状态 A_0 开始，实施 $A_1 \rightarrow A_2 \rightarrow A_3 \rightarrow A_4 \rightarrow \cdots \rightarrow A_n$ 来实现目的是最佳的方案，但预计 A_2 项目实施的把握性不大，如果实施不顺利则改用 $B_1 \rightarrow B_2 \rightarrow B_3 \rightarrow B_4 \rightarrow \cdots \rightarrow B_n$ 这一方案。假如工作刚开始到 A_1 时就受到严重

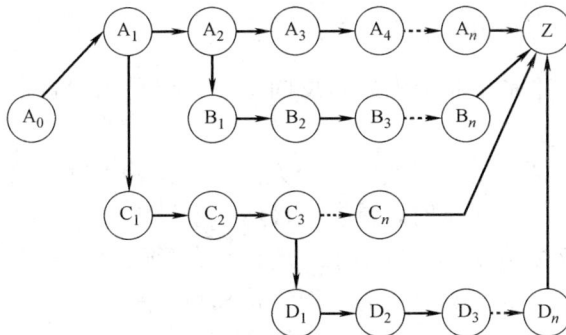

图 8-12　PDPC 法的基本形式

阻碍，则只有使用 $C_1 \rightarrow C_2 \rightarrow C_3 \rightarrow C_4 \rightarrow \cdots \rightarrow C_n$ 这一方案，此方案虽不如前两个方案，但也还是能够达到目的的。在这一方案的实施中，一旦 C_3 受阻，则从 C_3 转入 $D_1 \rightarrow D_2 \rightarrow D_3 \rightarrow D_4 \rightarrow \cdots \rightarrow D_n$ 这一方案，也是能够实现目的的。

三、PDPC 法主要用途

PDPC 法的使用广泛，从家庭乘车买菜，到国家发展计划的实施；从医生做手术，到军事战术方案的制定，都可以采用这种方法做预先准备。主要用途如下：

（1）方针目标管理中实施项目的计划拟定；

（2）新产品、新技术开发的计划拟定；

（3）施工组织设计方案拟定；

（4）制造中不良现象的防止及对策拟定；

（5）攻关课题的实施方案拟定；

（6）组织均衡生产；

（7）组织材料供应；

（8）重大事故预测及防止；

（9）制定双边或多边谈判方案。

四、PDPC 法应用步骤

（1）提出实现目标值的实施方案，作为小组的议题；

（2）小组成员用"否定法"方式，对提出的方案，逐项进行可行性分析，充分预测可能的后果，并提出各种新的可行性方案；

（3）综合考虑时间顺序、经济性、可靠性、难易程度和效果等方面，对各种方案进行优选、排队，按照基本图形的模式安排过程决策程序方案；

（4）制定方案实施的保证措施，明确责任者、信息传递方式和资源配置；

（5）课题组长在方案实施过程中始终把握实施动态，及时调整方案不断修订 PDPC 图，直至实现小组目标。

五、注意事项

（1）PDPC 法无论是正向构思还是反向构思，都是用"否定式"提问法完善和优化程序；

（2）最终实现理想目的，只实施一个方案。正向构思动态管理时，是实施一个可行方案，反向构思完善思维时，是实施最后一个最优方案；

（3）必须以动态发展所产生的结果来调整动态管理的 PDPC 方案；

（4）使用 PDPC 方案进行动态管理时，应做好各种方案的资源配置，力争实现第一方案；

（5）课题组长应始终在指挥位置上组织方案的实施。

六、应用举例

例如，某 QC 小组采用可旋转连接件安装临边转角护栏，为了确保顺利安装，运用 PDPC 法设想立柱的安装不利状态和结果，设法导向理想状态，如图 8-13 所示。

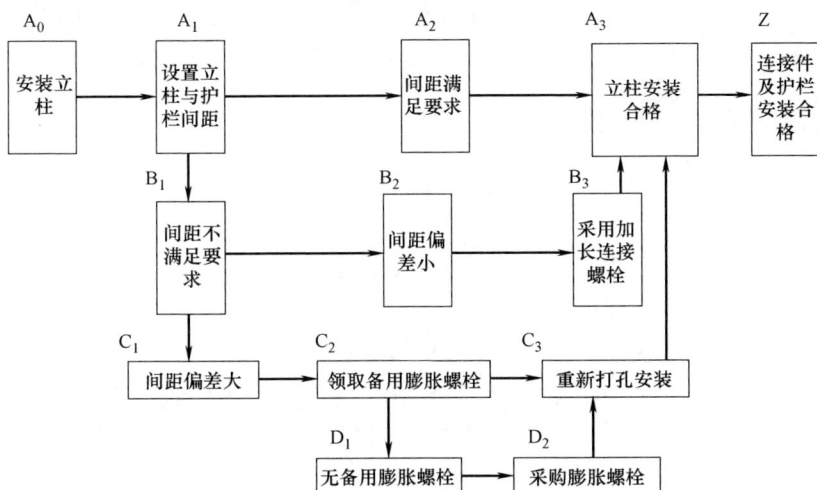

图 8-13 立柱安装 PDPC 法图

制图人：×××　　　　　　制图日期：××××年××月××日

从上图可以看到，从 $A_0 \rightarrow Z$ 考虑到安装临边转角护栏过程中可能遇到现场实际的一些影响因素，预先设计了四条实施路线。即：

第一条：$A_0 \rightarrow A_1 \rightarrow A_2 \rightarrow A_3 \rightarrow Z$

第二条：$A_0 \rightarrow A_1 \rightarrow B_1 \rightarrow B_2 \rightarrow B_3 \rightarrow A_3 \rightarrow Z$

第三条：$A_0 \rightarrow A_1 \rightarrow B_1 \rightarrow C_1 \rightarrow C_2 \rightarrow C_3 \rightarrow A_3 \rightarrow Z$

第四条：$A_0 \rightarrow A_1 \rightarrow B_1 \rightarrow C_1 \rightarrow C_2 \rightarrow D_1 \rightarrow D_2 \rightarrow C_3 \rightarrow A_3 \rightarrow Z$

第五节　网　络　图

一、网络图的概念

网络图（Arrow Diagram）又称箭条图、矢线图、网络计划图或双代号网络计划图，是用网络的形式来安排一项工程（产品）的日历进度，说明其作业、工序之间的关系，计算作业时间和确定关键作业路线，建立最佳日程计划，高效率地管理作业进度的一种方法。网络图源于统筹法的网络计划技术，是为克服进度计划横道图（甘特图）在计划安排上的不足而发展起来的一种多功能的制定和管理计划的图示技术。运用网络图可以清楚展示各项作业、工序能否如期完成，对整体计划进度的影响程度。当其中某项作业、工序提前或延迟，可以迅速量化地展示出对整体计划进度的变化，以确保准确掌握工作进程，有利于从全局出发，统筹安排、抓住关键路线，集中力量，按时或提前完成计划。

网络图在施工领域应用较为广泛，依据《工程网络计划技术规程》JGJ/T 121，常用的工程网络图（计划）类型包括：双代号网络计划、单代号网络计划、双代号时标网络计划、单代号搭接网络计划，下面以双代号网络计划为例介绍网络图。

二、网络图的一般形式

网络图由箭线、标注、节点、线路组成，如图 8-14 所示。

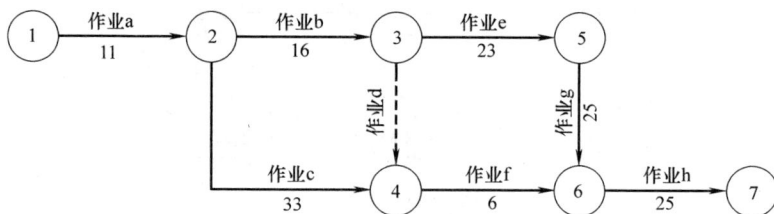

图 8-14　网络图的一般形式

（1）箭线（工作）

箭线（工作）是泛指一项需要消耗人力、物力和时间的具体活动过程，也称工序、活动、作业，每一条箭线表示一项工作。箭线的箭尾节点表示该工作的开始，箭线的箭头节点表示该工作的完成。

网络图中的每一条实箭线都要占用时间，并多数需要消耗资源。具体到工程建设而言，一条箭线表示项目中的一个施工过程，可以是一道工序、一个分项工程、一个分部工程或一个单位工程。有时，为了正确地表达网络图中各工作之间的逻辑关系，常常需要应用虚箭线。虚箭线是实际工作中并不存在的一项虚设工作，不占用时间和不消耗资源，一般起着工作之间的联系、区分和断路作用。

（2）标注

标注是指在箭线上、下的标注。一般工作名称和工作代号可标注在箭条线的上方，完成该项工作所需要的持续时间可标注自箭线的下方，如图 8-15 所示。

$$\begin{array}{c|c|c} ES_{i-j} & LS_{i-j} & TF_{i-j} \\ \hline EF_{i-j} & LF_{i-j} & FF_{i-j} \end{array}$$

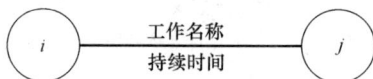

图 8-15　双代号网络计划标注

（3）节点

节点又称结点、事件。节点是网络图中箭线之间的连接点。在时间上节点表示指向某节点的工作全部完成后该节点后面的工作才能开始的瞬间，它反映前后工作的交接点。节点分为起点节点、终点节点和中间节点。节点应用圆圈表示，并在圆圈内标注编号。一项工作应当只有唯一的一条箭线和相应的一对节点，且要求箭尾节点的编号小于箭头节点的编号，节点的编号顺序从小到大，可不连续，但不允许重复。

（4）线路

网络图中从起始点开始，沿箭头方向顺序通过一系列箭线与节点，最后达到终点节点的通路称为线路。一个网络图中可能有多条线路，可依次用该线路上的节点代号来记述，线路中各项工作持续时间之和就是该线路的长度，即线路所需的时间。例如图8-14所示网络计划中有三条线路：①→②→③→④→⑥→⑦、①→②→④→⑥→⑦、①→②→③→⑤→⑥→⑦。在各条线路中，有一条或几条线路的总时间最长，称为关键线路，一般用双线或粗线标注。其他线路长度均小于关键线路，称为非关键线路。

三、绘图规则

（1）网络图必须正确表达已确定的逻辑关系，且不允许出现循环回路。

（2）网络图中节点之间不能出现带双向箭头或无箭头的连线，不能出现没有箭头节点或没有箭尾节点的箭线。

（3）网络图中应只有一个起点节点和一个终点节点，其他所有节点均应是中间节点；网络图应条理清楚，布局合理。例如，网络图中的工作箭线不宜画成任意方向或曲线形状，尽可能用水平线或斜线；关键线路、关键工作尽可能安排在图面中心位置，其他工作分散在两边，避免倒回箭头等。

四、网络图的关键工作和关键线路的确定

关键工作是指网络图中总时差最小的工作。

关键线路是指自始至终全部由关键工作组成的线路，或线路上总的工作持续时间最长的线路，可用双线或粗线标注。

如图8-14所示，将各时间参数计算几个汇集成表8-1，从表中可以看出，工作a、b、e、g、h是关键工序。该双代号网络计划中有三条线路：①→②→③→④→⑥→⑦、①→②→④→⑥→⑦及①→②→③→⑤→⑥→⑦。在三条线路中，线路①→②→③→⑤→⑥→⑦（即线路a→b→e→g→h）的工作持续时间最长，为关键线路，一般用双线或粗线标注，其他两条线路长度均小于关键线路，称为非关键线路。

网络时间参数表　　　　　　　　　　　　　　　　表 8-1

工序	作业时间	紧前工序	紧后工序	最早开始时间 ES_{i-j}	最迟开始时间 LS_{i-j}	最早完成时间 EF_{i-j}	最迟完成时间 LF_{i-j}	总时差 TF_{i-j}	自由时差 FF_{i-j}	是否关键工序
a	11	—	b,c	0	0	11	11	0	0	是
b	16	a	e,d	11	11	27	27	0	0	是
c	33	a	f	11	36	44	69	25	0	否
d	0	b	f	27	69	27	69	42	17	否
e	23	b	g	27	27	50	50	0	0	是
f	6	c,d	h	44	69	50	75	25	25	否
g	25	e	h	50	50	75	75	0	0	是
h	25	f,g	-	75	75	100	100	0	0	是

制表人：×××　　　　　　　　　　　　　制表日期：××××年××月××日

五、注意事项

（1）应用网络图要注意各节点有结束才有开始；

（2）平行作业，不多花时间；

（3）一个作业只能用一个箭头，顺序一般从左向右，不得有回路；

（4）行不通的程序应用虚箭头表示，并注明原因；

（5）在实施过程中，发生新情况、新问题时，应及时采取新程序。

六、应用举例

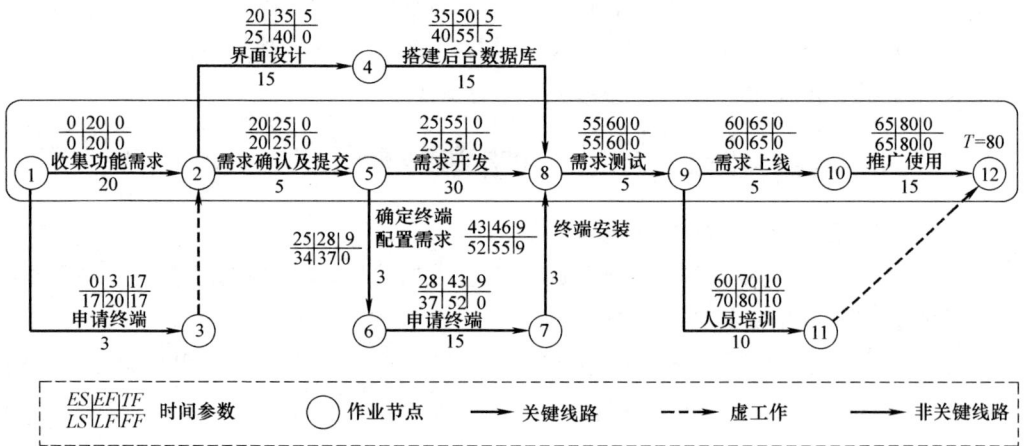

图 8-16　某小组活动应用的网络图

制图人：×××　　　　　　　制图日期：××××年××月××日

由图 8-16 网络图可以看出，在该网络计划的所有 12 条线路中，线路①→②→

⑤→⑧→⑨→⑩→⑫的各工作总时差均为最小，该线路持续时间为80d，为所有线路中工作持续时间最长的线路，所以，线路①→②→⑤→⑧→⑨→⑩→⑫为关键线路。

第六节 矩 阵 图

一、矩阵图的概念

矩阵图（Matrix Chart）是以矩阵的形式分析问题与因素、因素与因素、现象与因素间相互关系的图形。一般是把问题、因素、现象放在图中的行或列的位置，而把它们之间的相互关系放在行和列的交点处，并用不同符号表示出它们的相关程度。

常用的相关程度的符号有三种：

◎表示强相关；○表示弱相关，△表示不相关。

二、矩阵图的主要用途

（1）研究和制定企业的发展战略、方针目标及质量计划等；

（2）寻找和发现产品质量问题与材料、设备、工艺、人员、环境等之间的关系；

（3）研究和确定产品质量与各管理、职能部门的工作质量间的关系；

（4）研究和确定市场及用户对产品质量的要求与企业的管理与工序项目之间的关系；

（5）寻找和发现产品质量改进的着眼点。

三、矩阵图的分类

矩阵图大体分为L形、T形、Y形、X形、C形五种，其中L形是基本型，其他都是在L形基础上进行的叠加和组合。在质量管理和QC小组活动中使用最多的是L形和T形。Y形、X形、C形矩阵图不常用。

（1）L形矩阵图

L形矩阵图是矩阵图中的最基本的形式。一般是将两个对应事项L与R的元素，分别按行和列排列而成一个矩阵，并在行列的交叉点上标明L与R元素间的关系。如图8-17所示。

		R								
		R_1	R_2	R_3	R_4	R_5	R_6	R_7	R_8	...
L	L_1				○			○		
	L_2			◎			◎			
	L_3			◎				○		
	...						○			

图8-17 L形矩阵图的基本形式

L 形矩阵图常用于分析若干个目的（或问题）与为实现这些目的（问题）的若干个手段（原因）之间的关系。

（2）T 形矩阵图

T 形矩阵图是由两个 L 形矩阵图组合而成的，通常其中一个是现象与原因的 L 形矩阵图，一个是原因与要素的 L 形矩阵图，因而常用于分析现象、原因与现象间的关系，如图 8-18 所示。

		原因1	原因2	原因3	原因4	原因5	原因6	原因7	...
	...	○							
	现象2		○	◎	◎	○		◎	
	现象1					○	○		○
现象 工序	原因								
工序A	要素 A₁			◎	◎				○
工序A	要素 A₂	◎	○	○			○	◎	
	...								
工序B	要素 B₁			◎					
工序B	要素 B₂		○	◎	○		◎		◎
	...								
工序C	要素 C₁	○							
工序C	要素 C₂	○			○			◎	
	...								

图 8-18　T 形矩阵图的基本形式

四、矩阵图应用步骤

以 T 形矩阵图为例：

（1）按照 T 形矩阵图的基本形式制作图形；

（2）分别整理各栏元素的内容，按照重要程度或发生频率大小等顺序填入相应的位置；

（3）分析各元素间的关联关系。分别确定两栏间对应两项内容的关联关系，并根据关联的强弱程度，用符合标记在相应的交叉点上；

（4）确认关联关系。分别以每栏元素为基础，将其与其他项目的关联关系及符号加以确认；

（5）评价重要程度。对各交叉点标记关联符号所表示的强弱程度分别打分，例如◎为 5 分，○为 3 分，△为 1 分。按行和列统计总分，以各栏每项内容得分多少作为其重要程度的定量评价，进而给予各个项目以总评价。这种方法适合根据积分来评价重要程度和优先程度的场合。

五、矩阵图应用举例

某 QC 小组针对提高屋面热熔改性沥青防水卷材施工合格率课题选择进行分析，为了寻找和发现工程质量改进的着眼点，进行了初步摸底，并利用 L 形矩阵图进行分析比较，以确定改进方向，如图 8-19 所示。

质量问题特征 \\ 施工工艺		施工过程环节影响因素							
		弹卷材控制线	施工机具辅材	涂刷冷底子油	试铺	大面展开铺贴	卷材搭接处理	细部处理	得分小计
卷材防水屋面渗漏	水平面空鼓	○	○	○	○	◎	◎	○	25
	泛水收口松脱	○	△	△	○	○	◎	○	19
	阳角粘贴不牢	△	○	△	△	○	○	◎	17
	阴角圆弧空鼓	○	○	○	○	○	◎	○	23
	出层面构造边剥离	△	○	△	○	○	○	◎	19
	出层面管道边剥离	△	○	△	○	○	○	◎	19

注：◎：5分　○：3分　△：1分

图 8-19　热熔改性沥青防水卷材质量问题与施工环节分析矩阵图

制图人：×××　　　　　制图日期：××××年××月××日

根据矩阵图分析可知，按照得分情况从高到低分析，大平面空鼓、阴角圆弧空鼓等质量问题可作为小组开展活动、确定课题的方向提供参考依据。

第九章　简易图表、水平对比法、头脑风暴法、流程图、正交试验设计法、优选法

第一节　简易图表

一、折线图

折线图也叫波动图，常用来表示质量特性数值随时间推移而波动的状况。

【应用举例】：某 QC 小组对操作平台做符合试验，负荷持续 1h。在负荷期间，对受力较大的次梁 1 和主梁 1 进行挠度检测，每 5min 检测一次，共检测 12 次；并记录，绘制统计表（如表 9-1 所示）及折线图（如图 9-1 所示）。

负荷试验挠度统计表　　　　　　　　　　　　　　　　　　表 9-1

序号	最大挠度变形量(mm)												目标值
	1	2	3	4	5	6	7	8	9	10	11	12	
次梁 1	0.4	0.6	0.8	1.0	1.1	1.2	1.3	1.3	1.3	1.3	1.3	1.3	≤6mm
主梁 1	0.6	1.0	1.3	1.5	1.7	1.9	2.0	2.1	2.1	2.1	2.1	2.1	

制表人：×××　　　　　　　　　　制表日期：××××年××月××日

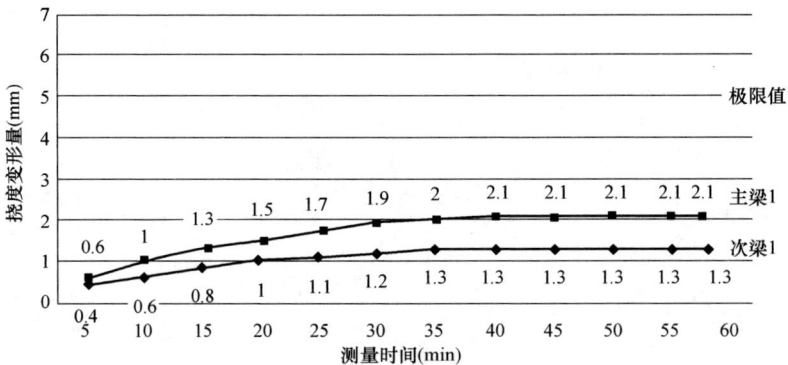

图 9-1　操作平台主次梁挠度变形量折线图

制图人：×××　　　　　　　　　　制图日期：××××年××月××日

二、柱状图

柱状图是用长方形的高低来表示数据大小，并对数据进行比较分析的图形。

【应用举例】：某小组绘制的地下连续墙一次成槽合格率柱状图，以此对活动后

的效果与目标值及活动前进行对比（如图 9-2 所示）。

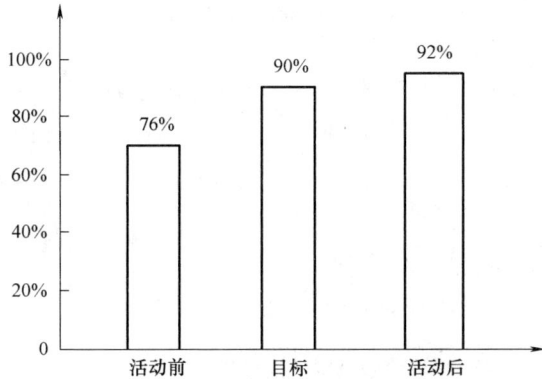

图 9-2　地下连续墙一次成槽合格率柱状图

制图人：×××　　　　　　制图日期：××××年××月××日

三、饼分图

饼分图也叫圆形图，它是把数据的构成按比例用圆的扇形面积来表达的图形。各扇形面积表示的百分率加起来是 100％，即整个圆形面积。

绘制饼分图时注意从图形的正上方 12 点位置起，将数据从大到小顺时针布置各扇形。很多小组成员没有掌握要点，图形的起始点很随意，扇形面积大小交错，这样难以准确展示各数据之间的比例关系和差异。

【应用举例】：某 QC 小组对混凝土圆柱混凝土施工样板工程进行质量状况的数据调查与统计，绘制了统计表（如表 9-2 所示）及饼分图（如图 9-3 所示）。

斜圆柱样板工程施工合格率情况频数统计表　　　　　　表 9-2

序号	检查项目	频数(点)	频率(%)
1	外观质量问题	17	50.00
2	柱轴线偏差	5	14.72
3	胀模	4	11.76
4	钢筋位置偏差	4	11.76
5	尺寸偏差	2	5.88
6	其他	2	5.88
7	合计	34	100

制表人：×××　　　　　　　　　　制表日期：××××年××月××日

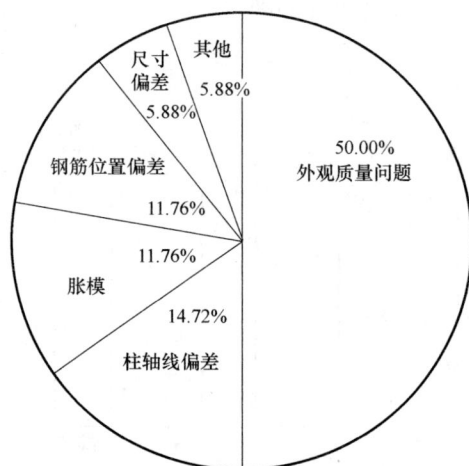

图 9-3　斜圆柱样板工程质量问题占比饼分图

制图人：×××　　　　　　　制图日期：××××年××月××日

四、雷达图

雷达图是模仿电子雷达机图像形状的一种图形，常用来检查工作成效，包括自我检查和他人检查。

一般可用极坐标纸（如图 9-4 所示），根据要检查的若干项目数，从坐标原点（圆心）引出若干条射线，同时确定 3 条圆弧线分别表示被检查项目的理想水平、平均水平和不理想水平。以 3 条圆弧中相邻的两条中心线为界，把圆内分出 A、B、C 三个区域。在圆心引出的射线上标明指标名称，把实际情况（检查结果）根据比例在图中坐标点上点出相应的点子，连接个点形成一个闭环的折线。闭环折线的形状反映出被检查项目的总状况和特点。

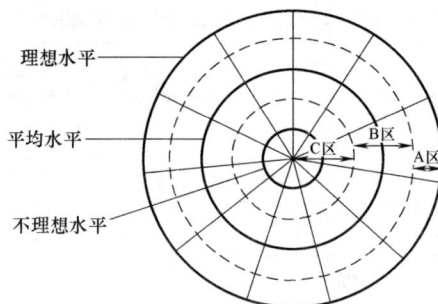

图 9-4　雷达图图形

【应用举例】：某 QC 小组根据活动前后综合素质评价表（如表 9-3 所示），绘制出活动前后综合素质对比雷达图。使用前制订评价标准，使用时根据实际情况给予评分（如图 9-5 所示）。

活动前后综合素质评价表　　　　　　　　　　　表 9-3

序号	评价内容	活动前(分)	活动后(分)
1	团队精神	7.4	8.5
2	质量意识	7.2	8.0
3	个人能力	6.5	8.0
4	解决问题信心	6.3	8.1
5	工作热情和干劲	6.8	8.0

制表人：×××　　　　　　　　　制表日期：××××年××月××日

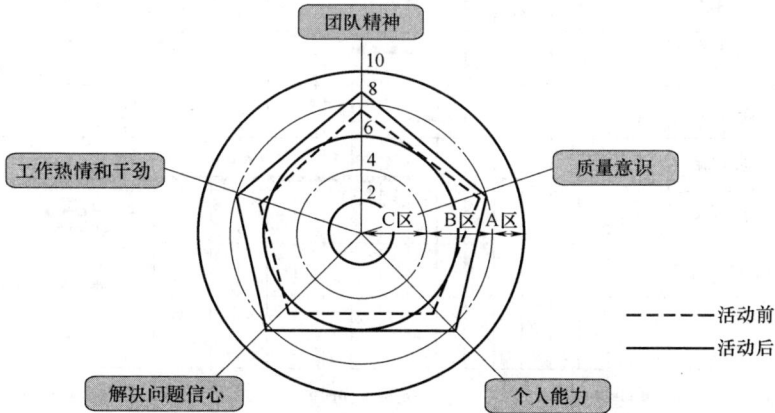

图 9-5　小组活动前后综合素质评价雷达图

制图人：×××　　　　　　制图日期：××××年××月××日

五、甘特图

甘特图又称横道图，是基于作业排序的目的，将活动与时间联系起来的图形。

甘特图一般可用表格（如图 9-6 所示）进行图示，横轴方向表示时间，纵轴方向并列工作任务、施工内容、人员和编号等。图表内以线条、数字、文字代号、圆点等来表示计划（实际）所需时间，计划（实际）产量，计划（实际）开工或完工时间等。

时间 工作内容	月 日	月	月	月	月	月	负责人	地点	备注
×××							×××	××	××
×××							×××	××	××
×××							×××	××	××
×××							×××	××	××

图 9-6　甘特图图形

【应用举例】：某 QC 小组为了让 QC 小组严格按照 PDCA 循环"四阶段、十步骤"的程序开展活动，制定了周密可行的活动进度计划（如图 9-7 所示）。

阶段	时间 项目	××××年																							
		4月			5月			6月			7月			8月			9月			10月			11月			12月	
		上	中	下	上	中	下	上	中	下	上	中	下	上	中	下	上	中	下	上	中	下	上	中	下	上 中 下
P	选择课题																									
	设定目标																									
	目标可行性 论证																									
	原因分析																									
	确定主要 原因																									
	制定对策																									
D	对策实施																									
C	效果检查																									
A	制定巩固措施																									
	总结和下一步 打算																									

计划工作时间：■ ■ ■ ■ ■　　　　实际工作时间：▬▬▬▬

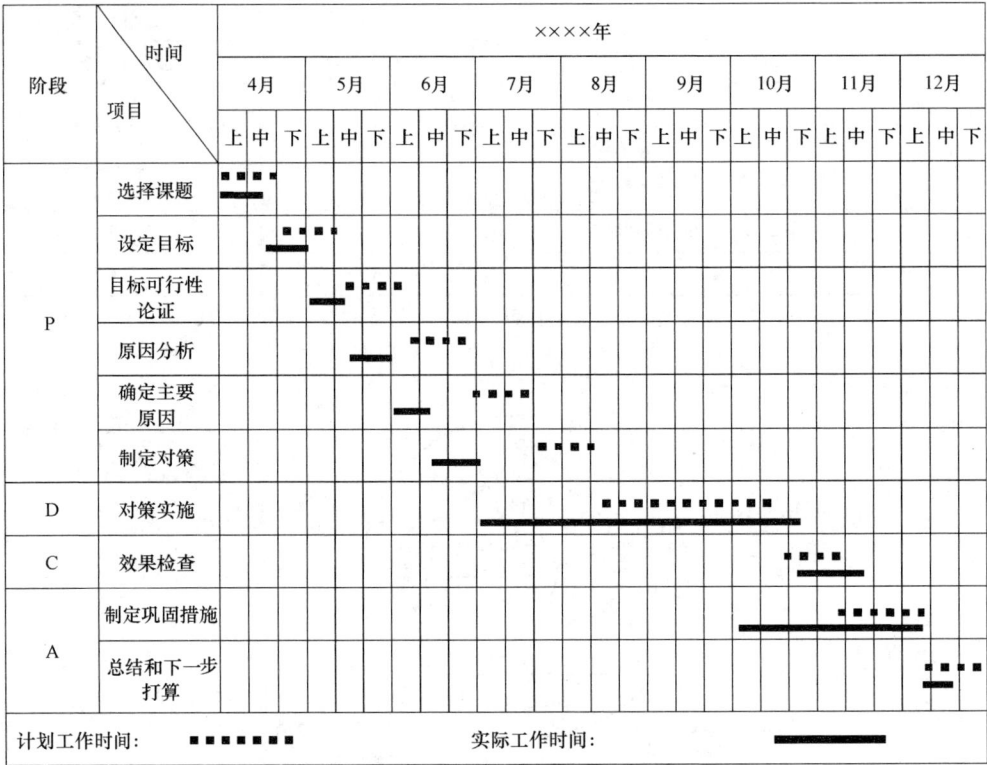

图 9-7　小组活动进度计划甘特图

制图人：×××　　　　　　制图日期：××××年××月××日

第二节　水 平 对 比

一、水平对比概念

水平对比（Benck Marking），是欧美各国常用的一种技术，我国香港和台湾地区称为"标杆管理"。

水平对比是将过程、产品和服务质量同公认的处于领先地位的竞争者进行比较，以寻找自身质量改进的机会。运用水平对比，有助于认清目标并确定与标杆间的差距，为赶超标杆找到突破重点。

水平对比在确定企业质量方针、质量目标和质量改进中都十分有用。

二、应用步骤

（1）确定对比的项目

对比项目应是过程及其输出的关键特性，如性能、可靠性、成本、价格、油耗量等。过程输出的对比应直接同顾客的需要联系起来。选择的项目不能过于庞大，不然会导致最后无法实施。

（2）确定对比的对象

对比的对象可以是直接的竞争对手，也可以是行业内或类似产品/服务提供企业中的标杆企业，其有关项目、指标是公认的领先水平。

（3）收集资料

可通过直接接触、考察、访问、人员调查或公开刊物、广告等途径，获取有关信息、资料和数据。

（4）归纳、整理和分析数据

将获得的数据进行分析对比，以明确与领先者的差距，针对有关项目制定最佳的改进目标。

（5）进行对比

与确定的对比对象就对比项目有关质量指标进行对比，根据结果发现自身的不足，以及自己应做质量改进的内容，便于有针对性地制定和实施改进计划。

三、水平对比应用举例

某 QC 小组为了提高剪力墙混凝土一次成型合格率，经现状调查，发现当前合格率仅为 84.6%。为了明确改进的目标和方向，QC 小组利用水平对比，对同行业先进企业包括标杆企业进行了调查对比，得到同行业平均水平及标杆的合格率指标（如表 9-4 所示）。通过对比，进一步明确了改进方向，并实施了改进措施。

剪力墙合格率水平对比表　　　　　　　　　表 9-4

序号	工程名称	先进企业	标杆企业	××公司	行业标准
1	工程 1	89.8%	92.3%	83.8%	≥90%
2	工程 2	91.5%	91.6%	81.4%	≥90%
3	工程 3	94.2%	93.4%	86.2%	≥90%
4	工程 4	90.8%	94.2%	87.2%	≥90%
5	平均合格率	91.5%	92.9%	84.6%	≥90%

制表人：×××　　　　　　　　　制表日期：××××年××月××日

第三节　头脑风暴法

一、头脑风暴法概念

头脑风暴法（Brain Storming）又曾被译为脑力激荡法。是引导小组成员创造性地思考、产生和澄清大量观点、问题或议题的一门技术。

头脑风暴法是 1941 年由美国 BBDO 广告公司的副经理 A. F. 奥斯本为提出广告新设想而创立的一种会议方式。把人召集起来，就广告新设想这个议题，在和谐的氛围下，自由、无拘无束地发表意见，通过互相启发、举一反三地激发每个人的思想火花，产生连锁反应，即是发挥集体智慧的一种方法。

头脑风暴法是建立在以下理念之上的。人体约有 140 亿个脑细胞，而经常使用的、有思维机能的脑细胞仅为 10%（约 14 亿个），其余的 90% 脑细胞处于休眠状态，也就是人们的潜力远远没有被挖掘出来。通过刺激那些休眠脑细胞，使其复苏并发挥思维机能，就可以达到创造更多智慧的目的。

"头脑风暴法"一词的含义就是用暴风猛击脑细胞，激活头脑潜能。

应用头脑风暴法可达到以下效果：

（1）尽可能地发挥小组的创造力

先由一个人发言，提出一个建议，抛砖引玉，启发大家的灵感，产生连锁反应效果，"一花引来万花开"。

（2）提高创造力

对于那些没有自信能力的人，通过头脑风暴法，使其获得满足感，从而达到全员参与思考、产生智慧火花的目的，树立起"只要做就能成"的自信心。

（3）促进相互间的理解

创造畅所欲言的氛围，形成良好的沟通渠道，改善人际关系，达到提高积极性的间接效果。

二、头脑风暴法用途

头脑风暴法是发挥集体智慧的方法，能创造出更多的智慧，因此常用于新产品、新工艺、新材料的开发。在 QC 小组活动中，被广泛使用于"创新型"课题的选题、提出多种方案等，用途很广。在问题解决型 QC 小组活动中常用于选择课题、原因分析、制定对策等程序中。

三、注意事项

要达到头脑风暴法的理想效果，在召开头脑风暴会议时要掌握以下关键点：

（1）绝对不用好与差给予评判

当遭到批评后，人一般就会不愿再说出未说完的话。因此不要计较建议内容的优劣，不要指责别人的发言妥否，同时也不要加以赞扬。

（2）倡导自由奔放

鼓励出新出奇，哪怕异想天开，要的是自由自在，畅所欲言。

（3）轻质求量

首先要确保建议的数量，建议的质量是第二位的，因为数量是质量的铺垫，应力求在较短的时间内提出最大量的建议。

（4）综合性地提炼升华他人的提案建议

建议之间的取长补短极为重要，通过融合，能产生出新的智慧，因此搭乘他人的智慧快车，不失为一种捷径。

第四节　流　程　图

一、流程图的概念

流程图（Flowchart）就是将完成一个过程（如工艺过程、检验过程、质量改进过程等）的步骤用图的形式表示出来。通过对一个过程中各步骤之间关系的研究，发现问题的潜在原因，找到需要进行质量改进的环节。

流程图可以用于从材料流向产品销售和售后服务的全过程所有方面。可以用来描述现有过程，也可用来设计一个新的过程。流程图在 QC 小组活动中和质量改进过程中都有着广泛的用途。

流程图由一系列容易识别的标志构成，一般使用的标志如图 9-8 所示。

图形符号	含义	解释
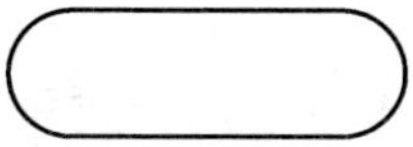	开始（结束）	表示过程的开始或终结。起点或终点标在符号中
	过程（活动）	表示一个过程或过程中的一项活动。活动的描述可写在方框内
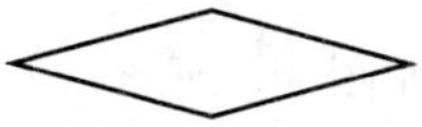	决策	表示需要决策的点，将决策问题写入符号。标出每项决策结果的路径
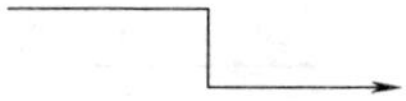	流程线	表示各个过程、活动间的连接和过程的流向
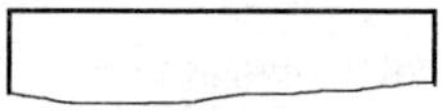	文件	表示需要形成文件的信息。文件名称标注在符号中
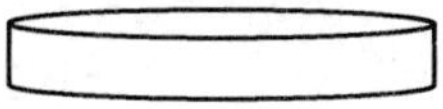	数据库	表示以电子形式存储的过程信息，数据库的名称标注在符号中
	连接	表示流程图之间是如何连接的。圆圈中标有字母或数字，表示与另一流程图同样符号的连接关系

图 9-8 流程图标志

二、应用步骤

1. 描述和分析现有过程的流程图步骤如下：

（1）判别过程的开始和结束；

（2）观察从开始到结束的整个过程；

（3）规定该过程的程序（输入、活动、判断、决定、输出）；

（4）画出表示该过程的流程草图；

（5）与该过程所涉及的有关人员共同评审该草图；

（6）根据评审结果改进流程草图；

（7）与实际过程比较，验证改进后的流程图；

（8）注明正式流程图的形成日期，以备将来使用和参考（可用于过程实际运行的记录，亦可用于判别质量改进的时机）。

2. 设计新过程的流程图步骤如下：

（1）判别过程的开始和结束；

（2）使这个新过程中将要形成的程序（输入、活动、判断、决定、输出）形象化；

（3）确定该过程的程序（输入、活动、判断、决定、输出）；

（4）画出表示该过程的流程草图；

（5）与预计该过程所涉及的人员共同评审该草图；

（6）根据评审结果改进流程草图；

（7）注明正式流程图的形成日期，以备将来使用和参考（可用于过程实际运行的记录，亦可用于判别质量改进的时机）。

三、应用举例

例1：某 QC 小组绘制 EPDM 塑胶地面施工流程图（如图 9-9 所示）

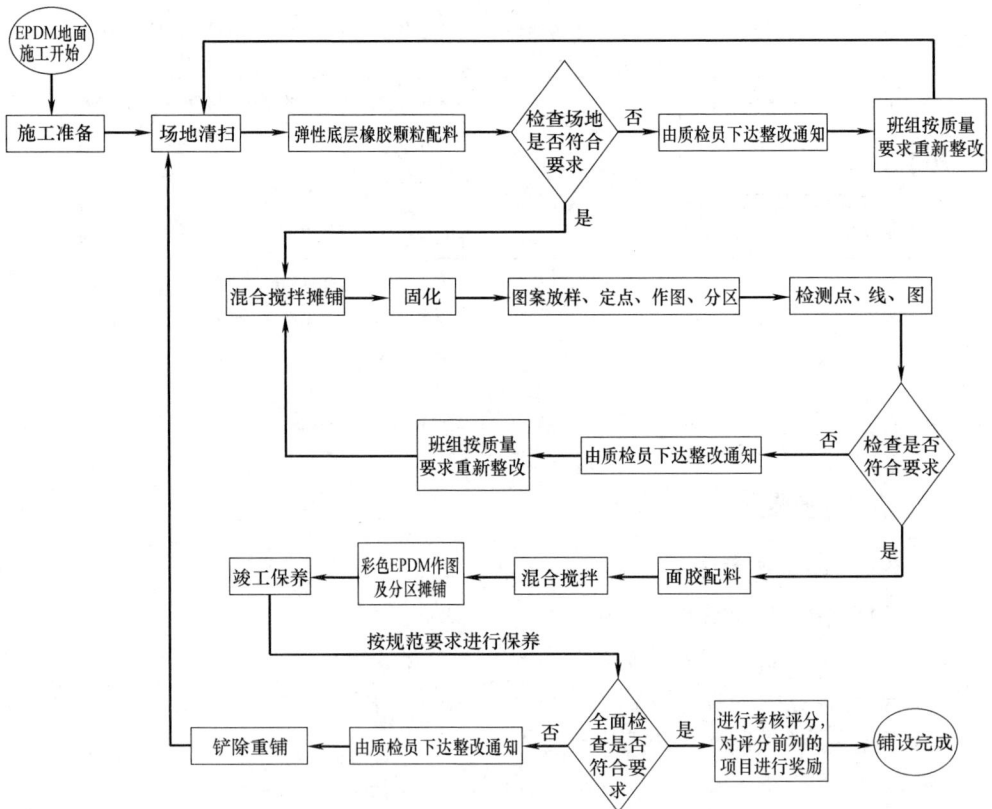

图 9-9　EPDM 塑胶地面施工流程图

制图人：×××　　　　　　制图日期：××××年××月××日

例2：某QC小组绘制产品报修维修流程图（如图9-10所示）

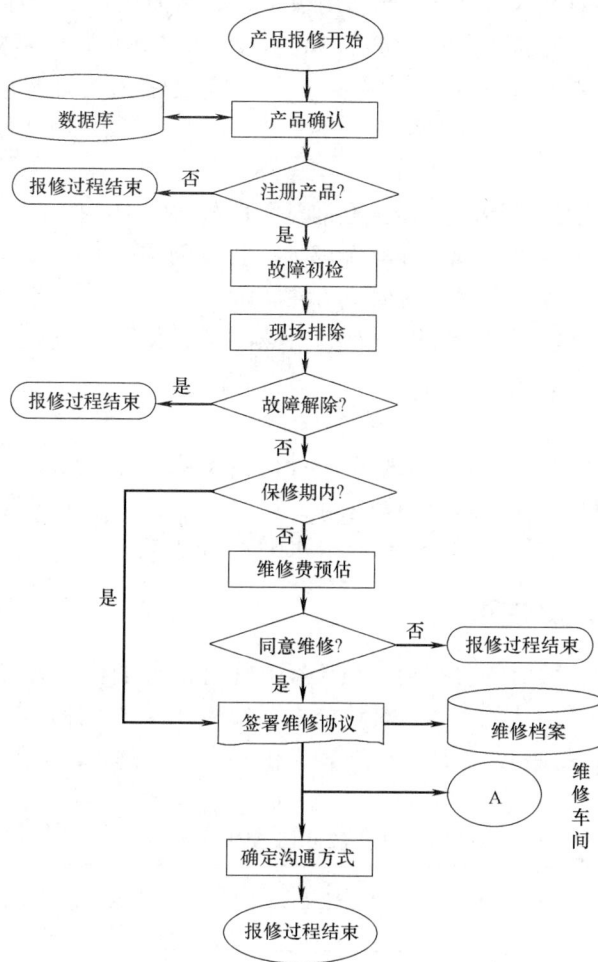

图 9-10 产品报修维修流程图

制图人：×××　　　　　　制图日期：××××年××月××日

第五节　正交试验设计法

一、正交试验设计法的概念

正交试验设计法简称正交试验法，它是利用正交表来合理安排试验的一种方法。在质量管理和QC小组活动中有着十分广泛的应用。

安排任何一项试验，首先要明确试验的目的是什么，用什么指标来衡量考核试验的结果，对试验指标可能有影响的因素是什么，为了搞清楚影响的因素，应当把因素选择在哪些水平上，以便合理有效安排试验，实现目标。

（1）指标

指标就是试验要考察的效果，能够用数量来表示的试验指标称为定量指标，如重量、尺寸、时间、温度、强度等等。不能用数量来表示的试验指标称为定性指标，如颜色、外观等。在正交试验中，主要涉及的是定量指标，常用 X、Y、Z…来表示。

（2）因素

因素指对试验指标可能产生影响的原因，是在试验中考察的重点内容，一般用字母 A、B、C…来表示。在试验中，能够人为控制和调节的因素称为可控因素，如时间、温度、重量等等；由于受到试验条件的限制，暂时还不能人为控制和调节的因素称为不可控因素，如机器轻微振动、自然环境变化等等。在正交试验中，一般只选取可控因素参加试验。

（3）位级

位级又叫水平，是指因素在试验中所处的状态或条件。对于定量因素，每一个选定值即为一个位级，常用阿拉伯数字 1、2、3…来表示。在试验中需要考察某因素的几种状态时，则称该因素为几位级（水平）的因素。

二、正交表及其性质

设计安排正交试验时需要用到一类已经制作好的标准化的表格，这类表格称为正交表。它是正交试验法的基本工具，分中国型和日本型两种，常用的是中国型。

最简单的正交表是 L_4（2^3）正交表，由 4 行、3 列、2 水平组成，其格式如表 9-5 所示。

L_4（2^3）正交表　　　表 9-5

行(试验)号	列　号		
	1	2	3
1	1	1	1
2	2	1	2
3	1	2	2
4	2	2	1

L_4（2^3）的含义如图 9-11 所示。

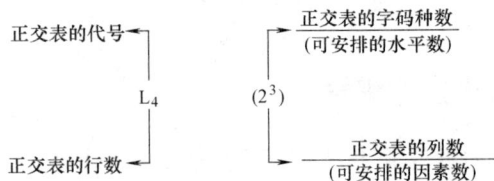

图 9-11　正交试验表记号的含义

正交表有两种性质，均衡分散性和整齐可比性，正是这两种性质决定了正交试验效率高、效果好的特点。

（1）均衡分散性

由于每一列中各种字码出现相同的次数，这就保证了试验条件均衡地分散在配合完全的位级（水平）组合之中，因而代表性强，容易出现好条件。

（2）整齐可比性

由于任意两列中全部有序数字对出现相同的次数，即对于每列因素，在各个位级（水平）的结果之和中，其他因素各个位级（水平）的出现次数都是相同的。这就保证了在各个位级（水平）的效果之中，最大限度地排除了其他因素的干扰，因而能够获得最有效的比较效果。

三、常用步骤

常用正交试验设计与分析的步骤如下：

（1）明确试验的目的；

（2）确定考察的指标；

（3）确定试验的因素和位级（水平）；

（4）利用常用正交表设计试验方案；

（5）实施试验方案；

（6）试验结果分析；

（7）反复调整试验以逼近最优方案；

（8）生产验证及确认最优方案；

（9）结论与建议。

四、应用举例

例1：2×1000MW 机组工程主厂房上部结构混凝土等级设计为 C60 高强混凝土。

（1）试验目的：配制 C60 高强混凝土。

（2）试验考核指标：配制强度高于 69.9MPa（根据 JGJ 55—2000 标准差取 6.0MPa）。

（3）试验因素：原材料经过方案比选、试验确定了 C60 高强混凝土配制原材料选择最佳方案，具体如下：

1）水泥：选用 P·O52.5 普通硅酸盐水泥。

2）粉煤灰：××电厂Ⅰ级粉煤灰。

3）石子：选用（5～20)mm 石子。

4）砂子：选用××建材砂子。

5）外加剂：选用聚羧酸系高性能减水剂。

经研究和分析，确定四个因素，即水泥、砂率、外加剂及粉煤灰。

小组成员为了综合考虑水泥总量、砂率、外加剂用量（外加剂用量决定了单方混凝土的用水量）及粉煤灰掺量对混凝土强度、工作性及经济性的影响，根据以上试拌结果及 JGJ 55—2000 标准要求，对水泥总量、砂率、外加剂用量及粉煤灰掺量调整如下：

1）水泥总量：A_1：500kg；A_2：515kg；A_3：530kg。

2）砂率：B_1：41%；B_2：42%；B_3：43%。

3）外加剂用量：C_1：0.9%；C_2：1.0%；C_3：1.1%。

4）粉煤灰掺量：D_1：15%；D_2：17%；D_3：19%。

（4）确定位级：

试验中将每项因素按标准范围确定三个位级进行试验，见表9-6。

因素位级表 表 9-6

位级＼因素	水泥总量(kg) A	砂率(%) B	外加剂用量(%) C	粉煤灰掺量(%) D
位级 1	500	41	0.9	15
位级 2	515	42	1.0	17
位级 3	530	43	1.1	19

制表人：×××　　　　　　　　制表日期：××××年××月××日

（5）制作正交实验表（如表9-7所示）；

正交表 L_9 (3^4) 表 9-7

试验号＼因素	水泥总量(kg) A	砂率(%) B	外加剂用量(%) C	粉煤灰掺量(%) D	试验结果 强度(MPa)
1	1(500)	1(41)	3(1.1)	2(17)	70.7
2	2(515)	1(41)	1(0.9)	1(15)	65.7
3	3(530)	1(41)	2(1.0)	3(19)	72.6
4	1(500)	2(42)	2(1.0)	1(15)	67.1
5	2(515)	2(42)	3(1.1)	3(19)	69.1
6	3(530)	2(42)	1(0.9)	2(17)	70.2
7	1(500)	3(43)	1(0.9)	3(19)	62.4
8	2(515)	3(43)	2(1.0)	2(17)	70.3
9	3(530)	3(43)	3(1.1)	1(15)	74.6★
位级 I 之和	200.2 (70.7+67.1+62.4)	209 (70.7+65.7+72.6)	198.3 (65.7+70.2+62.4)	207.4 (65.7+67.1+74.6)	
位级 II 之和	205.1 (65.7+69.1+70.3)	206.4 (67.1+69.1+70.2)	210 (72.6+67.1+70.3)	211.2 (70.7+70.2+70.3)	因素重要程度次序： A→C→D→B
位级 III 之和	217.4 (72.6+70.2+74.6)	207.3 (62.4+70.3+74.6)	214.4 (70.7+69.1+74.6)	204.1 (72.6+69.1+62.4)	
极差 R	17.2 (217.4－200.2)	2.6 (209－206.4)	16.1 (214.4－198.3)	7.1 (211.2－204.1)	

制表人：×××　　　　　　　　制表日期：××××年××月××日

（6）观察结果：直接看，可靠又方便。第 9 号试验最好，结果为 74.6MPa，工艺条件为 $A_3B_3C_3D_1$。

（7）分析计算：算一算，有效又简单。从位级之和看出最好的工艺条件应是 $A_3B_1C_3D_2$；从极差的大小看出因素重要程度的次序：A→C→D→B。

（8）综合评定：观察结果与分析计算结果有差异，但其重要因素 A、C 是一致的，为 A_3C_3；次要因素 D 要在 D_2、D_1 中选取，由于 D_2 好于 D_1，选 D_2；而 B 在 B_1 和 B_3 中选取，B 越大，混凝土强度越合理，为此选 B_1。

经综合评定其最佳工艺组合可望是：$A_3B_1C_3D_2$。

（9）验证试验

通过正交试验法，小组决定选用下列配比配制 C60 高强混凝土：

1）水泥：P·O 52.5 普通硅酸盐水泥 530kg；

2）砂率：掺砂率 41%；

3）外加剂：聚羧酸系高性能减水剂 1.1%；

4）粉煤灰：Ⅰ级粉煤灰 17%；

5）石子：选用（5~20)mm 石子。

验证结果是：C60 高强混凝土平均强度达到 74.6MPa 左右，符合 JGJ 55—2000 标准要求。

（10）结论与建议

通过实际验证，这是一个较好的方案，解决了现场有效配制 C60 高强混凝土问题。

例 2：某 QC 小组在研发一种新型高大现浇支架时，确定了总体方案："装配式标准节螺旋管高大支架"。在螺旋管规格的比选过程，因备选子方案多，数据复杂，为了选择最优的组合，比选采用正交实验设计法。具体做法为：

（1）正交实验设计法总体思路。

第一步，通过 Midas 建立每一个组合的模型。第二步，将外荷载的值定为 $26kN/m^2$。第三步，对比每一个组合的最大应力值，在满足材料许用应力的情况下，在组合中的局部集中应力值越小，则说明该组合更佳。

（2）明确试验的目的。

确定螺旋管及斜撑的具体规格。

（3）确定考察的指标并确定试验的因素和位级。

由杆件长度及《路桥施工计算手册》可知，螺旋管长细比为 $\lambda = l/i = 27 < \lambda p$，其中 $\lambda p = 61$ 判断其属于小柔度杆，所以材料先破坏后失稳。所以本次正交试验仅考虑强度因素，具体如表 9-8 所示。

（4）设计及实施试验方案，如表 9-9 所示。

（5）观察结果：直接看，在组合中的局部集中应力值越小，说明该组合更好。从试验结果来看，其应力值均小于螺旋管材料（A_3 钢）的许用应力值 145MPa，取第 9 号 48.7MPa 最小，试验结果最好，工艺条件为 $A_3B_3C_3D_1$。

（6）分析计算：算一算，有效又简单。从位级之和看出最好的工艺条件应是 $A_3B_3C_1D_1$。从极差的大小可以看出因素的重要程度次序为 B→A→C→D。

因素位级表 表 9-8

因素 位级	螺旋管外径(mm) A	螺旋管壁厚(mm) B	横、斜撑外径(mm) C	横、斜撑壁厚(mm) D
位级 1	529	8	159	7
位级 2	580	9	194	8
位级 3	630	10	219	9

制表人：×××　　　　　　　　制图日期：××××年××月××日

正交表 L9 (3⁴) 表 9-9

因素 位级	螺旋管外径 （mm） A	螺旋管壁厚 （mm） B	水平、斜向支撑 外径(mm) C	水平、斜向支撑 壁厚(mm) D	实验结果 应力值(MPa)
1	1(529)	1(8)	3(219)	2(8)	77.4
2	2(580)	1(8)	1(159)	1(7)	69.4
3	3(630)	1(8)	2(194)	3(9)	63.0
4	1(529)	2(9)	2(194)	1(7)	65.7
5	2(580)	2(9)	3(219)	3(9)	62.1
6	3(630)	2(9)	1(159)	2(8)	53.0
7	1(529)	3(10)	1(159)	3(9)	58.8
8	2(580)	3(10)	2(194)	2(8)	53.6
9	3(630)	3(10)	3(219)	1(7)	48.7 *
位级 I 之和	77.4+65.7+ 58.8＝201.9	77.4+69.4+ 63.0＝209.8	69.4+53.0+ 58.8＝181.2	69.4+65.7+ 48.7＝183.8	
位级 II 之和	69.4+62.1+ 53.6＝185.1	65.7+62.1+ 53＝180.8	63.0+65.7+ 53.6＝182.3	77.4+53.0+ 53.6＝184	因素重要程 度次序： B→A→C→D
位级 III 之和	63.0+53.0+ 48.7＝164.7	58.8+53.6+ 48.7＝161.1	77.4+62.1+ 48.7＝188.2	63.0+62.1+ 58.8＝183.9	
极差(R)	37.2	48.7	7	0.2	

制表人：×××　　　　　　　　制表日期：××××年××月××日

（7）试验结论：由上述分析可知观察结果可知，A、B 因素是主要因素，C、D 因素是次要因素，考虑到：①螺旋管管径需要对应法兰盘尺寸，管径和尺寸都应该满足国家标准的要求，所以主要因素 A 选择 A_3；②由于上述组合均远小于 A_3 钢的许用应力，考虑到螺旋管用量大，制作的成本高，因此，主要因素 B 稍降一级选择 B_2，次要因素 D 选择 D_1；③考虑到施工过程中，横斜撑需要多次吊装，而小杆件经过多次吊装后容易变形，所以次要因素 C 选择 C_3。

所以最符合项目实际要求的组合为 $A_3B_2C_3D_1$，并再试验进行确定。即螺旋管规格为 $\phi630\times9mm$，斜撑规格为 $\phi219\times7mm$。

第六节 优 选 法

一、优选法的概念

（1）概述

优选法（Optimization Method）是指以数学原理为指导，合理安排试验，以尽可能少的试验次数尽快找到生产、服务和科学试验中最优方案的科学方法。通常在 QC 小组活动中，运用简单的计算或对分的方法，实现以较少的试验次数，找到最适宜的生产、实验条件，取得最佳的效果。优选法使用有效，简单易学，成为寻找最佳配方、最佳工艺条件、最优工艺参数等解决质量问题的一种有效方法。

（2）优选法的用途

① 现场质量改进活动中单因素的分析、试验及选择；

② QC 小组活动中要因确认、对策选择、实施；

③ QC 小组创新型成果活动课题的方案选择和实施步骤等。

二、应用步骤

① 明确目的。明确针对什么项目进行试验；

② 明确影响因素。如重量、长度、温度、角度、时间等；

③ 明确试验方法。用什么方法试验，用什么手段检验；

④ 明确指标。以指标判断优选的程度；

⑤ 计算试验点，并进行反复试验测试；

⑥ 比较。对每次试验结果进行分析比较，直到实现试验目标；

⑦ 验证。对试验结果进行验证分析。

优选的方法很多，这里介绍常用的两种方法：对分法和黄金分割法。

三、对分法

对分法又称为取中法、平分法、对折法，即：每次试验因素的取值都用前两次试验取值的中点。计算公式：

$$X = (a + b)/2 \tag{9-1}$$

式中 X——本次试验因素的取值；

a、b——前两次试验对该因素的取值。

根据试验结果，判断本次试验的取值是偏高还是偏低，就将中点以上的一半或者中点以下的一半去掉，这样对因素需要考察的范围就减少了一半。如此再进行试验，每次都可将因素值的范围缩减一半，随着试验的不断进行，可以很快找到因素的最佳取值。

四、黄金分割法（0.618 法）

黄金分割法以试验范围的 0.618 处及其对称点作为试验点的选择而得名。两个试验点试验结果比较后留下较好点，去掉较坏点所在的一段范围，再在余下范围内继续用 0.618 法找好点，去掉坏点，如此继续下去，直至达到最优，即黄金切割点。

黄金分割法类同于对分法，但计算上比对分法略显复杂些，它是以试验范围的 0.618 处及其对称点取值选择试验点，因此，比对分法更精确些，QC 小组可根据改进项目的质量特性分别选取，灵活应用。

运用黄金分割法时，第一个试验点安排在试验范围（a、b）的 0.618 处；

第二个试验点安排在第一点的对称位置上。

这两点的数学表达式是：

$$X_1 = a + 0.618(b - a) \tag{9-2}$$

$$X_2 = a + b - X_1 \tag{9-3}$$

第一次试验做完后，将点的试验结果进行比较：

（1）如果 X_1 点比 X_2 点好，则将（a，X_2）的试验范围去掉，留下好点所在的范围（X_2，b），在此范围内再找出 X_1 的新的对称点 X_3 的位置（如图 9-12 所示）。

$$X_3 = X_2 + b - X_1$$

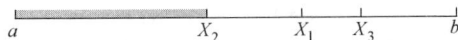

图 9-12　试验范围示意图一

（2）如果 X_1 点比 X_2 点差，则把差点所在的范围（X_1，b）去掉，留下好点所在的范围（a，X_1），并在其中找出 X_2 的新的对称点 X_3 的位置（如图 9-13 所示）。

$$X_3 = a + X_1 - X_2$$

图 9-13　试验范围示意图二

在留下的新的试验范围内又有两个试验点可以比较，一个是新的试验点的结果，另一个是原来好点的结果。通过试验对比后又可以留下好点，去掉坏点，试验范围又进一步缩小。随着试验次数的不断增加，试验范围在不停地缩小，如此将"留好点，去坏点，取新点，再找好点"的过程继续下去，就可以较快地找到试验范围内的最佳点。

五、应用举例

某 QC 小组通过控制作业环境的最佳湿度来减少油漆施工的缺陷率，采用优选法对自动喷淋装置的参数进行优化。

小组从湿度 65%～85% 区间内选择试验点。根据 0.618 优选法公式计算得到：

第一点＝65％＋(85％－65％)×0.618≈77％，第二点＝65％＋85％－77％＝73％，如图 9-14 所示。

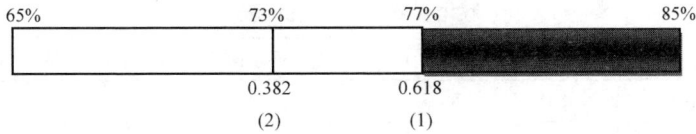

图 9-14　试验范围示意图三

小组于某日在作业环境中调整自动喷淋参数为 77％和 73％各运行一天，统计测试结果如表 9-10 所示。

喷淋参数与缺陷统计表　　　　　　　　　　　　　　　　　　　　　　表 9-10

测试时间	自动喷淋参数(%)	平均湿度(%)	缺陷出现次数(处)
××月××日	77	80.7	2
××月××日	73	77.8	1

从结果可知，设置自动喷淋参数 73％比 77％好。湿度达到了目标要求，但是仍然有缺陷发生。小组继续选择试验点进行第二次试验：第一点＝65％＋(77％－65％)×0.618≈73％，第二点＝65％＋77％－73％＝69％，如图 9-15 所示。

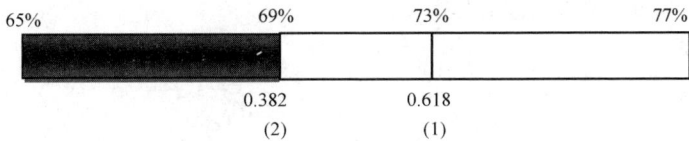

图 9-15　试验范围示意图四

小组再于某日在作业环境中调整自动喷淋参数为 73％和 69％各运行一天，统计测试结果如表 9-11 所示。

喷淋参数与缺陷统计表　　　　　　　　　　　　　　　　　　　　　　表 9-11

测试时间	自动喷淋参数(%)	平均湿度(%)	缺陷出现次数(处)
××月××日	73	78.1	1
××月××日	69	71.8	3

从结果可知，设置自动喷淋参数 73％比 69％好。69％时湿度和缺陷情况均未满足目标要求，小组继续选择点进行第三次试验：第一点＝69％＋(77％－69％)×0.618≈74％，第二点＝69％＋77％－74％＝72％，如图 9-16 所示。

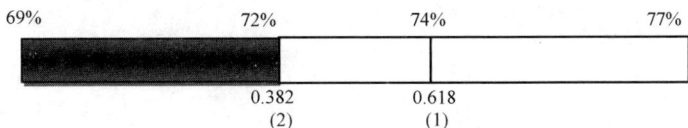

图 9-16　试验范围示意图五

小组于某日在作业环境中调整自动喷淋参数为 74% 和 72% 各运行一天,统计测试结果如表 9-12 所示。

喷淋参数与缺陷统计表

表 9-12

测试时间	自动喷淋参数(%)	平均湿度(%)	缺陷出现次数(处)
××月××日	74	78.4	1
××月××日	72	74.3	0

由结果可以看出,自动喷淋参数设置为 72% 时湿度和缺陷情况已满足目标要求。所以小组决定自动喷淋装置的喷淋参数设置为 72%。

六、注意事项

(1)优选法只适用于质量问题的单因素试验选择,多因素质量问题选择试验应考虑其他方法,如正交试验、田口方法等。

(2)应用优选法,要有明确的项目、目标和考察指标。

(3)优选法的最佳值要经过反复试验后才能获得,一般经 3~8 次试验后均能出现好的结果。但精度高、公差范围较小的质量特性值指标建议用 0.618 法,试验选择的次数有时会多一些,假如试验中一直没有出现好的试验点,则应继续试验下去,最多试验 16 次就可得到满意的结果。

附录一 工程建设质量管理小组活动大事记

1978 年，我国开始推行全面质量管理和质量管理小组（以下简称"QC 小组"）活动。伴随着改革开放的春风，QC 小组这项群众性质量管理活动在我国各行各业蓬勃开展起来，至今走过了曲折发展的 42 年。建筑业是我国较早积极响应、全面推进 QC 小组活动的行业之一。40 年来，工程建设 QC 小组活动持续开展、发展壮大，成为行业中参与人数多、覆盖面广、持续时间久的一项群众性质量管理活动。工程建设 QC 小组活动有关重要活动和重大事件记录如下：

第一阶段：试点阶段（1978～1979 年）

1978 年，北京内燃机总厂为代表的一批试点企业开始开展 QC 小组活动。

1979 年 5 月，国家经济委员会举办了"全面质量管理骨干学习班"。

1979 年 8 月，全国第一次 QC 小组代表会议在北京召开。向全国企业职工发出了开展倡议书。

1979 年 8 月 31 日，中国质量协会成立。负责全国全面质量管理及 QC 小组的推进工作。

第二阶段：推广阶段（1980～1985 年）

1980 年 3 月，国家经济委员会颁发了《工业企业全面质量管理暂行办法》。

1983 年 2 月，中国工程建设质量管理协会成立。主要职责是受原建设部委托，负责工程建设行业全面质量管理及 QC 小组活动的推进和日常管理工作。从此，工程建设 QC 小组活动进入有组织地推广阶段。

1983 年 12 月 2 日，国家经济委员会制定了《质量管理小组暂行条例》。

1980～1985 年，中国质量协会、中国科学技术协会、中央电视台联合主办了六次《全面质量管理电视讲座》。

第三阶段：发展阶段（1986～1998 年）

1986 年，国家经济委员会、劳动人事部、中国科学技术协会、中华全国总工会、共青团中央联合发出通知，在全国员工中普及全面质量管理基本知识，"七五"期间将全民所有制企业全体员工轮训一遍。

1989 年开始，中国质量协会组织开展 QC 小组活动诊断师考评工作。

1991 年，全国第十三次 QC 小组代表会议提出了 QC 小组活动应遵循"小、实、活、新"原则。

1994 年 4 月，中国建筑业协会工程建设质量管理分会成立，承担了原中国工程建设质量管理协会主要职能。

1995 年 4 月 4 日，建设部颁发了《全国工程建设质量管理小组管理和评审办法》（建建（1995）183 号）。明确"全国工程建设 QC 小组活动，由国务院建设行政主管部门负责管理。具体工作委托中国建筑业协会工程建设质量管理分会负责"。

1997 年 8 月，国家经贸委、财政部、中国科学技术协会、中华全国总工会、共青团中央、中国质量协会联合颁发《关于推进企业质量管理小组活动的意见》（国经贸（1997）147 号），明确了优秀 QC 小组活动的奖励等级和奖励金额。

1997 年 8 月 30 日～9 月 1 日，中国质量协会首次在北京召开了国际质量管理小组大会（ICQCC）。国务院副总理吴邦国等领导及 20 个国家和地区的代表 1200 余人出席会议。

第四阶段：深化阶段（1999 年至今）

1999 年，中国建筑业协会工程建设质量管理分会开展工程建设 QC 小组活动诊断师考评工作。

2000 年，中国质量协会印发《关于试点开展"创新型"课题 QC 小组活动的建议》，试点开展"创新型"课题 QC 小组活动。

2000 年，中国建筑业协会工程建设质量管理分会制订《全国工程建设质量管理小组活动管理办法》（建协质（2000）1 号）。

2002 年，中国质量协会下发《关于开展"创新型"课题 QC 小组活动实施指导意见》。

2005 年，中国建筑业协会工程建设质量管理分会修订《全国工程建设质量管理小组活动管理办法》（建协质（2005）2 号）。

2005 年，中国建筑业协会工程建设质量管理分会编写出版了《建筑业企业 QC 小组活动基础教材》。

2007 年 10 月 25～26 日，中国质量协会再次在北京主办了国际质量管理小组大会。时任全国人民代表大会常务委员会副委员长顾秀莲、中国人民政治协商会议全国委员会副主席王忠禹、国家质量监督检验检疫总局副局长支树平等领导以及 14 个国家和地区的近 2000 名代表参加会议，创下了 ICQCC 历史新纪录。

2010 年，中国建筑业协会工程建设质量管理分会修订编写《工程建设 QC 小组基础教材》。

2015 年，中国建筑业协会工程建设质量管理分会再次修订编写《工程建设 QC 小组基础教材》。

2016 年 8 月 18 日，中国质量协会发布团体标准《质量管理小组活动准则》T/CAQ10201—2016。

2018 年 11 月 28～29 日，中国质量协会在北京举办了全国质量管理小组活动 40 周年纪念大会。

2019 年 4 月 15 日，中国建筑业协会发布团体标准《工程建设质量管理小组活动导则》T/CCIAT0005—2019（工程建设质量管理分会主编）。

2019 年 7 月，中国建筑业协会工程建设质量管理分会经机构改革调整为中国建筑业协会质量管理与监督检测分会，继续负责全国工程建设 QC 小组活动的组织和推进工作。

2020年3月，中国质量协会发布团体标准《质量管理小组活动准则》T/CAQ 10201—2020。

2020年，中国建筑业协会质量管理与监督检测分会第四次修订编写《工程建设QC小组基础教材》。

40年来，中国建筑业协会质量分会以及各级建筑业协会或工程质协每年都在持续不断开展多层次的QC小组成果发表会或交流会，及时交流和分享QC小组活动的成果和经验，培育工程建设QC小组活动骨干。成效显著，硕果累累，有力促进了群众性的QC小组活动在工程建设行业深入、持续、健康地开展。

附录二 QC小组活动成果案例及综合评价

案例一 问题解决型自定目标课题活动程序

提高被动式建筑外窗安装一次验收合格率
××××建设集团有限公司开拓者QC小组

一、项目简介

××苑被动式住宅项目是我国目前最高的高层被动式居住建筑,室内温度常年保持在22℃左右,节能率达到了92.77%,建成后将为我国寒冷地区高层被动房建设起到很好的借鉴与示范作用。本项目共有外窗窗体6042樘,全部为被动式外窗,极大降低了被动式建筑的能耗。

被动窗窗体为三玻两中空的断桥窗,占总建筑热量损失的50%,整窗传热系数 $K \leqslant 0.8W/(m^2/K)$,玻璃传热系数:$K \leqslant 0.7W/(m^2/K)$ 窗型材传热系数:$K \leqslant 1.3W/(m^2/K)$。

同普通房屋外窗一般安放在窗洞口内不同,被动房外窗一般安装外墙外侧,使用防腐木方支撑。这种安装方式可以减少20%左右的热损失。外窗与墙体的连接有防水透气膜、防水隔气膜和密封胶组成的完整密封连接系统。

图1 工程概况

固定方式　　　　　　　水密性措施　　　　　　　气密性措施

图 2　外窗安装方式

二、小组概况

小组概况表　　　　　　　　　　　　　　　　　　　表 1

课题	提高被动式建筑外窗安装一次验收合格率		
小组名称	开拓者 QC 小组	小组注册号	WFCDQC-009
小组活动时间	××××年 3 月 20 日～××××年 8 月 20 日		
小组成立时间	××××年 3 月 3 日	课题类型	问题解决型
课题注册号	WFCD-QC-201802	课题注册时间	××××年 3 月 19 日
活动频次	每周活动一次		
活动周期	113d	QC 教育时间	30h 以上

制表人：××××　　　　　　　　　　　制表时间：××××年 3 月 20 日

小组概况表续表　　　　　　　　　　　　　　　　表 2

序号	姓名	性别	文化程度	职务	职称	组内职务	小组分工
1	×××	男	本科	技术经理	高级工程师	组长	总体策划,指挥决策
2	×××	男	本科	技术经理	高级工程师	副组长	指挥决策,分工
3	×××	男	本科	项目经理	工程师	副组长	组织施工,落实方案实施
4	×××	男	本科	技术主管	工程师	组员	质量监督,分析指导
5	×××	女	本科	资料员	工程师	组员	制定方案
6	×××	男	本科	施工员	工程师	组员	质量验收
7	×××	男	本科	门窗经理	工程师	组员	方案实施
8	×××	男	专科	工人	中级工	组员	方案实施
9	×××	女	本科	资料员	工程师	组员	方案实施,发布
10	×××	男	本科	预算员	工程师	组员	方案实施

制表人：×××　　　　　　　　　　　　制表时间：××××年 3 月 20 日

三、选择课题

1. 节能要求高

统计数据表明，外窗的面积占比 12％却造成建筑 50％的能量损失，对建筑物的能量散失影响极大。因此，外窗安装质量直接影响建筑物的能耗指标，也直接影响被动式建筑最终验收。

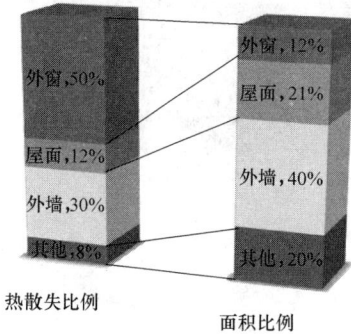

热散失比例

面积比例

图 3　外窗占比示意图

制图人：×××

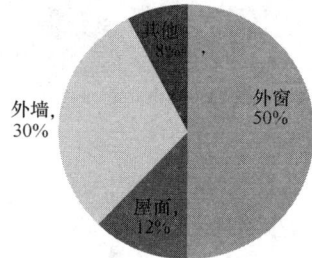

图 4　外窗能耗占比示意图

制图时间：××××年 3 月 22 日

2. 集团要求高

本项目创优目标为鲁班奖，集团公司要求创优项目一次验收合格率必须达到 90％，对外窗安装的质量要求高。

3. 合格率偏低

QC 小组对本项目施工的其他被动式建筑项目层外窗安装一次验收合格率进行调查，其平均合格率仅为 84.94％，合格率偏低。

其他被动式建筑项目外窗安装一
次验收合格率统计表　　表 3

序号	项目	检查数量（处）	合格数（处）	合格率
1	××之家	51	43	84.3％
2	××国际	192	163	84.9％
	合计	332	282	84.94％

制表人：×××　制表时间：××××年 3 月 22 日

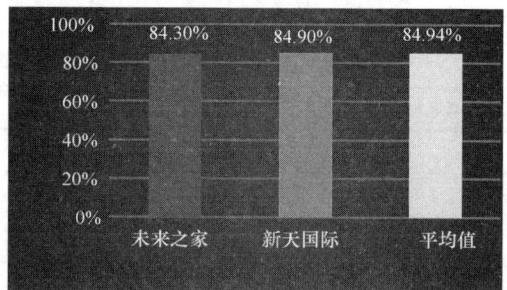

图 5　其他项目被动窗安装一次
验收合格率柱状图

4. 确定课题

小组最终选定课题：提高被动式建筑外窗安装一次验收合格率。

四、现状调查

QC 小组成员×××、×××、×××在××××年 3 月 28 日对××市××苑被动式住宅项目施工完成的西单元 1-15F 外窗进行了现状调查。

图 6　气密性检查、窗扇、窗框检查

外窗安装一次验收合格率统计表　　　　　　　　　表 4

序号	检查部位	检查数量（处）	合格数（处）	不合格数（处）	合格率（%）
1	窗框	150	90	60	60.0
2	窗扇	150	147	3	98.0
3	玻璃	150	148	2	98.7
合计		450	385	65	85.6

制表人：×××　　　　　　　　　　　制表时间：××××年3月28日

　　共检查450处，合格385处，不合格65处，合格率仅为85.6%。

外窗安装一次验收质量问题占比统计表　　　　　　　表 5

序号	部位	数量（处）	占比（%）
1	窗框	60	92.3
2	窗扇	3	4.6
3	玻璃	2	3.1
合计		65	100.0

制表人：×××　　　　　　　　　　　制表时间：××××年3月28日

　　由外窗安装一次验收质量问题占比统计表及饼分图可知，窗框在质量问题中占比高达92.3%，是质量问题的主要集中部位。为此我QC小组将窗框质量问题进行第二层分析，以明确问题症结所在。

　　从现状调查统计数据中抽取窗框部位质量问题统计结果进行第二层分析，做出被动式建筑外窗安装一次验收质量问题频数统计表，并绘制排列图。

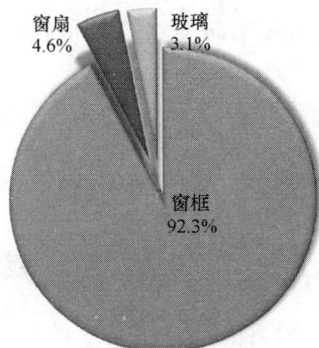

图 7　被动式建筑外窗安装一次验收质量问题分布饼分图

制图人：×××　　　　　　　　　制图时间：××××年3月28日

被动式建筑外窗安装一次验收质量问题频数统计表   表 6

序号	质量问题	频数(处)	频率(%)	累计频率(%)
1	窗框气密性差	25	41.7	41.7
2	窗框标高偏差	23	38.3	80.0
3	窗框隔热性能差	5	8.3	88.3
4	窗框垂直度偏差大	4	6.7	95.0
5	其他	3	5.0	100.0
	合计	60	100	—

制表人：×××   制表时间：××××年 3 月 30 日

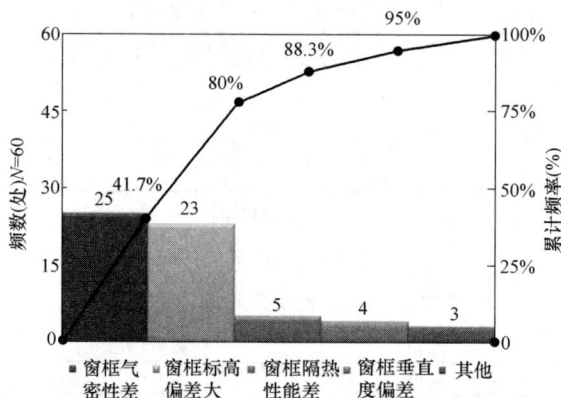

图 8　被动式建筑外窗安装一次验收质量问题频数排列图

制图人：×××   制图时间：××××年 3 月 30 日

由排列图可以看出"窗框气密性差"和"窗框标高偏差大"这两项质量问题累计频率为 80%，是影响被动式建筑外窗安装一次验收合格率的主要问题症结。

五、设定目标

通过现状调查及分析，最终小组成员确定小组的活动目标为：被动式建筑外窗安装一次验收合格率为 95%。

集团技术力量雄厚，有省级技术研发中心等提供技术支持，并且有被动式建筑的施工经验。

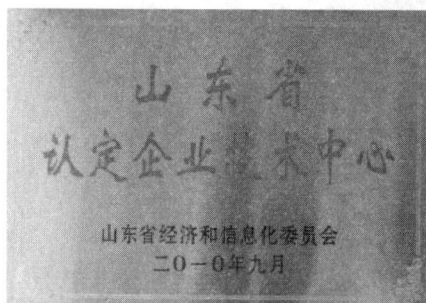

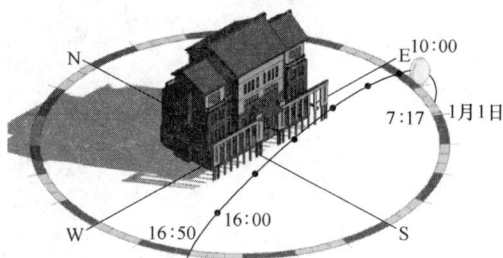

图 9　技术研发中心照片及未来之家效果图

并对本 QC 小组施工的潍坊未来之家项目被动式外窗的验收资料进行调查，外窗安装合格率达到 94.64%，接近 95%。

未来之家外窗安装验收合格率统计表　　　　　　表 7

序号	检查楼层	检查数量(处)	合格数(处)	合格率(%)
1	1F	56	53	94.64
2	2F	47	43	91.49
3	3F	35	33	94.28
合计		138	129	93.48

制表人：×××　　　　　　　　　　　　制表时间：××××年 3 月 30 日

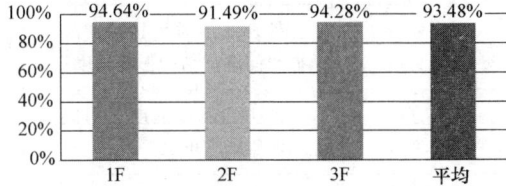

图 10　未来之家外窗安装合格率柱状图

制图人：×××　　　　　　　　　　　制图时间：××××年 3 月 30 日

因此小组成员认为"窗框位置漏气"和"窗框标高偏差大"的问题症结预计能够解决 90%。那么被动式建筑外窗一次验收合格率就能够达到：$85.6\% + (1 - 85.6\%) \times 80\% \times 92.3\% \times 90\% = 95.17\%$。

六、原因分析

2018 年 4 月 1 日，QC 小组在项目部会议室召开"诸葛亮会"，运用"头脑风暴法"对导致被动式建筑外窗安装一次验收合格率低的两个问题症结"窗框气密性差"和"窗框标高偏差大"用关联图进行分析，得出 9 个末端原因。

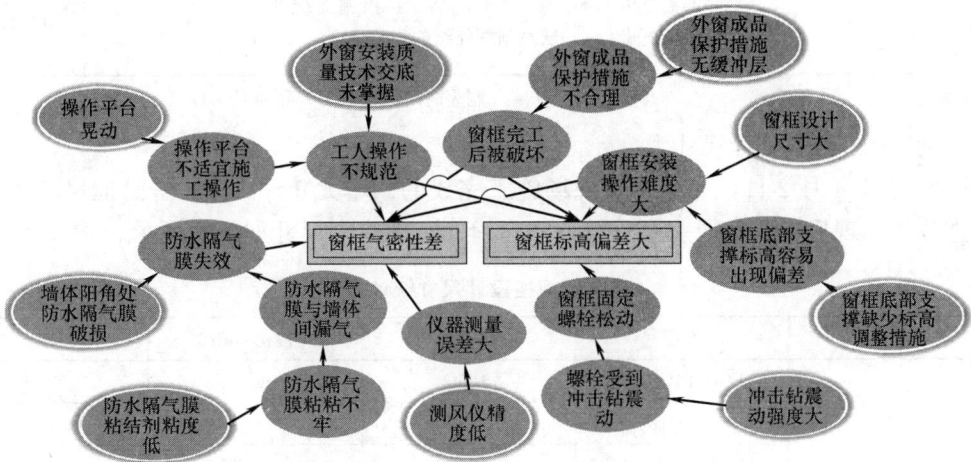

图 11　原因分析关联图

制图人：×××　　　　　　　　　　　制图时间：××××年 4 月 1 日

七、确定主要原因

9 个末端因素均在小组能力范围以内，小组成员针对 9 个末端原因制定了要因确认计划表。

要因确认计划表 表 8

序号	末端原因	确认方式	确认内容	负责人	时间
1	窗框设计尺寸大	调查分析 现场测量	窗框设计尺寸大对问题症结的影响程度	×××	2018.4.5
2	外窗安装质量技术交底未掌握	调查分析 现场测量	外窗安装质量技术交底未掌握对问题症结的影响程度	×××	2018.4.4
3	冲击钻震动强度大	调查分析 现场测量	冲击钻震动强度大对问题症结的影响程度	×××	2018.4.3
4	墙体阳角处防水隔气膜破损	调查分析 现场测量	墙体阳角处防水隔气膜破损对问题症结的影响程度	×××	2018.4.4
5	防水隔气膜粘结剂黏度低	调查分析 现场测量	防水隔气膜黏结剂黏度低对问题症结的影响程度	×××	2018.4.9
6	测风仪精度低	调查分析 现场测量	测风仪精度低对问题症结的影响程度	×××	2018.4.7
7	操作平台晃动	调查分析 现场测量	操作平台晃动对问题症结的影响程度	×××	2018.4.7
8	窗框底部支撑缺少标高调整措施	调查分析 试验	窗框底部支撑缺少标高调整措施对问题症结的影响程度	×××	2018.4.8
9	外窗成品保护措施无缓冲层	调查分析 现场测量	外窗成品保护措施无缓冲层对问题症结的影响程度	×××	2018.4.5

制表人：×××　　　　　　　　　　制表时间：××××年 4 月 1 日

确认 1：窗框设计尺寸大

2018 年 4 月 2 日，×××对现场施工完成的西单元 1～15F 外窗窗框尺寸进行检查分类，现场安装完成主要规格（数量≥30）的窗框尺寸如下表所示。

窗主要规格设计尺寸统计表 表 9

序号	外窗	高度 H(mm)	宽度 L(mm)	数量
1	BC0916(min)	1650	900	60
2	BC1816	1650	1800	90
3	BC2719	1950	2700	44
4	BC3319(max)	1950	3300	30

制表人：×××　　　　　　　　　　制表时间：××××年 4 月 2 日

抽取高度为 1650mm 的最大尺寸 L_{max} 和最小尺寸 L_{min} 外窗及高度为 1950mm 的最大 L_{max} 及最小尺寸 L_{min} 外窗各 30 个，检查其外窗窗框标高合格率。

不同尺寸外窗合格率统计表 表 10

序号	外窗	检查数量(个)	合格数量(个)	合格率(%)
1	BC0916(min)	30	24	80.0%
2	BC1816	30	25	83.3%
3	BC1819	30	23	76.7%
4	BC3319(max)	30	25	83.3%

制表人：×××　　　　　　　　制表时间：××××年4月2日

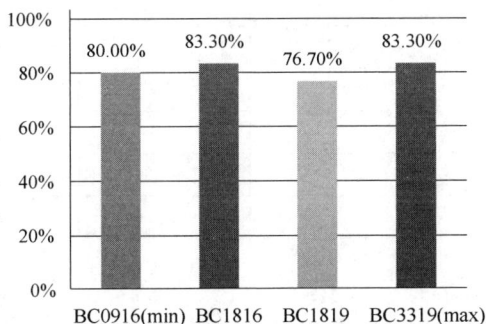

图 12　外窗安装合格率柱状图

制图人：×××　　　　　　　　制图时间：××××年4月5日

【影响程度确认】

设计中最大尺寸的窗框标高合格率和最小尺寸被动式建筑外窗安装窗框标高合格率基本一致，"窗框设计尺寸大"对问题症结影响较小。所以，此末端原因为非要因。

确认 2：外窗安装技术交底未掌握

2018 年 4 月 4 日小组成员×××对外窗安装质量技术交底情况进行了检查，本项目使用 BIM 技术进行交底，并签字齐全，交底率 100%。

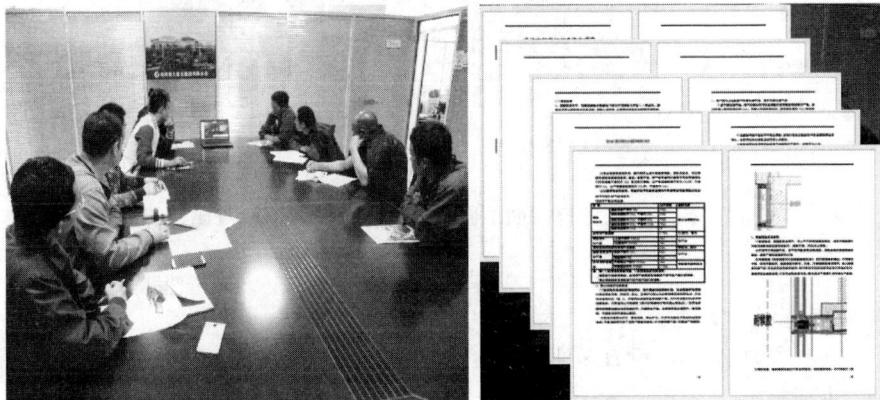

图 13　技术交底

为验证"外窗安装质量技术交底未掌握"对课题的影响，对 10 名作业人员进行技术交底相关内容的考核，其中 5 名作业人员考核及格，另外 5 名作业人员考核成绩不及格。将这 10 名作业人员按照考核成绩分为技术交底已掌握组与技术交底未掌握组两组。分别检查其施工的被动式外窗的安装质量，并进行对比。结果如下表所示。

操作人员考核成绩及外窗施工合格率统计表　　　　　　表 11

序号	分组	人员	考试成绩(分)	气密性合格率 (%)	窗框标高合格率 (%)
1		×××	89	85	85
2		×××	83	84	84
3	技术交底已掌握组	×××	79	87	84
4		×××	75	86	85
5		×××	72	86	86
平均			79.60	85.60	84.80
6		×××	59	85	83
7		×××	58	86	84
8	技术交底未掌握组	×××	57	84	87
9		×××	55	85	86
10		×××	53	86	86
平均			56.40	85.20	85.20

制表人：×××　　　　　　　　　　制表时间：××××年 4 月 4 日

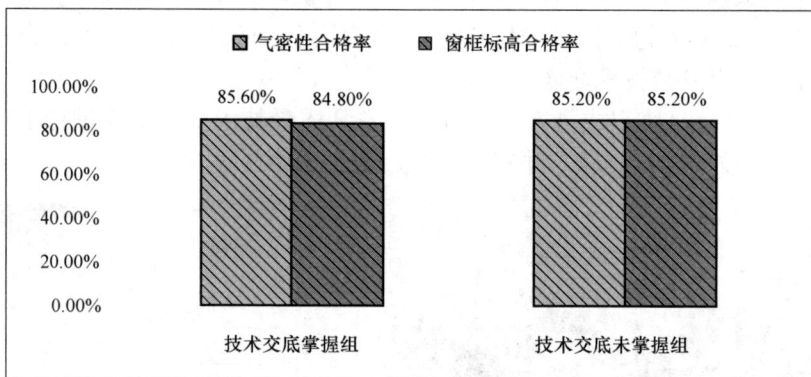

图 14　技术交底考核掌握不同人员施工外窗合格率对比柱状图

制图人：×××　　　　　　　制图时间：××××年 4 月 4 日

【影响程度确认】

通过数据统计分析，外窗安装质量技术交底掌握与未掌握的作业人员施工的外窗的气密性和窗框标高的合格率基本一致，因此"外窗安装质量技术交底未掌握"对两个问题症结影响较小。所以，此末端原因判定为非要因。

图 15　冲击钻钻孔

确认 3：冲击钻震动强度大

2018 年 4 月 3 日，由×××对现场冲击钻进行检查，施工现场采用三种不同震动强度的冲击钻进行外窗施工的钻孔作业，冲击强度为 4J 的冲击钻震动强度最大。分别对不同冲击钻施工的外窗的窗框标高进行检查，分别检查 50 个点，具体数据见下表。

不同震动强度冲击钻施工的外窗窗框标高合格率统计表　　　　　　　　　表 12

序号	冲击钻类别	功率（W）	震动强度	检测数量	合格点数	合格率（%）
1		1380	2.15J	50	40	80
2		1680	3J	50	39	78
3		2400	4J	50	41	82

制表人：×××　　　　　　　　　　　制表时间：××××年 4 月 3 日

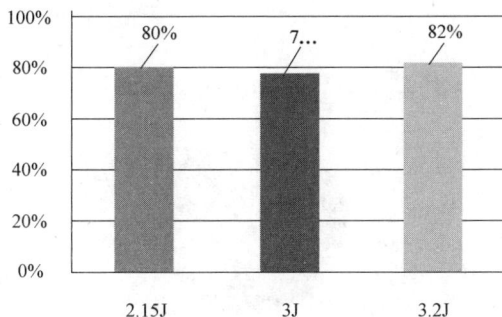

图 16　不同震动强度窗框标高合格率柱状图

制图人：×××　　　　　　制图时间：××××年 4 月 3 日

【影响程度确认】

通过调查对比发现，震动强度大的冲击钻和震动强度小的冲击钻施工的外窗窗框标高合格率基本一致，"冲击钻震动强度大"对"窗框标高偏差大"这一问题症结影响较小。所以，此末端原因判定为非要因。

确认 4：墙体阳角处防水隔气膜破损

2018 年 4 月 4 日，由×××对现场防水隔气膜进行检查。现场防水隔气膜先粘贴于窗框室内侧，然后随窗框共同安装至窗洞口位置，防水隔气向内翻折后粘贴于窗洞口，翻折粘贴过程中容易与墙体阳角发生摩擦，导致防水隔气膜的破损。共检查 100 处，破损 25 处，其中 24 处破损于墙体阳角位置，1 处破损于窗洞口位置，墙体阳角位置防水隔气膜破损率远高于其他部位，占总破损的 96％。

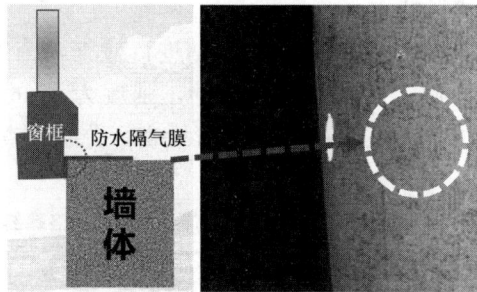

图 17　防水隔气膜墙体阳角部位破损

防水隔汽膜破损情况调查统计表　　　　　　　　表 13

序号	检查数量（处）	检查情况	破损位置	数量（处）		所占比例（％）	破损位置占比（％）
1	100	未破损		75		75	
2		破损	墙体阳角处	25	24	25	96
3			内墙侧		1		4

制表人：×××　　　　　　　　　　　制表时间：××××年 4 月 4 日

对这 24 处阳角防水隔气膜破损的外窗进行气密性检查，全部不合格。另抽取 24 处阳角防水隔气膜未破损的外窗进行气密性检查，合格 23 处，不合格一处，合格率为 95.8％。

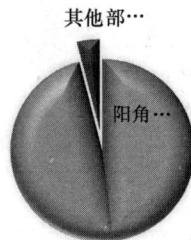

图 18　防水隔气膜阳角位置破损和未破损的外窗安装

制图人：×××　　　　　　　制图时间：2018 年 4 月 4 日

一次验收合格率统计表　　　　　　　　　　　　　　　　　　表 14

序号	墙体阳角处是否破损	检查数量	合格点数	不合格点数	合格率
1	是	24	0	24	0%
2	否	24	23	1	95.8%

制表人：×××　　　　　　　　　　　　制表时间：××××年 4 月 4 日

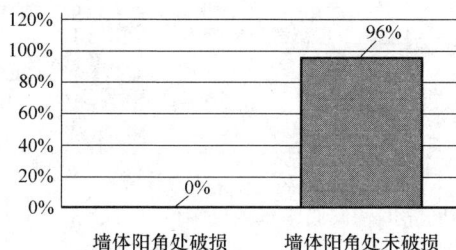

图 19　破损和未破损的外窗安装一次验收合格率柱状图

【影响程度确认】

通过调查对比发现，墙体阳角防水隔气膜磨损占比较高，且气密性均不合格，远高于防水隔气膜未破损部位，"墙体阳角处防水隔气膜破损"对"窗框气密性差"这一问题症结影响大。所以，此末端原因为要因。

确认 5：防水隔气膜粘结剂黏度低

2018 年 4 月 6 日，由×××对现场的防水隔气膜粘结剂材料进行调查，现场采用两种品牌的中性硅酮耐候胶。规范允许黏度范围为 500～650cP，耐候胶 1 黏度为 450cP，耐候胶 2 黏度为 650cP。

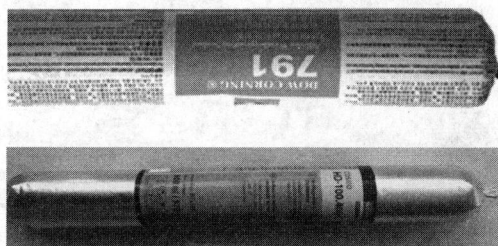

图 20　防水隔气膜粘结剂

2018 年 4 月 7 日分别×××分别对两种耐候胶粘贴防水隔气膜的外窗气密性进行检查，分别抽取 100 个点，检查结果如下表。

外窗气密性检查统计表　　　　　　　　　　　　　　　　　　表 15

序号	项目	检查数量（处）	合格点数（点）	不合格点数（点）	合格率（%）
1	耐候胶 1	100	80	20	80
2	耐候胶 2	100	81	19	81

制表人：×××　　　　　　　　　　　　制表时间：××××年 4 月 7 日

【影响程度确认】

通过调查对比发现，使用黏度低的耐候胶粘贴防水隔气膜的外窗气密性合格率于黏度高的耐候胶基本一致，因此"防水隔气膜粘结剂黏度低"对问题症结影响较小。此末端原因判定为非要因。

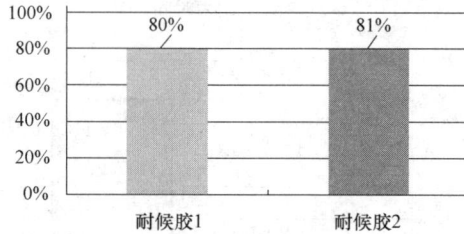

图 21　不同黏度耐候胶施工的外窗气密性合格率对比柱状图
制图人：×××　　　　制图时间：××××年 4 月 7 日

确认 6：测风仪精度低

2018 年 4 月 7 日，由×××检查现场使用的测风仪，现场采用一体式测风仪，现场测风仪质量合格，校验时间满足要求，测量仪器精度为 0.01m/s。

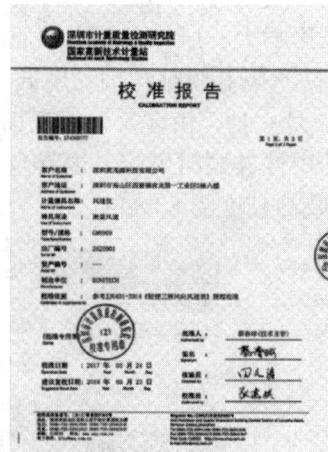

图 22　测风仪及样准报告

××××年 4 月 10 日，又新采购一台全新测风仪，测风仪测量精度为 0.001m/s，测量精度高于原有测风仪。张崇运使用这两个测风仪共同进行外窗气密性检查，两种仪器检查检查结果一致，且不合格点相同。共检查 50 个点，合格 39 个点，不合格 11 个点，合格率 78%。且个漏风点的漏风量基本一致。

外窗气密性检查统计表　　　　　　　　　　　　表 16

设备	检查数量	合格点数	不合格点数	合格率
原有测风仪（精度为 0.01m/s）	50	39	11	78%
新购测风仪（精度为 0.001m/s）	50	39	11	78%

制表人：××××　　　　　　　制表时间：××××年 4 月 10 日

外窗气密性检查不合格点漏风量统计表 表 17

设备	检测项目	点 1	点 2	点 3	点 4	点 5	点 6	点 7	点 8	点 9	点 10	点 11
原有测风仪	漏风量(m/s)	0.01	0.01	0.06	0.04	0.03	0.02	0.05	0.04	0.04	0.06	0.01
新购测风仪	漏风量(m/s)	0.01	0.01	0.06	0.04	0.03	0.02	0.05	0.04	0.04	0.06	0.01

制表人：×××   制表时间：××××年 4 月 10 日

【影响程度确认】

通过测定结果分析，精度低的测量仪器与精度高低的测量仪器测量的各点气密性一致，漏风点漏风量一致。因此"测风仪精度低"对"窗框气密性差"这一问题症结影响较小。此末端原因为非要因。

确认 7：操作平台晃动

2018 年 4 月 7 日，由×××对现场外窗的操作平台进行检查，现场 1 层外窗采用落地脚手架施工、其余均采用施工吊篮进行施工，两种操作平台均能满足外窗施工的要求。落地脚手架平台无晃动，吊篮存在轻微晃动。对采用两种施工操作平台施工的外窗分别进行气密性和窗框标高的检查。分别检查 50 个点，合格率均在79%左右。

图 23　吊篮及落地脚手架操作平台

不同操作平台施工的窗框气密性验收统计表 表 18

操作平台	检测数量	合格点数	合格率(%)	操作平台	检测数量	合格点数	合格率(%)
施工吊篮	50	39	78	施工吊篮	50	40	80
落地脚手架	50	40	80	落地脚手架	50	39	78

制表人：×××   制表时间：××××年 4 月 7 日

【影响程度确认】

通过调查对比发现，采用晃动小的操作平台与无晃动的操作平台施工的窗框气密性和窗框标高基本一致，"吊篮施工操作难度大"对"窗框气密性差"和"窗框标高偏差大"两个问题症结影响较小。所以，判定为非要因。

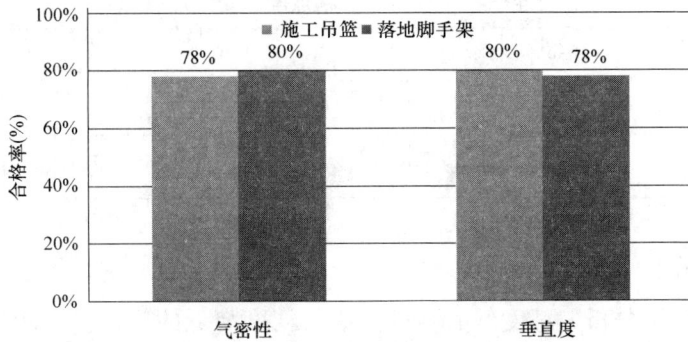

图 24　不同操作平台施工的窗框垂直度、气密性合格率对比柱状图

制图人：×××　　　　　　　　　制图时间：××××年 4 月 7 日

确认 8：窗框底部支撑无标高调整措施

2018 年 4 月 1 日，由×××对施工现场底部支撑进行检查，现场按照被动式建筑标准图集进行施工，将防腐木使用两个同一水平高度的膨胀螺栓固定于墙体外侧，外窗用防腐木作为支撑，然后侧边使用 L 形角件固定。由于支撑木直接固定于墙体外侧，安装后竖直方向没有调节的余地，无法进行标高调整。

图 25　窗框底部支撑固定方式

2018 年 4 月 1 日刘刚抽取 40 处已安装完成的外窗检查窗框标高，合格 32 处，不合格 8 处，合格率为 80％。2018 年 4 月 8 日×××采用防腐木与窗框之间加垫不同厚度的防腐木片的方法进行外窗安装的试验，安装完成后进行对窗框标高检查。共安装 40 个外窗，合格 37 处，不合格 3 处，合格率达到了 92.5％。

不同操作平台施工的窗框标高验收统计表　　　　　　　　　　　表 19

序号	施工方式	检查数量(处)	合格数(处)	不合格数(处)	合格率(％)
1	无固定措施	40	32	8	80
2	有固定措施	40	37	3	92.5

制表人：×××　　　　　　　　　　　制表时间：××××年 4 月 8 日

【影响程度确认】

通过调查分析和试验发现，窗框底部无标高调节措施的外窗窗框标高偏差远低于采用底部加垫防腐木片调节标高的安装方式，"窗框底部支撑缺少标高调整措施"对"窗框标高偏差大"这一问题症结影响大。因此此末端原因是要因。

确认 9：外窗成品保护措施无缓冲层

2018 年 4 月 5 日，由韩圣利对现场外窗的成品保护措施进行检查，现场 1～4F

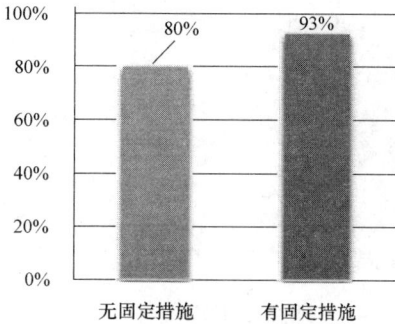

图 26　加垫防腐木片

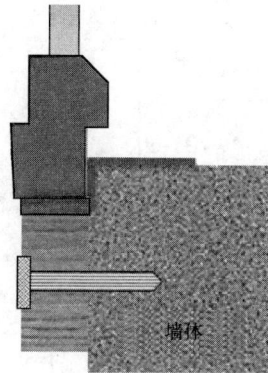

图 27　采用不同安装方式窗框标高合格率对比柱状图

制图人：×××　　　　　　制图时间：××××年 4 月 8 日

样板完成后采用塑料薄膜进行成品保护，5～F8 施工全部采购成品 PE 塑料保护气泡膜进行外窗成品保护，塑料薄膜无缓冲层，气泡膜存在 6mm 的缓冲空气层。分别对 1～4F 和 5～8F 的窗框气密性和窗框标高进行检查，分别检查 50 个点，具体数据如下表。

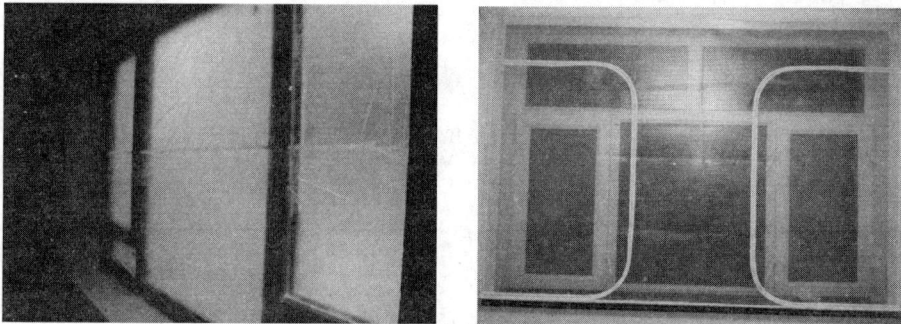

图 28　塑料薄膜及成品气泡膜保护措施

不同保护措施的窗框气密性合格率统计表　　　　　　　　　　　表 20

检查部位	成品保护措施	检查点数（点）	合格点数（点）	不合格点数（点）	合格率（%）
1～4F	塑料薄膜	50	42	8	84
5～8F	PE 气泡膜	50	41	9	82

制表人：×××　　　　　　制表时间：××××年 4 月 5 日

不同保护措施的窗框标高合格率统计表　　　　　　　　　　　表 21

检查部位	成品保护措施	检查点数（点）	合格点数（点）	不合格点数（点）	合格率（%）
1～4F	塑料薄膜	50	42	8	84
5～8F	PE 气泡膜	50	41	7	86

制表人：×××　　　　　　制表时间：××××年 4 月 5 日

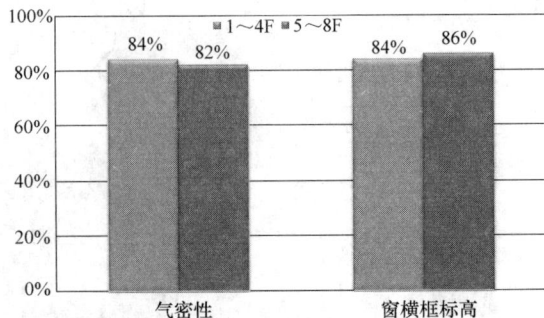

图 29　不同成品保护措施的窗框标高及气密性合格率柱状图
制图人：×××　　　　　　　制图时间：××××年 4 月 5 日

【影响程度确认】

通过调查对比发现，成品保护措施有无缓冲层，外窗气密性和窗框标高的合格率基本一致，因此"外窗成品保护措施不合理"对问题症结影响较小。判定为非要因。

最终确定两个主要原因："墙体阳角处防水隔气膜破损"和"窗框底部支撑无标高调整措施"。

八、制定对策

小组成员针对以上"墙体阳角处防水隔气膜易破损""窗框底部支撑无标高调整措施"两个要因，集思广益，运用头脑风暴法，提出多套解决方案。

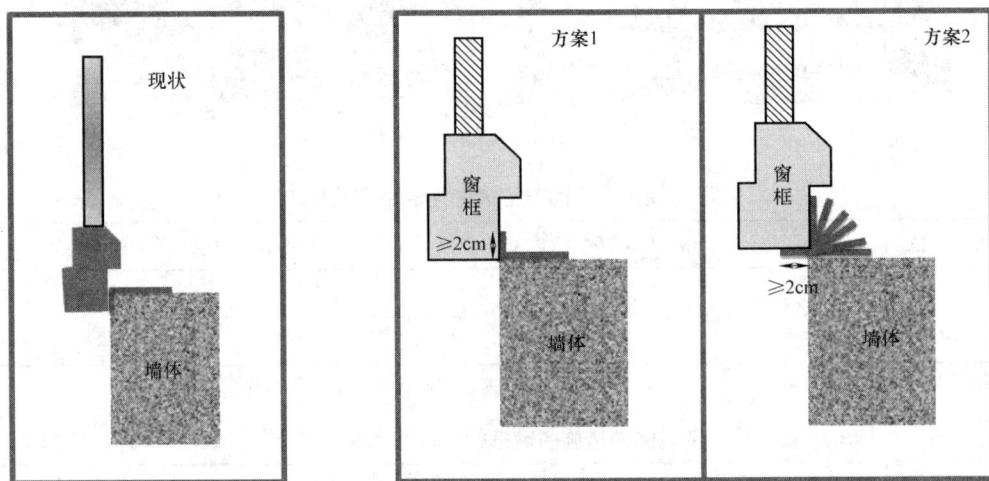

图 30　针对"墙体阳角处防水隔气膜易破损"制定的对策方案

小组成员通过有效性、可操作性、经济性、可靠性、工期五个方面进行分析，制定了对策分析评价表。

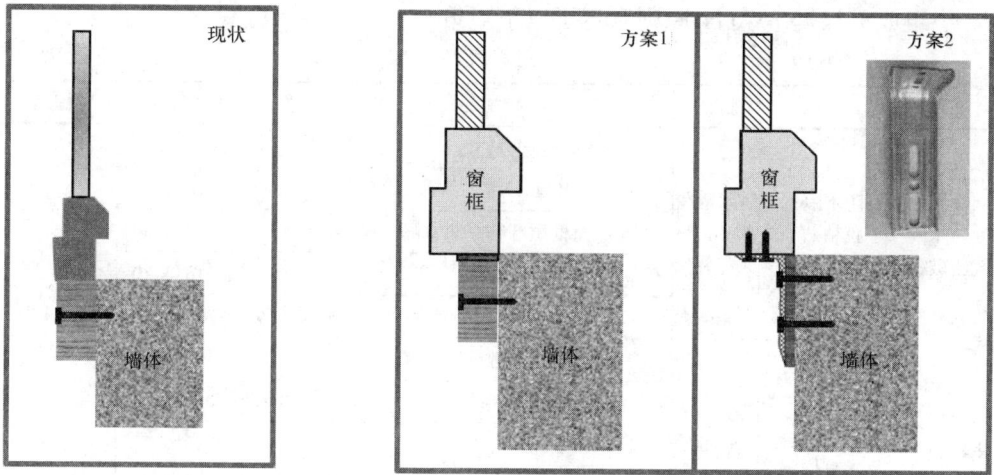

图 31　针对"窗框底部支撑无标高调整措施"制定的对策方案

对策分析评价表　　　　　表 22

要因	方案种类	方案验证					综述	结论
		有效性	可操作性	经济性	可靠性	工期		
墙体阳角处防水隔气膜易破损	□方案1：防水隔气膜粘贴于窗框外露部分	◆有效减少防水隔气膜弯折 ◆墙体阳角不接触防水隔气膜 ◆无漏气点	■防水隔气膜与窗框的粘贴宽度不易保持	◆无增量成本	■能够长久有效保证气密性	■1樘/工日	■操作难度大 ■耐久性差 ■效率低	不采用
	□方案2：将防水隔气膜粘贴于窗框周圈	◆有效减少防水隔气膜弯折 ◆墙体阳角不接触防水隔气膜 ◆无漏气点	√操作方便 √粘贴宽度容易保证 √减少粘贴预压自膨胀密封条工序	√－17元/樘	√能够长久有效保证气密性	√1.2樘/工日	√有效解决问题症结 √操作方便 √价格低 √耐久性高 √效率高	采用
窗框底部支撑无标高调整措施	□方案1：加垫防腐木片调整窗框标高	◆有效调整窗框标高 ◆不破坏气密性 ◆无热桥产生	■垫片容易掉落 ■不同厚度垫片不方便操作	■＋3元/樘	■容易产生松动	■1樘/工日	■操作难度大 ■价格高 ■耐久性差 ■效率低	不采用
	□方案2：使用可调角件固定底框	◆有效调整窗框标高 ◆不破坏气密性 ◆无热桥产生	√无需施工防腐木 √施工方便	√－35元/樘	√可靠性好 √耐久性高	√1.2樘/工日	√有效解决问题症结 √操作方便 √价格低 √耐久性高 √效率高	采用

图例：◆无差异　√优点　■缺点

制表人：×××　　　　　　　　　　制表时间：××××年 4 月 11 日

287

小组成员根据 5W1H 原则制定了以下对策：

对策表   表 23

要因	对策	目标	措施	负责人	完成日期	实施地点
墙体阳角处防水隔气膜破损	防水隔气膜粘贴于窗框周圈	防水隔气膜 100% 完好	1. 调整窗框尺寸	×××	2018.4.15	西单元 16～30F
			2. 使用 BIM、VR、二维码技术交底	×××	2018.4.25	
			3. 窗框周圈粘贴防水隔气膜	×××	2018.4.30	
			4. 墙体打胶	×××	2018.5.20	
			5. 墙体粘贴防水隔气膜	×××	2018.5.25	
窗框底部支撑缺少标高调整措施	使用可调角件固定底框	窗框标高合格率达到 95%	1. 确定角件数量	×××	2018.5.1	西单元 16～30F
			2. 底框安装垫木	×××	2018.5.14	
			3. 安装角件	×××	2018.5.15	
			4. 调整角件	×××	2018.5.15	
			5. 固定窗框	×××	2018.5.16	
			6. 窗框打胶	×××	2018.5.18	

制表人：×××   制表时间：××××年 4 月 11 日

九、对策实施

1. 对策实施一：将防水隔气膜粘贴于窗框周圈

小组成员重新梳理了被动窗安装的流程图。

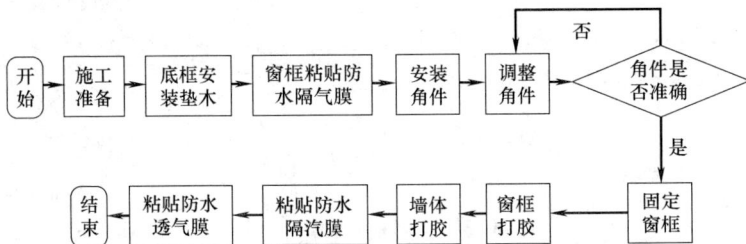

图 32   针对"窗框底部支撑无标高调整措施"制定的对策方案

制图人：×××   制图时间：××××年 4 月 5 日

（1）调整窗框尺寸

后期加工的施工的窗框，由尹莹莹负责调整窗框加工尺寸，将原有窗框尺寸超出窗洞口尺寸 2cm，改为与窗洞口尺寸相同。

（2）使用 BIM、VR、二维码进行技术交底

采用 BIM＋VR 技术集中对工人进行外窗安装的技术交底。

将施工动画制作二维码粘贴在作业部位附近，方便工人查看。现场作业人员只需拿起手机"扫一扫"就能快速查询到外窗的施工工艺和质量把控要点。

（3）窗框周圈粘贴防水隔气膜

在外窗安装前将防水隔气膜粘贴于外门窗框侧边一周。粘贴位置应靠近室内部

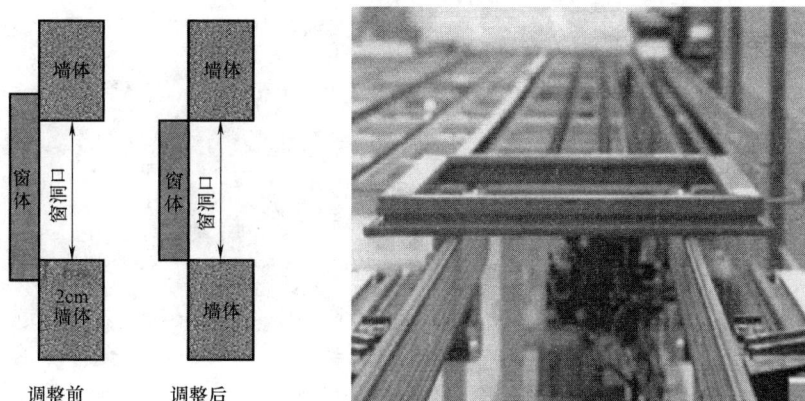

图 33　窗框调整尺寸加工

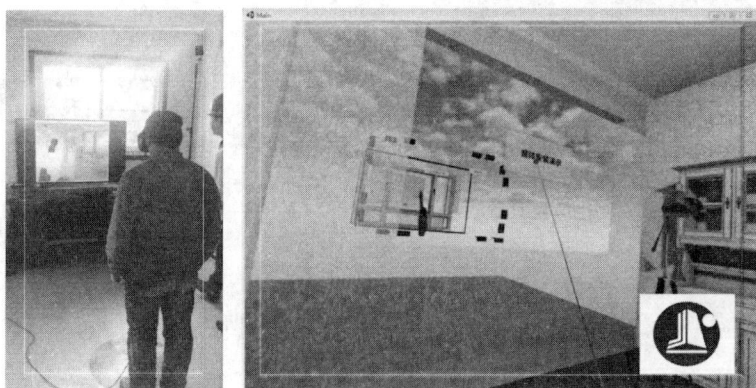

图 34　BIM＋VR 技术交底

图 35　二维码互联网技术交底

分，粘贴宽度应不小于 20mm，并预留部分防水隔气材料与门窗洞口侧墙体粘贴，且宽度应不小于 40mm。防水隔气膜搭接部位位于门窗框中部 1/3 范围内，搭接长度不小于 10cm，搭接处满涂粘结剂粘贴密实。

在窗框四角及每个窗框边的中部用胶带暂时把防水隔气膜临时固定在门窗框上，防止门窗框搬运及安装过程中破坏防水隔气膜。

图 36　粘贴防水隔气膜

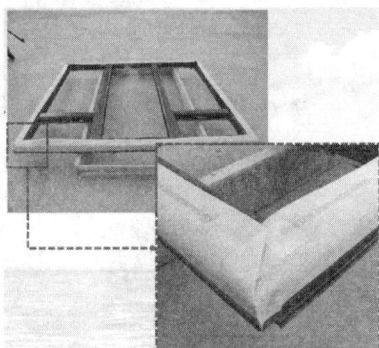

图 37　防水隔气膜粘贴完成并临时固定

（4）墙体打胶

在外窗安装就位后，使用"之"字形打胶法打耐候胶，在粘贴防水透气膜范围内先在两边打两道，中间均匀按"之"字形打胶，用抹子涂抹均匀。

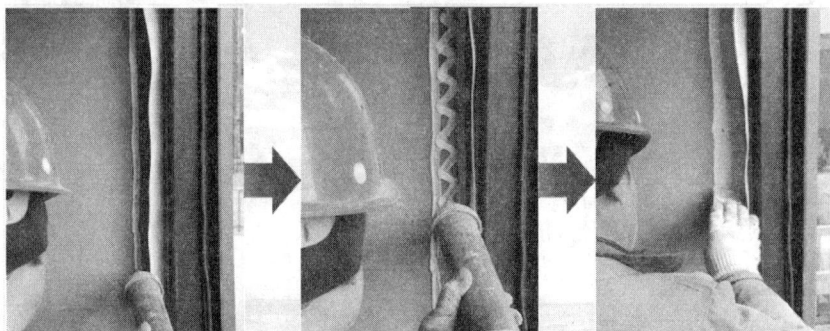

图 38　墙体打胶

（5）墙体粘贴防水隔气膜

用抹子由内而外均匀挤压保证防水隔气膜与基层墙体及窗框粘贴密实、牢固（要求粘结剂涂抹均匀无漏点，宽度至少超出透气膜 1cm），阴角处 1cm 范围内防水隔气膜应松弛地（非紧绷状态）覆盖在结构墙体上。

（6）对策实施一效果验证

图 39　挤压粘贴密实

2018 年 5 月 23 日，对策一实施后，按照规范对西单元 16～22F 被动式建筑外窗防水隔气膜进行抽查，共检查 200 个点，全部无破损，合格率为 100%。对策目标完成，措施有效，且无热桥产生。

对策一效果验证合格率统计表　　表 24

序号	位置	检查数量（处）	合格点数（点）	不合格点数（点）	合格率（%）
1	16～17F	50	50	0	100
2	18～19F	50	50	0	100
3	20～21F	50	50	0	100
4	21～22F	50	50	0	100

制表人：×××　　　　　　　　　　　　制表时间：××××年 5 月 23 日

2. 对策实施二：使用可调角件固定底框

（1）确定角件数量

对窗框进行受力分析，确定角件的使用数量。

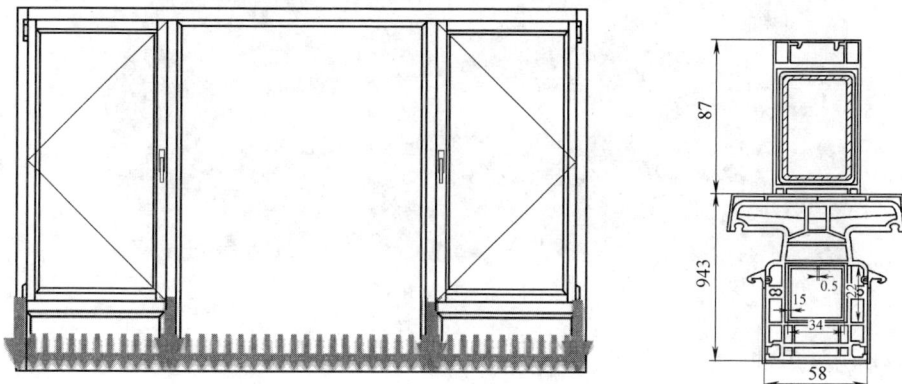

图 40　窗框受力计算书（一）

图 40　窗框受力计算书（二）

（2）底框安装垫木

窗框底部垫木粘贴预压膨胀密封条，在底框下部使用螺丝固定隔热垫木。

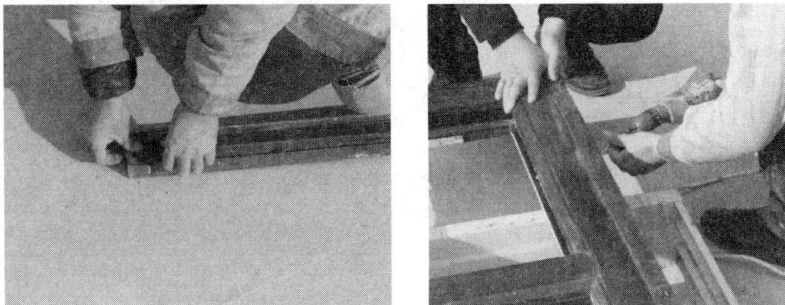

图 41　安装隔热垫木

（3）安装角件

确定门窗控制线（窗框边线外超出 3cm），并在角件安装位置处划线标记，确定螺栓位置。钻孔使用膨胀螺栓安装连接件，连接件与墙体之间设置 1cm 厚度隔热垫块。

图 42　安装角件

（4）调整角件

使用水平激光仪和米尺等调整连接件水平，底部联结件调平后拧紧螺栓，侧面固定联结件膨胀螺栓不必拧得太紧，以便调节窗的位置及水平垂直。

（5）固定窗框

窗框抬到安装好的固定角件上。

用红外线水平仪及靠尺校正门窗框的垂直、水平

图43 固定调整窗框

锤子轻轻敲击固定角件直至门窗框垂直、水平且与洞口四周紧密接触、均匀重叠。

校准门窗框位置无误后，洞口两侧及底部角件固定牢靠后用手电钻将自攻螺丝把窗框固定在角件上。施工过程中随时校核门窗框水平、垂直度，门窗框位置调整准确后安装固定剩余部分固定角件。

窗框固定　　　　　　　角件固定　　　　　　　固定完成

图44 窗框固定安装

（6）窗框打胶

外门窗框与结构墙体之间的接缝处均匀涂一道胶粘剂，打胶时按如下顺序进行打胶：

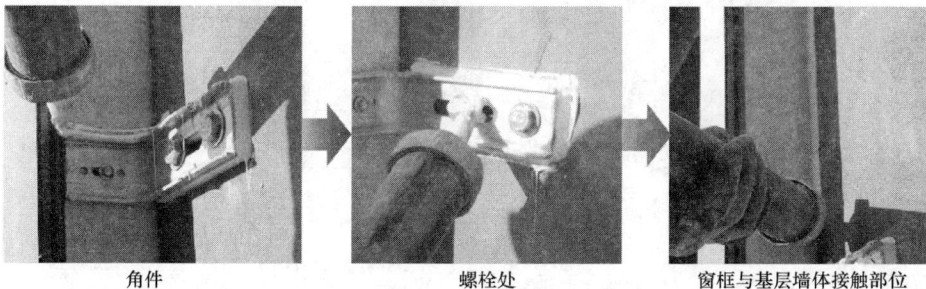

角件　　　　　　　螺栓处　　　　　　窗框与基层墙体接触部位

图45 窗框打胶

293

（7）对策实施二效果验证

2018 年 5 月 3 日，对策二实施后，按照规范对西单元 16～22F 被动式建筑外窗窗框标高进行抽查，共检查 200 个点，偏差 2 处，合格 198 处，合格率为 99%。对策目标完成，措施有效，且无安全、环保等方面的负面影响。

对策二效果验证-窗框标高合格率统计表　　　　　　表 25

序号	楼层	检查数量（处）	合格点数（点）	合格率（%）
1	16～17F	50	50	100
2	18～19F	50	49	98
3	20～21F	50	50	100
4	21～22F	50	49	98
合计		200	198	99

制表人：×××　　　　　　　　　　　制表时间：××××年 5 月 3 日

十、效果检查

××××年 6 月 29 日，小组成员对×××西单元 16～30F 外窗安装质量进行全面检查，共检查 450 个点，合格点 431 个，不合格点 18 个。被动式建筑外窗安装一次验收合格率达到 96%。

活动后外窗安装一次验收合格率统计表　　　　　　表 26

序号	检查构件	检查数量（处）	合格数（处）	不合格数（处）	合格率（%）
1	窗框	150	138	12	92
2	窗扇	150	146	3	98
3	玻璃	150	147	3	98
合计		450	431	18	96

制表人：×××　　　　　　　　　　　制表时间：××××年 6 月 30 日

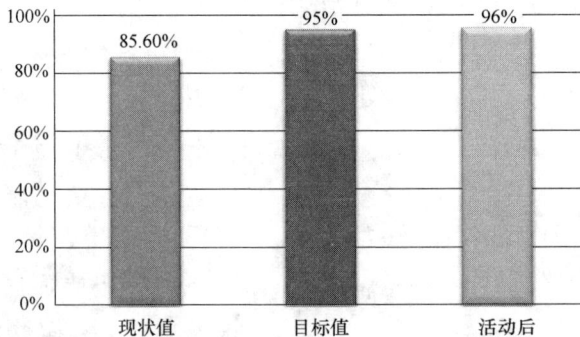

图 46　活动前、后外窗安装一次验收合格率目标值对比柱状图

制图人：×××　　　　　　　制图时间：2018 年 6 月 30 日

将效果检查中外窗安装调查数据进行整理分析，对外窗安装分窗框、窗扇、玻

璃三个构件进行分类统计。从质量问题统计表及饼分图可以看出,活动后窗框所占质量问题的比例由之前的 92.3% 降低到 66.7%。

活动后被动式建筑外窗安装一次验收质量问题统计表　　　　　表 27

序号	部位	频数(处)	占比(%)
1	窗框	12	66.7
2	窗扇	3	16.7
3	玻璃	3	16.7
合计		18	100.0

制表人:×××　　　　　　　　　　　制表时间:××××年 6 月 30 日

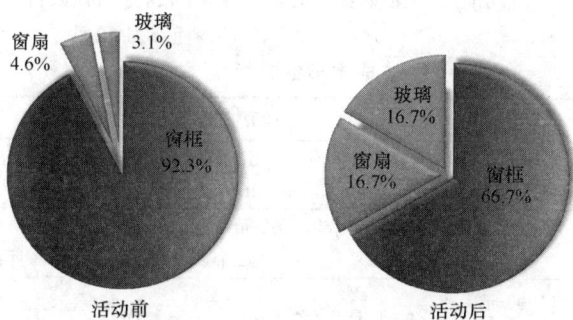

图 47　活动前、后外窗安装一次验收质量问题分布饼分图

制图人:×××　　　　制图时间:××××年 6 月 30 日

为明确问题症结是否有效解决,对窗框的质量问题进行第二层分类统计。做出活动后被动式建筑外窗安装一次验收质量问题分项频数统计表

活动后被动式建筑外窗安装一次验收质量问题分布频数统计表　　　表 28

序号	质量问题	发生频数(处)	频率(%)	累计频率(%)
1	窗框隔热性能差	3	25.00	25.00
2	窗框垂直度偏差大	3	25.00	50.00
3	窗框标高偏差大	2	16.67	66.67
4	窗框气密性差	2	16.67	83.33
5	其他	2	16.67	100.00
合计		12	100	—

制表人:×××　　　　　　　　　　　制表时间:××××年 6 月 30 日

对比实施前、后质量问题排列图可知,"窗框气密性差"和"窗框标高偏差大"不再是主要问题症结,外窗窗框安装质量取得了较好的改善。说明小组活动的措施有效。

通过 QC 活动大大提高了被动式建筑外窗一次安装质量,避免了大量返修施工。

295

本次活动除投入一定的活动经费外，取得了 163370 元的经济效益。

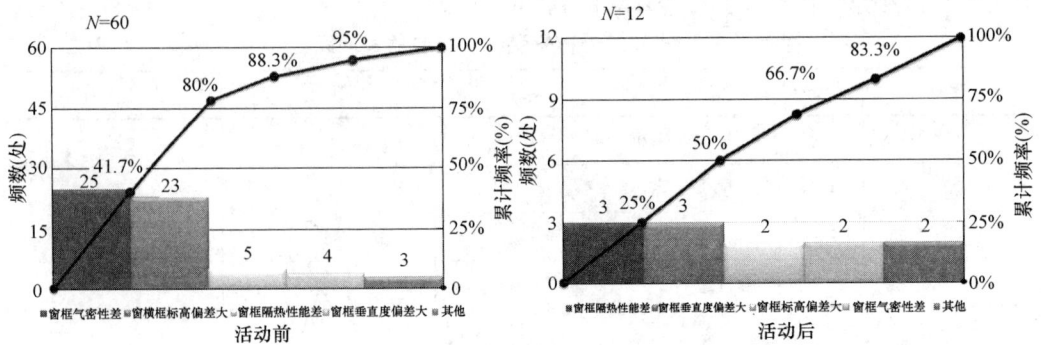

图 48　活动前后外窗安装一次验收质量问题分项频数排列图

制图人：×××　　　　　　　　　制图时间：××××年 6 月 30 日

成本节约分析表　　　　　　　　　　　　　　表 29

项目	计算方式	合计
①采用 L 型构件替代隔热木方	直接成本(344−272)元/樘×650 樘=46800 元；工期结余 3000 元/天×15 天=45000 元。合计：45000+46800=91800 元	91800 元
②将防水隔气膜粘贴于窗框周圈	减少预压膨胀海绵条费用=12 元/m×4550m=54600 元 减少防水隔气膜修复费用=6042 个×(1−85.6%)×31 元/个=26970	81570 元
③活动经费	10000 元	10000 元
合计	①+②−③	163370 元

制表人：×××　　　　　　　　　制表时间：×××年 7 月 1 日

　　通过本次 QC 活动的开展，积累了被动式建筑外窗安装经验，提高了被动式建筑施工的技术水平，为被动式建筑的验收奠定了基础。项目多次迎接国务院、省住房和城乡建设厅、行业协会等组织的参观指导，得到了社会各界的好评。

图 49　社会效益

十一、制定巩固措施

　　为巩固活动成果，防止问题再次发生，小组将实施有效的措施纳入《被动式建筑外窗安装作业指导书》，并严格执行。

有效措施纳入标准审核表　　　　　　　　　　　　　　　　表30

序号	技术措施	纳入标准	批准人
1	被动式建筑外窗窗框边粘贴防水隔气膜技术	《被动式建筑施工指导手册——被动式建筑外窗作业指导书》 编号：CDBZ—2018-005	×××
2	被动式外窗防水隔气膜"之"字形打胶法		
3	被动式建筑外窗窗框L形角件可调支撑技术		

制表人：×××　　　　　　　　　　　　　　制表时间：××××年7月5日

图50　被动式建筑外窗作业指导书

于2018年8月14日，QC小组成员对随后施工的东单元1～15F被动式建筑外窗安装质量进行检查。

被动式建筑外窗安装一次验收合格率调查统计表　　　　　　　　表31

序号	检查构件	检查数量（处）	合格数（处）	不合格数（处）	合格率（%）
1	窗框	150	139	11	92.7
2	窗扇	150	147	3	98.0
3	玻璃	150	147	3	98.0
合计		450	433	17	96.2

制表人：×××　　　　　　　　　　　　　　制表时间：××××年8月15日

现场班组均能按照对策表中的措施有效执行，合格率达到96.2%，被动式建筑外窗安装质量保持在一个良好水准上，巩固措施有效。

十二、总结和下一步打算

1. 总结

（1）专业技术

通过此次QC活动，小组成员对被动式建筑尤其是外窗的气密性和无热桥施工

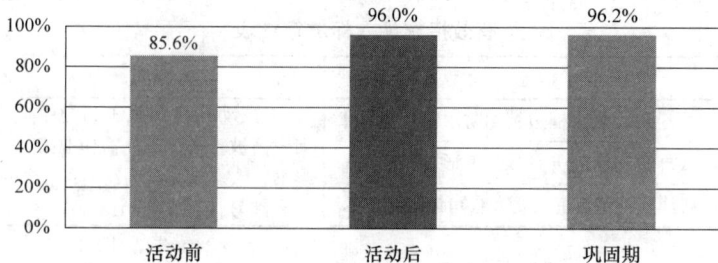

图 51　QC 活动前、后、巩固期外窗安装一次验收合格率对比柱状图

制图人：×××　　　　　　　　　　制图时间：××××年 8 月 15 日

以及检测方法等有了进一步的认识，对外窗安装质量控制等方面都有进一步提高，从技术方案的制定、到后期对策实施以及效果检查方面，均积累了宝贵的施工经验。小组活动前后各项专业技术均有了明显提升。

小组专业技术总结　　　　　　　　表 32

序号	专业技术	活动前	活动后
1	被动窗外挂安装技术	按照图集及图集施工，未考虑施工中窗框标高的调节方式，导致窗框标高偏差大	通过对工艺的改进，能用通过角件固定来调节窗框标高，提高了窗框安装的精确度
2	被动窗气密性技术	仅考虑到窗体防水隔气膜组成的隔汽系统，忽略了施工中墙体阳角对防水隔气膜的磨损，导致膜的破损，破坏气密性	注意到墙体对防水隔气膜的破坏情况，并有针对性的改变了膜的粘贴方式，并让膜粘贴时处于松弛状态，避免变形破坏，提高了气密性
3	被动窗水密性技术	未考虑到墙体与角件之间的水密性处理	在墙体与角件之间采用了打胶处理，提高了窗框与墙体之间的水密性和气密性
4	被动窗断热桥技术	未采用垫木隔绝底框与角件之间的热桥	采用垫木隔绝底框与角件之间的热桥
5	窗框结构受力分析	原有安装方式底部固定件支撑面积大，未进行受力计算	现有安装方式底部支撑面积小，采用垫木增加支撑面积，并进行受力计算，重新调整角件位置
6	被动窗检验方法	按照常规外窗进行检查检验	增加了风门及测风仪对窗框与墙体间的气密性检查的防水，加强了对被动窗安装的检查

制表人：×××　　　　　　　　　　制表时间：××××年 8 月 20 日

（2）管理方法

QC 小组成员对本次 QC 活动的 9 个步骤进行了总结，小组成员均能有效地了解活动中的各个程序。并针对不同的活动程序运用不同的统计方法，如关联图、头脑风暴法等，帮助小组成员完成不同的管理工作。

小组管理方法总结　　　　　　　　　　　　　　　　**表 33**

序号	项目		总　　　　结
1	活动程序	选择课题	根据上级目标及现场施工存在的问题等进行课题的选择,选题理由较为充分,选题中也体现了数据化和图表化
2		现状调查	现状调查数据充足,并利用了分层法进行分析,找到问题症结,并为目标设定提供了依据
3		设定目标	综合考虑到了小组拥有的资源和小组曾经接近过的最好水平进行目标的设定,并针对问题症结预计问题解决程度,测算出小组将达到的水平,目标设定依据充分,目标可量化可实施
4		原因分析	小组成员针对症结问题使用关联图进行原因分析从六个方面找到末端因素,因果关系明确,逻辑关系紧密
5		确定主要原因	小组制定了要因确认表,逐条确认,依据末端因素对问题症结的影响程度进行要因的判定,小组成员能够依据数据和事实,针对末端因素客观的确定主要原因
6		制定对策	小组成员针对两条要因,逐一制定了对策,并提出多套解决方案,并从五个方面进行评价和选择,根据5W1H制定对策表,梳理施工流程,对策明确,对策目标可测量,对策具体
7		对策实施	按照对策表逐条实施,并与对策目标进行比较,同时也验证了对策对断热桥性能无负面影响
8		效果检查	有效而科学的对活动目标进行检查,并且对问题症结的改善程度进行了检查,确认了经济和社会效益,检查全面
9		制定巩固措施	能够将对策表中有效的措施纳入到企业标准中,并对巩固后的效果进行了追踪
10	数据运用		能用有效的收集整理数据,进行分层分类,尤其是确定主要原因时,有效的运用数据进行影响程度的判定
11	统计方法		统计方法应用得当,各个步骤中都能够有效地应用统计方法,特别是现状调查中运用分层法、饼分图、排列图等一系列统计方法找到了问题症结

制表人:×××　　　　　　　　　　　　　　制表时间:××××年8月20日

（3）综合素质

通过此次活动,小组成员的质量意识、团队精神、个人能力等方面也得到了很大程度的提高,特别在 QC 知识应用的方面有了显著的提高,为今后开展 QC 活动奠定了良好的基础,也为以后同类型施工积累了宝贵经验。

小组评价表　　　　**表 34**

评价内容	活动前(分)	活动后(分)
团队精神	3.8	4.3
质量意识	4.0	4.8
个人能力	3.5	4.5
QC 知识	3.4	4.5
工作热情和干劲	3.8	4.3
解决问题的决心	3.8	4.0

制表人:×××　　　制表时间:××××年8月20日

2．下一步打算

今后,我们要将 QC 小组的活动继续下去,组织小组成员不断学习和实践,进一步提高分析问题解决问题的能力,不断攻克施工及管理中的难题。在被动式建筑中,屋面保温工程是重要围护结构,采用双层 125mm 厚的保温板错缝铺贴,容易出现缝隙,形成热桥,所以我们 QC 小组下一研究课题为:《提高被动式建筑屋面保

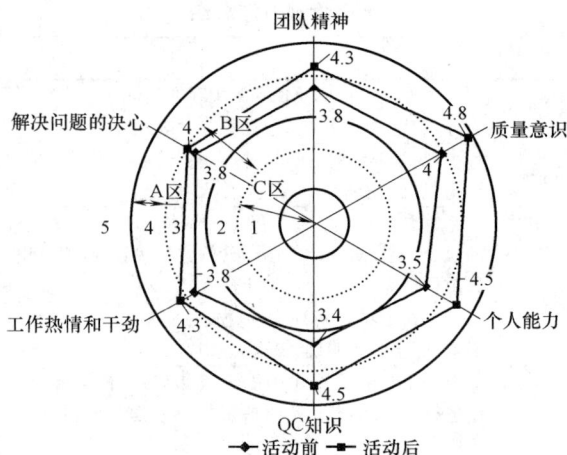

图 52　小组活动前后对比雷达图

制图人：×××　　　　　　制图时间：××××年 8 月 20 日

温工程施工一次验收合格率》。

《提高被动式建筑外窗安装一次验收合格率》成果综合评价

一、总体评价

该成果为问题解决型课题，课题名称符合要求。设定了量化的目标，有设定目标的依据分析。通过活动的有效开展，被动式建筑外窗安装一次验收合格率达到96%，超过了被动式建筑外窗安装一次验收合格率95%的课题目标。程序符合问题解决型自定目标课题活动程序要求。要因确认过程中，大部分能够依据末端原因对症结影响程度大小判断是否是主要原因。通过要因确认，将确定的两条要因纳入对策表。对策表按照 5W1H 编制，实施过程展开描述，体现图文并茂，有实施效果的验证。效果检查用数据比较，关注了活动前后现状改善的对比分析。小组将实施有效的措施纳入《被动式建筑外窗安装作业指导书》，巩固措施有效。有总结和下一步打算的内容描述。提出《提高被动式建筑屋面保温工程施工一次验收合格率》作为下一个活动课题。针对两个症结，运用关联图进行原因分析是适宜的，还运用了柱状图、饼分图、排列图、雷达图等统计方法。

成果有亮点：一是选题理由分析了本项目施工的其他被动式建筑项目层外窗安装一次验收合格率，其平均合格率仅为 84.94%，合格率低于公司一次验收合格率必须达到 90% 的要求，选择了本课题，选题理由体现数据化、图表化值得肯定。二是现状调查进行两次分层分析，第一次分析了"窗框"、"窗扇"和"玻璃"，找出"窗框"（占 92.3%）的主要问题。第二次对"窗框"再分析，找出"窗框气密性差"和"窗框标高偏差大"这两项影响被动式建筑外窗安装一次验收合格率的症结，值得学习借鉴。三是专业技术总结有特色，从被动窗外挂安装技术等六个方面进行了活动前后的对比，值得学习借鉴。

成果报告在目标设定、原因分析、总结等方面还需要提高。

二、不足之处

1. 程序方面

（1）现状调查排列图的结论为"主要症结问题"的描述不够准确，建议改为"症结"。

（2）目标设定虽然有测算和其他项目的合格率数据的描述，建议综合考虑上级、标准以及顾客要求或同行的水平等方面，使得设定的目标更具合理。

"末端因素"措辞不够严谨，建议改为"末端原因"以满足要求。

（3）原因分析把"窗框尺寸大"作为末端原因不妥，"窗框尺寸大"是加工没有经过验收呢？还是设计的就是这个尺寸，或者是施工方案没有考虑到呢？还可以再分析。

（4）对策评价用优点和缺点进行，缺少客观依据。建议采用测量、试验、分析等方法，基于事实和数据从有效性、可实施性、经济性、可靠性、时间性等方面进行评价。

（5）总结和下一步打算步骤中，"管理方法总结"数据运用总结描述过于简单，建议在哪些步骤数据运用有效，或者哪些步骤数据运用不足，提出努力方向。

2. 方法方面

小组综合素质评价表和雷达图建议删除"QC知识"内容。

专家：××

案例二　问题解决型指令性目标课题活动程序

提高超大角度斜屋面挂瓦施工合格率

××建工集团第××建筑工程有限责任公司
××项目质量管理小组

一、工程概况

本工程为×××扶贫搬迁项目，位于××市××新区。工程结构类型属于框架结构，有22栋高层住宅、1栋三层幼儿园、1栋三层体康中心、4栋四层教学楼、2栋5层宿舍楼组成。本工程总建筑面积为31.5万 m^2。

本工程共分04、05、08三个地块，其中05地块的8栋高层住宅、08地块的14栋高层住宅的屋面瓦均是超大角度斜屋面挂瓦。陶瓦的规格为260mm×260mm，搭接口尺寸要求为30mm×40mm。22栋高层住宅的屋面瓦面积约为11349.8m²，共需要屋面瓦约20.5万片。屋脊最高点标高为屋面+5.8m，最低点标高为屋面+0m，坡度约为60°，倾斜度较大，工人在挂瓦作业的过程中存在施工困难和加固不到位的问题，造成作业不是很理想。斜屋面瓦的坡度如图1所示。

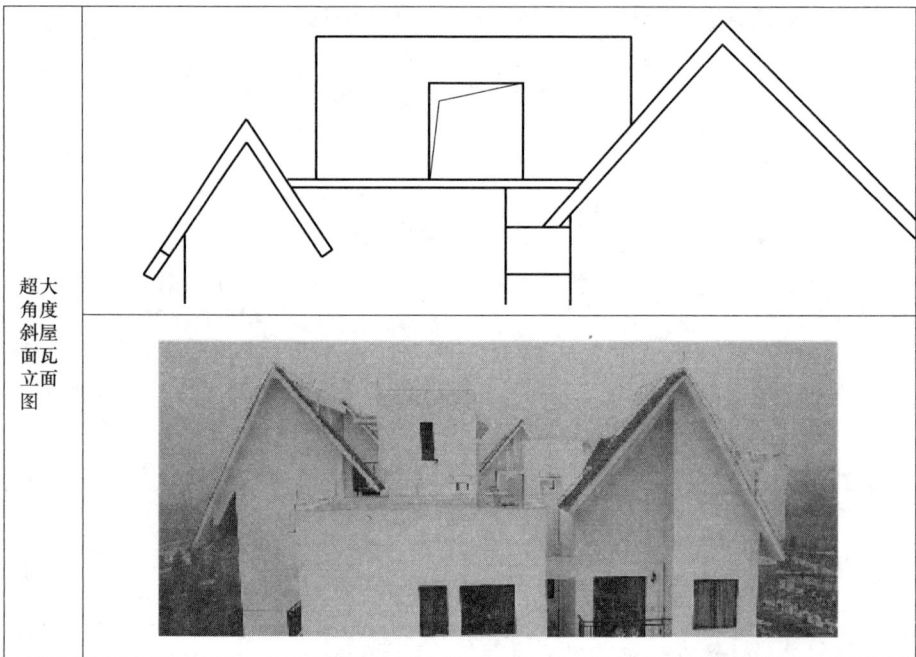

图1　超大斜度斜屋面瓦的坡度平面图

制图人：×××　　　　　审核人：×××　　　　　制图日期：2018年7月1日

斜屋面挂瓦在施工过程中因为坡度较大、挂瓦作业比较困难，同时屋面瓦的加固更加困难。

二、QC小组简介（表1）

QC小组简介　　**表1**

小组名称	×××搬迁项目QC小组						
小组注册时间	2018年7月1日			小组注册号		XZ-WJNF-2018-01	
课题名称	提高超大角度斜屋面挂瓦施工合格率			课题注册号		CG-WJNF-2018-01	
课题类型	问题解决型			课题活动时间		2018.7～2018.9	
活动次数	10次			平均受QC教育时间		36h以上	
活动频率				3次/月			
序号	姓名	性别	学历	职务	组内职务	职称	组内具体分工
1	李××	男	本科	项目经理	组长	工程师	负责制定并组织实施QC活动的各项重大决策
2	王×	男	本科	技术负责人	副组长	工程师	技术指导，负责活动成果的评审工作
3	李××	男	本科	项目副经理	副组长	工程师	负责检查计划、对策的执行情况和执行后的效果检查。
4	张×	女	本科	资料员	组员	助理工程师	资料收集，负责协助组长及成员的工作
5	甘××	女	本科	技术员	组员	助理工程师	落实监督，负责QC小组活动的保管工作
6	张×	男	本科	施工员	组员	工程师	协助技术人员抓好工程施工的技术工作
7	罗×	男	本科	瓦工工长	组员	助理工程师	安排施工工序，同其他工种配合、协调工作
8	韦××	男	本科	钢筋工长	组员	工程师	负责钢筋加工、现场绑扎，下达作业计划
9	张××	男	本科	木工工长	组员	工程师	对模板工程施工的质量、安全文明施工负责管理责任
小组主要成员历年主要QC成果	（1）《提高小型现浇独立承台一次验收合格率》获广西地区一等奖和全国二等奖； （2）《提高小截面异形柱施工合格率》荣获广西地区一等奖和全国一等奖； （3）《提高330mm深L形露台施工合格率》获广西地区一等奖和全国一等奖						

制表人：张××　　审核人：李×　　制表日期：2018年7月1日

本QC小组的活动时间为：2018年7月～2018年9月，活动次数：10次。本QC小组成员活动出勤情况及活动记录表如表2所示。

课题活动情况表　　**表2**

	序号	活动内容	次数	出勤总次数	应出勤（人）	实出勤（人）	分出勤率（%）	总出勤率（%）
活动情况统计	1	准备工作	1	10次	9	9	100	100
	2	计划阶段	2		9	9	100	
	3	实施阶段	4		9	9	100	
	4	检查阶段	1		9	9	100	
	5	总结阶段	1		9	9	100	
	6	今后设想	1		9	9	100	

制表人：甘×　　审核人：李××　　制表日期：2018年9月28日

三、选择课题（图2）

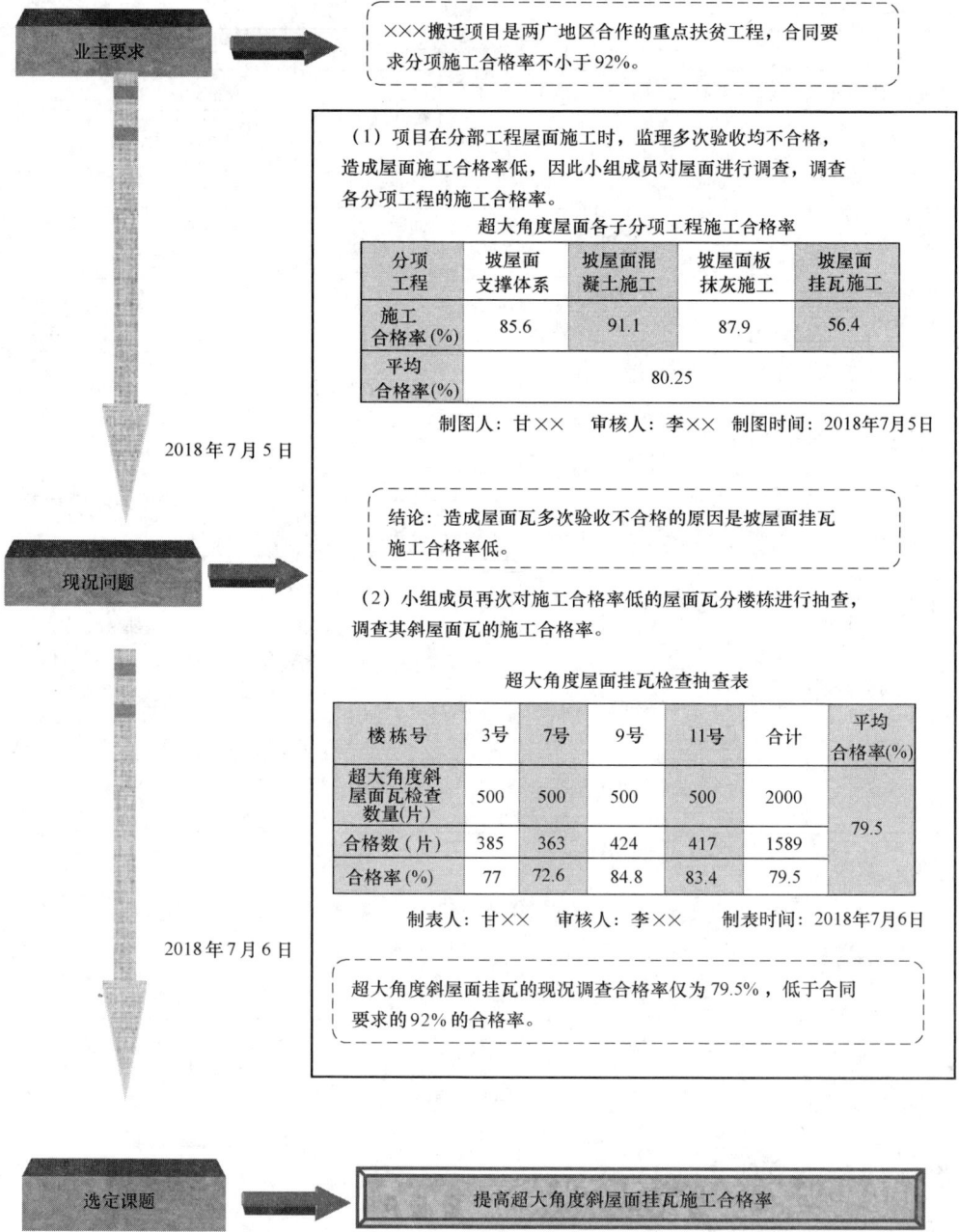

业主要求

×××搬迁项目是两广地区合作的重点扶贫工程，合同要求分项施工合格率不小于92%。

（1）项目在分部工程屋面施工时，监理多次验收均不合格，造成屋面施工合格率低，因此小组成员对屋面进行调查，调查各分项工程的施工合格率。

超大角度屋面各子分项工程施工合格率

分项工程	坡屋面支撑体系	坡屋面混凝土施工	坡屋面板抹灰施工	坡屋面挂瓦施工
施工合格率(%)	85.6	91.1	87.9	56.4
平均合格率(%)	80.25			

制图人：甘×× 审核人：李×× 制图时间：2018年7月5日

2018年7月5日

结论：造成屋面瓦多次验收不合格的原因是坡屋面挂瓦施工合格率低。

现况问题

（2）小组成员再次对施工合格率低的屋面瓦分楼栋进行抽查，调查其斜屋面瓦的施工合格率。

超大角度屋面挂瓦检查抽查表

楼栋号	3号	7号	9号	11号	合计	平均合格率(%)
超大角度斜屋面瓦检查数量(片)	500	500	500	500	2000	79.5
合格数（片）	385	363	424	417	1589	
合格率(%)	77	72.6	84.8	83.4	79.5	

制表人：甘×× 审核人：李×× 制表时间：2018年7月6日

2018年7月6日

超大角度斜屋面挂瓦的现况调查合格率仅为79.5%，低于合同要求的92%的合格率。

选定课题

提高超大角度斜屋面挂瓦施工合格率

图2 课题选定流程图

四、设定目标

设定指令性目标：×××搬迁项目是两广地区合作的重点扶贫工程，合同要求超大角度斜屋面挂瓦施工合格率不小于92％。

活动的目标值与现状值之间的对比图见图3。

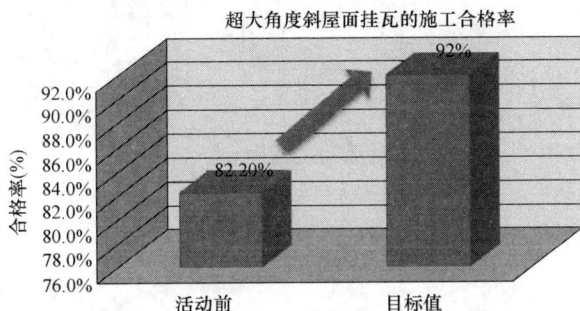

超大角度斜屋面挂瓦的施工合格率

图 3　目标设定柱状图

制图人：甘×× 　　　　审核人：李× 　　　　制图日期：2018 年 7 月 14 日

五、目标可行性论证

1. 寻差距

由于我司项目楼栋较多，所以选择随机抽取方式对有斜屋面瓦的楼栋进行检查。2018 年 7 月 6 日，由建设单位和监理单位按照合同要求我司对 08 地块 8 号、9 号、10 号、11 号已完成的斜屋面挂瓦的施工质量进行检测。检测结果得出 08 地块该 4 栋斜屋面挂瓦的施工合格率为 82.2％，斜屋面挂瓦分楼栋的测评合格率如表 3 所示，测评结果形成的柱状图如图 4 所示，施工的现场图片如图 5 所示。

8 号、9 号、10 号、11 号超大角度斜屋面瓦测评合格率调查统计表　　　　表 3

楼栋号	08-8 号	08-9 号	08-10 号	08-11 号	合计
斜屋面瓦检测数（个）	450	450	450	450	1800
合格个数（个）	335	363	402	380	1480
不合格个数（个）	115	137	48	70	320
合格率（％）	74.4	80.7	89.3	84.4	82.2

制表人：张×× 　　　　审核人：李×× 　　　　制表日期：2018 年 7 月 6 日

从图表 5-1 可以看出，本工程 08-8 号、9 号、10 号、11 号已经完成施工的超大角度斜屋面瓦在建设单位和监理单位组织的第一次检测时，合格率的平均值仅为 82.2％。

2. 找症结

调查一：对测评不合格的斜屋面瓦按挂瓦施工队组不同分层分析

本工程超大角度斜屋面瓦有两组施工队组分别施工。在测评检查的过程中，发现由于施工队组不同，合格率也不一样，小组成员对 320 个不合格的斜屋面挂瓦从

超大角度斜屋面瓦检查合格数柱状图

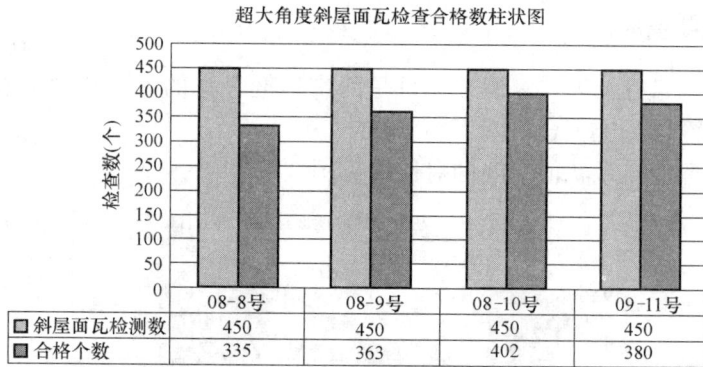

	08-8号	08-9号	08-10号	09-11号
☐ 斜屋面瓦检测数	450	450	450	450
■ 合格个数	335	363	402	380

图 4　08-8 号、9 号、10 号、11 号超大角度斜屋面瓦检测合格数柱状图

制图人：张×× 　　　　审核人：李×× 　　　　制图日期：2018 年 7 月 6 日

图 5　超大角度斜屋面挂瓦现场施工图

拍摄人：张×× 　　　　审核人：李×× 　　　　拍摄日期：2018 年 7 月 6 日

挂瓦施工队组不同进一步的分层分析。调查统计如表 4 所示；不同施工队组占总不合格数的占比如图 6 所示。

测评不合格超大角度斜屋面瓦不同施工队组不合格数调查统计表　　　表 4

施工队组 超大角度斜屋面挂瓦	冯工挂瓦队组	覃工挂瓦队组
不合格个数（个）	243	77
不合格总个数（个）	320	
所占比率（％）	75.9	24.1

制表人：张×× 　　　　审核人：李×× 　　　　制表日期：2018 年 7 月 8 日

　　从饼分图 6 中可以看出，超大角度斜屋面挂瓦在不同的施工队组中的施工质量差异很大，冯工挂瓦队组在超大角度斜屋面挂瓦中不合格率占 75.9％，覃工挂瓦队组在超大角度斜屋面挂瓦中不合格率占 24.1％，所以冯工施工挂瓦队组的施工合格率低是影响超大角度斜屋面瓦施工合格率的主要问题。

　　调查二：小组成员从不合格的挂瓦施工队组对斜屋面挂瓦不合格问题再进行进一步的分析

60°斜屋面挂瓦不合格所占比例

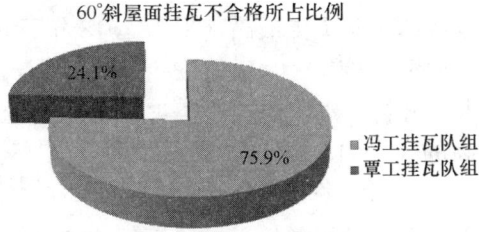

图6 不合格的超大角度斜屋面瓦不同施工队组所占比率饼分图

制图人：张×× 审核人：李×× 制图日期：2018年7月8日

2018年7月10日，小组成员再次对不合格率高的冯工挂瓦施工队组进行调查，调查其造成斜屋面挂瓦不合格的问题。通过调查发现，造成本工程不合格的斜屋面挂瓦的问题有顺直度偏差大、平整度偏差大、屋面瓦污染、屋面瓦破损、屋面瓦剥落和其他。调查统计如表5所示；排列图如图7所示。

超大角度斜屋面挂瓦不合格问题调查统计表 表5

序号	不合格问题	不合格点数（片）	不合格点数（片）	累计不合格点数（片）	累计频率（%）
1	顺直度偏差大		102	102	42
2	平整度偏差大		98	200	82.3
3	屋面瓦污染	243	21	221	90.9
4	屋面瓦破损		12	233	95.9
5	屋面瓦剥落		7	240	98.8
6	其他		3	243	100

制表人：张×× 审核人：李×× 制表日期：2018年7月10日

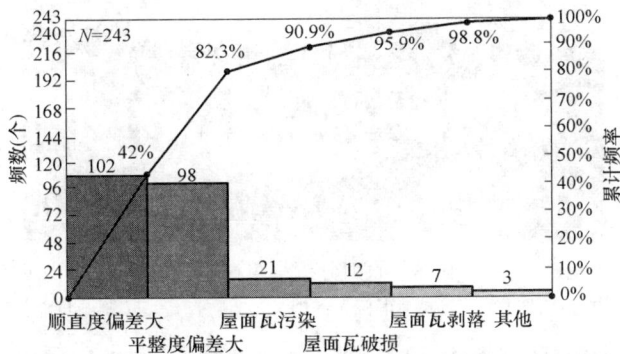

图7 超大角度斜屋面瓦不合格问题频数和频率排列图

制图人：张×× 审核人：李×× 制图日期：2018年7月10日

从排列图7中可以看出，影响超大角度斜屋面瓦施工合格率的症结是"顺直度偏差大"和"平整度偏差大"，所占频率累积为82.3%。

3. 目标可行性论证

(1)企业标杆水平分析:企业历史最高水平为 2018 年百色饭店 QC 小组的"超大角度斜屋面挂瓦",合格率为 96%。

(2)小组历史最好水平分析:本工程在施工过程中,2018 年 7 月 29 日超大角度斜屋面瓦施工合格率最高的为 08-14 号,合格率达到了 94.1%。

(3)测算分析:

把症结"顺直度偏差大"和"平整度偏差大"解决 90%,则超大角度斜屋面瓦施工合格数可达到 92.2%,即:

$$(1800-140)\div1800\times100\%=92.2\%$$

(4)目标可行性论证结论:

通过企业水平分析、小组历史最好水平分析、症结测算分析,超大角度斜屋面挂瓦的施工合格率可达 92.2%。可见,指令性目标是可以实现的。

六、原因分析

本 QC 小组全体成员和现场管理人员于 2018 年 7 月 15 日在项目部一楼会议室召开了原因分析会(图 8),对存在的问题进行了讨论,大家集思广益,运用头脑风暴法对超大角度斜屋面瓦施工合格率低的主要问题进行原因分析,并对找到的原因进行归纳整理。绘制的关联图见图 9。

图 8　原因分析小组讨论会

拍摄人:甘××　　　　审核人:李××　　　　　　制图日期:2018 年 7 月 15 日

由图 10 关联图可知,本 QC 小组成员共找到了 12 个末端原因,按人、材、机、法、测、环把末端原因进行整理归类如图 10 所示。

七、确定要因

1. 要因确认计划

2018 年 7 月 17 日~2017 年 7 月 26 日,本 QC 小组成员对 12 个末端原因进行

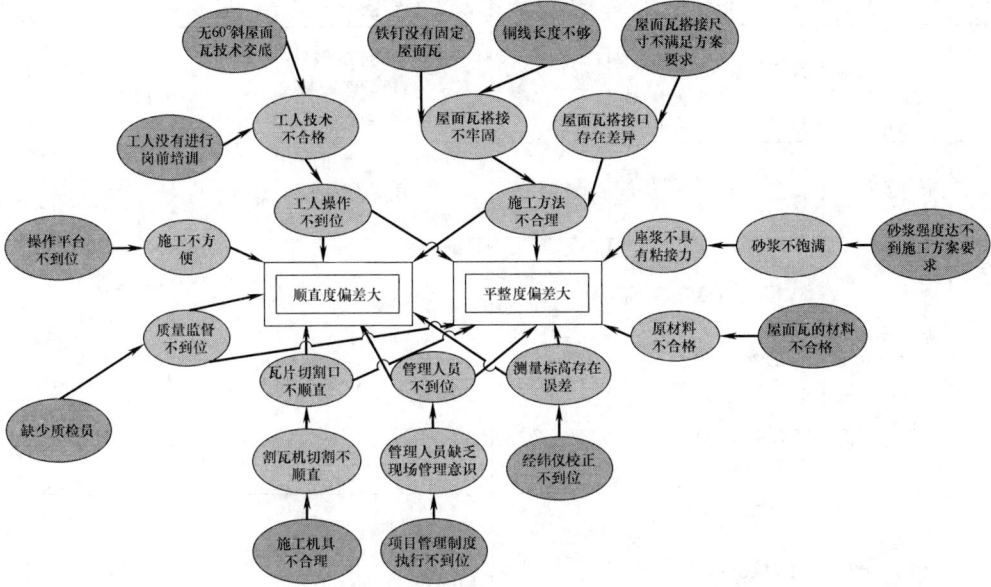

图 9　超大角度斜屋面挂瓦主要症结分析关联图

制图人：罗××　　　　　审核人：李××　　　　　制图日期：2018 年 7 月 16 日

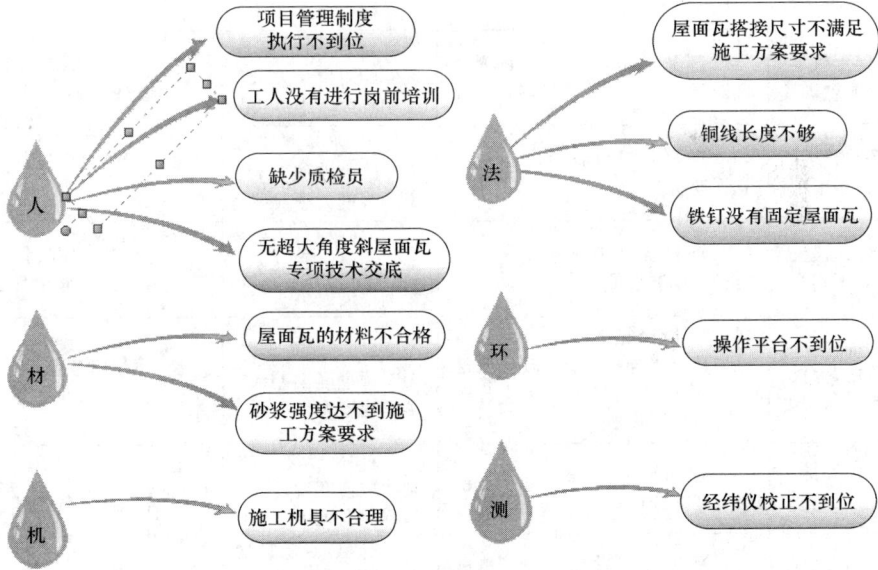

图 10　末端原因汇总图

制图人：甘××　　　　　审核人：李××　　　　　制图日期：2018 年 7 月 16 日

逐一分析，制定出如表 6 所示的要因确认表，并落实到人进行要因确认。

要因确认计划表 表 6

序号	末端原因	判定内容	判定方式	判定依据	负责人	活动时间
1	工人没有进行岗前培训	1. 操作工人上岗之前是否经过培训；2. 工人的岗前培训是否合格	调查分析	对"平整度偏差大""顺直度偏差大"影响程度大小	王×	2018 年 7 月 17 日～2018 年 7 月 19 日
2	缺少质检员	项目是否配有质检员	调查分析	对"平整度偏差大""顺直度偏差大"影响程度大小	甘××	2018 年 7 月 17 日～2018 年 7 月 19 日
3	无超大角度斜屋面瓦专项技术交底	1. 项目是否编制超大角度斜屋面瓦施工的专项交底及方案；2. 项目是否进行专项的超大角度斜屋面瓦施工技术交底会议	调查分析	对"平整度偏差大""顺直度偏差大"影响程度大小	罗××	2018 年 7 月 17 日～2018 年 7 月 19 日
4	屋面瓦的材料不合格	屋面瓦的材料是否符合完整无裂痕无缺口的现场施工要求	调查分析	对"平整度偏差大""顺直度偏差大"影响程度大小	李××	2018 年 7 月 17 日～2018 年 7 月 19 日
5	砂浆强度达不到施工方案要求	1. 砂浆是否具备粘结能力；2. 砂浆配合比是否按照施工工序配比	调查分析	对"平整度偏差大""顺直度偏差大"影响程度大小	甘××	2018 年 7 月 20 日～2018 年 7 月 22 日
6	施工机具不合理	割瓦机是否符合切割功能	现场测量调查分析	对"平整度偏差大""顺直度偏差大"影响程度大小	韦×	2018 年 7 月 20 日～2018 年 7 月 22 日
7	项目管理制度执行不到位	项目是否设置有管理制度	调查分析	对"平整度偏差大""顺直度偏差大"影响程度大小	罗××	2018 年 7 月 20 日～2018 年 7 月 22 日
8	经纬仪校正不到位	项目部是否配有经纬仪测量员	调查分析	对"平整度偏差大""顺直度偏差大"影响程度大小	张××	2018 年 7 月 20 日～2018 年 7 月 22 日
9	屋面瓦搭接尺寸不满足施工方案要求	1. 屋面瓦搭接接口是否吻合；2. 屋面瓦搭接是否有拉线找平	现场测量调查分析	对"平整度偏差大""顺直度偏差大"影响程度大小	张××	2018 年 7 月 23 日～2017 年 7 月 24 日
10	铜线长度不够	屋面挂瓦时是否存在漏挂现象	调查分析	对"平整度偏差大""顺直度偏差大"影响程度大小	张××	2018 年 7 月 23 日～2018 年 7 月 24 日
11	铁钉没有固定屋面瓦	屋面挂瓦时是否影响加固	现场测量调查分析	对"平整度偏差大""顺直度偏差大"影响程度大小	张××	2018 年 7 月 23 日～2018 年 7 月 24 日
12	操作平台不到位	操作平台是否合理	现场测量调查分析	对"平整度偏差大""顺直度偏差大"影响程度大小	张××	2018 年 7 月 25 日～2018 年 7 月 26 日

制表人：张××　　　　审核人：李××　　　　制表日期：2018 年 7 月 26 日

2. 要因确定

通过以上原因分析，本 QC 小组共找出 12 条末端因素。针对末端原因，小组成员共同制定了要因确认计划表，并依据计划表于 2018 年 7 月 17 日～2018 年 7 月 26 日，对其进行逐条分析确认。

（1）要因确认一（表 7）

要因确认表一 表 7

末端原因	工人没有进行岗前培训	确认时间	2018 年 7 月 18 日	确认人	王×　罗××

确认方法一：查看各工种是否经过岗前培训

　　2018 年 7 月 8 日王×、罗××现场调查各工种岗前培训情况，根据会议签到表及照片留底，发现各工种已经经过岗前培训。

超大角度斜屋面瓦各工种工人岗前培训现场图

拍摄人：王×　　审核人：李××　　拍摄日期：2018 年 7 月 19 日

影响程度确认：

　　为进一步确认"工人没有进行岗前培训"对"平整度偏差大""顺直度偏差大"症结的影响大小，小组成员对工人分成培训补合格、培训合格两组分别进行施工，然后进行专项调查，检查其施工合格率。结果如下：

项目挂瓦人员施工合格率调查统计表

队组	调查类别	抽查总个数（个）	平整度偏差允许范围	不合格点数（点）	合格率（%）
第一组	培训不合格	200	±3mm	23	88
第二组	培训已合格	200	±3mm	19	90

制表人：罗××　　　审核人：李××　　　制表日期：2018 年 7 月 17 日

挂瓦工人施工合格率调查图

制图人：罗××　　审核人：李××

超大角度斜屋面瓦施工现场图

制图日期：2018 年 7 月 17 日

末端原因	工人没有进行岗前培训	确认时间	2018 年 7 月 18 日	确认人	王× 罗××

结论：通过调查发现两组工人施工合格率分别为 88％和 90％，数据相差不大。第一组工人虽然培训不合格，但是他们现场操作时是和其他劳务人员一起，不懂的工艺和操作方法，慢慢地就会被教会。这部分工人对超大角度斜屋面瓦的施工与培训合格的劳务工人之间几乎没有差别。

"工人没有进行岗前培训"对"平整度偏差大""顺直度偏差大"影响较小。

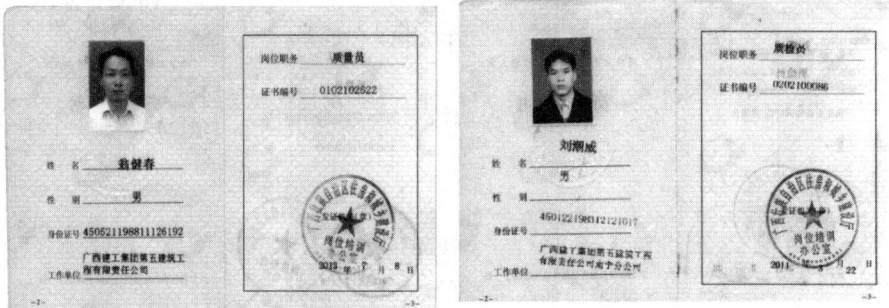

非要因

制表人：王×× 　　审核人：李×× 　　　　　制表日期：2018 年 7 月 19 日

（2）要因确认二（表 8）

要因确认表二 　　　　　　　　　　　　　　**表 8**

末端原因	缺少质检员	确认时间	2018 年 7 月 19 日	确认人	张×× 甘×

确认方法一：查看项目部是否配备有质检员

7 月 19 日张××、甘××通过对项目部是否设有质检员专岗进行调查；通过调查发现，项目部设有两名专职质检员，并且这两名质检员都是持证上岗，满足标准要求，同时该两名质检员每天都对施工作业面进行巡检，并完成巡检记录的填写。

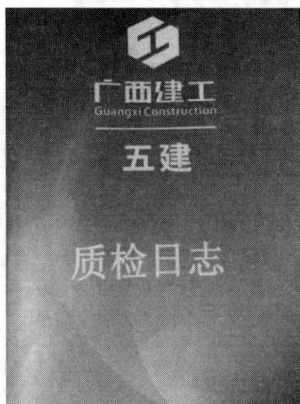

质检员岗位证书图

拍摄人：甘×× 　　审核：李×× 　　　　　拍摄日期：2018 年 7 月 17 日

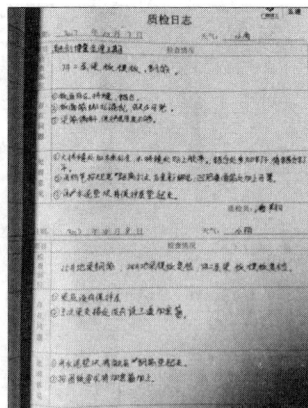

质检员岗位证书图

拍摄人：甘×× 　　审核：李×× 　　　　　拍摄日期：2018 年 7 月 17 日

| 末端原因 | 缺少质检员 | 确认时间 | 2018 年 7 月 19 日 | 确认人 | 张×× 甘× |

影响程度确认：

为进一步确认"缺少质检员"对"平整度偏差大""顺直度偏差大"的影响大小，小组成员又对现场质检员的巡检、监督情况进行调查。

质检员巡检现场工作情况表

质检员	翁××	刘××
巡检次数(d)	2	3
巡检力度	优	优
巡检力度:达到合格以上		

| 制表人:张×× | 审核人:李×× | 制表日期:2018 年 7 月 18 日 |

质检员巡查现场图

| 拍摄人:甘×× | 审核:李×× | 拍摄日期: 2018 年 7 月 18 日 |

结论：通过调查发现：质检员对现场巡检监督力度达到了至少每天一次，同时质检员巡检过程认真仔细。

末端因素 "缺少质检员"对"平整度偏差大""顺直度偏差大"的影响较小。

非要因

| 制表人:张×× | 审核人:李×× | 制表日期:2018 年 7 月 19 日 |

（3）要因确认三（表 9）

要因确认表三 表 9

| 末端原因 | 无超大角度斜屋面挂瓦技术交底 | 确认时间 | 2018 年 7 月 19 日 | 确认人 | 罗×× 韦× |

确认方法一：查看分项施工前是否编制有超大角度斜屋面瓦专项施工方案以及进行技术交底

7 月 19 日罗××、韦×通过对项目技术交底资料进行调查发现,本工程在超大角度斜屋面瓦施工之前进行了超大角度斜屋面瓦施工方案的编制,并完成公司管理系统的上传与审批流程。同时项目部技术部也在工序施工之前对操作人员在会议室进行了超大角度斜屋面瓦会议交底。

末端原因	无超大角度斜屋面挂瓦技术交底	确认时间	2018 年 7 月 19 日	确认人	罗×× 韦×

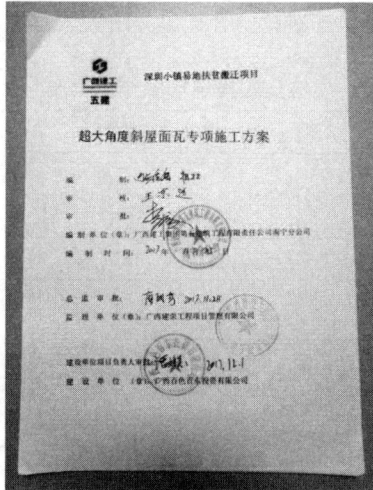

超大角度斜屋面瓦施工方案编制图

拍摄人:罗××　　　　审核:李××　　　　拍摄日期:2018 年 7 月 17 日

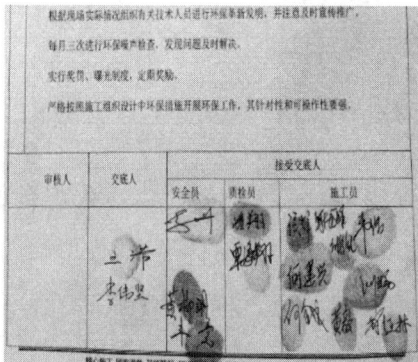

超大角度斜屋面瓦专项技术交底现场图及交底单图

拍摄人:罗××　　　　审核:李××　　　　拍摄日期:2018 年 7 月 17 日

影响程度确认:

　　为进一步确认"无超大角度斜屋面挂瓦技术交底"对"平整度偏差大""顺直度偏差大"的影响大小,小组成员对后期进场的冯工施工挂瓦队组的施工工人以及进行了技术交底的覃工施工挂瓦队组两组进行调查,查看他们对超大角度斜屋面瓦施工工艺的了解情况。

挂瓦施工队组对施工工艺了解情况调查统计表

队组	调查类别	调查人数(人)	了解人数(人)	了解率(%)	关键点了解人数(个)	关键点了解率(%)
覃工挂瓦队组	已参加技术交底	35	33	94.3	34	97.1
冯工挂瓦队组	未参加技术交底	35	31	88.6	32	91.4

制表人:韦×　　　　审核人:李××　　　　制表日期:2018 年 7 月 18 日

末端原因	无超大角度斜屋面挂瓦技术交底	确认时间	2018 年 7 月 19 日	确认人	罗×× 韦×

结论:通过调查发现:冯工施工挂瓦队组虽是后期进场,部分施工人员还未来得及进行专项的施工技术交底,但是由于工作同事之间的交流,他们对超大角度斜屋面瓦的施工工艺的了解率的平均值达到了88.6%,并且对技术交底中的关键点的了解率也达到了91.4%。与罩工施工挂瓦队组的对施工工艺了解率相差不大。

末端因素"无超大角度斜屋面挂瓦技术交底"对"平整度偏差大""顺直度偏差大"的影响较小。

非要因

制表人:韦×　　审核人:李××　　　　制表日期:2018 年 7 月 19 日

(4)要因确认四（表 10）

要因确认四　　　　　　　　　　　　　　　　　表 10

末端原因	屋面瓦的材料不合格	确认时间	2018 年 7 月 18 日	确认人	张× 李××

确认方法一:查看屋面瓦的材料是否合格

7月18日小组成员张×、李××通过对项目斜屋面瓦进场资料进行调查发现,每次斜屋面瓦进场均有进场验收记录,同时进场的斜屋面瓦均有出厂合格证。

超大角度斜屋面瓦材料检测报告图

拍摄人:张×　　　审核:李××　　　　拍摄日期:2018 年 7 月 18 日

影响程度确认:

为进一步确认"屋面瓦材料不合格"对"平整度偏差大""顺直度偏差大"的影响大小,小组成员对进场的屋面瓦进行现场的检查和工人使用情况进行专项调查,查看屋面瓦的存放与使用情况。

屋面瓦存放处是否具有安全保护的措施,以及堆放是否合理,存在破裂、损坏。通过对整个施工现场屋面瓦存放进行调查。

屋面瓦存放情况调查统计表

位置	5 号	6 号	7 号	8 号	9 号	10 号	11 号
是否具有安全保护措施	有	有	有	有	有	有	有
是否具有堆放合理措施	有	有	有	有	有	有	有
破损率(%)	0	0.5	0	0.5	0	0	0

制表人:李××　　审核:李×　　　　制表日期:2018 年 7 月 18 日

末端原因	屋面瓦的材料不合格	确认时间	2018 年 7 月 18 日	确认人	张×　李××

超大角度斜屋面瓦材料堆放现场图

拍摄人：李×　　　　审核：李××　　　　　　拍摄日期：2018 年 7 月 18 日

结论：通过调查发现屋面瓦存放处有安全保护措施,地下放有木板保护,以免损坏。屋面瓦也堆放整齐,基本没有破裂损坏现象。

"斜屋面瓦材料不合格"对"平整度偏差大""顺直度偏差大"的影响较小。

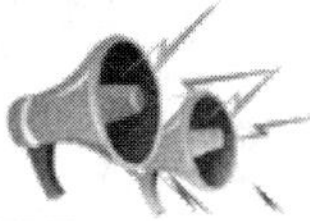

非要因

制表人：李×　　　　审核人：李××　　　　　　制表日期：2018 年 7 月 19 日

（5）要因确认五（表 11）

要因确认五　　　　　　　　　　　　　　　　　　　　　　　　**表 11**

末端原因	砂浆强度达不到施工方案要求	确认时间	2018 年 7 月 22 日	确认人	张××　甘××

确认方法一:查看现场施工的砂浆强度

7 月 22 日小组成员张××、甘××通过对项目部的搅拌砂浆进行调查,调查砂浆是否满足要求。通过现场调查,发现水泥砂浆在使用前每袋材料都写有施工方法,工人也严格按照说明来进行操作,且砂浆强度也严格经过试块二维码取样检验。

水泥砂浆搅拌现场图

拍摄人:甘××　　　　审核人:李××　　　　　　拍摄日期:2018 年 7 月 20 日

末端原因	砂浆强度达不到施工方案要求	确认时间	2018 年 7 月 22 日	确认人	张×× 甘××

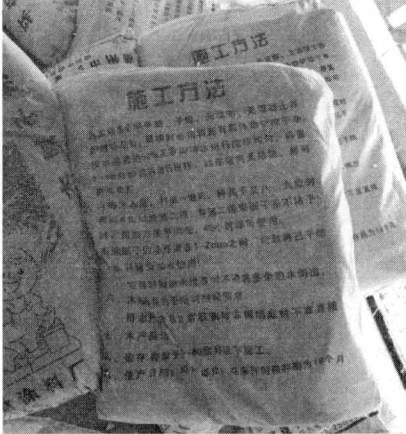

水泥砂浆原材料现场图　　　　　　　　　砂浆强度试块现场图

拍摄人:甘××　　　　审核人:李××　　　　　　拍摄日期:2018 年 7 月 20 日

影响程度确认:

　　为进一步确认"砂浆强度达不到施工方案要求"对"平整度偏差大""顺直度偏差大"的影响大小,小组成员再次从每楼栋抽取 10 名屋面挂瓦拌浆的工人。就调查问卷方式对工人们调查砂浆的使用情况。调查结果见下图。

砂浆配合比工人使用情况调查表

拍摄人:甘××　　　　审核人:李××　　　　　　拍摄日期:2018 年 7 月 20 日

水泥砂浆配合比偏差统计图

楼栋	3 号	7 号	9 号	11 号
李工	2%	3%	1%	2%
甘工	2%	1%	2%	2%

续表

末端原因	砂浆强度达不到施工方案要求	确认时间	2018 年 7 月 22 日	确认人	张×× 甘××

续表

楼栋	3 号	7 号	9 号	11 号
罩工	2%	3%	−1%	1%
蔡工	3%	1%	2.0%	3%
偏差率	2.3%	2%	1%	2%
标准:各种材料以质量计算,并允许误差不得超过±2%				

制表人:张××　　审核人:李××　　　　　　制表日期:2018 年 7 月 20 日

砂浆搅拌后工人们使用情况调查表

楼栋	3 号	7 号	9 号	11 号
立即使用	5 人	4 人	5 人	6 人
5min 内	3 人	3 人	2 人	2 人
10min 内	2 人	2 人	2 人	2 人
15min 内	0 人	1 人	1 人	0 人

制表人:张××　　审核人:李××　　　　　　制表日期:2018 年 7 月 21 日

结论:通过调查发现,虽然少部分水泥砂浆的配合比达不到要求,但是不影响其使用功能与效果,且水泥砂浆是用搅拌棒搅拌,均匀搅拌。砂浆搅拌后超过一半的人数都是立即使用,基本不存在砂浆久放造成水分流失的现象。

"砂浆强度达不到施工方案要求"对"平整度偏差大""顺直度偏差大"的影响较小。

非要因

制表人:甘××　　审核人:李××　　　　　　制表日期:2018 年 7 月 22 日

（6）要因确认六（表 12）

要因确认六　　　　　　　　　　　　　　　　　　　　　　　　**表 12**

末端原因	施工机具不合理	确认时间	2018 年 7 月 21 日	确认人	罗×× 韦×

确认方法一:查看现场瓦片切割情况

7 月 21 日小组成员罗××、韦×通过对施工现场的割瓦机进行调查;通过调查发现,割瓦机是专用切割石材的型号,不存在使用其他机械进行切割瓦片。满足屋面瓦切割的标准要求。

影响程度确认:

为进一步确认"施工机具不合理"对"顺直度偏差大"的影响大小,小组成员对现场割瓦机割瓦后的瓦片齿口及是否影响屋面瓦的平整度、垂直度进行调查分析。调查结果如下图。

末端原因	施工机具不合理	确认时间	2018年7月21日	确认人	罗×× 韦×

石材切割机现场图

拍摄人:韦×　　　审核:李××　　　　拍摄日期:2018年7月20日

屋面瓦切割后齿口效果图

拍摄人:韦×　　　审核:李××　　　　拍摄日期:2018年7月20日

屋面瓦切割后现场效果图

拍摄人:韦×　　　审核:李××　　　　拍摄日期:2018年7月20日

结论:通过调查发现:割瓦机切割后,瓦片齿轮较平整,搭接后,不出现垂直度、平整度偏差大的现象。末端因素"施工机具不合理"对"平整度偏差大""顺直度偏差大"的影响较小。

 非要因

制表人:罗××　　　审核人:李××　　　　制表日期:2018年7月22日

319

（7）要因确认七（表13）

要因确认七　　　　　　　　　　　　　　　表 13

末端原因	项目管理制度执行不到位	确认时间	2018 年 7 月 22 日	确认人	王× 罗××

确认方法一：查看项目是否设置有项目管理制度

　　7 月 22 日小组成员王×、罗××通过对项目部是否设有项目管理制度进行调查；通过调查发现：项目部施工现场大门张贴有项目的十牌二图（包括各项管理制度），每个办公室也都张贴有岗位责任制度，满足确认标准。

项目管理制度图

拍摄人：王×　　　审核：李××　　　拍摄日期：2018 年 7 月 20 日

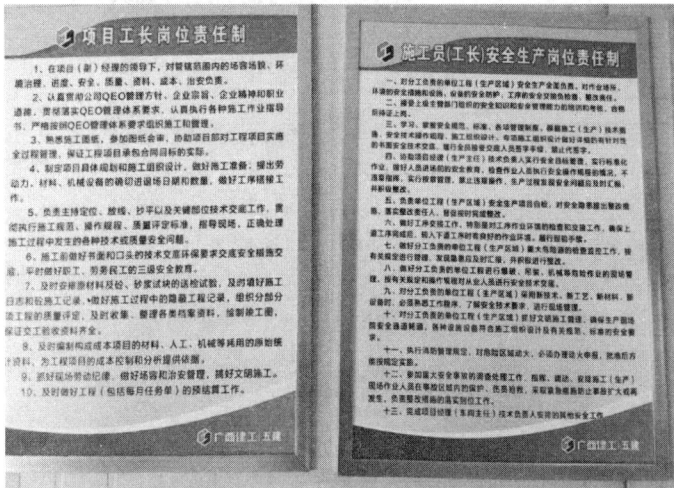

施工员办公室岗位责任制度图

拍摄人：王×　　　审核：李××　　　拍摄日期：2018 年 7 月 20 日

影响程度确认：

　　为进一步确认'项目管理制度执行不到位'对"平整度偏差大""顺直度偏差大"的影响大小，小组成员对现场管理人员、现场工人情况进行调查。

项目管理制度执行情况调查表

工种	施工员	测量员	安全员	技术员	挂瓦施工队组
调查人数（人）	14	6	6	6	52
制度执行人数（人）	6	3	3	4	21
积极率（%）	42.9	50	50	66.7	40.4
执行到位合格率（%）	49.9				

制表人：罗××　　　审核：李××　　　制表日期：2018 年 7 月 21 日

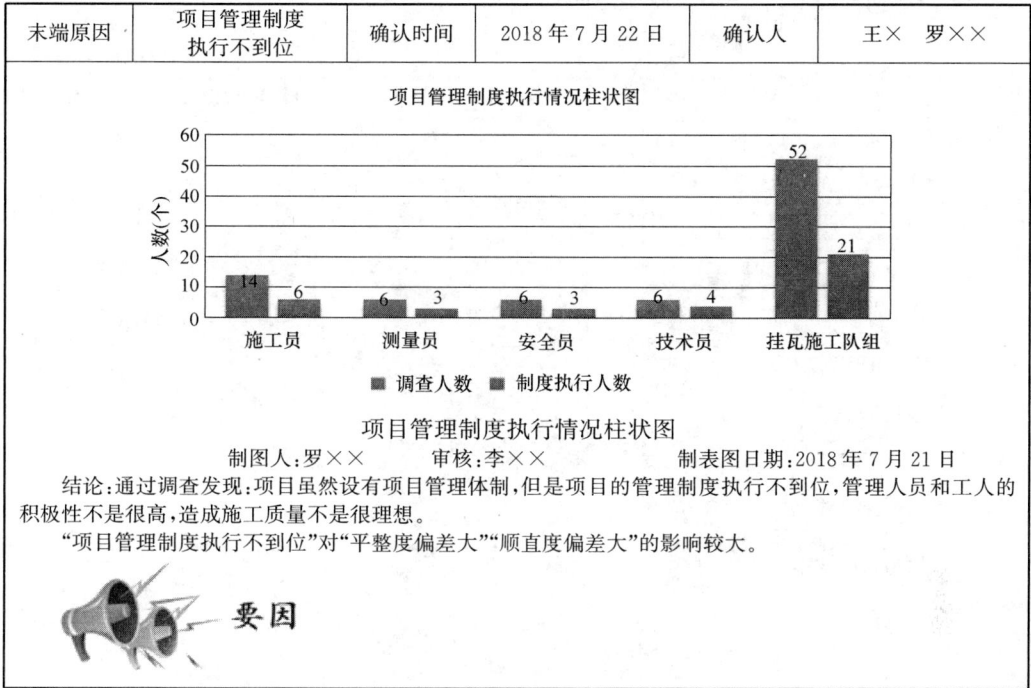

末端原因	项目管理制度执行不到位	确认时间	2018 年 7 月 22 日	确认人	王× 罗××

项目管理制度执行情况柱状图

制图人:罗××　　　审核:李××　　　制表图日期:2018 年 7 月 21 日

　　结论:通过调查发现:项目虽然设有项目管理体制,但是项目的管理制度执行不到位,管理人员和工人的积极性不是很高,造成施工质量不是很理想。

　　"项目管理制度执行不到位"对"平整度偏差大""顺直度偏差大"的影响较大。

要因

制表人：王×　　　审核人：李××　　　　　　制表日期：2018 年 7 月 22 日

（8）要因确认八（表 14）

要因确认八　　　　　　　　　　　　　　　　　　　　表 14

末端原因	经纬仪校正不到位	确认时间	2018 年 7 月 22 日	确认人	张×× 甘××

　　确认方法一:查看项目部是否配有经纬仪测量员

　　7 月 22 日小组成员张××、甘××通过项目通讯录项目管理人员通讯录职务情况进行调查,调查结果显示,项目没有经纬仪测量员岗位。虽然项目部没有测量员,但是现场有多年测量经验的管理人员专门担任测量的测量员,并且劳务公司也有专门的测量员对现场进行定期的测量。

项目管理人员职务联系表

制图人:甘××　　　审核:李××　　　制图日期:2018 年 7 月 20 日

末端原因	经纬仪校正不到位	确认时间	2018 年 7 月 22 日	确认人	张×× 甘××

（通讯录图表：深圳小镇上级单位通讯录、深圳小镇指挥部及各地块通讯录、分包单位通讯录）

劳务分包职务表

制图人:甘××　　审核人:李××　　制图日期:2018 年 7 月 21 日

施工员现场巡查测量图

制图人:张××　　审核:李××

项目部经纬仪图

制图日期:2018 年 7 月 21 日

影响程度确认:

为进一步确认"经纬仪校正不到位"对"平整度偏差大""顺直度偏差大"的影响大小，小组成员调查项目得知项目共有五个人担任测量员。小组成员分别对项目担任测量人员的测量技术水平进行考核。考核结果 5 名测量人员的测量偏差均在 3mm 的允许误差范围内。

末端原因	经纬仪校正不到位	确认时间	2018 年 7 月 22 日	确认人	张×× 甘××

测量员轴线偏差测量统计表　　　　　（单位:mm）

姓名	轴线 1	轴线 2	轴线 3	轴线 4	轴线 5
刘××	1mm	2mm	2mm	1mm	1mm
潘××	2mm	3mm	2mm	3mm	1mm
赵××	3mm	2mm	2mm	1mm	2mm
谢×	3mm	2mm	2mm	1mm	2mm
罗×	2mm	3mm	3mm	1mm	3mm
标准:测量误差不大于 3mm					

制表人:甘×× 　　　审核:李×× 　　　　　制表日期:2018 年 7 月 21 日

结论:通过调查发现,五名持有测量员岗位证的现场管理人员的测量数据偏差均在偏差允许的范围内。且分包单位也有专业的测量员对现场进行测量。

末端因素"经纬仪校正不到位"对"平整度偏差大""顺直度偏差大"的影响较小。

非要因

制表人:张×× 　　　审核人:李×× 　　　　制表日期:2018 年 7 月 22 日

（9）要因确认九（表 15）

要因确认九　　　　　　　　　　　　　　　　　　　　　　表 15

末端原因	屋面瓦搭接尺寸不满足方案要求	确认时间	2018 年 7 月 24 日	确认人	韦× 张××

确认方法一:查看屋面瓦搭接尺寸是否满足施工方案要求

7 月 24 日小组成员韦×、张××通过对施工现场超大角度斜屋面瓦的搭接口尺寸进行调查,同时小组成员对项目部编制的超大角度斜屋面瓦专项施工方案里对屋面瓦搭接口尺寸的要求与现场屋面瓦搭接口尺寸进行了对比。发现项目技术部编制的超大角度斜屋面瓦施工方案,要求屋面瓦的搭接口尺寸为 $b \times h = 40mm \times 30mm$。与现场测量的屋面瓦搭接口尺寸一致。

超大角度斜屋面搭接口尺寸测量图

拍摄人:韦× 　　　审核人:李×× 　　　　拍摄日期:2018 年 7 月 23 日

末端原因	屋面瓦搭接尺寸不满足方案要求	确认时间	2018 年 7 月 24 日	确认人	韦× 张××

楼栋屋面瓦搭接口尺寸抽查检测表

楼栋	1 号	4 号	7 号	11 号	14 号
抽查数量(片)	300	300	300	300	300
合格数(片)	300	300	300	300	300
合格率(%)	100	100	100	100	100
标准:搭接口尺寸达到100%合格					

制表人:张××　　　审核人:李××　　　　　　制表日期:2018 年 7 月 23 日

影响程度确认:

　　为进一步确认"屋面瓦搭接尺寸达不到施工方案要求"对"平整度偏差大""顺直度偏差大"的影响大小,小组对现场超大角度斜屋面挂瓦的搭接尺寸进行了调查,结果如下所示。

超大角度斜屋面瓦搭接尺寸偏差调查抽查表

楼栋	3 号	7 号	9 号	11 号	合计
调查数(片)	50	50	50	50	200
允许偏差(mm)	≤5mm				
合格数(片)	23	28	32	25	108
合格率(%)	46	56	64	50	54

制表人:张××　　　审核人:李××　　　　　　制表日期:2018 年 7 月 23 日

屋面瓦搭接尺寸合格数

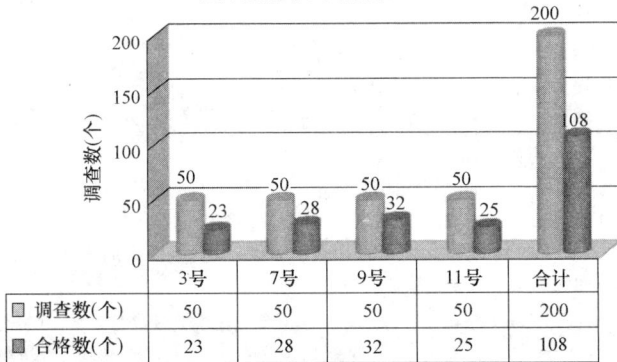

	3 号	7 号	9 号	11 号	合计
调查数(个)	50	50	50	50	200
合格数(个)	23	28	32	25	108

超大角度斜屋面搭接尺寸合格率

制表人:韦×　　　审核人:李××　　　　　　制表日期:2018 年 7 月 23 日

　　结论:通过调查发现,虽然项目技术部编制有超大角度斜屋面挂瓦专项施工方案,但是现场却有一部分没有按照技术交底的做法去施工,屋面瓦搭接尺寸参差不齐,从而导致超大角度斜屋面挂瓦的搭接尺寸不满足 (−5,5) mm 的偏差要求。超大角度斜屋面挂瓦的搭接尺寸合格率远远不够。是造成屋面瓦不顺直、不平整的直接原因。

　　"屋面瓦搭接尺寸不满足施工方案要求"对"平整度偏差大""顺直度偏差大"的影响较大。

要因

制表人:韦×　　　审核人:李××　　　　　　制表日期:2018 年 7 月 24 日

（10）要因确认十（表16）

要因确认十　　　　表16

末端原因	铜线长度不够	确认时间	2018年7月24日	确认人	张×× 李××

确认方法一:查看铜线是否有牢挂在钢筋网片上

　　7月24日小组成员张××、李××通过对现场超大角度斜屋面瓦挂铜线情况进行调查，通过调查发现，虽然部分屋面瓦施工前提前绑好铜丝，但是由于铜丝太短无法绑扎到钢筋网上，导致铜丝无法发挥其牢固作用。调查结果见下图。

屋面瓦挂铜丝施工现场图

拍摄人:张××　　审核:李××　　　　　拍摄日期:2018年7月23日

影响程度确认:

　　为进一步确认"铜线长度不够"对"平整度偏差大""顺直度偏差大"的影响大小，小组成员再次对现场未绑铜线的屋面瓦进行调查，调查结果见下表。

屋面瓦绑铜线抽查统计表

楼栋	3号	7号	9号	11号	合计
调查数（片）	100	100	100	100	400
合格数（片）	52	68	65	72	257
合格率(%)	52	68	65	72	64.3
平均合格率(%)	≥90%				

制图人：张××　　审图人：李××　　　　　制图时间：2018年7月23日

屋面瓦挂铜线抽查合格数

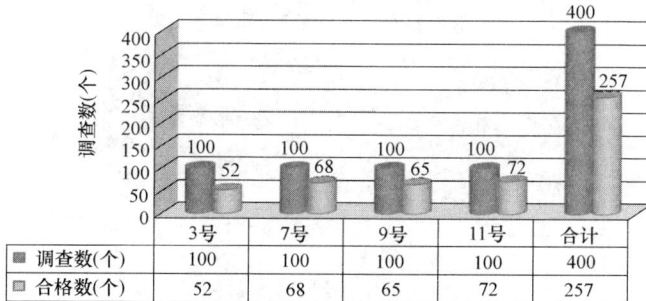

	3号	7号	9号	11号	合计
调查数(个)	100	100	100	100	400
合格数(个)	52	68	65	72	257

屋面瓦挂铜线抽查合格率

制图人：李××　　审图人：李××　　　　　制图时间：2018年7月23日

末端原因	铜线长度不够	确认时间	2018 年 7 月 24 日	确认人	张×× 李××

屋面瓦挂铜线现场施工图

拍摄人:张××　　　　审核:李××　　　　拍摄日期:2017 年 7 月 8 日

　　结论:通过调查发现,屋面瓦的铜线挂瓦质量不是很理想,少数铜线出现长度不够无法绑扎现象,或者铜线绑扎不牢固,起到固定瓦片的作用不是很大且砂浆涂抹不饱满,从而造成屋面瓦松动,滑动,导致屋面瓦的顺直度出现偏差。

　　"铜线长度不够"对"平整度偏差大""顺直度偏差大"的影响较大。

要因

制表人:李××　　　　审核人:李××　　　　制表日期:2018 年 7 月 24 日

(11)要因确认十一(表 17)

要因确认十一　　　　　　　　　　　　　　　　　　　　表 17

末端原因	铁钉没有固定屋面瓦	确认时间	2018 年 7 月 24 日	确认人	张×× 罗××

　　确认方法一:查看屋面瓦是否有铁钉固定及是否牢固、松动

　　7 月 24 日小组成员张××、罗××通过对现场超大角度斜屋面瓦铁钉固定的情况进行调查,调查缺少铁钉是否对屋面瓦牢固程度造成影响。调查发现工人在施工过程中,存在漏钉现象。导致屋面瓦无法发挥其牢固作用。调查结果见下图。

铁钉固定屋面瓦施工现场图

拍摄人:罗××　　　　审核:李××　　　　拍摄日期:2018 年 7 月 23 日

末端原因	铁钉没有固定屋面瓦	确认时间	2018 年 7 月 24 日	确认人	张×× 罗××

影响程度确认：

　　为进一步确认"铁钉没有固定屋面瓦"对"平整度偏差大""顺直度偏差大"的影响大小，小组成员再次对现场的屋面瓦未钉铁钉与屋面瓦已钉铁钉的松动情况分成两组进行抽查对比，调查结果见下表。

屋面瓦钉铁钉松动数抽查统计表

楼栋	已钉铁钉的屋面瓦（片）	未钉铁钉的屋面瓦（片）
3 号	100	100
7 号	100	100
9 号	100	100
11 号	100	100
总松动数（片）	13	17
合格率（%）	96.8	95.8

制图人：张××　　　审图人：李××　　　　　　　制图时间：2018 年 7 月 23 日

屋面瓦施工合格率柱状图

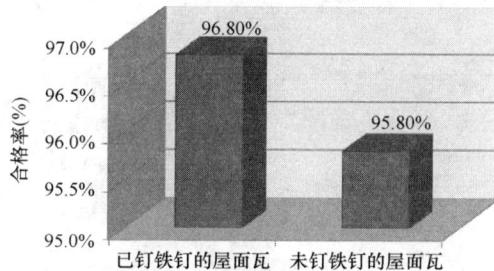

屋面瓦施工合格率柱状图

制图人：张××　　　审图人：李××　　　　　　　制图时间：2018 年 7 月 23 日

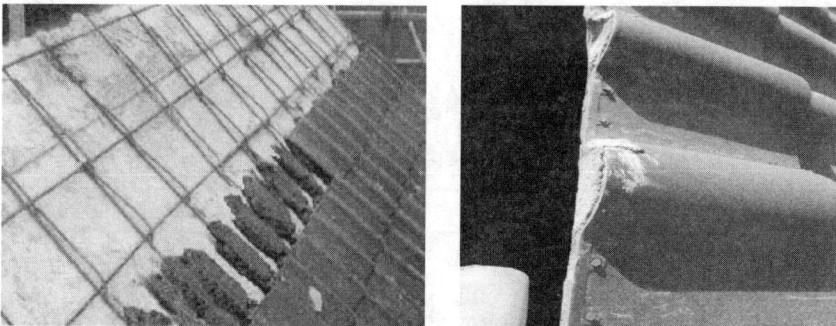

屋面瓦坐浆现场施工图

拍摄人：罗××　　　审核人：李××　　　　　　　拍摄日期：2018 年 7 月 23 日

　　结论：通过调查发现，只有个别屋面瓦是没有被铁钉固定的，但是这些漏钉铁钉的屋面瓦底座也是满铺砂浆，加大了屋面瓦的稳定，减少了松动。且位于边上的个别屋面瓦，后期经过质检员、测量员、施工员巡查发现之后也及时地补上了铁钉。

末端原因	铁钉没有固定屋面瓦	确认时间	2018 年 7 月 24 日	确认人	张×× 罗××

"铁钉没有固定屋面瓦"对"平整度偏差大""顺直度偏差大"的影响较小。

📢 非要因

制表人：张××   审核人：李××   制表日期：2018 年 7 月 24 日

（12）要因确认十二（表 18）

要因确认十二 表 18

末端原因	操作平台不到位	确认时间	2018 年 7 月 25 日	确认人	张×× 罗××

确认方法一：查看操作平台是否合理

7 月 25 日小组成员张××、罗××通过对现场超大角度斜屋面瓦工人操作平台的情况进行调查，调查操作平台是否对屋面瓦质量造成影响。调查发现工人在施工过程中，其操作平台为斜屋面瓦的钢筋混凝土斜板及脚手板，并搭接有脚手架做安全防护，并工人均佩戴有安全帽。调查结果见下图。

屋面瓦操作平台施工现场图

拍摄人：罗××   审核：李××   拍摄日期：2018 年 7 月 23 日

影响程度确认：

为进一步确认"操作平台不到位"对"平整度偏差大""顺直度偏差大"的影响大小，小组成员再次对现场的屋顶中安全操作平台的与无操作平台的分成两组进行抽查对比，调查结果见下表。

操作平台对屋面瓦合格率影响程度抽查统计表

楼栋	有操作平台的屋面瓦	操作平台不到位的屋面瓦
3 号	100	100
7 号	100	100
9 号	100	100
11 号	100	100
不合格数（片）	13	17
合格率（%）	96.8	95.8

制图人：张××   审图人：李××   制图时间：2018 年 7 月 25 日

末端原因	操作平台不到位	确认时间	2018 年 7 月 25 日	确认人	张×× 罗××

屋面瓦操作平台不到位施工现场图

拍摄人：罗××　　　　审核：李××　　　　　　拍摄日期：2018 年 7 月 25 日

结论：通过调查发现，虽然也有个别操作平台是不到位的，但是并不影响斜屋面瓦的施工质量，有操作平台的屋面瓦合格率为 96.8%，操作平台不到位的屋面瓦的合格率为 95.8%，其差别影响不大。

"操作平台不到位"对"顺直度偏差大"的影响较小。

非要因

制表人：张××　　　审核人：李××　　　　　　　制表日期：2018 年 7 月 24 日

要因汇总分析：

通过对 12 条末端原因逐一进行分析论证，共找出了三条影响超大角度斜屋面挂瓦施工合格率的主要原因，它们分别是：项目管理制度执行不到位、屋面瓦搭接尺寸不满足施工方案要求、铜线长度不够（图 11）。

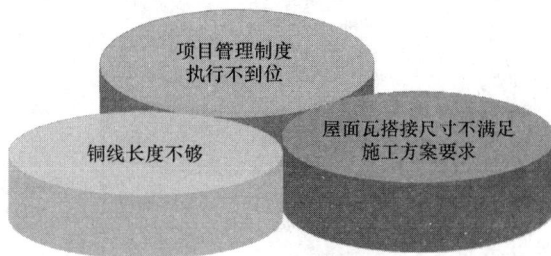

图 11　要因图

制图人：张××　　　　审图人：李××　　　　　　制图时间：2018 年 7 月 24 日

八、制定对策

1. 多角度提出对策

2018 年 7 月 25 日～7 月 27 日，小组成员针对"项目管理制度执行不到位、屋面瓦搭接尺寸达不到施工方案的要求、铜线长度不够"三条要因，运用头脑风暴法，发动小组成员献计献策，经整理提出对策，见表 19。

对策汇总表　　　　　　　　　　　　　　　　表 19

序号	要因	对策序号	对策内容
1	项目管理制度执行不到位	1.1	增设项目奖惩措施
2	屋面瓦搭接尺寸不满足施工方要求	2.1	编制超大角度斜屋面瓦变更方案和交底
		2.2	利用 BIM 软件模拟屋面瓦搭接模型
3	铜线长度不够	3.1	增设挂瓦条
		3.2	加长铜丝长度

制表人：罗××　　　　审核人：李××　　　　制表日期：2018 年 7 月 25 日

2. 方案的评价选择

QC 小组成员针对每条对策，从有效性、可行性、经济型、可靠性和时间性五个方面进行综合分析评估，进而相互比较，选出最令人满意的对策如表 20 所示，作为准备实施的对策（注明：因为第一条只有一个对策内容，不再做进一步的分析）。

对策评估、选择表　　　　　　　　　　　　　　表 20

序号	对策编号	要因	对策	对策分析评估	比较对策					综合得分	选定对策
					有效	可行	经济	可靠	时间		
2	2.1	屋面瓦搭接尺寸不满足施工方案要求	编制超大角度斜屋面瓦变更方案和交底	变更方案和交底，优化了原本方案，但所需时间较长，且未经过实际措施查看效果	16	17	18	10	8	69	×
	2.2		利用 BIM 软件模拟屋面瓦搭接排序	BIM 软件可以将屋面瓦搭接的三维更直观的在图上表现出来，提前的解决搭接施工过程中遇到的搭接尺寸差异问题	23	18	20	17	14	92	√
3	3.1	铜线长度不够	增设挂瓦条	挂瓦条平均价格为 2 元/条，价格便宜，但所需数量多，费用较大。距离安全文明、标准化差别较远	16	15	12	13	11	67	×
	3.2		加长铜线长度	更换方便，增加费用较少，方便尺寸的改变，符合绿色施工、安全文明	24	22	13	18	19	96	√

注：每条对策综合得分采用 100 制；每人的投票分数为 3～6 分；每个单项分数为小组成员投票合计总分数。

制表人：甘××　　　　审核人：李××　　　　制表日期：2018 年 7 月 26 日

3. 制定对策措施

2018 年 7 月 26 日，在 QC 小组组长李××的组织下，小组成员召开制定对策会议，根据对策评估、选择所确定的对策，按照 5W1H 的原则制定对策表如表 21 所示：

表 21

对策表

序号	要因	对策 (What)	目标(Why)	措施(How)	实施地点 (Where)	完成时间 (When)	负责人 (Who)
1	项目管理制度执行度不到位	增设项目奖惩措施	激励措施实施率达到90%以上	1. 组织工人再次进行学习屋面瓦施工工艺。 2. 对挂瓦完成一次验收合格的进行奖励，对施工不合格的相关施工队组进行相应的处罚； 3. 对屋面瓦施工的相关楼栋的相关管理人员进行相应的奖讯； 4. 阶段性检查效果	项目部 全部楼栋屋面	2018 年 9 月 30 日	李××
2	搭接尺寸不满足施工方案要求	利用BIM软件模拟屋面瓦搭接模型	搭接尺寸偏差不大于5mm，搭接尺寸的合格率达到95%以上	1. BIM模拟搭接排序，出图后现场可根据BIM模型进行屋面瓦搭接排序； 2. 屋面瓦搭接前弹挂瓦图、试铺，正式铺贴时进行拉线找平； 3. 加大现场屋面挂瓦安装巡查力度； 4. 阶段性效果检查	全部楼栋屋面	2018 年 8 月 25 日	张××
3	铜线长度不够	加长铜线长度	1. 铜线长度能牢固绑定在钢丝网片上，牢固率达到98%以上； 2. 屋面瓦施工后，不出现松动、脱落现象，合格率达到98%以上	1. 铜线在原有的长度再加长5cm； 2. 新工艺进行技术交底； 3. 加大现场屋面挂瓦安装巡查力度； 4. 阶段性效果检查	全部楼栋屋面	2018 年 8 月 15 日	韦××

制表人：甘××　　审核人：李××　　制表日期：2018 年 8 月 27 日

331

九、对策实施

实施一：针对项目管理制度执行不到位的要因

2018 年 7 月 28 日，李××、王×、张××对项目的管理制度进行了完善，增加项目奖惩措施，项目部根据现场施工情况，7 月 30 日在项目部、施工现场开始执行。

（1）组织工人在项目会议室进行学习屋面瓦施工工艺

2018 年 7 月 31 日，小组成员王×再次组织现场屋面施工的队组进行学习屋面瓦施工工艺。然后重新对工人进行技术交底（图 12）。

图 12　工人再次进行屋面挂瓦学习现场图

拍摄人：甘××　　　　审核人：李××　　　　拍摄日期：2018 年 7 月 31 日

（2）对挂瓦完成一次验收合格的进行奖励，对施工不合格的施工队组进行相应处罚

2018 年 8 月 1 日，小组成员张××在项目会议室里对屋面瓦施工的相关楼栋的相关管理人员进行奖惩措施（图 13），让项目管理制度更加严格执行到位，从而达到超大角度屋面挂瓦的质量得到提升。

图 13　工人进行屋面挂瓦质量奖惩措施

拍摄人：甘××　　　　审核人：李××　　　　拍摄日期：2018 年 8 月 1 日

（3）对屋面瓦施工的相关楼栋的相关管理人员进行相应的奖罚

2018年8月6日，小组成员李芳军根据项目部现场施工情况再次组织管理人员学习屋面瓦施工工艺（图14）。在工程施工中对管理人员进行岗位考试（图15），综合现场施工质量情况以及管理人员的责任心来严格执行奖惩措施。提高管理人员的上进心与对工作的热情。

图14　管理人员学习屋面瓦施工工艺现场图　　　图15　相关管理人员进行岗位考试现场图

拍摄人：张×× 　　　　　　审核人：李×× 　　　　　拍摄日期：2018年8月6日

（4）阶段性检查效果

1）小组成员对活动后奖惩制度落实情况进行了检查（图16），检查结果如表22所示。

活动后激励制度是否落实情况统计表　　　　　　　　　　表22

08 地块													
月份＼楼栋	1号	2号	3号	4号	5号	6号	7号	8号	9号	10号	11号	12号	13号	14号
7月	是	是	是	是	是	是	是	是	是	是	是	是	是	是
8月	是	是	是	是	是	是	是	是	是	是	是	是	是	是
9月	是	是	是	是	是	是	是	是	是	是	是	是	是	是
奖惩措施实施率(%)	100													

05 地块							
月份＼楼栋	1号	2号	3号	4号	5号	6号	7号	8号
7月	是	是	是	是	是	是	是	是
8月	是	是	是	是	是	是	是	是
9月	是	是	是	是	是	是	是	是
奖惩措施实施率(%)	100							

制表人：王× 　　　　　审核人：李×× 　　　　　制表日期：2017年9月25日

2）活动结束后，小组成员对管理人员、现场施工人员进行抽查，抽查其活动后激励措施效果（表23）。

图 16　活动后超大角度斜屋面瓦施工检查效果图

拍摄人：张××　　　　　　审核人：李××　　　　　　拍摄日期：2018 年 9 月 25 日

活动后激励效果情况统计表　　　　　　　**表 23**

08 地块													
楼栋	1 号	2 号	3 号	4 号	5 号	6 号	7 号	8 号	9 号	10 号	11 号	12 号	13 号	14 号
抽查数(人)	10	10	10	10	10	10	10	10	10	10	10	10	10	10
实际奖励人数	8	10	9	10	9	10	9	10	8	10	9	9	10	9
实际惩罚人数	2	0	1	0	1	0	1	0	2	0	1	1	0	1
激励措施实施率(%)	93													

05 地块								
楼栋	1 号	2 号	3 号	4 号	5 号	6 号	7 号	8 号
抽查数(人)	10	10	10	10	10	10	10	10
实际奖励人数	8	10	9	9	9	10	8	10
实际惩罚人数	2	0	1	1	1	0	2	0
激励措施实施率(%)	91							

通过调查发现，经过对策一的实施，屋面瓦的施工质量得到极大提升，管理人员和工人的积极性也很高。奖惩措施实施率目标为达到 100%，活动后激励措施实施率达到了 90% 以上，达到了预期目标。

实施一达到既定目的！

负面影响：活动结束后，由于措施的实施，则增加了一部分对挂瓦完成一次验收合格进行奖励的费用，且延长了屋面瓦施工的时间。

2018 年 8 月 12 日，张××、李××在现场要求劳务队对屋面瓦搭接施工时进行拉线找平，并且管理人员加大巡查力度，减少搭接尺寸间距过大的问题出现。

实施二：针对搭接尺寸不满足施工方案要求的要因

（1）BIM 模拟搭接排序，出图后现场可根据 BIM 模型进行屋面瓦搭接排序

2018 年 8 月 15 日，小组成员张××利用 BIM 三维建模。根据设计出单片陶瓦的三维模型后，然后根据施工方案及图纸设计要求，根据屋面瓦坡长、陶瓦搭接尺寸，

对陶瓦放置位置进行优化。通过计算模型、三维模拟分析结构，进而得出屋面瓦排列顺序、屋面瓦每排所需数量，最后完成 BIM 三维模型数据设计并出图施工（图 17）。

图 17　铺瓦搭接 BIM 设计示意图

制图人：张××　　　　　　　审核人：李××　　　　　　　制图日期：2018 年 8 月 15 日

（2）屋面瓦搭接前弹挂瓦图、试铺、正式铺贴时进行拉线找平

2018 年 8 月 18 日，小组成员张××根据 BIM 效果图对现场工人进行指导施工。即基层清理后，应对屋面瓦进行弹挂瓦图、试铺，试铺与模型图进行对比，误差相差不大时才能进行大面积铺贴。铺瓦前应弹取纵向直线，根据 BIM 三维模型及坡屋面实际情况，进行合理定位，正式铺贴时进行拉线找平（图 18～图 21）。

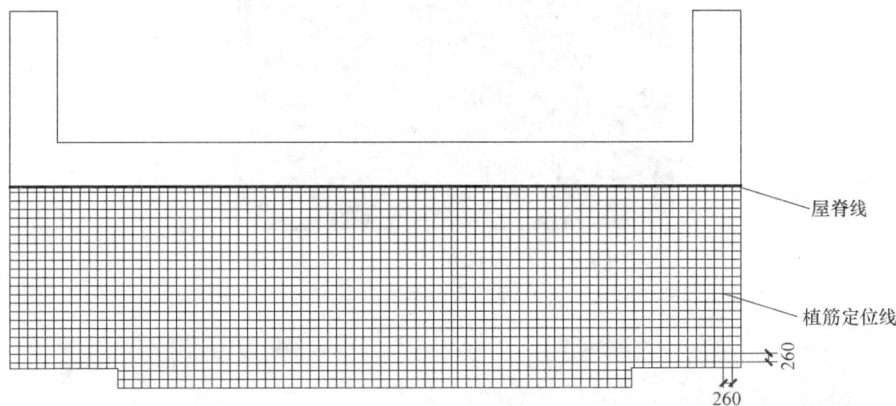

图 18　屋面板弹挂瓦图示意图

制图人：张××　　　　　　　审核人：李××　　　　　　　制图日期：2018 年 8 月 18 日

（3）加大现场屋面挂瓦安装巡查力度

2018 年 8 月 21 日，小组成员李××每天至少一次对现场超大角度斜屋面瓦的施工过程进行监督和指导（图 22）。

（4）阶段性效果检查

小组成员对对策二实施过程已完成的 08 地块的 6 号、7 号、8 号、9 号、10 号、11 号、12 号的超大角度斜屋面挂瓦的搭接尺寸进行调查（图 24），调查结果如表 24 所示。

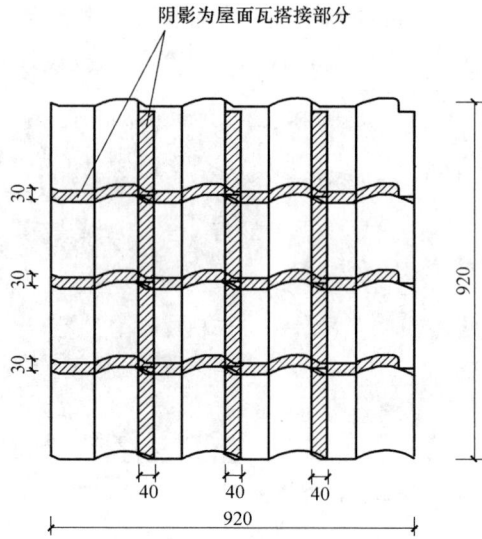

图 19　屋面瓦搭接排列平面图

制图人：王×　　　　审核人：李××　　　　制图日期：2018 年 8 月 18 日

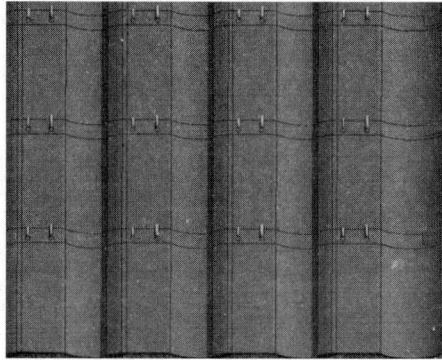

图 20　屋面瓦搭接排列效果图

制图人：张××　　　　审核人：李××　　　　制图日期：2018 年 8 月 15 日

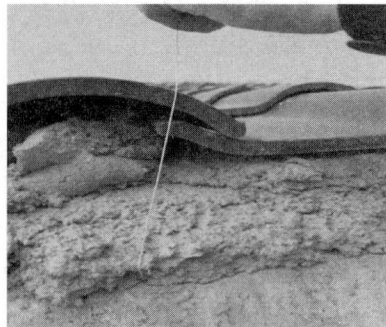

图 21　超大角度斜屋面瓦搭接拉线找平现场图

拍摄人：张××　　　　审核人：李××　　　　拍摄日期：2018 年 8 月 20 日

图 22 项目管理人员对活动后的屋面瓦的平整度、顺直度检查

拍摄人：张××   审核人：李××   拍摄日期：2018 年 8 月 21 日

超大角度斜屋面瓦搭接尺寸调查统计表 表 24

楼栋号	中间搭接尺寸调查数(个)	中间搭接尺寸合格数(个)	中间搭接尺寸合格率(%)	边缘搭接尺寸调查数(个)	边缘搭接尺寸合格数(个)	边缘搭接尺寸合格率(%)
08-6 号	500	493	98.6	250	235	94
08-7 号	500	495	99	250	241	96.4
08-8 号	500	492	98.4	250	238	95.2
08-9 号	500	493	98.6	250	246	98.4
08-10 号	500	495	99	250	239	95.6
08-11 号	500	492	98.4	250	244	97.6
08-12 号	500	496	99.2	250	248	99.2
合计	3500	3456	98.7	1750	1691	96.6

注：超大角度斜屋面瓦的搭接尺寸达到 95% 以上为合格

制图人：张××   审核人：李××   制图日期：2018 年 8 月 16 日

从统计表可以看出，超大角度屋面瓦的中间搭接尺寸合格率达到了 98.7%；边缘搭接尺寸合格率达到了 96.6%。

通过对策二的实施，搭接尺寸的合格率均达到了 95% 以上，较对策实施之前不到 70% 有了很大的提升。因此，对策实施二较好地达到了预期效果。

实施二达到既定目的！

负面影响：活动结束后，由于措施的实施，则减慢了屋面挂瓦的工作进度，增长了工作时间。

实施三：针对铜线长度不够的要因

（1）铜丝在原有的长度再加长 5cm

图 23　活动后测量员测量超大角度斜屋面瓦顺直度、平整度现场测量图
拍摄人：甘×× 　　　　审核人：李×× 　　　　拍摄日期：2018 年 8 月 17 日

2018 年 8 月 11 日，小组成员甘××根据屋面瓦铜丝短存在绑扎困难、加固困难的问题，对现场的屋面瓦铜丝通过加长 50mm 来实现达到（图 24～图 27）。

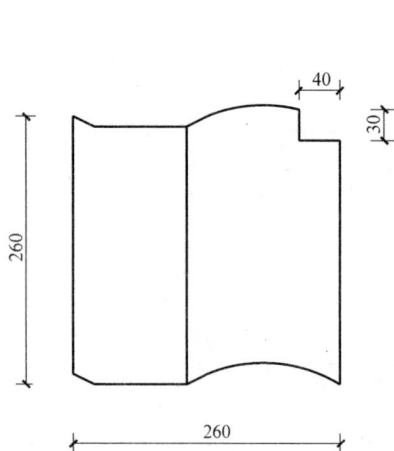

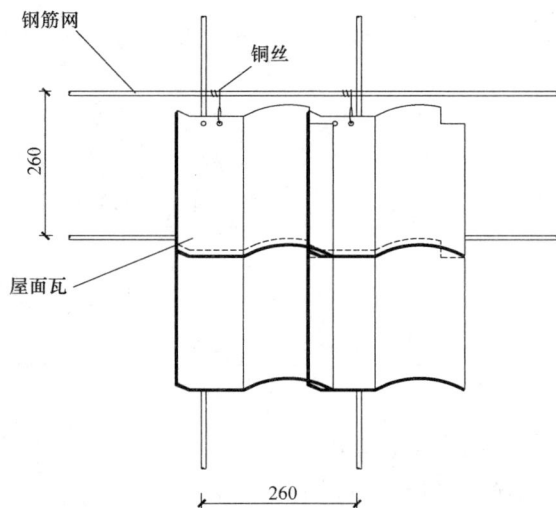

图 24　单片屋面瓦尺寸的平面图　　图 25　超大角度斜屋面挂瓦绑铜线做法平面图
制图人：罗×× 　　　　审核人：李×× 　　　　制图日期：2018 年 8 月 11 日

（2）新工艺进行技术交底

2018 年 8 月 12 日，小组成员罗××为了让一线施工工人更好地了解屋面挂瓦的铜线加长后的施工工艺，现场采用两级技术交底，技术总工对施工管理员进行交底以及现场施工管理人员对劳务操作工人的技术交底（图 28）。

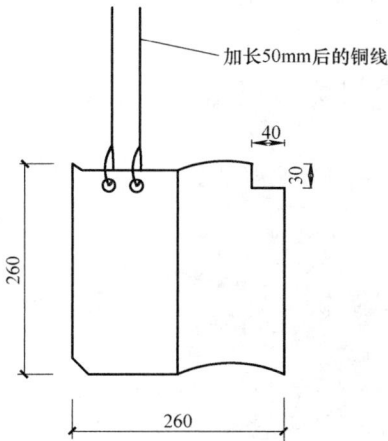

图 26　斜屋面瓦加长铜线后平面图

制图人：李××　　　　　　　　审核人：李××

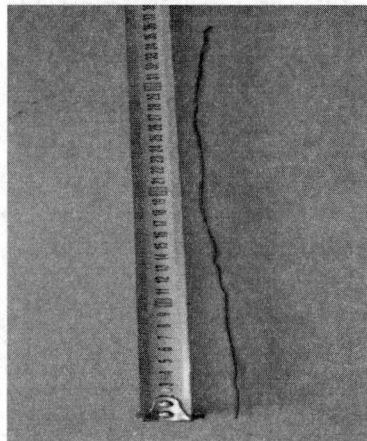

图 27　斜屋面瓦加长铜线后现场图

制图日期：2018 年 8 月 11 日

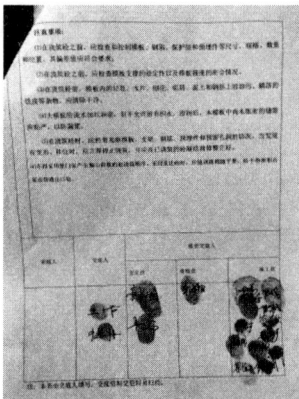

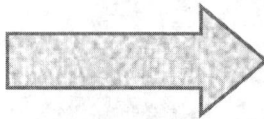

图 28　新施工工艺交底单及签到表图

拍摄人：韦×　　　　　审核人：李××　　　　　拍摄日期：2018 年 8 月 12 日

（3）加大现场屋面挂瓦安装巡查力度

2018 年 8 月 13 日，小组成员韦×根据现场屋面挂瓦施工后的情况，加大巡查力度，查看绑铜丝后的屋面瓦的松动情况，钢丝绑扎是否结实，以及屋面瓦的平整度、顺直度效果（图 29～图 31）。

通过小组成员现场巡查发现，在经过新工艺交底之后，工人不再是采取先预绑定铜线再绑扎瓦片，而是通过现场直接测量距离确定所需长度之后，现场用剪刀截取同等的长度，再绑扎瓦片和钢筋网。根据技术交底可知，钢筋网的距离是260mm×260mm，而加长铜线长度后的铜线是 360mm，所以足够长度对钢筋网进行牢固绑扎。

（4）阶段性效果检查

小组成员对策实施三实施过程中完成的 08 地块的 1 号、2 号、3 号、4 号、5 号

339

的超大角度屋面瓦施工质量情况进行调查，结果如表 25 所示。

图 29　超大角度斜屋面挂瓦铜丝紧拉钢筋混凝土牢固现场效果图

拍摄人：李××　　　　　审核人：李××　　　　　拍摄日期：2018 年 8 月 13 日

图 30　超大角度斜屋面挂瓦顶部满铺砂浆牢固现场效果图

拍摄人：韦×　　　　　　审核人：李××　　　　　拍摄日期：2018 年 8 月 13 日

图 31　超大角度斜屋面挂瓦平整度、顺直度现场效果图

拍摄人：韦×　　　　　　审核人：李××　　　　　拍摄日期：2018 年 8 月 13 日

超大角度斜屋面挂瓦对策三实施效果检查统计表 　　表25

楼栋号	1号	2号	3号	4号	5号
抽查数(个)	500	500	500	500	500
绑铜线合格数(个)	489	495	493	492	496
合格率(%)	97.8	99	98.6	98.4	99.2
平均合格率(%)			98.6		

注:1. 铜线长度能够牢固绑定在铜线钢筋网片上,牢固率达到98%以上;
　2. 屋面瓦施工后,不出现松动、脱落现象,合格率达到98%以上

制表人:韦×　　　审核人:李××　　　　　制表日期:2018年8月15日

结论:通过对策三的实施,超大角度斜屋面瓦绑铜线困难,加固困难的问题被解决;08地块1号、2号、3号、4号、5号的屋面瓦绑铜线的合格率均达到了98%以上,因此,对策实施三很好地达到了预期效果。

实施三达到既定目的!

负面影响:活动结束后,由于措施的实施,则增加了一部分原本不必要的费用,该费用为铜线在原有的长度上再增加50mm铜线的费用。

十、效果检查

1. 目标完成情况

2018年8月23日至2018年8月26日,本QC小组对活动后施工完成的屋面瓦进行抽查及第三方测评,测评结果见表26。

超大角度斜屋面挂瓦第三方测评合格率统计表 　　表26

楼栋号	4号	5号	6号	7号	8号	9号	合计
超大角度斜屋面瓦抽查数(个)	350	350	350	350	350	350	2100
合格个数(个)	340	320	330	325	315	325	1955
不合格个数(个)	10	30	20	25	35	25	145
合格率(%)	98	94	96	95	93	95	95.3

制表人:张××　　　审核人:李××　　　　　制表日期:2018年8月24日

从表26和图32可以看出,超大角度斜屋面挂瓦活动后施工合格率已提升到至95.3%,超过了指令性目标值合格率92%。圆满完成了本次QC小组活动的目标。图33给出了活动前后超大角度斜屋面瓦施工合格率的对比情况。

2018年8月24日,小组再次对活动后本工程的145个不合格的斜屋面瓦进行进一步的分层分析,调查造成其不合格的因素。通过调查发现,造成该145个斜屋面瓦不合格的问题有顺直度偏差大、平整度偏差大、屋面瓦污染、屋面瓦破损、屋面瓦剥落和其他。调查统计如表27所示。

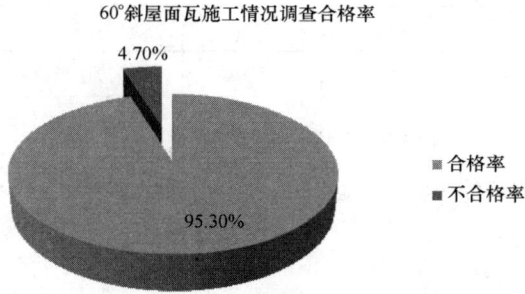

60°斜屋面瓦施工情况调查合格率

图 32　活动后超大角度斜屋面挂瓦调查结果饼分图

制图人：张××　　　　审核人：李××　　　　制图日期：2018 年 8 月 24 日

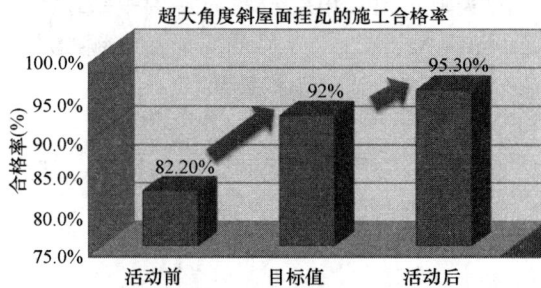

超大角度斜屋面挂瓦的施工合格率

图 33　超大角度斜屋面挂瓦施工合格率对比图

制图人：王×　　　　审核人：李××　　　　制图日期：2018 年 8 月 24 日

活动后超大角度斜屋面挂瓦不合格问题调查统计表　　　　**表 27**

序号	不合格问题	不合格数（片）	各因素不合格点数（片）	累计点数（片）	累计频率（%）
1	屋面瓦破损		59	59	40.1
2	屋面瓦污染		54	113	77.9
3	屋面瓦剥落	145	11	124	85.5
4	顺直度偏差大		9	133	91.7
5	平整度偏差大		7	140	96.6
6	其他		5	145	100

制表人：张××　　　　审核人：李××　　　　制表日期：2018 年 8 月 24 日

　　小组成员把活动前后，影响超大角度斜屋面挂瓦施工合格率的影响问题排列图进行了对比，如图 34 和图 35 所示。

　　通过对比发现，活动前现状调查时影响超大角度斜屋面挂瓦施工合格率的症结是"顺直度偏差大"和"平整度偏差大"，已得到很好的控制和处理，不再是主要问题。

　　2. 经济效益

　　小组成员以 3000 个屋面瓦作为开展活动期间的工程量对经济效益进行估算（表 28）。

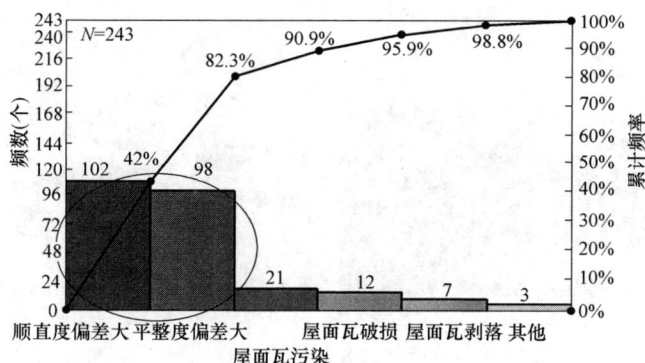

图 34　活动前超大角度斜屋面瓦施工合格率影响排列图

制图人：罗××　　　　审核人：李××　　　　制图日期：2018 年 8 月 24 日

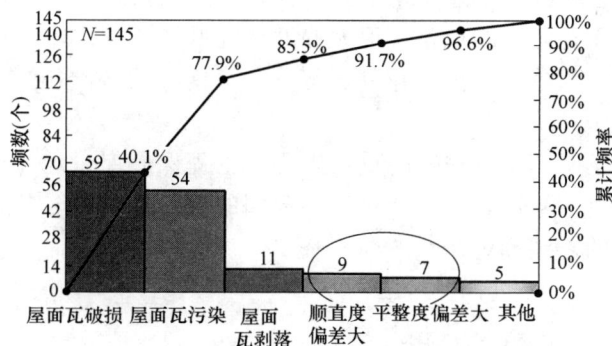

图 35　活动后超大角度斜屋面挂瓦施工合格率影响排列图

制图人：甘××　　　　审核人：李××　　　　制图日期：2018 年 8 月 24 日

活动前后经济效益对比表　　　　　　　　　　　　　　　表 28

序号	项目	活动前	活动后	节省费用
1	人工费	3000 个屋面瓦：3000÷75× 2×180＝14400(元)	3000 个屋面瓦：3000÷150× 2×180＝7200(元)	＋7200(元)
2	返工修补费用	3000×(1−79.9％)× 120＝72360(元)	3000×(1−95％)× 120＝18000(元)	＋54360(元)
3	活动经费	0	0.5 万元	−0.5 万元
4	材料增加费	0	铜线加长长度 50mm 增加费用 0.6 万元	−0.6 万元
结论	活动前后,共节省 7200＋54360−5000−6000＝50560(元)			

制表人：甘××　　　　审核人：李××　　　　制表日期：2018 年 8 月 25 日

注：1. 活动前，两个人一组每天可以完成 75 个超大角度斜屋面瓦的加固；活动后，两个人一组每天可以完成 150 个超大角度斜屋面瓦的加固。

2. 超大角度斜屋面瓦每天按 12 个人分成 6 个小组计算。

图 36   百色市相关领导项目考察指导工作图

拍摄人：甘××   审核人：李××   拍摄日期：2018 年 8 月 25 日

3. 社会效益

×××搬迁项目 QC 小组有关"提高超大角度斜屋面挂瓦的施工合格率"课题的成功开展，有效地解决了小超大角度斜屋面瓦的施工难，加固难的问题。减少了屋面瓦施工后返工剔瓦修补的现象，很大程度地降低了施工成本，得到了建设单位和监理的一致好评。为公司创优、夺鲁班奖奠定了良好的基础，为其他同类工程项目做了良好的示范。

同时，该工程是两广定点扶贫的重点工程；工程保质保量地完成任务节点及发现施工难题及时攻克的精神赢得了上级领导部门的认可和好评。并且项目部多次成功接待了各级领道的参观和观摩（图 36～图 38）。

图 37   ××小镇启动仪式留影

图 38   办完相关手续的搬迁户合影留念

拍摄人：甘××   审核人：李××   拍摄日期：2018 年 8 月 25 日

十一、制定巩固措施

通过本次 QC 小组活动，解决了超大角度斜屋面挂瓦施工难、加固难的问题，积累总结了超大角度斜屋面挂瓦的施工经验。使得在以后的施工中对遇到相似的问题迎刃而解。本小组总结施工经验，将超大角度斜屋面挂瓦施工的平整度质量控制和顺直度质量控制方法汇编成册，形成了《超大角度斜屋面挂瓦作业指导书》（图

39、图 40)，并在公司全面推广。

广西建工集团第五建筑工程有限责任公司

南宁分公司文件

桂五建南分司办字（2018）196 号

关于印发《提高超大角度斜屋面挂瓦的施工合格率》的通知

分公司各科室、项目

广西建工五建深圳小镇异地扶贫搬迁项目 QC 小组开展"提高超大角度斜屋面挂瓦的施工合格率"活动取得一定成绩，根据实践证明加长钢线长度的加固方式和提前利用 BIM 技术建模提前做出屋面瓦的搭接模型的方式可以有效地提高超大角度斜屋面挂瓦的合格率，为此分公司制定了《超大角度斜屋面挂瓦施工作业指导书》，现印发至各科室、项目，请认真贯彻落实。

广西建工五建南宁分公司批准发布及实施的具体措施如下：

一、加长钢线的加固方式：1、对钢线重新进行设计，在钢线原有的长度上加长 5CM。2、将钢线稳固的绑扎在钢丝网片上，缠绕几圈。3、满铺座浆，将钢线以及钢筋覆盖方式对屋面瓦进行加固。

二、提前利用 BIM 技术建模做出屋面瓦搭接模型的加固方式：采用 BIM 技术建模，BIM 软件可以将屋面瓦搭接的三维更直观的在图上表现出来，提前的解决搭接施工过程中遇到的搭接尺寸差异问题。

抄送：公司技术中心、总工办、工程处、办公室、分公司辅导

抄发：技术科存档

广西建工五建南宁分公司办公室　　　　　　2018 年 12 月 25 日印发

图 39　超大角度斜屋面挂瓦作业指导书发布

拍摄人：韦×　　　　审核人：李××　　　　拍摄时间：2018 年 9 月 1 日

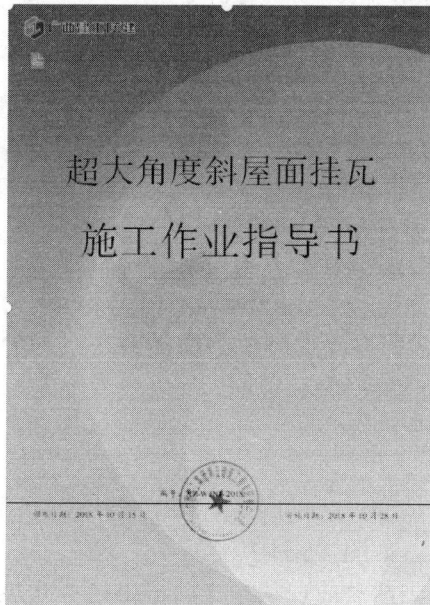

超大角度斜屋面挂瓦

施工作业指导书

图 40　超大角度斜屋面挂瓦作业指导书

拍摄人：韦×　　　　审核人：李××　　　　拍摄时间：2018 年 9 月 1 日

2018 年 9 月 12 日，为了进一步巩固本次 QC 活动的成果，本 QC 小组安排了 9 名小组成员对活动的巩固期进行施工的超大角度斜屋面挂瓦进行了动态跟踪、指导。通过对巩固期完成的 08 地块的 1 号、2 号、3 号、4 号、10 号、11 号、12 号、13 号、14 号超大角度斜屋面瓦的施工质量进行第三方检查测评，测评统计数据合格率如表 29 所示。

由表 29 和图 41 可知，巩固期超大角度斜屋面挂瓦施工合格率为 97.2%，高于目标值 92%，并且高于活动后的 95.3%。本 QC 小组活动巩固效果明显。

超大角度斜屋面瓦第三方测评合格率抽查统计表　　　　　　表 29

楼栋号	1号	2号	3号	4号	10号	11号	12号	13号	14号	合计
超大角度斜屋面瓦检测数(个)	500	500	500	500	500	500	500	500	500	4500
合格个数(个)	488	485	484	483	484	488	486	484	488	4736
不合格个数(个)	12	15	14	13	16	12	14	16	12	124
合格率(%)	97.6	97	96.8	98.6	96.8	97.6	97.2	96.8	97.6	97.2

制表人：罗××　　　　　　审核：李××　　　　　　制表日期：2018 年 9 月 12 日

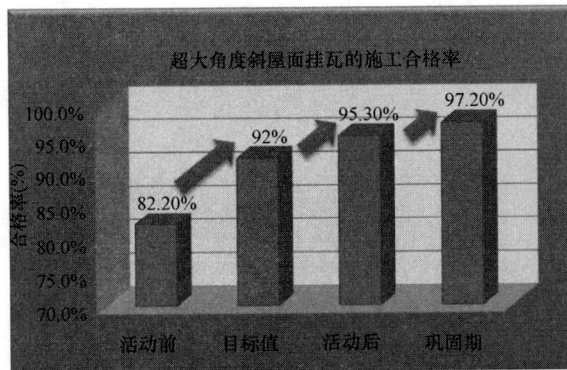

图 41　巩固期超大角度斜屋面挂瓦施工合格率前后对比图

制图人：罗××　　　　　　审核人：李××　　　　　　日期：2018 年 9 月 12 日

2018 年 9 月 14 日，小组成员再次对巩固期的 124 个不合格的超大角度斜屋面瓦进行进一步调查，调查其造成不合格的因素。调查发现，不合格的问题有顺直度偏差大、平整度偏差大、屋面瓦污染、屋面瓦破损、屋面瓦剥落和其他。调查统计表如表 30 所示。

小组成员把活动前、活动后、巩固期，影响超大角度斜屋面瓦施工合格率的影响问题排列图进行了对比，如图 42～图 44 所示。

结论：通过对比发现，活动前现状调查时影响超大角度斜屋面瓦施工合格率的症结"顺直度偏差大"和"平整度偏差大"，在巩固期得到了更进一步的解决，较活动后所占的比重减小，说明已得到很好的控制和处理，不再是主要问题，达到了巩固活动目标。

巩固期超大角度斜屋面瓦不合格问题调查统计表   表 30

序号	不合格问题	不合格点数（片）	各因素不合格点数（片）	累计点数（片）	累计频率（%）
1	屋面瓦污染		49	49	39.5
2	屋面瓦破损		43	91	73.4
3	屋面瓦剥落	124	11	102	82.3
4	其他		10	112	90.3
5	顺直度偏差大		8	120	96.8
6	平整度偏差大		4	124	100

制表人：张××   审核人：李××   制表日期：2018 年 9 月 18 日

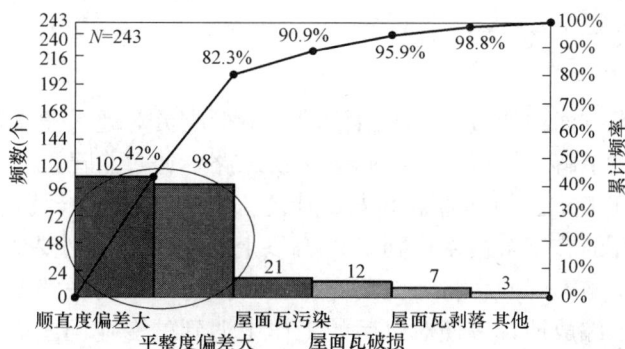

图 42 活动前超大角度斜屋面挂瓦施工合格率影响排列图

制图人：张××   审核人：李××   制图日期：2018 年 9 月 22 日

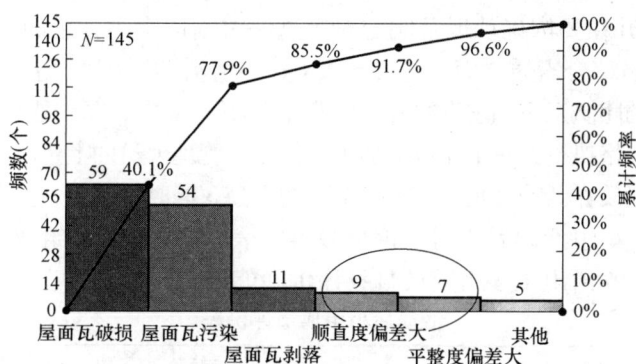

图 43 活动后超大角度斜屋面挂瓦施工合格率影响排列图

制图人：罗××   审核人：李××   制图日期：2018 年 9 月 22 日

十二、总结和下一步打算

此次"提高超大角度斜屋面挂瓦的施工合格率"QC 活动的开展，本 QC 小组成员在活动过程中，按照严谨的 PDCA 循环，对小组成员的专业技术、管理方法、小组成员综合素质都有很大程度的提高。

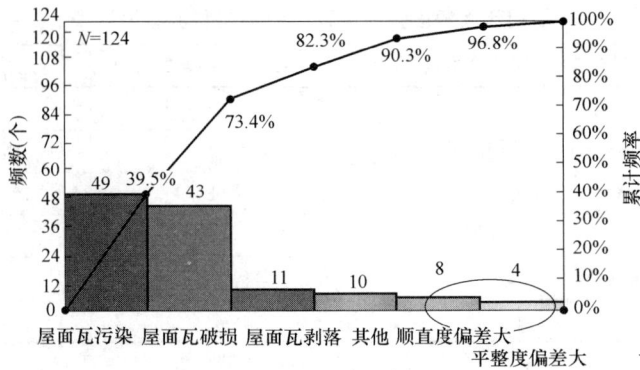

图 44　巩固后超大角度斜屋面挂瓦施工合格率影响排列图

制图人：甘××　　　　　审核人：李××　　　　　制图日期：2018 年 9 月 22 日

1. 总结

（1）专业技术方面：通过 QC 小组活动，小组成员对超大角度斜屋面挂瓦施工工艺有了进一步的了解，懂得了遇到问题转换思路，通过自己的努力，解决了超大角度斜屋面挂瓦施工难、加固难的问题，让超大角度斜屋面挂瓦的施工变得简单，同时也将屋面挂瓦的施工合格率达到了 90% 以上，达到了合同要求，达到了预期效果。小组成员总结施工经验，将超大角度斜屋面挂瓦施工的平整度质量控制和顺直度质量控制方法汇编成册，以便对以后的工作中遇到的专业问题能够柔韧有余。重要的是更深刻的掌握了解决专业问题的手段和途径。

（2）管理方法方面：本 QC 活动过程中，严谨按照 PDCA 循环，小组成员均能够以事实为依据，以数据说话，合理的运用统计方法处理问题，并且形成了一套科学的逻辑思路。并在要因确认以及制定对策这两方面取得了一定的进步。

（3）小组成员综合素质方面：通过此次 QC 小组活动，小组成员积累了相关经验，增强了小组成员的团队意识和求真精神，提高了分析和解决问题的能力，对公司、对项目的管理制度也严格执行，对工作也增加了责任心、管理人员的上进心与对工作的热情。小组成员的各项素质在活动过程中都有了全面的提高，同时也吸引了更多同事的加入。

表 31 给出了小组活动后小组评价分数值，表 32 给出了小组成员活动前后综合评价分数表，图 45 给出了小组成员自我评价和能力增长雷达图。

活动后小组成员评价表　　　　　　　　　　　　表 31

序号	姓名	状态	质量意识	改进意识	QC 工具应用技巧	团队精神	工作热情与干劲	进取精神
1	李×	活动前	8.4	8.5	8.5	8.4	8.7	8.2
		活动后	9.8	9.5	9.2	9.5	9.4	9.3
2	王×	活动前	8.6	8.6	8.2	8.4	8.4	8.4
		活动后	9.5	9.4	9.5	9.0	8.8	8.6
3	李×	活动前	8.4	8.4	8.4	8.4	8.4	8.3
		活动后	9.3	9.2	9.3	8.8	9.3	9.6

序号	姓名	状态	质量意识	改进意识	QC工具应用技巧	团队精神	工作热情与干劲	进取精神
4	张××	活动前	7.9	7.6	8.4	7.7	7.9	7.9
		活动后	9.4	9.6	9.2	9.0	8.6	8.8
5	甘××	活动前	7.7	7.4	8.1	8.0	7.6	6.9
		活动后	9.0	9.5	8.9	8.8	9.3	9.0
6	张××	活动前	7.6	7.5	7.9	6.9	7.4	7.1
		活动后	9.8	9.6	8.9	8.7	9.0	8.5
7	罗××	活动前	6.6	6.9	5.9	6.6	7.7	6.7
		活动后	9.5	9.3	9.2	8.9	8.8	8.7
8	韦×	活动前	8.6	7.5	7.7	7.4	8.1	7.2
		活动后	9.3	9.1	9.3	8.5	8.7	9.2
9	张×	活动前	8.4	7.6	7.4	7.1	7.9	8.3
		活动后	9.6	9.3	9.5	8.4	9.5	8.7
小组平均值		活动前	7.8	7.4	7.6	7.5	7.9	7.5
		活动后	9.3	9.4	9.3	8.7	9.2	9.1

制表人：张××　　　　审核人：李××　　　　制表日期：2018年9月25日

小组成员综合素质评价表　　　　　　　　　　　　　　　　表 32

序号	评价内容	活动前(分)	活动后(分)
1	质量意识	7.8	9.3
2	改进意识	7.4	9.4
3	QC工具应用技巧	7.6	9.3
4	团队精神	7.5	8.7
5	工作热情与干劲	7.9	9.0
6	进取精神	7.5	9.1

制表人：甘××　　　　审核人：李××　　　　制表日期：2018年9月25日

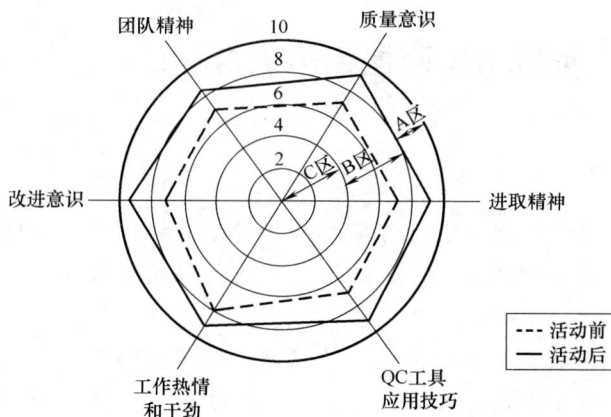

图 45 小组成员综合素质评价雷达图

制图人：甘××　　　　审核人：李××　　　　制图日期：2018年9月25日

从表格和雷达图中可以看出：

（1）小组的各项与活动之前对比均有提高；

（2）小组在 QC 工具应用技巧方面有了明显的提高；

（3）小组在团队精神方面虽与活动前比较有较大的提升，但仍低于 9 分，说明小组在这方面还有一些差距，今后在 QC 小组活动中，需更加注重团队精神的建设。

通过本次 QC 活动，使得超大角度斜屋面挂瓦的施工质量得到了显著提升，同时降低了施工成本，提升了小组成员的综合素质，激发了同事对工作的热情，小组成员更加积极进取，并形成良好的学习、工作氛围。我们 QC 小组将一如既往地围绕工程施工质量问题开展 QC 活动。

2. 下一步打算

结合本工程的施工进度和施工难度，QC 小组成员对下一步的活动共提出了 3 个备选课题，经分析、评价，选取了《提高成品烟囱的一次施工合格率》作为我们 QC 小组下一个开展活动的课题（表 33）。

下一步 QC 活动备选课题分析表　　　　　　　　表 33

序号	课题名称	重要性	紧迫性	难度系数	是否选择
1	提高成品烟囱的施工合格率	成品烟囱是否破损直接关系到建筑是否美观及环境污染	工期紧，成品烟囱属于装修阶段	本工程属高层建筑，烟囱数量大，上下层烟囱口接缝处难对齐	选用
2	降低成品瓷砖施工前的破损率	成品瓷砖是否完好直接关系到建筑是否美观及经济性	主体施工完成后的装修阶段	成品瓷砖虽属于易碎产品，但我司有丰富的施工经验	不选
3	提高卫生间防水涂料一次施工合格率	卫生间防水的好坏直接关系楼面的防水效果	主体完成后进入卫生间防水施工	有丰富施工经验	不选

制表人：罗××　　　审核人：李××　　　制表日期：2018 年 9 月 28 日

《提高超大角度斜屋面挂瓦施工合格率》成果综合评价

一、总体评价

该成果为现场型。小组成员针对超大角度斜屋面挂瓦施工合格率偏低，不能满足业主要求的情况，积极开展 QC 小组活动，顺利将超大角度斜屋面挂瓦施工合格率由活动前的 80.2%，提高至 95.3%，实现了 92% 的课题目标。小组成员具有一定的 QC 基础知识，熟悉指令性目标活动程序，选题理由简洁、直接；目标可行性论证步骤清晰，明确了现实与目标值的差距，通过分层逐步深入找到"顺直度偏差大"和"平整度偏差大"两个症结；多数要因确认能够按照末端原因对症结的影响程度进行；多角度提出对策，对策表中的"对策"有效、"目标"可测量、"措施"

具体可操作；对策实施中关注了对策实施结果在安全、质量、成本等方面的负面影响；效果检查即检查了目标完成情况，也与对策实施前的状况进行了对比，判断症结得到了改善；编制《超大角度斜屋面挂瓦作业指导书》，对后续施工有一定指导作用。多数主要程序都能做到以事实为依据、用数据说话。成果应用了常规的一些统计方法，对数据的整理、分类、统计、判断起到一定作用。这些亮点应该予以保持和发扬。但是成果还存在一些不足，有待进一步改进提高。

二、不足之处

1. 程序方面

（1）原因分析的全面性不足，尚缺少"环境"因素方面的分析，如果切实不涉及这两方面因素，应予说明；原因分析逻辑关系不紧密，部分原因之间因果关系倒置，如"屋面瓦搭接不牢固"造成"施工方法不合理"，部分原因之间不存在因果关系，如"管理人员缺乏现场管理意识"导致"管理人员不到位"；部分末端原因分析不彻底，没有分析到可以直接采取对策的程度，如"施工机具不合理"、"操作平台不到位"，为什么"不合理"、"不到位"都可以继续分析下去。

（2）个别要因确认逻辑不合理，如针对末端原因"砂浆强度达不到施工方案要求"，小组确认的是"虽然少部分水泥砂浆的配合比达不到要求，但是不影响其使用功能与效果，也不存在砂浆久放造成水分流失的现象"，就确定为非要因。显然，没有确认砂浆强度达不到施工方案要求对症结"平整度偏差大"、"顺直度偏差大"的影响程度。同样，针对末端原因"施工机具不合理"的要因确认，问题亦然。

（3）对策的评价选择，用打分法确定是不正确的，太主观。

（4）虽然小组关注了对策实施后的负面影响，但是缺少事实和数据支持，也缺乏结论性意见。如对策实施一负面影响的描述为"活动结束后，由于措施的实施，增加了一部分对挂瓦完成一次验收合格进行奖励的费用，且延长了屋面瓦施工的时间"。这里提及增加费用、延长时间两个问题，但没有具体描述增加了多少费用？延长了多少时间？对工期是否有影响？项目能否接受？这些均应该予以说明。

（5）巩固措施中虽然编制了《超大角度斜屋面挂瓦作业指导书》，但是没有描述把对策表中的哪些具体措施纳入其中。

（6）管理方法方面的总结不够系统全面，建议按照活动程序方面、数据说话方面、统计方法运用方面予以总结。"QC工具应用技巧"不应该作为小组成员综合素质总结的内容。

2. 方法方面

（1）统计方法应用面不足，尤其在"对策制定与实施"步骤中，没有应用任何统计方法。

（2）柱状图制图不规范，如"图4　08-8号、9号、10号、11号超大角度斜屋面瓦检测合格数柱状图"，未在柱顶标注每个柱子的实际数值。

专家：××

案例三　创新型课题活动程序

研制新型旋挖钻机施工平台

××市政工程建设集团股份有限公司"大智大慧"QC 小组

一、工程概况

浙江省宁波市环城南路西延（薛家南路至环镇北路）工程Ⅲ标段全长 1694m，包括 1 条主线高架、4 条平行匝道、3 座地面辅道桥，工程造价 4.6 亿元，工期为 780 日历天。

工程主线高架及匝道承台共有 891 枚钻孔桩需实施，平均桩长为 60m，桩基几乎全部位于农田位置，农田表层 10m 范围内为淤泥质粉质黏土、泥炭质土，桩侧摩阻力仅 10kPa，地基容许承载力较小（30～40kPa），但桩底 8～12m 范围为岩质地层，因此现场采用 XR360 型旋挖钻机进行施工，工作重量约 90t，履带平均接地压强为 105.5kPa。因此旋挖钻机无法直接在原状土上作业，需对机械作业范围进行地基处理。

二、小组简介

小组概况表　　　　　　　　　　　　　　　　　　表 1

小组名称	"大智大慧"QC 小组		
课题名称	研制新型旋挖钻机施工平台		
小组注册号	NBSZ-021	课题注册号	NBSZ-QC-054
小组注册时间	××××年××月	课题类型	创新型
QC 教育时间	人均接受 QC 教育 46h		
活动情况	活动人数	8	
	活动时间	××××年××月-××××年××月	
小组及小组主要成员曾获荣誉	①浙江省市政协会优秀质量管理小组成果一等奖；②全国市政协会优秀质量管理小组成果优秀奖；③浙江省工程建设优秀质量管理小组成果一等奖；④宁波甬江建设杯优秀质量管理小组成果一等奖	⑤宁波市市政行业优秀质量管理小组成果一等奖；⑥教育部科技进步二等奖（技术发明类）；⑦全国市政行业科学技术三等奖（技术开发类）；⑧浙江省建筑业行业协会科学技术创新成果二等奖	

制表人：×××　　　审核人：×××　　　制表时间：××××年××月××日

小组成员情况表 表2

序号	姓名	性别	年龄	文化程度	职务	小组分工
1	×××	男	××	研究生	主任工程师	组织策划
2	×××	男	××	本科	项目总工	技术方案细化、技术交底
3	×××	男	××	本科	项目副经理	技术指导及编制
4	×××	男	××	本科	施工员、建模师	活动实施
5	×××	女	××	本科	预算员、建模师	经济指标核算，产品模型建立
6	×××	男	××	本科	质量员	对策实施效果检查
7	×××	男	××	本科	资料员、统计员	资料收集、整理、记录
8	×××	男	××	中专	施工队长	现场操作

制表人：×××　　　审核人：×××　　制表时间：××××年××月××日

小组活动进度计划表 表3

序号	内容	2019年	循环阶段
一	选择课题	1月上旬	P
二	设定目标及可行性论证	1月下旬～2月上旬	P
三	提出方案并确定最佳方案	2月下旬～3月	P
四	制定对策	4月	P
五	对策实施	5月～7月上旬	D
六	效果检查	7月中旬	C
七	标准化	7月下旬～9月	C
八	总结和下一步打算	11月	A

说明：计划进度：------
实际进度：——

制表人：×××　　审核人：×××　　制表时间：××××年××月××日
补登录时间：××××年××月××日

三、名词解释

1. 基底应力

指原状土顶面承担的应力。当未设置垫层时，基底应力为旋挖钻机履带底应力；当设置塘渣垫层时，基底应力为履带应力沿45°扩散角至塘渣垫层底的应力；当设置刚性垫层（钢筋混凝土或钢箱筏板）时，基底应力为刚性垫层底部的平均应力。

基底应力不仅决定地基沉降（呈线性关系），而且还影响旋挖钻孔的孔壁稳定。

2. 孔口塌陷

旋挖成孔期间，钻杆及钻头提升管和下放会导致孔内泥浆水头变化，在提钻期间孔内泥浆页面会随之下降，加之地坪上方机械荷载的作用，孔口地表沉降，导致护筒底部土方塌陷（坑底隆起失稳）。

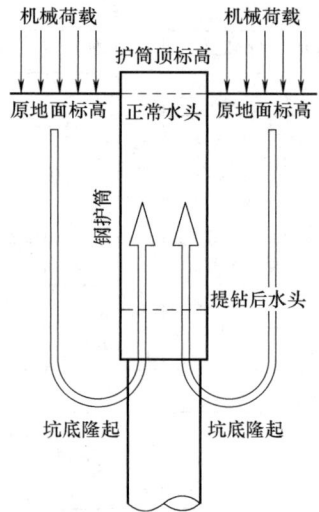

图 1　塌孔原理示意图

四、选择课题

1. 明确需求

宁波市环城南路西延（薛家南路至环镇北路）工程为浙江省重点工程，自开工以来备受政府及社会各界关注，此标段为唯一一个使用旋挖钻机进行钻孔灌注桩施工的标段，因此项目建设单位计划组织项目市级主管领导、相邻标段及省外相关建设单位进行观摩学习，为此公司领导高度重视，组织业主及其他相关的参建单位召开了专题会议，会议中各方提出了如表4 所示要求。

需求分析统计表　　　　　　　　　　　　　　　　表 4

序号	需求方	需求内容
1	内部需求（公司要求）	旋挖钻机在施工时地表沉降较大，致使出现钻孔桩孔口塌陷的情况较为严重，项目需采取有效措施进行改善，减少现场地表沉降量，要求≤5.5cm 保证成孔质量
2	外部需求（业主要求）	旋挖钻机施工区域应安全稳定，不得出现履带受力不均，钻机倾斜现象
3	相关方要求（质安监站要求）	旋挖成孔期间钻孔泥浆存在反复的"溢出—回流"，施工场地泥泞不堪，观摩期间及今后的施工中不允许大面积泥浆污染情况的出现

制表人：×××　　　　审核人：×××　　　制表时间：××××年××月××日

2. 现有做法

现有普遍的做法是对旋挖钻机施工区域进行塘渣换填，将现场农田表层≥80cm 的软土进行挖除，挖除后采用塘渣进行分层填筑和压实，小组成员将现有做法与实际需求进行了对比分析，如表5 所示。

现有做法与需求分析对比表　　　　　　　　　　　　表 5

分析	需求	小结	结论
塘渣换填后虽地基承载力效果有所改善，但通过对我工程实施过的情况来看，塘渣在压实后需重新开挖进行护筒埋设，护筒周边塘渣回填后难以再次压实充分，因此大型钻机行驶和施工时仍存在一定的不均匀沉降现象，如图4 所示	现场地表沉降量≤5.5cm，保证成孔质量，施工区域安全稳定	地表沉降能够得到改善，但部分不均匀沉降仍超过 5.5cm，不满足需求	不满足目前需求
塘渣块之间存在较大的不规则间隙，泥浆无法准确引流和储存，污染泥浆不易清洁	施工中不允许大面积泥浆污染情况的出现，保证现场良好的文明施工形象。	泥浆"溢出—回流"问题无法解决，且不易清洁，不满足需求	

制表人：×××　　　　审核人：×××　　　制表时间：××××年××月××日

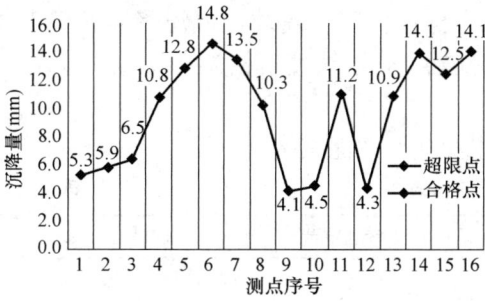

图2　塘渣垫层不均匀沉降观测折线图（2处不同位置）

制图人：×××　　　　　审核人：×××　　　　　制图时间：××××年××月××日

3. 广泛借鉴

小组成员通过查阅专利检索平台及各大学术网站，搜索"旋挖钻机"、"钻孔平台"等直接关键词，以及集思广益海量搜索同行业类似项目的施工技术，共查得如下4个专利文本，为小组的创新活动，提供了借鉴思路。

借鉴情况统计表　　　　　　　　　　　　　表6

创新需求：能够改善旋挖钻机施工地基沉降的方法或装置			
查询路径：中国知网CNKI、维普数据库、万方数据库、SooPAT专利搜索、国家科技成果网			
查新内容：检索词为"旋挖钻机"、"钻孔平台"、"路面板"、"路基箱"			
序号	名称	申请人	申请号
1	一种装配式钢筋混凝土预制路面板及其施工方法	中国建筑第二工程局有限公司	201511011222.4
2	一种多功能装配式路面结构	甘肃省建设投资(控股)集团总公司	201711111023.X
3	大型履带工程车辆的路基箱	中冶实久建设有限公司	201020519724.4

制表人：×××　　　　　审核人：×××　　　　　制表时间：××××年××月××日

（1）借鉴一："拼装、板式"→"施工平台"

借鉴一专利信息表　　　　　　　　　　　表7

专利名称	一种装配式钢筋混凝土预制路面板及其施工方法	专利申请号	201511011222.4
文献主要内容	(54)发明名称 　　一种装配式钢筋混凝土预制路面板及其施工方法 (57)摘要 　　本发明涉及一种装配式钢筋混凝土预制路面板及其施工方法，预制路面板包括混凝土板体，为矩形板，矩形板上下底面的边棱上都包有金属护边；混凝土板体内设有双层双向配筋，上表面的四个角部中，至少在一条对角线上的两个角部位置分别嵌设一段竖向短管。竖向短管内设有吊钩，吊钩的底端固定在配筋上；竖向短管和吊钩的顶端与混凝土板体的上表面平齐。实现施工场地路面的施工快、方便维修、低投入、环保的目的。本发明预制路面板适用于快速铺装施工现场临时道路，可通行90t重车，强度高，制作修复方便，成本低，局部更换方便，可多次周转使用，节能环保，有效的解决了传统工程建设场地路面的弊端	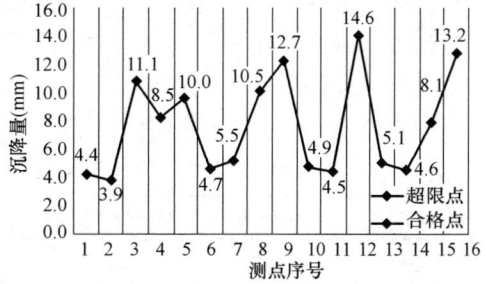 结构形式	
借鉴思路及原理	对农田路基清表并夯实整平，以单个承台施工面积为铺设面积，通过借鉴"预制拼装面板"这种结构形式，制作类似的预制拼装板块作为旋挖钻机施工平台，来满足减少路面沉降的需求		

355

　　上述专利的借鉴，施工平台可以满足减少路面沉降的需求，但泥浆问题仍无法妥善解决，因此小组成员在上述查新方法的基础上，继续搜索相关排浆的措施方法，以期寻求减少泥浆污染的借鉴思路。

（2）借鉴二："多功能路面结构中的排水通道"→"泥浆引流"

借鉴二专利信息表　　　　　　　　　　　　　　　　　　　表 8

专利名称	一种多功能装配式路面结构		专利申请号	201711111023.X
文献主要内容	(54)发明名称 　　一种多功能装配式路面结构 (57)摘要 　　本发明涉及交通公路的路面结构领域，提出一种多功能装配式路面结构，包括若干路面预制构件，其特征在于：所述路面预制构件分为上预制构件和下预制构件，且上预制构件和下预制构件均由新型混凝土材料制成，内部设有由若干钢架组成的支撑框，所述上预制构件左右两端均设有第一连接件，相邻上预制构件设有第二连接件，且第一连接件和第二连接件通过通孔用锚杆连接固定，所述下预制构件的结构与上预制构件相匹配，其支撑框前后两侧的钢架内设有排水通道，其余钢架内均设有通筒，其排水通道上端设有第一进水通道，且上预制构件左右两端与第一进水通道的对应处设有第二进水通道。本发明的有益效果是：集成电缆电线和雨水管道，便于路面保养和维修			
借鉴思路及原理	借鉴"排水通道"原理，可在平台结构表面设置明沟或在结构内设置管道实现泥浆引流，使泥浆汇流至指定区域，满足施工中不允许大面积泥浆污染情况出现这一需求			

（3）借鉴三："路基箱"→"施工平台及临时储浆"

借鉴三专利信息表　　　　　　　　　　　　　　　　　　　表 9

专利名称	大型履带工程车辆的路基箱		专利申请号	201020519724.4
文献主要内容	(54)实用新型名称 　　大型履带工程车辆的路基箱 (57)摘要 　　本实用新型提供了一种大型履带工程车辆的路基箱，包括密闭空腔箱体，箱体的边框采用型钢制成、上表面和下表面采用钢板构成；箱体由边框、上表面、下表面包围构成空腔内设置有由型钢制成的加强筋，加强筋两端与边框固定连接、上下表面分别与箱体的上表面和下表面固定连接。使用时，工程车辆的重量经上表面传递并分散至边框和各加强筋，再经下表面传递至地面。箱体上表面主要起传递和分散力的作用，承重能力主要依靠边框和各加强筋，整体变形小。箱体上表面和下表面位于各加强筋之间的空心区域，面积小、受力小，因此局部变形也小。采用箱体结构，自重轻、搬运方便，用材少，经济实惠。适用于各类工地临时道路的铺设			
借鉴思路及原理	借鉴"箱式路基结构"结构形式，稍作地基处理并制定箱式路基结构作为旋挖钻机作业的施工平台，一方面可以满足减少路面沉降的需求，另一方面箱体内空腔部分可以作为泥浆临时储存空间，能够满足减少泥浆溢出污染的需求			

4. 课题确定

受上述广泛借鉴情况启发，小组成员一致认为通过以平台的形式辅助旋挖钻机施工，平台再结合泥浆引流或储存的措施，可以满足减少地基沉降和泥浆污染的需求，因此小组成员选定课题名称为："研制新型旋挖钻机施工平台"。

五、设定目标及目标可行性论证

1. 设定目标

目标设定表　　　　　　　　　　　　　　　　　　　　　　　　　表 10

项目	目标值
目标一	施工平台沉降≤5.4cm
目标二	单桩泥浆污染率＜5％ （污染率＝泥浆溢出污染面积/施工作业平台面积）

制表人：×××　　　　审核人：×××　　　制表时间：××××年××月××日

2. 目标可行性论证

（1）论证一

论证一信息表　　　　　　　　　　　　　　　　　　　　　　　表 11

借鉴一文献	一种装配式钢筋混凝土预制路面板及其施工方法	
相应文本 截选一	（54）发明名称 　　一种装配式钢筋混凝土预制路面板及其施工方法 （57）摘要 　　本发明涉及一种装配式钢筋混凝土预制路面板及其施工方法，预制路面板包括混凝土板体，为矩形板，矩形板上下底面的边棱上都包有金属护边；混凝土板体内设有双层双向配筋，上表面的四个角部中，至少在一条对角线上的两个角部位置分别嵌设一段竖向短管。竖向短管内设有吊钩，吊钩的底端固定在配筋上；竖向短管和吊钩的顶端与混凝土板体的上表面平齐。实现施工场地路面的施工快、方便维修、低投入、环保的目的。本发明预制路面板适用于快速铺装施工现场临时道路，①可通行 90t 重车，强度高，制作修复方便，成本低，局部更换方便，可多次周转使用，节能环保，有效的解决了传统工程建设场地路面的弊端。 　　8. 根据权利要求 1 所述的一种装配式钢筋混凝土预制路面板，其特征在于：所述混凝土板体（1）的尺寸有两种，一种为② 100mm × 600mm ×200mm，另一种为 800mm×600mm×200mm	
借鉴数据	数据①：可通行 90t 重车 数据②：板体尺寸 400mm×600mm×200mm，800mm×600mm×200mm	

借鉴一文献	一种装配式钢筋混凝土预制路面板及其施工方法
通过借鉴数据进行理论推演	依据《城市桥梁设计规范》CJJ 11—2011，单台重车长 18m 宽 1.8m，由 135 块 $400\times600\times200$ 板或 69 块 $800\times600\times200$ 板组成共同分摊，理论基底面积 32.4m²，当车载达到 90t 时，基底反力为：$$p=N/A=900\text{kN}/32.4\text{m}^2=27.78\text{kPa}$$ 基底应力低于表层淤泥质粉质黏土的容许承载力（$f_{ak}\approx30\sim40\text{kPa}$），满足要求。本工程旋挖钻机重量约 90t，与专利所述重车质量相同，故作业平台基底面积不小于 32.4m²。地基表层按 9.2m 软弱土层考虑（考虑清表 80cm），压缩模量 E 约 7.5MPa，上述荷载作用下，地基沉降为：$$s=\psi_s\cdot\sum_{i=1}^{n}\frac{P_0}{E_{si}}\cdot(z_i\cdot\overline{\alpha_t}-z_{i-1}\overline{\alpha_{t-1}})=1.1\times\frac{27.78\text{kPa}}{7.5\text{MPa}}\times4\times(15\text{m}\times0.0935-0\text{m}\times0.25)=5.6\text{cm}$$ 按专利所述面积要求，沉降仍不具备目标要求；当基底面积增加 5%，使基底应力降至 26.46kPa 后，地基沉降可缩小至 5.34cm
推演结果与目标值的分析	将所有板块连成成体，使基底作用面积大于 34.02m² 共同分担 90t 重车作用时，地基沉降可满足小于 5.4cm 要求

（2）论证二

论证二信息表　　　　　　　　　　表 12

借鉴二文献	一种多功能装配式路面结构	
相应文本截选二	(54)发明名称 一种多功能装配式路面结构 (57)摘要 本发明涉及交通公路的路面结构领域，提出一种多功能装配式路面结构，包括若干路面预制构件，其特征在于：所述路面预制构件分为上预制构件和下预制构件，且上预制构件和下预制构件均由新型混凝土材料制成，内部设有由若干钢架组成的支撑框，所述上预制构件左右两端均设有第一连接件，相邻上预制构件设有第二连接件，且第一连接件和第二连接件通过通孔用锚杆连接固定，所述下预制构件的结构与上预制构件相匹配，其支撑框前后两侧的钢架内设有排水通道，其余钢架内均设有通筒，其排水通道上端设有第一进水通道，且上预制构件左右两端与第一进水通道的对应处设有第二进水通道。本发明的有益效果是：集成电缆电线和雨水管道，便于路面保养和维修	
借鉴原理	文献中并未涉及相关数据，则借鉴其排水通道的原理来进行泥浆导流	
原理计算推演	旋挖成孔期间实测泥浆外溢流速约为 $0.4\sim0.6\text{m/s}$，钻杆提速峰值为 0.8m/s，提杆时累计时间为 75s，故导流管的累计理论峰值面积不小于 0.03m²，考虑到施工期间其他因素，设计截面为理论峰值面积的 4 倍，导流面积不小于 0.12m²，以满足泥浆的溢出及回流	

借鉴二文献	一种多功能装配式路面结构
原理计算推演	钻孔灌注桩旋挖成空工艺中泥浆外溢导致的作业平台污染率遵循正态分布,当泥浆溢流通道径流量与理论流通量相同时,不污染率约在1倍方差σ范围内(68.75%);当设计径流量为理论流通量的4倍时,不污染率可提高至2倍方差σ范围内,控制范围高于正态分布95%的控制区域(偏差在1.96倍方差σ范围内)——故在该状态下,泥浆污染率≤5%可以实现

（3）论证三

论证三信息表　　　　　　　　表 13

借鉴三文献	大型履带工程车辆的路基箱	
相应文本截选三	[0031]如图所示,①路基箱承重要求为200t,设计大小为:②长6000mm、宽2190mm、高200mm,纵向加强筋2设置有三根,横向加强筋3设置有两根,箱体1空腔被平均分隔为十二个长1500mm、宽730mm、高200mm的填充腔。 [0032]边框11、加强筋均采用20型普通槽钢制成,加强筋由两根凹槽相对的槽钢焊接而成,箱体1上表面12和下表面13均采用厚度为5.5mm的普通花纹钢板整块焊接,内部焊接在路基箱边框及加强筋上。 [0033]每个填充腔内用九根580mm×200mm×140mm和一根580mm×200mm×90mm的枕木4填实。为了表示方便、清楚,图2中仅在一个填充腔内画出了枕木4	
借鉴数据	数据①:承重200t;数据②:箱体设计大小,长6000mm,宽2190mm,高200mm	
通过借鉴数据进行理论推演	沉降推演	推演方法及过程与论证二相同,借鉴三文献所述的作业机械重量远大于实际应用需求,类比推断能够满足小于5.4cm沉降的需求
	泥浆推演	旋挖钻机钻杆直径为508mm,钻孔深度按照60m计算,钻杆自身所需容积为1.885m³;钻头直径为1.0m,高度约1.5m,所需容积为1.18m³,故泥浆外溢总量为1.885+1.18m³=3.065m³,故箱体空间大于3.065m³时即可满足蓄浆需求。 依据正态分布原理,泥浆存储量超过4倍外溢总量(12.26m³)时,作业平台的泥浆污染率可控制在5%以内
结论分析	上述文献路基箱的高度为200mm,可以承载200t作用力。通过结构计算,以满足90t荷载为前提条件,调整所述路基箱的面板厚度以及内部构造的规格,加大加强筋高度,并加合理开设孔道,使得各个空腔能够连通,增加旋挖桩临时蓄浆量,因此设定的两个目标有望实现	

（4）论证四

论证四信息表　　　　　　　　表 14

资源	小组成员所在项目部拥有一个自动化钢筋加工场地,场地内具备桁架龙门吊,自有材料运输平板车2辆和起重吊车2台,自有专业工人10名,能够自行完成上述两种平台的加工制作
课题难度	小组成员曾完成过获得全国市政工程科技进步三等奖的一项科研课题,课题成果包含了多项发明专利和工法,涉及结构计算分析和机械构造设计,无论从技术难度和实施难度都大大超过本次QC课题的研究

通过上述"借鉴数据与目标的对比论证",小组对借鉴的数据和原理进行了理论推演,推演结果能够满足需求,且小组拥有足够的资源完成平台制作,因此目标可行性分析结论为:"目标能够实现"。

六、提出方案并确定最佳方案

1. 提出方案

小组成员围绕实现课题目标对"研制旋挖钻机施工平台"召开了研究讨论会议,结合借鉴思路,运用头脑风暴法,集思广益,共提出 2 个总体方案:

总体方案   表 15

方案	1. 引流式预制拼装板平台	2. 箱形储浆兼承载结构平台
借鉴思路	预制拼装板式平台 ＋ 设管泥浆引流	预制拼装箱式平台 空腔内临时储浆

(1) 方案创新性分析

小组成员对提出的 2 个总体方案在网上进行了查新,并未发现有相关文献和专利,证明提出的 2 个总体方案具有较好的创新性。

查新情况统计表   表 16

查询路径:中国知网 CNKI、SooPAT 专利搜索		
	查询内容:检索词为"引流式预制拼装板平台"	
1	文献	

查询路径:中国知网 CNKI、SooPAT 专利搜索		
1	专利	查询内容:检索词为"引流式预制拼装板平台" 两项盾构机台车专利,与钻机平台无联系
1	文献	查询内容:检索词为"箱形储浆兼承载结构平台"
	专利	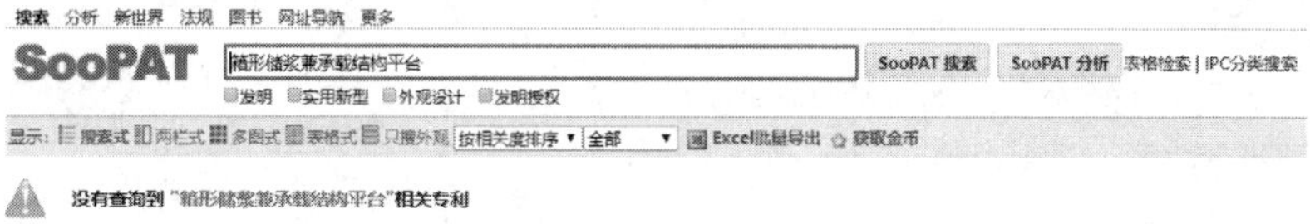

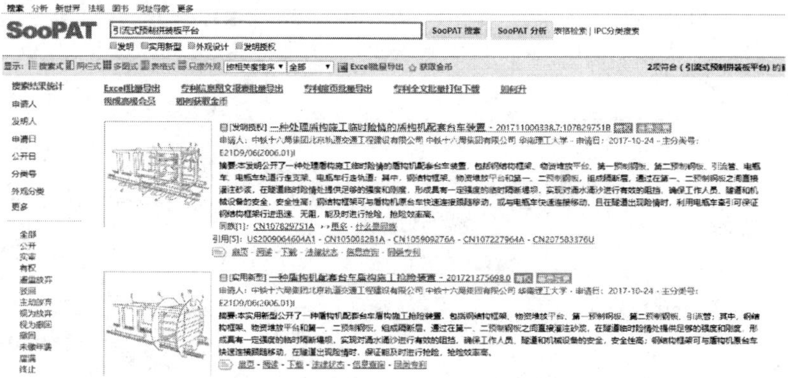

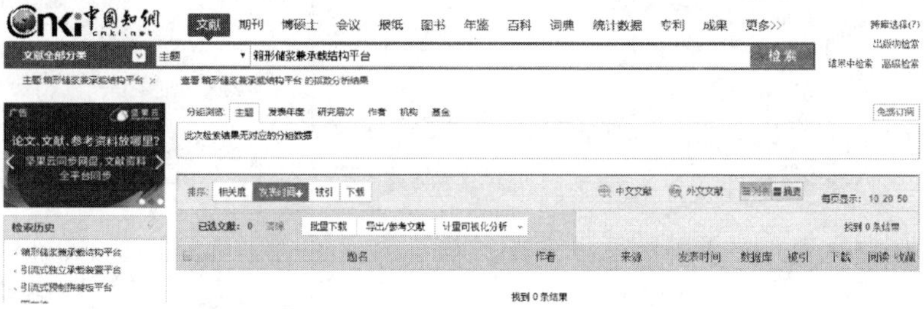

制表人:××× 审核人:××× 制表时间:××××年××月××日

（2）方案独立性分析

2个总体方案,一是平台的结构形式不同,一个为板式,另一个为箱式。二是平台的泥浆处置方式不同,一个为管道引流,另一个为腔体临时储存,因此2个方案具有各自的独立性。

2. 总体方案选定

总体方案选定 表 17

项目	方案一:引流式预制拼装板平台	方案二:箱形储浆兼承载结构平台
初步设计模型		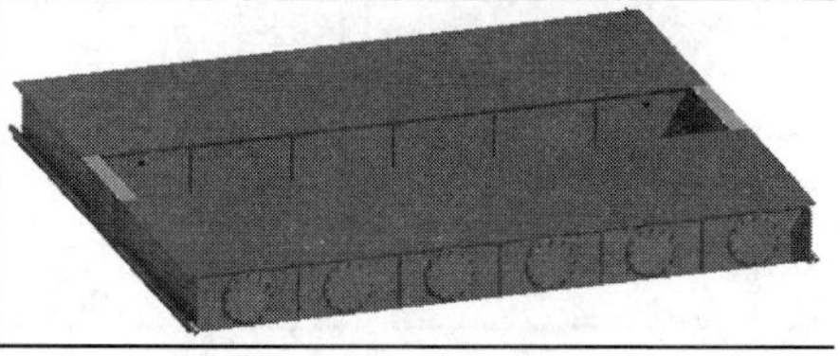

续表

项目		方案一:引流式预制拼装板平台		方案二:箱形储浆兼承载结构平台	
技术可行性	结构性能	midas/civil 三维分析显示,XR360 旋挖钻机作用下,混凝土作业平台峰值拉应力 1.5MPa,峰值压应力 8.2MPa,结构最大变形 18.2mm,满足规范要求		midas/civil 三维有限元分析结果显示,在 XR360 旋挖钻机作用下,钢制作业平台峰值应力 78MPa,结构最大变形 13.6mm 满足规范要求	
		 混凝土板式平台应力云图 混凝土板式平台变形云图		 钢制箱形平台应力云图 钢制平台变形云图	
	加工难度	钢筋混凝土面板结构形式较常规,普通混凝土施工工艺即可满足要求,加工难度较小		受箱形结构高度限制,焊接空间狭小,工人无法在箱室内作业,箱体腹板需分块焊接,加工难度大	
	小结	技术可行性较高		技术可行性一般	
耗时	拟定计划	设计:2d→垫层铺装:1d→钢筋绑扎:2d→模板安装:1d→混凝土浇筑:1d→养护:14d		设计:12d→钢材采购进场:7d→钢结构单元件制造:12d→钢结构整体拼装:4d→防腐涂料施工及养护:10d	
	情况分析	设计简便,施工简便,但砼龄期较长,研制周期约 21d		需细化设计方案图纸,结构构件加工及焊接耗时大,研制周期约 45d	
经济合理性评估	人工	电焊工:4 个工;其他工种:18 个工		专业电焊工:25 个工	
	材料	HRB335 钢筋:2.6t; C30 混凝土:31m³ 5cm×5cm 角钢:210m	3.5 万元	Q235 钢材:30t (考虑回收)	12.8 万元
	机械	PC200 挖机:1 个台班 12m 长平板车:2 个台班 汽车吊:2 个台班		12m 长平板车:1 个台班 汽车吊:7 个台班	

项目	方案一:引流式预制拼装板平台	方案二:箱形储浆兼承载结构平台
对其他工作的影响	使用一段时间后,需对孔道淤积的泥浆进行清理,模拟情况如下:利用清孔设备,依次在板体外侧对孔道进行清洗,清洗时间较小,周转较快,对其他工作影响较小	使用一段时间后,需对箱式内淤积的泥浆进行清理,模拟情况如下:人工进入开设的孔洞,利用高压水枪对箱体内隔板死角进行清理,清理难度大,清洗时间约方案一的两倍,周转间隔时间较久,对其他工作影响较大
结论	采用	不采用

制图人:×××　　　　审核人:×××　　　　制表时间:××××年××月××日

3. 方案分解

　　小组成员进一步展开讨论,通过对"预制拼装板式引流平台"方案的四个主要组成部分的组成形式及应具备的使用功能进行归纳和总结,形成分解方案系统图如图3所示:

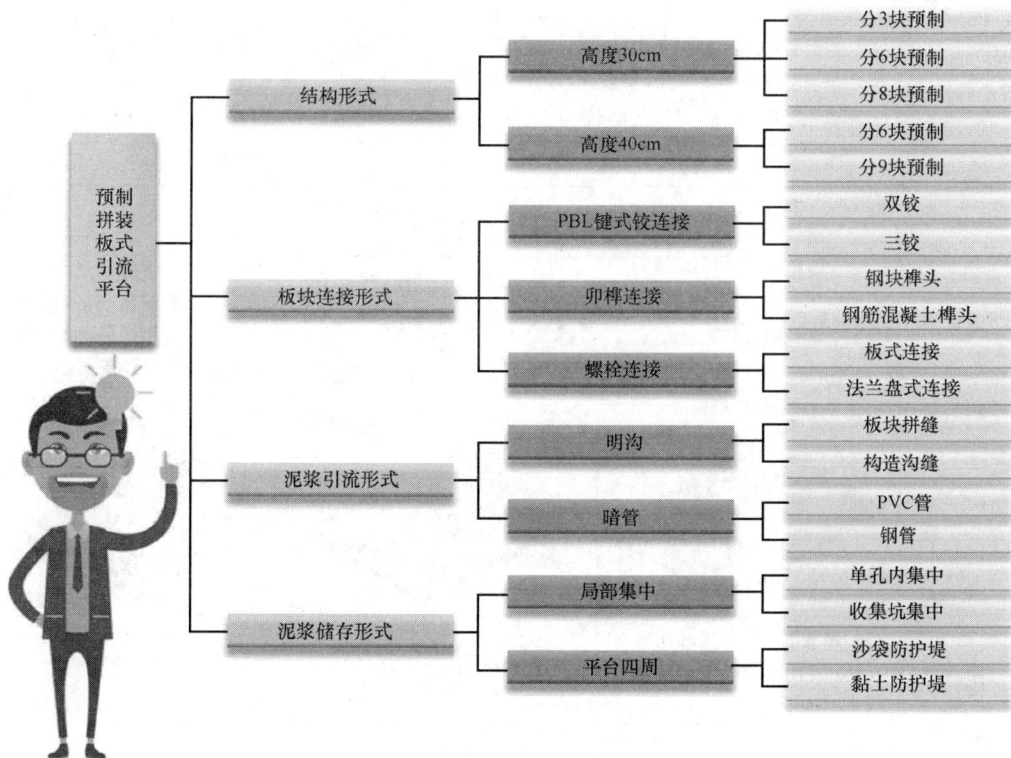

图 3　方案分解系统图

制图人:×××　　　　　　审核人:×××　　　　　　制表时间:××××年××月××日

4. 分级方案比选

对比分析　　　　　　　　　　　　　　　　　表 18

方案选择	结构形式 —— 高度30cm / 高度40cm	方案需求	在满足使用功能的前提下,施工更加简便,更加经济合理
比选项目	高度 30cm		高度 40cm
方案图例			
使用功能	板厚小,整体刚度相对较低,基底峰值应力较显著,但满足预期目标要求		板厚大,整体刚度大,基底应力相对均匀,满足预定目标
作业难度	相对整体自重较轻,合理分块后,运输及吊装难度相对较小		相对整体自重较重(较 30cm 增加 30%),分块数量增加,拼装时间增加,实施难度增加

成本估算:

		成本估算内容	单个平台费用	成本估算内容	备注
成本估算	直接成本	结构自身成本约3.2万元	单个平台费用 34300元	结构自身成本约 4.2 万元	单个平台费用 43400 元,随着周转次数增加,经济优势会适当增加
	间接成本	相对表层土方处理费用较多,单个平台费用为 2000 元,安装人工费用 300 元		表层土方处理费用较少,单个平台费用为 1000 元,安装人工费用为 400 元	
结论		选用		不选用	

对比分析表　　　　　　　　　　　　　　　　表 19

方案选择	结构形式 — 高度30cm / 高度40cm — 分3块预制 / 分6块预制 / 分8块预制	方案需求	在满足整体性效果的情况下,分块应方便运输和拼装,安全且经济
比选项目	分3块	分6块	分8块
方案图例			
实现难度	最大单块构件尺寸 12m×3.4m 左右,运输及吊装难度较大	最大单块构件尺寸 6m×3.4m 左右,运输及吊装难度较小	最大单块构件尺寸 5m×3.5m 左右,运输及吊装难度较小
拼装时间	55min	60min	80min
安全性	最大单位构件重量 24t,构件尺寸较大,吊装风险较大	最大单位构件重量 12t,构件尺寸较小,吊装风险较小	构件单位重量 9t,构件尺寸较小,吊装风险较小

续表

经济成本	采用加长平板车或运梁炮车，吊机吨位为75t，费用约4000元	采用普通平板车及50t汽车吊，费用约2300元	采用普通平板车及50t汽车吊，费用约2300元
整体性	分块少，整体性最好	分块较多，整体较好	分块最多，整体性较差
结论	不选用	选用	不选用

对比分析表　　表 20

<table>
<tr><td colspan="2">方案选择</td><td colspan="3">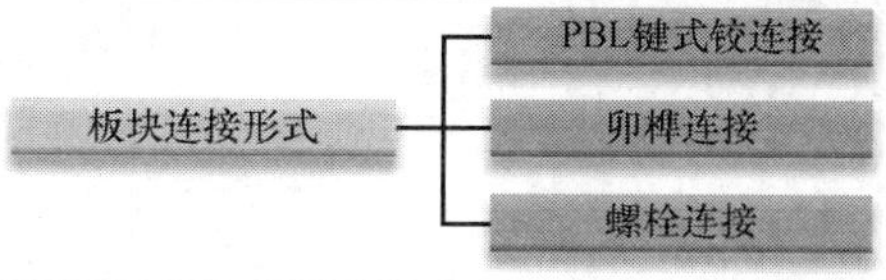
</td><td>方案需求</td><td colspan="2">整体性效果满足要求的情况下，安装简便且经济</td></tr>
<tr><td colspan="2">比选项目</td><td colspan="2">卯榫连接</td><td colspan="2">螺栓连接</td><td colspan="2">PBL键式铰连接</td></tr>
<tr><td colspan="2">方案图例</td><td colspan="2">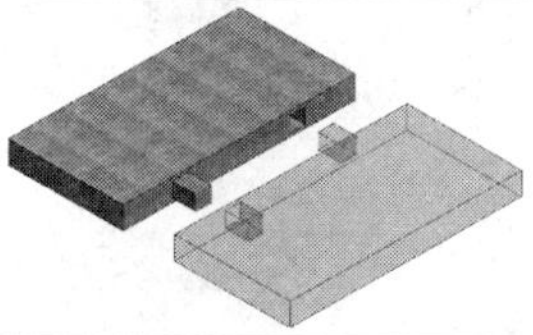</td><td colspan="2">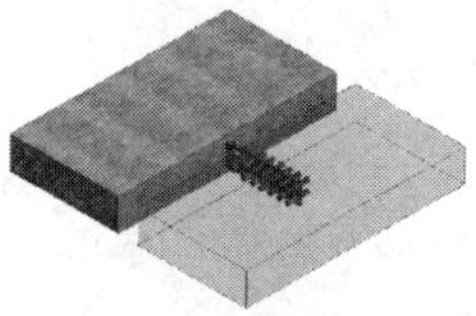</td><td colspan="2">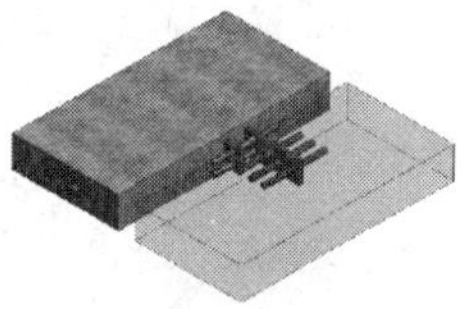</td></tr>
<tr><td rowspan="2">技术可行性</td><td>操作方式</td><td>需要吊机配合人工对准承插孔，对吊机及安装人员的要求很高，难度很大</td><td rowspan="2">难度很大</td><td>人工操作螺栓穿孔及拧紧，且操作空隙有限，对安装人员要求较高</td><td rowspan="2">难度较大</td><td>人工操作铰链钢筋的穿装，对安装人员要求较低</td><td rowspan="2">难度较小</td></tr>
<tr><td>孔位容许偏差</td><td>5mm</td><td>5mm</td><td>10mm</td></tr>
<tr><td colspan="2">总安装时间</td><td colspan="2">5h</td><td colspan="2">4h</td><td colspan="2">2.5h</td></tr>
<tr><td colspan="2">连接后整体性效果（软件模拟实验）</td><td colspan="2">不均匀沉降差为5mm，整体性较好，满足使用需求</td><td colspan="2">不均匀沉降差为5mm，整体性效果较好，满足使用需求</td><td colspan="2">不均匀沉降差为8mm，整体性效果良好，满足使用需求</td></tr>
<tr><td colspan="2">经济成本</td><td colspan="2">1500</td><td colspan="2">2000</td><td colspan="2">1800</td></tr>
<tr><td colspan="2">结论</td><td colspan="2">不选用</td><td colspan="2">不选用</td><td colspan="2">选用</td></tr>
</table>

对比分析表　　表 21

<table>
<tr><td>方案选择</td><td>
</td><td>方案需求</td><td>连接效果满足使用需求的情况下，连接更加便捷</td></tr>
<tr><td>比选项目</td><td>双铰</td><td colspan="2">三铰</td></tr>
<tr><td>方案图例</td><td>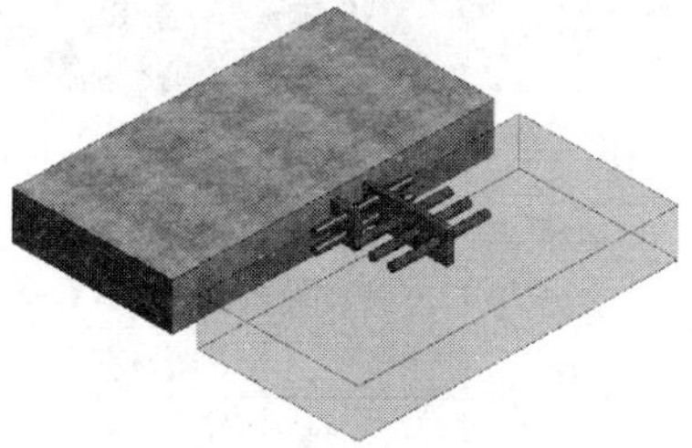</td><td colspan="2">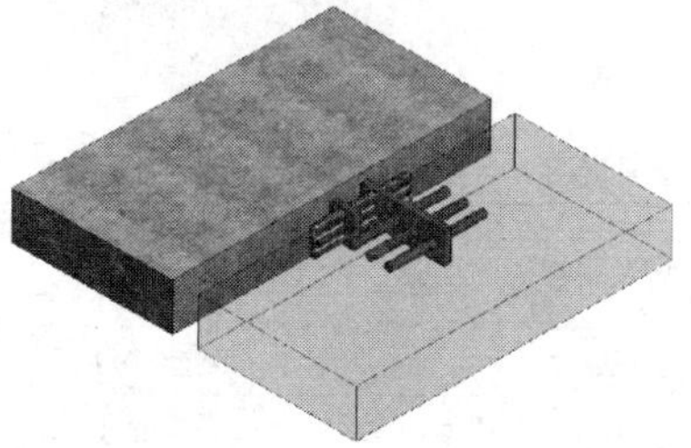</td></tr>
</table>

续表

安装难度	受板块拼缝空间限制较小,安装难度较小	受板块拼缝空间限制较大,安装难度较大
安装时间	单个连接键 3min	单个连接键 4min
连接效果	连接效果良好	受空间限制,铰栓直径需减少,连接效果较好
结论	选用	不选用

对比分析表 表 22

方案选择	泥浆引流形式 — 明沟 / 暗管	方案需求	泥浆引流不易溢出,对其他工作影响较小
比选项目	明沟		暗管
方案图例			
实施效果	明沟内泥浆因机械对平台的冲击影响,易溢出至平台表面概率较高		合理设置管道位置及尺寸,泥浆溢出概率较低
对其他方面的影响	明沟需设置于板缝之间,增加板缝宽度,影响平台整体性,且泥浆导流方向受限,拆除铰连接前需清理泥浆,影响周转时间		不影响平台整体性,可根据需要设置泥浆导流方向,且管道泥浆清理时间少,影响周转时间少
结论	不选用		选用

对比分析表 表 23

方案选择	泥浆引流形式 — 明沟 / 暗管 — PVC管 / 钢管	方案需求	便于安装,泥浆不易粘附且更加经济
比选项目	PVC管		钢管
方案图例			
施工难度	质量轻便,可采用套管连接,安装简便		质量较大,需焊接连接,安装困难
实施效果	承载力满足需求,材料表面较光滑,泥浆不易粘接		承载力较好,但材质易生锈,泥浆容易粘接表面,造成堵管,影响使用效果
经济成本	人工加材料费用,1000 元		人工加材料费用,7000 元
结论	选用		不选用

对比分析表　　　　　　　　　　　　　　　　　　　　　表 24

方案选择	泥浆储存形式 ┤ 局部集中 / 平台四周	方案需求	实施难度小,实施效果较满足要求
比选项目	局部集中		平台四周
方案图例	 施工点　集中点		 泥浆范围
特征描述	单孔挖深,泥浆集中于一个孔位护筒内		在平台四周一定距离筑起防护堤 平台与防护堤之间的空间储存泥浆
实施难度	施工中需派专人对泥浆储存位置进行实时抽排,以控制泥浆的溢出及回流,实施难度较大		平台四周储浆位置与暗管连通,根据泥浆液面升降,可自行完成泥浆的"溢出和回流",实施难度较小
实施效果	泥浆泵对泥浆抽排过程中可能出现少量泥浆溢出平台		平台四周泥浆因机械冲击将有少量泥浆台溢出至平台周边,中心机械车辆行驶区域污染较少
结论	不选用		选用

对比分析表　　　　　　　　　　　　　　　　　　　　　表 25

方案选择	泥浆储存形式 ┤ 局部集中 / 平台四周 ┤ 沙袋防护堤 / 黏土防护堤	方案需求	实施方便,堵浆效果良好,更经济
比选项目	沙袋防护堤		黏土防护堤
方案图例	 沙袋防护堤		 黏土防护堤
实施难度	需制备沙袋,并采用机械配合人工进行堆砌,拆除后沙袋转场间隔时间较长		采用机械就地取材,填筑起黏土堤坝,一次性使用结合平台周边泥浆一并清理
实施效果	场地平整的情况下,沙袋堵浆效果好		对场地平整的要求底,堵浆效果较好
经济成本	包含沙袋制作成本,3000 元		280 元
结论	不选用		选用

5. 确定最佳方案

经小组成员的层层对比分析，排除不利方案，最终确认了"预制拼装板式引流平台"的最佳设计方案，并整理出最佳方案系统图，如图 4 所示。

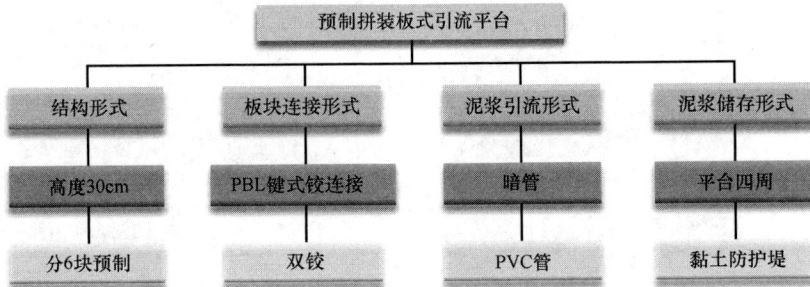

图 4 最佳方案系统图

制图人：×××　　　　审核人：×××　　　　制表时间：××××年××月××日

小组成员还根据"N+1"原则增加了平台试运行方案，并加入到对策表中。

七、制定对策

对策表　　　　　　　　　　　　　　　　　　　　　　　　　　表 26

序号	对策	目标	措施	地点	时间	负责人
1	分块 6 块预制	①无缺边掉角率 100%；②表面平整度 100% 小于 3mm	①采用 5cm×5cm 角钢进行边角包裹；②采用水准仪进行标高测量，采用定位钢筋控制混凝土浇筑的标高，并整体浇筑	加工场地	××××年××月××日	×××
2	双铰	孔位偏差 100% 小于 1cm	①绘制 PBL 连接板尺寸、平面位置及节点详图；②采用构造钢筋连接板与结构钢筋焊接牢固	项目部加工场地	××××年××月××日	×××
3	PVC 管	正常情况下，单桩孔口泥浆溢出率小于 3%	①计算泥浆溢出流量，采用双排 PVC 管；②PVC 管采用加强箍筋进行固定和保护	加工场地施工现场	××××年××月××日	×××
4	黏土防护堤	防护堤无泥浆溢出率 100%	①储浆量计算，得出储浆范围；②用挖机配合人工将清表黏土在平台周围筑起防护堤，坡脚夯实	施工现场	××××年××月××日	×××
5	平台调试运行	①各部位连接情况良好，平台沉降 <5.4cm；②单桩泥浆溢出率小于 5%	①场地平整情况良好，板块安装连接；②旋挖钻机上平台来回行驶 20 次，试打钻孔桩 1 根	施工现场	××××年××月××日	×××

制表人：×××　　　　审核人：×××　　　　制表时间：××××年××月××日

八、对策实施

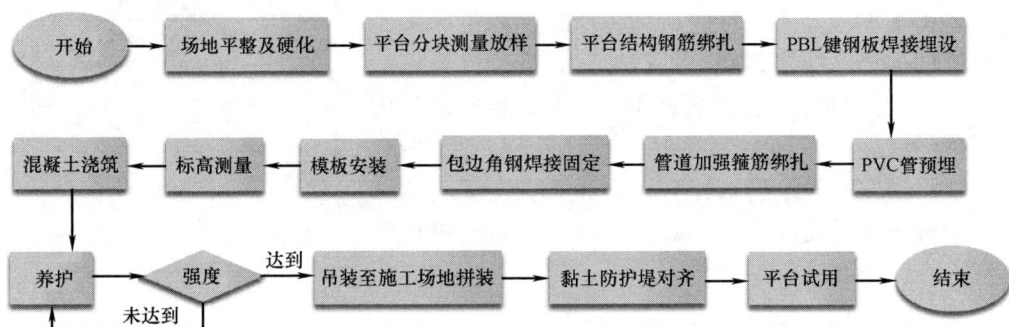

图 5　平台加工及实施方案流程图

制图人：×××、×××　　审核人：×××、×××　　制表时间：××××年××月××日

小组成员绘制确定了平台加工相应的流程图，并结合设计图纸对加工人员进行交底，明确了各个流程对应的对策实施项目，要求加工和实施人员在作业过程中针对各项实施目标进行严格把控。

1. 实施1：分6块预制

（1）措施1：角钢包边

采用5cm×5cm角钢对钢筋混凝土平台顶面及底面进行包裹，角钢采用钢筋与结构钢筋网片进行焊接固定。

图 6　角钢焊接固定

图 7　角钢焊接点照片

（2）措施1效果检查：实施后缺边掉角情况

平台制作完成后，经过吊装、运输、施工使用后，对平台缺边掉角情况进行了检查，无缺边掉角情况，无缺边掉角率100%，对策实施目标实现。

图 8　吊装后无缺边掉角照片

图 9　使用后无缺边掉角照片

（3）措施 2：标高测量，定位钢筋控制标高，整体浇筑

采用水准仪分块分点进行标高测量，测量后采用定位钢筋焊接至结构钢筋上进行标记，控制混凝土施工时浇筑顶面与定位筋顶面齐平，6 块预制平台利用模板分隔后，整体一次性浇筑完成后进行人工抹平。

（4）措施 2 效果检查：实施后平整度效果

混凝土浇筑完成后，小组采用钢尺＋塞尺进行平整度检查，情况数据如下所示。

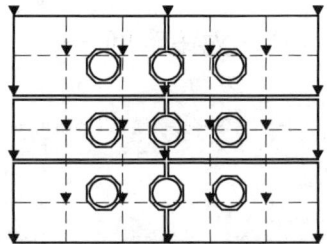

图中 ▼ 为标高测量点位 --- 为定位筋设置位置

图 10　标高点位及定位筋位置平面图

图 11　标高定位钢筋照片

图 12　整体混凝土浇筑

平整度效果检查统计表　　　　表 27

板编号	数量	检查点数	合格点数	合格率
A-1	2 块	20	20	100％
A-2	2 块	20	20	100％
B-1	1 块	10	10	100％
B-2	1 块	10	10	100％

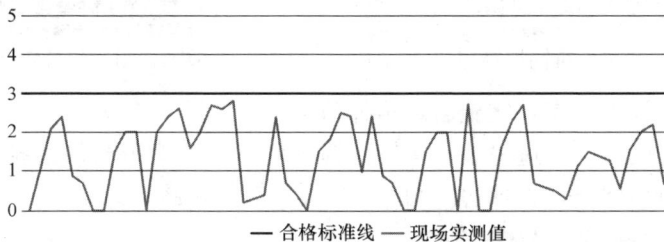

图 13　平整度效果检查数据折线图

制表和制图人：×××　　审核人：×××　　制表和制图时间：××××年××月××日

通过数据图表可以看出，平台表面平整度均小于 3mm，对策目标实现。

2. 实施 2：双铰

（1）措施 1：绘制 PBL 连接板尺寸、平面位置及节点详图

PBL 连接板尺寸为 60cm×20cm，板厚 2cm，其中 50cm 预埋至钢筋混凝土平台

结构内，与结构钢筋紧贴密实焊接，合理布置于板块拼缝处，采用双排 φ28 钢筋穿孔连接。

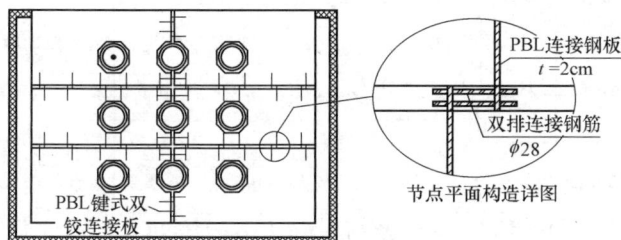

图 14 PBL 连接板设计平面位置及节点构造图

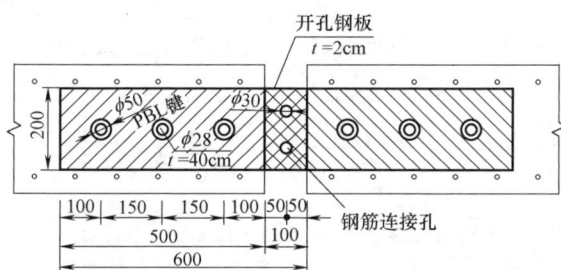

图 15 PBL 连接立面构造图

（2）措施2：连接板焊接牢固

PBL 连接板尺寸为 60cm×20cm，板厚 2cm，其中 50cm 预埋至钢筋混凝土平台结构内，与结构钢筋紧贴密实焊接，合理布置于板块拼缝处，采用双排 φ28 钢筋穿孔完成双绞连接。

图 16 PBL 连接板焊接加固照片

图 17 双铰连接照片

（3）实施2效果检查：PBL 键式连接板孔位偏差情况

在连接板安装准确的情况下，孔位之间距离：

$$L=\sqrt{\Delta x^2+\Delta y^2+\Delta z^2}=200\text{mm}$$

平台制作完成后，小组成员采用全站仪对所有连接板孔位进行了标高及坐标的测量，并将测量计算的最终结果绘制成了如下。综上所述，连接板孔位偏差均小于目标值，对策实施效果达标。

测量记录表

板块点编号	b1	b1'	b2	b2'	b3	b3'	b4	b4'	b5	b5'	b6	b6'
实测X	106312.16	106312.16	106312.58	106312.94	106313.14	106313.98	106313.16	106314.35	106314.06	106314.48	106314.16	106315.16
△X			4									
实测Y	595618.02	595678.02	595678.87	595679.09	595619.04	595680.24	595619.25	595681.18	595680.08	595684.49	595680.35	595681.87
△Y	4		2						1		1	
实测Z	3.12	3.122	3.128	3.129	3.124	3.136	3.138	3.138	3.146	3.14	3.156	3.147
△Z		2		4		4		3		3		5
误差=20-L	4.6		8.8		6.8		1.1		9.1			

板块点编号	b7	b7'	b8	b8'	b9	b9'	b10	b10'	b11	b11'	b12	b12'
实测X	106312.15	106312.15	106312.43	106312.52	106313.19	106312.55	106314.21	106312.82	106314.48	106313.61	106314.11	106314.13
△X		6		4		4		2		2		
实测Y	595678.02	595678.02	595679.16	595678.16	595679.1	595678.1	595680.88	595678.16	595681.52	595679.19	595682.12	595680.14
△Y		1		1		5				6		5
实测Z	3.116	3.12	3.121	3.13	3.125	3.139	3.127	3.139	3.13	3.147	3.139	3.193
△Z	4		3		2		1		4		4	
误差=20-L	7.3		8.6		6.1		3.1		7.5		6.5	

板块点编号	b13	b13'	b14	b14'	b15	b15'	b16	b16'	b17	b17'	b18	b18'
实测X	106312.15	106312.15	106312.42	106312.81	106313.54	106313.56	106313.85	106314.62	106314.86	106315.8	106315.12	106316.15
△X		5		1		2		3		5		2
实测Y	595618.02	595678.03	595678.78	595678.11	595678.30	595679.1	595678.61	595678.06	595679.96	595683.16	595680.44	595681.59
△Y		5		4		5				6		5
实测Z	3.12	3.122	3.12	3.124	3.124	3.132	3.129	3.141	3.136	3.147	3.139	3.157
△Z	2		4		5		2		1		2	
误差=20-L	1.3		7.3		5.1		4.1		3.7		4.1	

板块点编号	b7	b7'	b8	b8'	b9	b9'	b10	b10'	b11	b11'	b12	b12'
实测X	106312.15	106312.15	106312.43	106312.52	106313.19	106312.55	106314.21	106312.82	106314.48	106313.61	106314.11	106314.13
△X		6		4		4		2		2		
实测Y	595618.02	595678.02	595679.16	595678.16	595679.1	595678.1	595680.88	595678.16	595681.52	595679.19	595682.12	595680.14
△Y		6		1		5				6		5
实测Z	3.116	3.12	3.121	3.13	3.125	3.139	3.127	3.139	3.13	3.147	3.139	3.153
△Z	4		3		2		1		4		4	
误差=20-L	7.3		8.6		6.1		3.1		7.5		6.5	

图 18　现场测量记录表图例

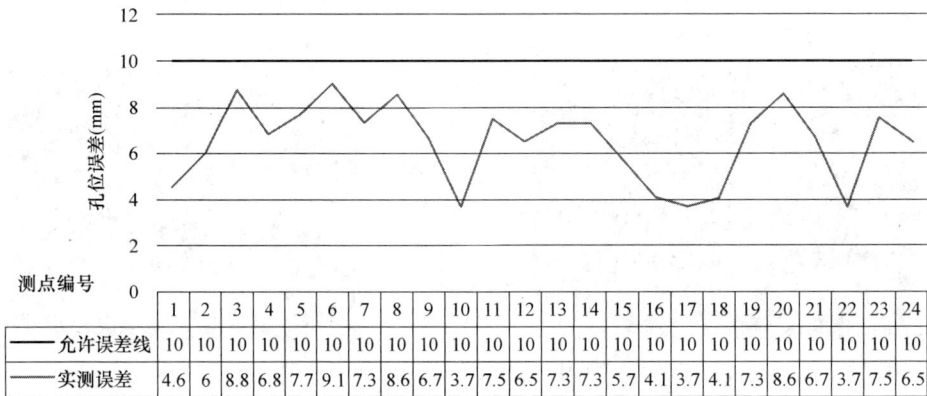

图 19　孔位偏差实测折线统计图

测点编号	1	2	3	4	5	6	7	8	9	10	11	12	13	14	15	16	17	18	19	20	21	22	23	24
允许误差线	10	10	10	10	10	10	10	10	10	10	10	10	10	10	10	10	10	10	10	10	10	10	10	10
实测误差	4.6	6	8.8	6.8	7.7	9.1	7.3	8.6	6.7	3.7	7.5	6.5	7.3	7.3	5.7	4.1	3.7	4.1	7.3	8.6	6.7	3.7	7.5	6.5

制表人：×××、×××　　　审核人：×××、×××　　　制表时间：××××年××月××日

3. 实施3：PVC 管

（1）措施1：计算泥浆溢出流量，采用双排 PVC 管

旋挖成孔期间实测泥浆外溢流速约为 0.4m/s～0.6m/s 之间，钻杆提速峰值为 0.8m/s；提杆时累计时间为 75s，故导流管的累计理论峰值面积不小于 0.03m²，考

虑到施工期间其他因素，设计截面为理论峰值面积的 4 倍，因此单孔周边设置至少 4 根直径 20cm 的导流管，管道双向坡度 0.5％布置，以满足泥浆的溢出及回流。

（2）措施 2：PVC 管采用加强箍筋进行固定和保护。

管道安放的中心间距不小于 40cm，且在其周边设置直径 12mm 的闭口加强箍，箍筋间距 100cm 布置以保护管道。

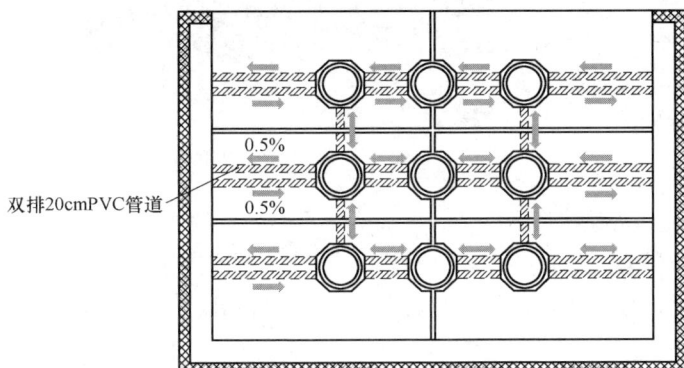

双排20cmPVC管道

0.5%

0.5%

图 20　管道预埋设计平面图（措施 1）　　　图 21　结构预埋管道照片（措施 2）

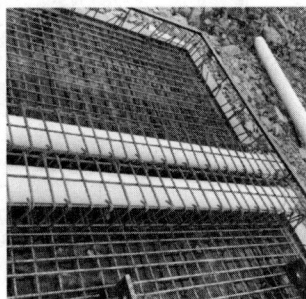

（3）实施 3 效果检查：管道泥浆溢出情况

小组领导安排了一台旋挖钻机在 1 号孔位模拟了孔深 5m 的成孔施工，泥浆溢出面积情况进行了统计，如表 28 所示。

泥浆污染检查统计表　　　　　　　　　表 28

溢出位置编号	1	2	3	4	5	合计
污染面积(m^2)	0.744	0.356	0.332	0.134	0.336	1.902
污染占比	0.008	0.004	0.003	0.001	0.003	1.9%

制表人：×××、×××　　审核人：×××、×××　　制表时间：××××年××月××日

模拟结果：泥浆溢出总面积为 $1.902m^2$，占施工平台面积 $97.83m^2$ 的 1.9％＜ 3％，因此对策实施效果达标。

4．实施 4：黏土防护堤

（1）措施 1：计算泥浆溢出回流量，确定黏土防护堤范围

旋挖钻机钻杆直径为 508mm，钻孔深度按照 60m 计算，钻杆自身所需容积为 $1.885m^3$；钻头直径为 1.0m，高度约 1.5m，所需容积为 $1.18m^3$，故泥浆外溢总量为 $1.885m^3＋1.18m^3＝3.065m^3$，不考虑暗埋管道内的残余蓄浆量，因此防护堤与平台之间的空间体积需大于 $3.065m^3$，平台尺寸为 9m×12m，因此在平台外扩 60cm 处填筑黏土防护堤，即能满足蓄浆需求。

（2）措施 2：用挖机配合人工将清表黏土在平台周围筑起防护堤，坡脚夯实。

施工现场在平台拼装前，对钻孔桩施工范围进行清表，待平台安装完成后，测量出防护堤边线，利用挖机将清表产生的黏土，在测量的位置填筑成防护堤，人工进行修整，对坡脚夯实。

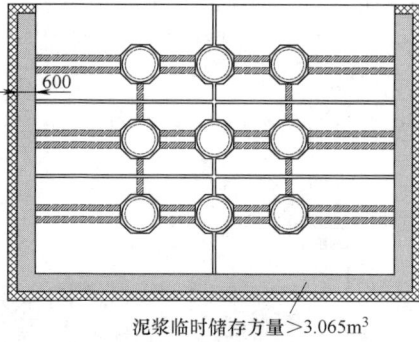

图 22　防护堤计算范围平面图

泥浆临时储存方量＞3.065m³

图 23　黏土防护堤填筑照片

（3）实施 4 效果检查：防护堤泥浆情况

小组成员安排在平台与防护堤之间的蓄浆位置排放泥浆，排放泥浆量为 5m³，大于单桩泥浆溢出量 3.065m³，防护堤外无泥浆溢出，泥浆无溢出率 100%，对策实施效果达标。

5. 实施 5：旋挖机上平台试钻

（1）场地平整情况良好，放样出板块位置边线，进行安装连接。

（2）旋挖钻机上平台来回行驶 20 次，试打钻孔桩 1 根。

图 24　平台板块拼装照片

图 25　旋挖钻机上下平台照片

图 26　平台标高测量照片

6. 实施 5 试钻效果检查

旋挖钻机试钻完成后，小组成员对沉降数据及泥浆污染面积进行了统计计算，计算的沉降最大值为 1.8cm，小于目标值 5.4cm，泥浆污染面积为 4.54m²，单桩泥浆污染率为 4.6%，小于目标值 5%，因此对策实施效果达标。

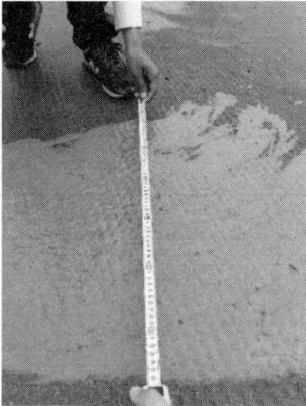

图 27　泥浆污染面积测量照片

平台标高测量记录表

测量：林波　　记录：罗正军

测量点位	试钻前标高	试钻后标高	沉降
1	3.02	3.019	-0.001
2	3.022	3.01	-0.012
3	3.030	3.006	-0.024
4	3.028	3.021	-0.007
5	3.023	3.031	0.008
6	3.03	3.027	-0.03
7	3.023	2.998	-0.025
8	3.022	2.998	-0.024
9	3.049	3.022	-0.027
10	3.032	3.006	-0.018
11	3.015	3.022	0.007
12	3.008	2.987	-0.021
13	3.076	3.004	-0.021
14	3.013	3.022	0.009
15	3.018	2.972	-0.021

图 28　平台标高测量数据

平台泥浆污染测量统计表

测量：林波　　记录：罗正军

溢出位置编号	1	2	3	4	5	6
污染面积（m²）	1.014	0.334	1.766	0.428	0.603	0.271
污染占比	1.0%	0.3%	1.6%	0.4%	0.4%	0.3%
溢出位置编号	7	8	9	10	11	12
污染面积（m²）	0.322	0.314				
污染占比	0.3%	0.3%				
溢出位置编号	13	14	15	16	17	18
污染面积（m²）						
污染占比						
合计污染面积（m²）	4.052					
合计污染占比	4.7%					

图 29　测量记录表

九、效果检查

1. 目标检查

小组于××××年××月××日开始进行对策实施，至××××年××月××日完成旋挖钻机施工平台在 4 个承台钻孔桩施工的实际应用，并进行了效果检查。

（1）目标检查 1：平台沉降情况检查

小组成员协同项目部采用全站仪对施工 4 个承台的平台沉降情况进行了测量，监理旁站检查，测量统计出沉降情况如表 29 所示。

平台沉降检查统计表　　　　　　　　　　　　表 29

承台编号	桩号	＞5.4cm（点数）	≤5.4cm（点数）
HCNP30	1～9	0 点	9 点
HCNP31	1～9	0 点	9 点
HCNP32	1～9	0 点	9 点
HCNP33	1～9	0 点	9 点

制表人：×××　　　　审核人：×××　　　制表时间：××××年××月××日

平台应用后，检查点数全部合格，沉降均小于 5.4cm，因此此次活动设定目标一实现。

（2）目标检查2：泥浆污染情况检查

小组成员协同项目部采用全站仪对施工4个承台的平台孔口沉降情况进行了测量，沉降情况如下所示。

泥浆污染情况统计表　　　　　　　　　　　表30

承台编号	桩号	每根桩平均污染率
HCNP30	1～9	2.5%
HCNP31	1～9	1.5%
HCNP32	1～9	2.0%
HCNP33	1～9	3.5%
综合泥浆污染率		2.375%

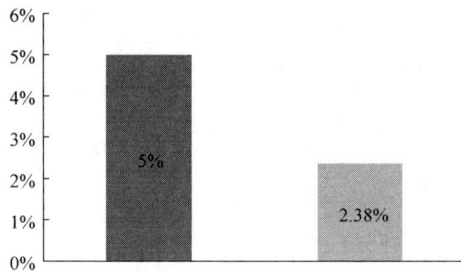

图30　检查情况对比柱状图

制表人及制图人：×××　　　　审核人：×××　　　　制表日期：××××年××月××日

平台应用后，单桩泥浆污染率为2.375%，小于目标值5%，因此此次活动设定目标二实现。因此，本次QC活动制定目标圆满实现。

2. 经济效益

当预制装配式平台周转次数超过2次时，其综合成本低于塘渣填筑方案；周转次数越多，其经济效益越显著，如图所示。

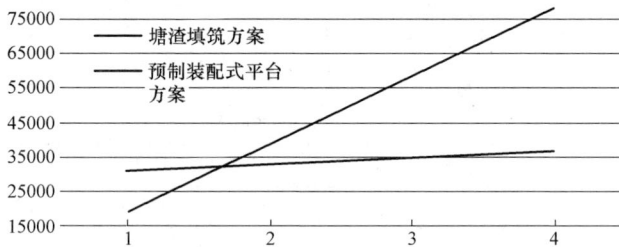

图31　施工平台与塘渣填筑经济效益分析对比表

制图人：×××　　　　审核人：×××　　　　制图日期：××××年××月××日

3. 社会效益

通过使用成功研制的信心旋挖钻机施工平台，所获经济效益有如下三点：

（1）塘渣、土方等地材消耗量大幅降低，具有卓越的节能减排效应及环保价值；

（2）钻孔泥浆反复"溢出—回流"渠道畅通，规避了传统工艺泥浆外溢的难题，大幅提高施工现场安全文明质量，控制扬尘，具有显著的环境保护效应；

（3）预制拼装式构件反复周转使用，措施材料利用率高，具有较高的节能、环保效益。

××××年××月××日，建设单位组织的相关单位观摩学习会顺利开展，项目部研制的新型旋挖钻机施工平台的使用效果收到各界同仁的一致好评，示范意义良好，具有较高的推广价值，进一步提升了我公司的企业形象。

QC 创新成果确认书

QC 活动课题	研制新型旋挖钻机施工平台
QC 小组名称	大智大慧 QC 小组
确认项目	确认内容
质量效益	通过本次 QC 小组活动，旋挖钻机施工范围内地表沉降得到了有效控制，经测量，平台沉降均在 5.4cm 以内，孔口塌陷现象减少，钻孔桩施工质量得到了明显提高。
经济效益	与传统的塘渣填筑工艺相比，研制的旋挖钻机平台可减少每个承台 150m³ 塘渣的填筑和部分土方外运，当预制装配式平台周转次数超过 2 次时，其综合成本低于塘渣填筑方案；周转次数越多，其经济效益越显著。本工程共利用平台 23 次，相对 23 次进行填筑塘渣，节省费用的 11 万元。
社会效益	1. 塘渣、土方等地材消耗量大幅降低，具有卓越的节能减排效应及环保价值； 2. 钻孔泥浆反复"溢出—回流"渠道畅通，避规了传统工艺泥浆外溢的难题，大幅提高施工现场安全文明质量，控制扬尘，具有显著的环境保护效应； 3. 预制拼装式构件反复周转使用，措施材料利用率高，具有较高的节能、环保效益。
推广价值	新制旋挖钻机施工平台经工程应用后，显著改善了旋挖钻机在软土地区施工时地表沉降的问题，具有良好的经济和社会效益，有较高的推广价值。

施工单位：签字（盖章）	监理单位：签字（盖章）	业主单位：签字（盖章）

图 32　QC 创新成果确认书

十、标准化

1. 推广应用评价

本次 QC 小组活动成果经集团技术中心组织的评价，该成果具有推广应用价值，如图 33 所示。

推广应用评价

"大智大慧" QC 小组，你们完成的《研制新型旋挖钻机施工平台》创新型 QC 课题成果采用了预制装配式技术，将预制的钢筋砼板块拼装成整体后作为旋挖钻机的施工平台，有效减少了软基地表沉降的问题，同时板块内设有管道，板块四周设有泥浆防护堤，使得泥浆能够被引流至平台四周，解决了旋挖钻机"溢出-回流"所造成的泥浆四溢的问题，减少了泥浆污染情况。经过我部门组织的评价，该成果具有推广应用价值，特此证明。

宁波市政工程建设集团股份有限公司技术中心
2019 年 9 月 23 日

图 33　推广应用评价

2. 形成指导性文件

本次 QC 小组活动成果的实现，经项目部整理，形成了集团公司《基于预制装配式平台的灌注桩旋挖成孔作业指导书》，并在集团公司范围内组织学习，准备在今后施工中借鉴推广应用。

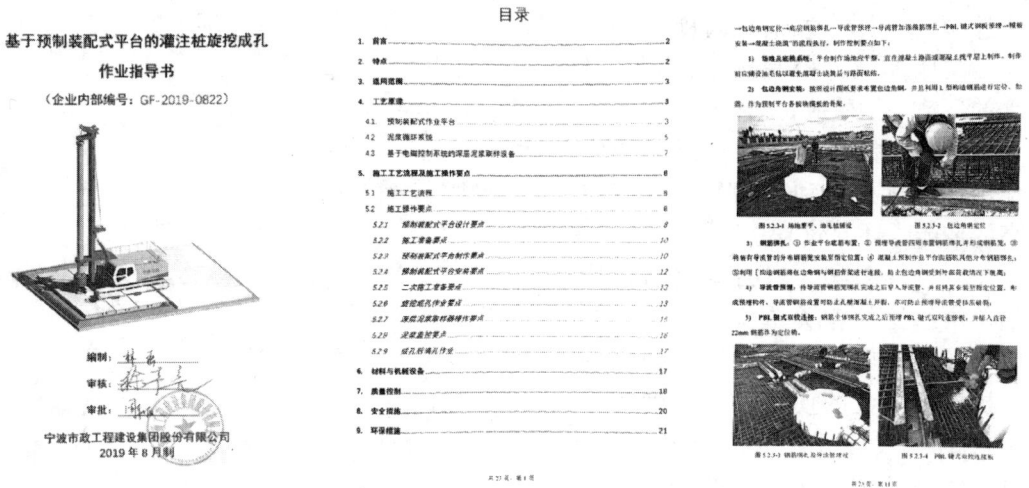

图 34　作业指导书

3. 施工工法

编制施工工法，获得浙江省省级工法证书（编号：浙建质安函〔2019〕634 号）。

图 35　浙江省省级工法证书

4. 形成技术图纸

将本次 QC 小组活动成果形成技术图纸，如图 37 所示。

5. 推广应用证明

经过此次 QC 活动，研发的新型旋挖钻机施工平台在本工程中进行了有效应用，在观摩会当中得到了各界同仁一致好评，认为该施工平台具有很好的推广价值，如图 38 所示。

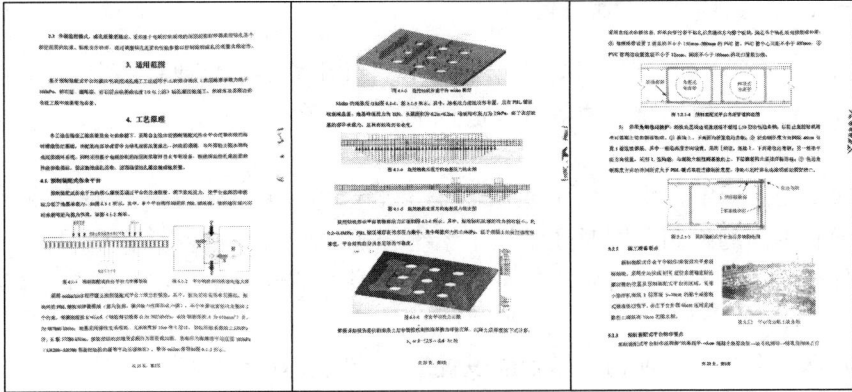

图 36 省级工法文本

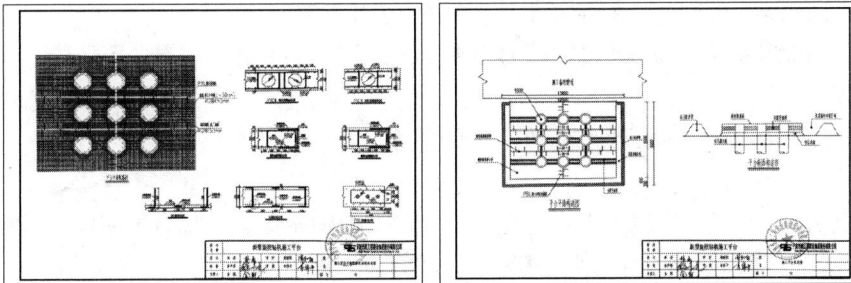

图 37 旋挖钻机作业平台技术图纸示例

图 38 创新成果推广应用证明

十一、总结和下一步打算

××××年××月××日，小组成员组织召开了 QC 活动总结会议，对专业技术，管理方法，小组综合素质等方面进行了总结评价。

1. 专业技术总结

本次 QC 活动中，小组成员在研制施工平台的过程中，不但完成了相关图纸、作业指导和工法的编制，同时还掌握了系统分析的方法，材料的对比选择，焊接工艺和构件起吊拼装方法，特别在对策实施过程中，平台的制作安装操作技能都得到了提高。总结经验如下：

（1）钢筋混凝土预埋构件需辅助设置定位固定装置；

（2）混凝土孔洞模板可采用泡沫板按照新桩切割，大大提高了模板安装的快捷简便；

（3）PBL 键式连接板在混凝土构件中的使用原理；

（4）预制拼装需对板块进行编号和按次序吊装、运输和安装，可以很大程度上节约拼装时间；

（5）泥浆的流速与泥浆比重和黏度的关系。

2. 管理方法总结

小组活动严格按照 PDCA 程序进行，过程中思路清晰，环环相扣，有较为严密的逻辑性，坚持以事实为依据，用数据说话，成果内容充实，图文并茂，QC 知识和方法的运用能力都得到大幅度提升。

QC 小组活动总结评价表　　　　　　　　　　表 31

序号	活动内容	主要优点	数据应用	统计应用	存在不足	今后努力方向
1	选择课题	需求及选题来源分析充分，现有做法与需求的对比分析明确	能够利用数据图表形式分析现有做法的不足	简易图表	无	学习 QC 知识，吸收其他 QC 小组经验
2	目标设定及可行性论证	能够对借鉴数据进行分析并进行原理推演，结合目标进行对比，目标可行性论证理由充分	能够利用推演数据与目标值进行对比分析	简易图表	借鉴数据不够丰富	加强对技术、原理的学习，加强推演能力，拓展查询渠道
3	提出方案并确定最佳方案	能够对 2 个总体方案进行创新性和独立性分析，总体方案内容丰富，两者对比分析细致明确	方案比对中数据内容丰富	简易图表、系统图	部分对比内容较粗	加强分析统计方法应用
4	制定对策	对策针对分级末级方案而提，增加了"N+1"调试运行	对策目标值都能数据量化	简易图表、流程图	无	加强对策的可操作性，做好实施人交底

续表

序号	活动内容	主要优点	数据应用	统计应用	存在不足	今后努力方向
5	对策实施	解决措施为对策中措施的具体落实与实施	对策实施过程明确图纸数据	简易图表	缺少过程图片的收集	加强数据、影响资料等证明的收集
6	效果检查	准确有效地确认实施效果	效果进行了数据对比分析	简易图表	无	持续改进，加强数据的整理和表示
7	标准化	标准化内容丰富,专业技术强硬	重要数据指标归纳至标准化文件当中	简易图表	无	继续加强程序学习

制图人：×××　　　　审核人：×××　　　　制图日期：××××年××月××日

3. 小组综合素质总结

本次 QC 小组活动，促进了项目部管理、技术水平的提高，加强了项目部人员之间的沟通配合，团队精神、质量意识、问题解决能力等方面的素质。活动前后，小组成员综合素质都有了一定的提升。

小组活动综合素质自我评价表　　　　　　　　　　表 32

序号	评价内容	活动前（分）	活动后（分）
1	团队精神	7	9
2	质量意识	7	8
3	进取精神	8	9
4	创新意识	7	8
5	工作热情	7	8
6	改进意识	6	7

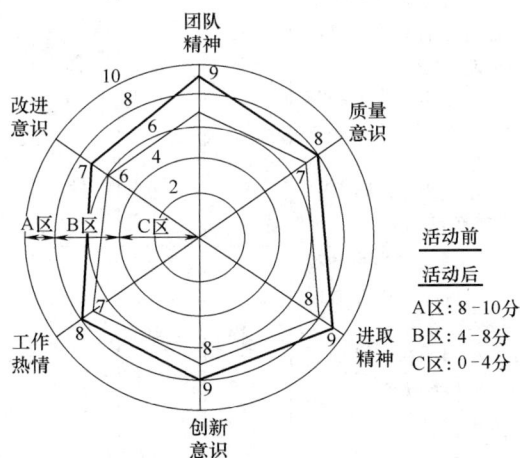

图 39　小组活动综合素质自我评价雷达图

制表人及制图人：×××　　　　　审核人：×××　　　　制表日期：××××年××月××日

4. 下一步打算

根据项目施工计划情况，小组成员运用头脑风暴法，广泛提出自己的想法和意见，由组长 XXX 整理形成 5 个下一步可供选择的研究课题，并组织成员进行分析、评价、选择，具体详见表 33。

通过对比分析，我们 QC 小组决定下一步将开展新的创新 QC《研制悬臂盖梁施工支架平台》。

下一步课题分析比选表　　　　　　　　　表 33

| 序号 | 课题 | 分析 | 评估 | | | | 综合评分 | 选定课题 |
			可行性	经济性	有效性	对其他工作的影响		
1	提高软土地区承台基坑回填一次合格率	1. 承台基坑提早回填对后续高架施工工序存在一定影响； 2. 宁波等软土地区推广价值高	◎	○	◎	▲	14	不选
2	提高立柱钢筋笼整体安装一次合格率	1. 成本费用较高； 2. 立柱钢筋笼整体加工安装，缩短工期时间	○	▲	◎	○	12	不选
3	提高大型立柱外观质量一次验收合格率	1. 立柱外观效果直观，有利于提升企业形象； 2. 立柱外观检查存在一定的安全风险，可操作性不高	○	○	◎	◎	16	不选
4	研制悬臂盖梁施工支架平台	1. 无需场地硬化。一次性投入成本低，可周转次数多； 2. 现状有多种类似施工支架，且有多处可以改进的地方； 3. 不占用大面积施工便道及场地，不影响后续施工； 4. 应用前景广泛，推广价值高	○	◎	◎	◎	18	选定
5	跨内吊梁辅助装置的研制	1. 现状跨内吊梁存在斜吊不稳定风险，有待改善； 2. 跨内吊梁辅助装置目前无类似参考，可行性较低	▲	◎	◎	◎	16	不选

评分标准：◎5 分　○3 分　▲1 分

制表人：×××　　　审核人：×××　　　制表日期：××××年××月××日

《研制新型旋挖钻机施工平台》成果综合评价

一、总体评价

该成果课题类型为创新型，课题名称《研制新型旋挖钻机施工平台》采用两段式，符合创新型课题名称要求。明确需求，通过对比，得出现有做法不能满足实际需求的结论。广泛借鉴，明确了查询路径，如通过中国知网、维普数据库、万方数据库、SooPAT专利搜索、国家科技成果网等数据网站上查询，小组借鉴了"预制拼装面板"这种结构形式、"排水通道"原理、"箱式路基结构"结构形式等内容和原理，提出了创新思路，最终确定了该课题。设定的目标可测量，用借鉴的数据、借鉴的原理推演、计算等数据进行目标可行性论证，通过活动的有效开展，实现了课题目标，取得了一定的经济效益和社会效益。

创新型课题活动程序的四个阶段、八个步骤基本完整。通过试验和调查分析等详细的分级方案评价比选，最终选择了最佳方案。对提出的两个总体方案进行创新性和独立性分析，通过方案的分级分析，将具体方案作为"对策"，列入对策表。对策表措施具体，目标量化，在实施过程中能够通过图表、数据描述实施过程，实施效果与对策表目标对比验证。在标准化步骤中，对创新成果进行了推广应用评价，形成了集团公司《基于预制装配式平台的灌注桩旋挖成孔作业指导书》，注重了创新成果的推广应用。

亮点1：借鉴查询。一是借鉴了"预制拼装面板"这种结构形式，制作类似的预制拼装板块作为旋挖钻机施工平台，来满足减少路面沉降的需求。二是借鉴"排水通道"原理，可在平台结构表面设置明沟或在结构内设置管道实现泥浆引流，使泥浆汇流至指定区域，满足施工中不允许大面积泥浆污染情况出现这一需求。三是借鉴"箱式路基结构"结构形式，稍作地基处理并制定箱式路基结构作为旋挖钻机作业的施工平台。通过借鉴，确定了课题。

亮点2：用借鉴的数据、借鉴的原理推演、计算等数据对课题目标进行可行性论证，比较充分。

亮点3："N+1"。针对平台研制，在对策表"对策"栏目增加了"平台调试运行"，符合"N+1"要求。

运用了折线图、系统图、流程图、柱状图、雷达图等统计方法。

二、不足之处

（1）目标可行性论证3的"沉降推演"，建议适当展开。

（2）分级方案比选虽然给出了比选的方式，建议补充模拟实验的具体内容。

（3）实施对策一的效果检查是针对每个措施进行验证，建议改为对策一全部实施完成后，收集数据，与对策一对应的目标进行对比分析，判断对策一的完成情况。

专家：××

参 考 文 献

[1] 中国质量协会. 质量管理小组活动准则 T/CAQ 10201—2020. 北京：中国标准出版社，2020.

[2] 中国建筑业协会. 工程建设质量管理小组活动导则 T/CCIAT—2019. 北京：中国建筑工业出版社，2019.

[3] 中国建筑业协会工程建设质量管理分会. 工程建设 QC 小组基础教材. 北京：中国建筑工业出版社、中国城市出版社，2015.

[4] 中国质量协会. 质量管理小组基础知识. 北京：中国计量出版社，2011.

[5] 中国质量协会 质量管理小组理论与方法. 北京：中国质检出版社、中国标准出版社，2013.

[6] 国家质量技术监督局. 常规控制图 GB/T 4091—2001. 北京：中国标准化出版社，2001.

[7] 中国质量协会.《质量管理小组活动准则》要点解读. 北京：中国质检出版社，中国标准出版社，2018.

[8] 中国质量协会.《QC 小组基础教材》（第二次修订版）. 北京：中国社会出版社，2008.

[9] [美] 约瑟夫·M·朱兰，约瑟夫·A·德费欧. 卓越国际质量科学研究院等译. 朱兰质量手册：通向卓越绩效的全面指南（第六版）. 北京：中国人民大学出版社，2014.

[10] 中国质量协会. 质量信得过班组建设准则 T/CAQ 10204—2017. 北京：中国标准出版社，2017.

[11] 中华人民共和国住房和城乡建设部. 工程网络计划技术规程 JGJ/T 121—2015. 北京：中国建筑工业出版社，2015.

[12] 中华人民共和国住房和城乡建设部. 装配式环筋扣合锚接混凝土剪力墙结构技术标准 JGJ/T 430—2018. 北京：中国建筑工业出版社，2018.